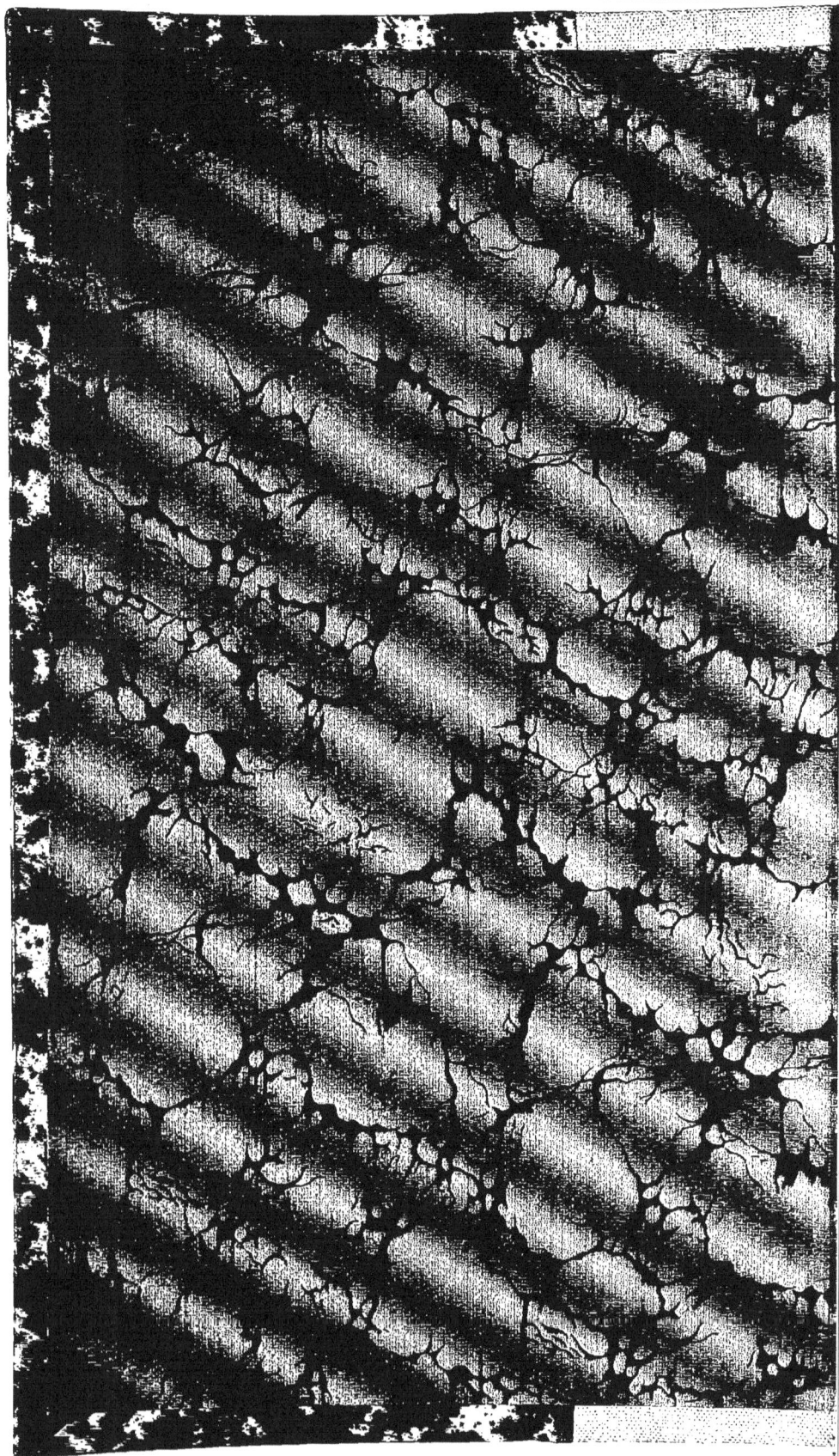

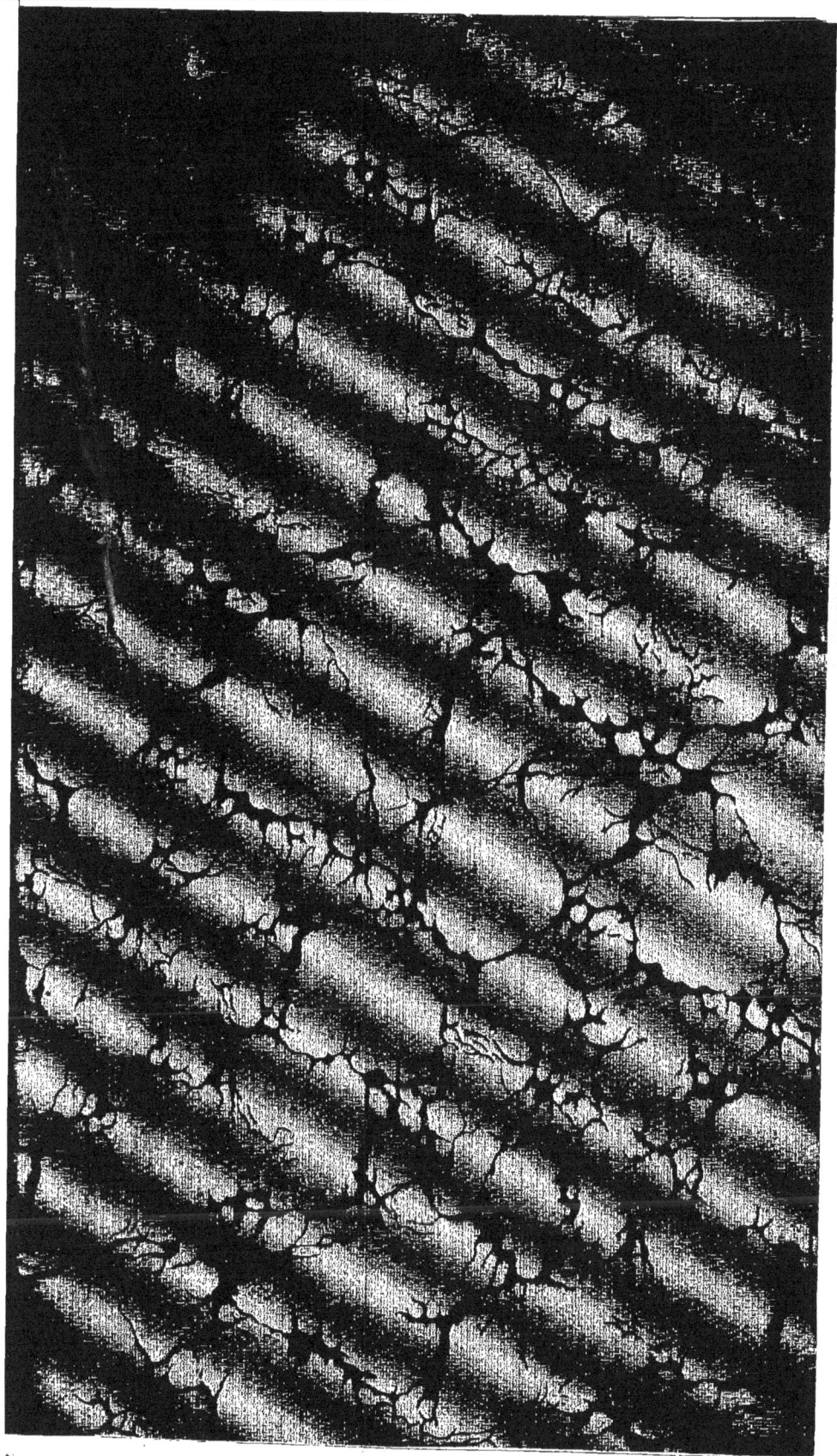

MARTINREL

NOUVEAU COURS

D'ARITHMÉTIQUE

OUVRAGES NOUVEAUX EN VENTE

NOTIONS DE CHIMIE, conforme au programme officiel, à l'usage des élèves des lycées, des colléges et autres établissements d'instruction, par M. HARAUCOURT, agrégé des sciences physiques appliquées, professeur au lycée Corneille de Rouen. 1re et 2e *années d'enseignement spécial.* 1 vol. in-8, br. . . . . 2 fr.

LEÇONS ÉLÉMENTAIRES DE CHIMIE, à l'usage des écoles normales d'institutrices et de tous les pensionnats de demoiselles, par LE MÊME. 1 vol. in-8, br. . . 2 fr.

Sous presse pour paraître prochainement :

NOTIONS DE CHIMIE. — 3e *et* 4e *années d'enseignement spécial*, par LE MÊME. in-8, br. . . . . » n

---

MORCEAUX CHOISIS DES PROSATEURS ET DES POÈTES FRANÇAIS, depuis la formation de la langue jusqu'à nos jours, avec Notices biographiques, Jugements littéraires extraits des meilleurs critiques, Rapprochements, Imitations, Notes explicatives, par LÉO DUCROS, professeur de l'Université. 1 beau volume in-12 de plus de 600 pages, cartonné. . . . . 3 fr.

TENUE DES LIVRES, mise réellement à la portée de tous d'après une méthode ingénieuse et pratique, par M. ALEXANDRE ASSIER, chef d'Institution et auteur de plusieurs ouvrages classiques. *Deuxième édition.* 1 volume in-12, cartonné. 1 fr.

BOITE MONÉTAIRE auxiliaire à la méthode. . . . . 4 fr.

LEÇONS NOUVELLES DE MÉCANIQUE, rédigées conformément au programme du baccalauréat ès sciences et de l'École de Saint-Cyr, par M. GAND, ingénieur des Arts et Manufactures, ancien élève de l'École centrale, professeur de mathématiques. 1 volume in-8, broché. . . . . 3 fr. 50

TRAITÉ DE MÉCANIQUE, théorique et pratique, contenant toutes les questions renfermées dans le programme de l'Enseignement spécial, par le même. COURS DE TROISIÈME ET QUATRIÈME ANNÉES. 1 volume in-8, broché. . . . . 4 fr.

FLORE ÉLÉMENTAIRE, comprenant des notions de botanique, la classification et la description sommaire des familles et des genres de plantes qui croissent naturellement en France, par M. C. PIN, directeur d'École normale, officier d'académie, *Deuxième édition*, augmentée d'un Vocabulaire des mots techniques. 1 volume in-18, cartonné. . . . . 1 fr.

NOUVEAU COURS D'AGRICULTURE ET D'HORTICULTURE, par M. HIPPOLYTE RODIN, secrétaire de la Société d'horticulture et botanique de Beauvais, membre de la Société botanique de France, etc. 1 beau volume in-12 de 314 pages, broché, 1 fr. 80 ; cartonné. . . . . 2 fr.

LA BIBLE DES ÉCOLES ou Cours abrégé d'Histoire sainte, précédé d'une analyse sur chacun des livres de l'Ancien et du Nouveau Testament, du Canon, de l'Inspiration, de l'Authenticité et de la Véracité des Livres saints, suivi de la Vie de N.-S. Jésus-Christ et de l'histoire des Juifs jusqu'à leur entière dispersion, avec des Notes archéologiques, historiques et géographiques, par M. l'abbé ORSINI, chevalier de la Légion d'honneur, auteur de *l'Histoire de la Sainte Vierge*, etc., etc. ; approuvée par Monseigneur l'évêque de Beauvais, Noyon et Senlis. *Quatrième édition.* 1 volume in-18, cartonné. . . . . 75 c.

TRÉSOR DE LA JEUNESSE, 2me DEGRÉ, ou Nouveau recueil de morceaux choisis en vers et en prose, avec des Notices biographiques, historiques, géographiques et littéraires, à l'usage de toutes les maisons d'éducation, par M. PH. ANDRÉ. *Septième édition.* 1 charmant volume grand in-18 de 500 pages, cartonné. . 1 fr. 20

TRÉSOR DE LA JEUNESSE, 1er DEGRÉ, ou Nouveau recueil de morceaux choisis en vers et en prose, avec des Notices biographiques, historiques, géographiques et littéraires, à l'usage des classes élémentaires, par le même. *Cinquième édition.* 1 volume in-18 de 200 pages, cartonné. . . . . 75 c.

Paris. — Imp. E. CAPIOMONT et V. RENAULT, rue des Poitevins, 6.

NOUVEAU COURS

D'ARITHMÉTIQUE

(N° 4)

RÉDIGÉ CONFORMÉMENT AUX PROGRAMMES OFFICIELS

DE L'ENSEIGNEMENT SECONDAIRE CLASSIQUE ET DE L'ENSEIGNEMENT
SECONDAIRE SPÉCIAL

OUVRAGE CONTENANT

UN GRAND NOMBRE DE PROBLÈMES RÉSOLUS ET A RÉSOUDRE

PAR M. PH. ANDRÉ

CINQUIÈME ÉDITION

PARIS

LIBRAIRIE CLASSIQUE DE F.-E. ANDRÉ-GUÉDON

Successeur de Madame veuve THIÉRIOT

15, RUE SÉGUIER, 15

—

1878

Tous droits réservés.

PRÉFACE

Nous avons donné à la partie théorique de ce nouvel ouvrage tous les développements que demandent les programmes de l'enseignement secondaire classique, et à la partie pratique tous ceux que peuvent exiger les programmes de l'enseignement secondaire spécial. Nous avons cru devoir y ajouter diverses questions, dont la grande importance n'échappera pas à MM. les Professeurs.

Ce *Nouveau Cours d'Arithmétique* est donc entièrement conforme aux programmes des deux enseignements; mais sa division, parfaitement nette, et à laquelle nous attachons une très-grande importance, permet au lecteur de passer, sans le moindre inconvénient, tout ce qui n'est pas relatif à ses études du moment.

Toute la *partie théorique* a été traitée avec une clarté d'exposition et une rigueur de démonstration qui, nous l'espérons, ne laissent rien à désirer.

Pour la *partie pratique*, nous avons consulté des *hommes spéciaux*, et fait nous-même de nombreuses et minutieuses recherches. On peut donc compter sur l'exactitude des données qui figurent dans nos exercices; d'ailleurs, si quelques erreurs se sont glissées dans les énoncés, nous nous empresserons, dans une nouvelle édition, de tenir compte des justes observations qui nous seront faites.

Un ouvrage de l'importance du nôtre est assurément destiné à des élèves qui connaissent les quatre opérations, et qui ont déjà quelques notions des mathématiques; aussi avons-nous pensé devoir ne pas nous arrêter à la *partie pratique* de chaque opération.

Pour le même motif, on ne trouvera point dans ce volume d'exercices par trop élémentaires. Nous sommes persuadé que le choix qui a été fait contribuera beaucoup à développer le jugement du jeune homme et à étendre ses connaissances.

Nous aimons donc à croire que les nombreux maîtres qui suivent déjà nos divers ouvrages accepteront celui-ci avec la même bienveillance, et reconnaîtront que nous leur présentons un travail consciencieux et vraiment sérieux.

NOUVEAU COURS

D'ARITHMÉTIQUE

LIVRE I

NOTIONS PRÉLIMINAIRES — NUMÉRATION — LES QUATRE OPÉRATIONS

CHAPITRE PREMIER

NOTIONS PRÉLIMINAIRES — NUMÉRATION

NOTIONS PRÉLIMINAIRES

1. Mathématiques. — Les *mathématiques* ont pour objet l'étude des *grandeurs* ou *quantités*.

2. Grandeur ou **quantité.** — On appelle *grandeur* ou *quantité* tout ce que l'on peut *compter* ou *mesurer*.

Ainsi, on peut mesurer la longueur d'un banc, l'eau contenue dans un vase; on peut compter les moutons d'un troupeau les pommes d'un tas : alors, la longueur du banc, l'eau du vase, le troupeau de moutons, le tas de pommes sont des grandeurs ou quantités.

3. Compter. — Tout le monde sait ce que l'on entend par compter : c'est dire *un*, *deux*, *trois*, etc.

4. Mesurer. — Mesurer une grandeur, c'est la déterminer exactement, au moyen d'une autre grandeur connue et de même espèce qu'on appelle *unité*.

On ne se fait une idée exacte d'une quantité ou d'une grandeur qu'en la comptant ou en la mesurant. Ainsi, ce n'est qu'après avoir compté les arbres d'un verger qu'on sait combien il y en a; de même, ce n'est qu'après avoir mesuré une règle qu'on en connait la longueur.

5. Unité. — L'*unité* est une grandeur connue, avec laquelle on compte ou mesure les grandeurs de même espèce.

Le mètre, par exemple, est une unité, parce que c'est une longueur connue, qui sert à mesurer d'autres grandeurs de même espèce, comme la longueur d'une salle, d'un tableau, la hauteur d'un arbre; la largeur d'une allée, etc.

Remarque. — I. Pour certaines grandeurs, on peut prendre une unité à son choix; mais, pour d'autres, il n'en est pas de même. Dans un groupe d'arbres, par exemple, ce sera l'arbre, et pas autre chose, qui servira d'unité; s'agit-il, au contraire, de la longueur d'un mur ou d'un fossé, on pourra prendre pour unité toute longueur connue, mais en réalité, on n'emploie que le mètre, qui a seul le double avantage d'être familier à tous et d'être reconnu par la Loi.

II. Les mots compter et mesurer s'appliquent également bien à certaines grandeurs : ainsi l'on compte et l'on mesure des pommes, des noix, etc.

6. Nombre. — On appelle *nombre* le résultat que l'on obtient en mesurant ou en comptant une grandeur. Or, lorsqu'on mesure une grandeur, il peut arriver : 1° qu'elle contienne son unité un nombre exact de fois; 2° qu'elle ne soit qu'une ou plusieurs parties de son unité; 3° qu'elle contienne son unité une ou plusieurs fois avec un reste. De là trois espèces de nombre : le *nombre entier*, la *fraction* et le *nombre fractionnaire*.

7. Nombre entier. — On appelle *nombre entier* celui qui est composé d'une ou de plusieurs unités entières. Exemple : un, trois, trente, cinquante, etc.

8. Fraction. — Une *fraction* est une ou plusieurs parties égales de l'unité. Ex. : un quart, un demi, trois quarts, etc.

9. Nombre fractionnaire. — Un *nombre fractionnaire* est celui qui est composé d'un nombre entier et d'une fraction. Ex. : six deux tiers, cinq et demi, etc.

10. Arithmétique. — L'*arithmétique* est la science des nombres.

Elle enseigne à les former, à les nommer, à les écrire et à les combiner de diverses manières, afin de pouvoir les employer convenablement dans les questions variées qui ont rapport à l'arithmétique.

NUMÉRATION

11. Définition. — On appelle *numération* la partie de l'arithmétique qui apprend : 1° à former les nombres, 2° à les nommer, 3° à les écrire. Nous allons nous occuper successivement des trois parties dont se compose la numération.

12. Formation des nombres. — L'unité est un nombre (7). Si l'on ajoute l'unité à elle-même, on a un nouveau nombre; si à celui-ci on ajoute l'unité, on a le suivant, et ainsi de suite. Donc pour avoir un nouveau nombre, il suffit d'ajouter l'unité à un nombre déjà obtenu. La suite des nombres est par conséquent illimitée.

13. — Il y a deux numérations : la *numération parlée* et la *numération écrite*.

14. Numération parlée. — La *numération parlée* apprend à nommer les nombres.

15. Noms des nombres. — La suite des nombres étant indéfinie, on ne pouvait songer à donner un nom particulier à chacun ; on a cherché à les nommer à l'aide d'un petit nombre de mots.

Les nombres donnés aux neuf premiers nombres sont :

Un, deux, trois, quatre, cinq, six, sept, huit, neuf.

Le nombre neuf, plus un, forme une collection qui s'appelle *dizaine*.

On considère la dizaine comme une nouvelle espèce d'unité, c'est-à-dire que l'on collectionne les dizaines comme les unités.

La collection de *dix* dizaines forme une nouvelle espèce d'unité nommée *centaine*.

La collection de dix centaines forme une nouvelle espèce d'unité nommée *mille*.

En continuant ainsi, on a obtenu diverses espèces d'unités dont les noms figurent dans le tableau suivant :

Unité simple, ou encore unité du 1er ordre.		
Dizaine	—	2e ordre.
Centaine	—	3e ordre.
Unité de mille	—	4e ordre.
Dizaine de mille	—	5e ordre.
Centaine de mille	—	6e ordre.
Unité de million	—	7e ordre.
Dizaine de million	—	8e ordre.

. . . .

Il est évident que *chacune de ces unités est dix fois plus grande que celle qui la précède immédiatement.*

Telle est la loi fondamentale de la numération. Par suite de cette loi, *chaque ordre* contient *au plus neuf unités de son ordre.*

D'où il résulte que le nom d'un nombre quelconque se compose du nom des unités de l'ordre le plus élevé, de celui des unités de l'ordre venant immédiatement après, et ainsi de suite jusqu'aux unités du 1er ordre.

Ainsi, un nombre sera très-bien connu, si l'on dit qu'il contient :

Cinq centaines de mille,
Quatre dizaines de mille,
Huit mille,
Trois centaines,
Sept dizaines,
Deux unités.

Remarque. — I. Au lieu de :

Une centaine, deux centaines... neuf centaines,

on dit :

Un cent, deux cents... neuf cents;

II. Au lieu de :

Une dizaine, deux dizaines... neuf dizaines,

on dit :

dix, vingt, trente, quarante, cinquante, soixante, soixante-dix, quatre-vingts, quatre-vingt-dix (*);

III. Enfin, au lieu de :

dix-un, dix-deux, dix-trois, dix-quatre, dix-cinq, dix-six,

on dit :

onze, douze, treize, quatorze, quinze, seize.

Il résulte de là que le nombre précédent s'énonce :

cinq cent quarante-huit mille trois cent soixante-douze.

16. Composition d'un nombre. — Si l'on considère le tableau précédent, on voit que tout nombre peut se composer : d'unités, de dizaines, de centaines d'*unités simples;* d'unités, de dizaines et de centaines de *mille;* d'unités, de dizaines et de centaines de *millions;* d'unités, de dizaines et de centaines de *billions*, etc.

17. Unités principales. — On nomme *unités principales* les unités simples, les unités de mille, les unités de millions, etc., parce que l'on compte les unités simples par unités, dizaines et centaines; les mille par unités, dizaines et centaines, etc.

18. Classes. — On appelle *classe* la réunion des unités, des dizaines et des centaines de chaque unité principale. La 1re classe est celle des unités simples, la 2e celle des mille, la 3e celle des millions, etc.

19. — Le tableau suivant résume la numération parlée.

...	4e classe, des billions.	3e classe, des millions.	2e classe, des mille.	1re classe, des unités.
	C D U	C D U	C D U	C D U (**)

20. Numération écrite. — La *numération écrite* a pour but de représenter tous les nombres à l'aide des dix caractères ou chiffres suivants :

1   2   3   4   5   6   7   8   9   0

appelés : *un, deux, trois, quatre, cinq, six, sept, huit, neuf, zéro.*

21. Convention pour écrire les nombres entiers. — *On est convenu de placer les unités d'un nombre à la droite, les dizaines à gauche des unités, les centaines à gauche des dizaines, les unités de mille à gauche des centaines, et ainsi de suite.*

Chaque ordre contient au plus neuf unités (15); par conséquent les

_____

(*) Dans certaines localités, au lieu de *soixante-dix, quatre-vingts, quatre-vingt-dix*, on dit plus rationnellement : *septante, octante, nonante.*

(**) U signifie unité ; D, dizaine ; C, centaine.

neuf premiers chiffres peuvent servir à représenter toutes les unités contenues dans chaque ordre.

22. Du zéro. — Il peut arriver qu'une unité d'un certain ordre manque dans un nombre, alors on la remplace par un *zéro*. Le zéro est donc un chiffre qui n'a aucune valeur par lui-même, il sert seulement, dans l'écriture d'un nombre, à remplacer les ordres manquants, et par conséquent à faire occuper à chaque chiffre le rang qui lui convient.

23. Règle générale pour écrire un nombre. — *On écrit d'abord la classe des plus hautes unités, et successivement les autres classes, comme si chacune d'elles était seule. La classe à gauche, c'est-à-dire celle des plus hautes unités, peut n'avoir qu'un ou deux chiffres; mais toutes les autres, énoncées ou non, doivent en avoir trois. Le zéro servira à remplacer les ordres, et même les classes, qui pourraient manquer.*

Soient à écrire, d'après cette règle, les nombres suivants :

1° *Seize.* Dans seize, il y a 1 dizaine et 6 unités; on écrit 1 dizaine au rang des dizaines, et 6 à celui des unités, ce qui donne 16.

2° *Soixante-dix.* Dans soixante-dix, il y a sept dizaines sans unité. On écrit 7 au rang des dizaines et 0 au rang des unités; ce qui donne sept dizaines sans unités, en tout soixante-dix unités, ou 70.

3° *Six cent neuf,* ou six centaines (pas de dizaine) et neuf unités. On écrit 6 au rang des centaines, 0 au rang des dizaines et 9 à celui des unités, ce qui donne six centaines ou six cents, plus neuf unités, en tout six cent neuf unités, ou 609.

4° *Cinquante-huit mille trois cent six,* ou cinq dizaines de mille, huit unités de mille, trois centaines (pas de dizaines) et 6 unités. On écrit 5 au rang des dizaines de mille; 8 au rang des mille, 3 au rang des centaines, 0 au rang des dizaines, 6 à celui des unités, ou 58 306.

5° *Trente-quatre billions soixante-trois millions six cent neuf.* On écrit d'abord les billions, 34; le nombre des millions est 63, on écrit 063; la classe des mille manque entièrement, on écrit 000; enfin, on écrit le nombre des unités simples, 609, ou 34 063 000 609.

24. Règle pour lire un nombre. — *Les classes sont ordinairement séparées les unes des autres par de petits intervalles; s'il n'en est pas ainsi, on les sépare à partir de la droite. Puis on les énonce successivement en commençant par la plus haute.*

D'après cette règle, le nombre 5 624

se lira : *cinq mille six cent vingt-quatre;*

109 620

se lira : *cent neuf mille six cent vingt;*

538 000 028

se lira : *cinq cent trente-huit millions vingt-huit.*

25. Valeurs d'un chiffre. — Tout chiffre a deux valeurs : l'une *absolue* et l'autre *relative*. La *valeur absolue* d'un chiffre est celle qu'il a quand on le considère seul, et la *valeur relative* celle qu'il a d'après la place qu'il occupe dans le nombre. Ainsi, dans 4 738, la valeur absolue du premier chiffre à gauche est *quatre*, ou 4, et sa valeur relative est *quatre mille*, ou 4 000.

26. Remarque. — Notre numération est appelée décimale, parce que les nombres sont formés d'unités de dix en dix fois plus grandes, et parce qu'on y emploie dix caractères ou chiffres pour représenter tous les nombres possibles.

27. Rendre un nombre entier 10, 100, 1 000... fois plus grand ou plus petit. — 1° *On rend un nombre 10, 100, 1 000... fois plus grand, en plaçant 1, 2, 3... zéros sur sa droite.*

Soit le nombre 47. En plaçant 2 zéros sur sa droite, on a 4 700. Ce second nombre est 100 fois plus grand que 47, car il contient 47 centaines, qui valent 100 fois 47 unités.

2° *On rend un nombre entier, terminé par des zéros, 10, 100, 1 000... fois plus petit en effaçant 1, 2, 3... zéros sur sa droite.*

Soit 89 700. En effaçant un zéro, on a 8 970. Ce second nombre est 10 fois plus petit que le premier. On démontre comme plus haut.

CHAPITRE II

OPÉRATIONS FONDAMENTALES DE L'ARITHMÉTIQUE
—
ADDITION

28. Les quatre opérations fondamentales de l'arithmétique sont : l'*addition*, la *soustraction*, la *multiplication* et la *division*. On les appelle fondamentales, parce que toutes les autres n'en sont que des combinaisons.

29. Addition. — *L'addition est une opération qui a pour but de réunir plusieurs nombres en un seul appelé somme ou total.*

30. Signe. — Le signe de l'addition est $+$, qu'on énonce *plus*, Ainsi $9 + 4 + 3$ se lit : 9 plus 4 plus 3.

Si l'on veut, par exemple, additionner 7 et 4; d'après la définition de l'addition, la somme se composera de toutes les unités contenues dans 7 et de toutes celles contenues dans 4; de sorte que, pour avoir cette somme, on pourra prendre toutes les unités qui se trouvent dans 4 et les ajouter successivement à 7 : on aura, par conséquent, $7 + 1$, ou 8; $8 + 1$, ou 9; $9 + 1$, ou 10; $10 + 1$, ou 11, pour la somme des deux nombres 7 et 4. Un tel procédé serait bien trop long, on emploie une méthode plus expéditive.

Que l'on ait encore, par exemple, à faire l'addition des nombres 5, 7, 8, 9 : avec un peu d'habitude, on sait bientôt dire : 5 et 7 font 12, et 8 font 20, et 9 font 29.

Une addition quelconque n'est qu'une suite d'additions semblables; car il est évident qu'on aura la somme totale de plusieurs nombres en faisant la somme de leurs unités, de leurs dizaines, de leurs centaines, etc., et en réunissant toutes ces sommes partielles.

31. Règle. — *Pour faire une addition, on écrit les nombres donnés les uns sous les autres, de manière que les unités soient sous les unités, les dizaines sous les dizaines, les centaines sous les centaines, etc.; puis on tire un trait au-dessous du dernier nombre pour le séparer du résultat. Commençant par la droite, on fait la somme des chiffres de la première colonne. On écrit les unités simples au-dessous en retenant les dizaines pour les ajouter à la seconde colonne. On opère de même sur toutes les autres colonnes jusqu'à la dernière à gauche, au-dessous de laquelle on écrit la somme telle qu'on la trouve.*

Exemple. Additionner les nombres 635, 7 598, 164 et 67.

$$
\begin{array}{r}
635 \\
7\,598 \\
164 \\
67 \\
\hline
8\,464
\end{array}
$$

En opérant, comme l'indique la règle, on trouve 8 464 pour la somme des quatre nombres proposés (*).

Démonstration. — En commençant par la droite, on dit : 5 unités et 8 font 13, et 4 font 17, et 7 font 24; dans 24, il y a 4 unités et 2 dizaines; si l'on écrit les 4 unités sous les unités et qu'on ajoute les 2 dizaines aux dizaines, on aura la somme des deux premières colonnes à droite. 2 dizaines et 3 font 5, et 9 font 14, et 6 font 20, et 6 font 26; dans 26 dizaines, il y a 6 dizaines et 2 centaines ; si l'on écrit les 6 dizaines sous les dizaines et qu'on ajoute les 2 centaines aux centaines, on aura la somme des trois premières colonnes. 2 centaines et 6 font 8, et 5 font 13, et 1 font 14; dans 14 centaines, il y a 1 mille et 4 centaines; si l'on écrit les 4 centaines et qu'on ajoute le mille aux mille, on aura la somme de toutes les unités qui composent les nombres, et par conséquent, la somme totale, 1 mille et 7 font 8.

Ce même raisonnement peut s'appliquer à une addition quelconque : d'où résulte l'exactitude de la règle.

Remarque. Si la somme de chaque colonne ne surpassait pas 9, il serait indifférent de commencer l'addition par la droite ou par la gauche; mais comme en général cette somme surpasse 9, il est préférable de commencer par la droite, pour ne pas être obligé d'effacer des chiffres déjà écrits, ou de faire une nouvelle addition.

Soit, par exemple, à faire l'addition suivante en commençant par la gauche :

$$
\begin{array}{r}
4\,632 \\
748 \\
957 \\
\hline
4\,227 \\
2\,11 \\
\hline
6\,337
\end{array}
$$

on dira : 4; 6 et 7, 13 et 9, 22; en 22 il y a 2 centaines et 2 mille. Pour ne pas effacer le chiffre 4 pour l'augmenter de 2, on placera 2 sous le 4. Il est facile de

---

(*) Voir, pour la pratique, nos ouvrages plus élémentaires.

continuer l'opération comme on l'a commencée. Une nouvelle addition donne 6 337 pour somme.

On voit, par ce seul exemple, qu'il est préférable de commencer l'opération par la droite.

32. Preuve. — On appelle *preuve* d'une opération une seconde opération que l'on fait pour s'assurer de l'exactitude de la première. Une preuve aurait besoin d'une autre preuve, et ainsi de suite à l'infini; cependant on peut regarder une preuve presque comme l'équivalent d'une certitude.

Pour faire la preuve de l'addition, on recommence l'opération dans un ordre différent.

Si, par exemple, l'addition a été faite en comptant de haut en bas, on la fera de nouveau, en comptant de bas en haut, et si, dans les deux cas, le résultat est le même, on en conclut que l'opération a été bien faite.

On peut encore vérifier une addition, en la divisant en plusieurs additions partielles : il est évident que la somme des totaux partiels doit égaler la somme totale.

33. Usages de l'addition. — Les usages de l'addition sont très-nombreux. C'est une addition qu'il faut faire, toutes les fois qu'on doit répondre à une question de cette nature : combien a-t-on reçu, combien a-t-on gagné, combien a-t-on dépensé, quelle longueur, quel poids, etc., *en tout?*

34. Remarque. — On ne peut additionner des nombres qu'autant que l'unité est la même pour tous; par exemple, on n'additionne pas deux nombres dont l'un exprime des litres et l'autre des francs. Cependant on peut dire que 7 pêches et 5 pommes font 12 *fruits*, parce que les pêches et les pommes sont des fruits.

CHAPITRE III

SOUSTRACTION

35. Définition. — *La soustraction est une opération qui a pour but, étant donnés deux nombres, d'en chercher un troisième, qui ajouté au plus petit reproduit le plus grand. Le résultat se nomme différence, reste ou excès* (*).

36. Signe. — On indique la soustraction par ce signe — qu'on énonce *moins*. Ainsi $9 - 5 = 4$ se lit : 9 moins 5 égale 4.

D'après la définition de la soustraction, on voit que pour trouver, par exemple, la différence qui existe entre 5 et 9, il suffit de chercher quel nombre on doit ajouter au plus petit 5, pour avoir le plus grand 9; or on sait déjà (addition) que $5 + 4 = 9$; donc la différence cherchée est 4. De même on sait que la différence qui existe entre 7 et 16 est 9; parce que $7 + 9 = 16$. On sait donc trouver la différence qui existe entre un nombre d'un seul chiffre et un nombre plus petit que 20. Or, une soustraction quelconque n'est qu'une suite de soustractions

(*) Voir notre *Arithmétique élémentaire.*

semblables; car il est évident qu'on aura la différence totale de plusieurs nombres, en cherchant la différence de leurs unités, de leurs
dizaines, de leurs centaines..., et en réunissant toutes ces différences
partielles.

37. — Avant de donner la règle générale pour faire une soustraction,
posons ce principe évident :

*La différence de deux nombres ne change pas, quand on les augmente
tous deux d'une même quantité.*

Ainsi, la différence entre 2 et 5 est 3; celle entre 9 (2 $+$ 7) et 12
(5 $+$ 7) est visiblement encore 3.

38. Règle. — *Pour faire une soustraction, on écrit le plus petit
nombre sous le plus grand, de manière que les unités soient sous les unités, les dizaines sous les dizaines, etc..., puis on souligne ces nombres
pour les séparer du résultat. Commençant par la droite, on écrit au-dessous de chaque chiffre du nombre inférieur ce qu'il faudrait lui ajouter
pour obtenir son correspondant supérieur. Si un chiffre du nombre inférieur est plus grand que son correspondant supérieur, on ajoute 10 à
celui-ci, mais on augmente de 1 le chiffre suivant du nombre inférieur.
On continue ainsi l'opération.*

EXEMPLE I. — De 975 retrancher 543.

$$\begin{array}{r} 975 \\ 543 \\ \hline 432 \end{array}$$

Ex. II.	Ex. III.	Ex. IV.
7 853	53 004	8 790
568	17 050	7 883
7 285	35 954	907

Il suffit d'opérer comme l'indique la règle pour trouver les différences cherchées (*).

Démonstration. — Ex. I : A 3 unités, il faut en ajouter 2 pour en
avoir 5; j'écris 2. A 4 dizaines, il faut en ajouter 3 pour en avoir 7;
j'écris 3. A 5 centaines, il faut en ajouter 4 pour en avoir 9; j'écris 4.

Ex. II. — A 8 unités, il faut en ajouter 5 pour en avoir 13, j'écris
5; mais comme j'ai augmenté le nombre supérieur de dix unités, pour
établir la compensation (37), j'augmente le nombre inférieur de 1 dizaine : 1 dizaine et 6 font 7; à 7 dizaines, il faut en ajouter 8 pour en
avoir 15; j'écris 8. J'ai augmenté le nombre supérieur de 10 dizaines;
pour établir la compensation, j'augmente le nombre inférieur de 1 centaine : 1 centaine et 5 font 6; à 6 centaines, il faut en ajouter 2 pour
en avoir 8; j'écris 2, et enfin 7.

Ce même raisonnement peut s'appliquer à une soustraction quelconque : d'où résulte l'exactitude de la règle.

Remarque. — Il est visible qu'on pourrait commencer l'opération par la
droite ou par la gauche, si tous les chiffres du nombre supérieur étaient plus grands

(*) Voir, pour la pratique, nos ouvrages plus élémentaires.

que leurs correspondants inférieurs ; mais, comme bien souvent le contraire a lieu, il est préférable de commencer l'opération par la droite, pour ne pas être obligé d'effacer des chiffres déjà écrits, afin de les diminuer, ou de faire une nouvelle soustraction.

Soit, par exemple, à effectuer la soustraction suivante en commençant par la gauche :

$$\begin{array}{r} 546 \\ 354 \\ \hline 292 \\ 1 \\ \hline 192 \end{array}$$

3 et 2, 5 et 9, 14 ; 4 et 2, 6. On a augmenté le nombre supérieur de dix dizaines ; pour que la différence ne soit point altérée, il faut la diminuer de 1 centaine. La différence est donc 192.

On voit qu'il est préférable de commencer l'opération par la droite.

39. Preuve. — La différence de deux nombres s'obtient en cherchant ce qu'il faut ajouter au plus petit pour avoir le plus grand . le plus grand se compose donc de la différence et du plus petit : donc pour faire la preuve de la soustraction, on ajoutera la différence au plus petit nombre et on devra retrouver le plus grand.

40. Remarque. — On ne peut retrancher un nombre d'un autre, qu'autant que l'unité est la même pour tous les deux : par exemple, on ne cherche pas à retrancher 7 litres de 20 mètres. Cependant, de deux personnes qui ont l'une 8 pommes et l'autre 5 poires, on peut dire que l'une a 3 fruits de plus que l'autre.

41. Usages. — Un grand nombre de questions dépendent de la soustraction. On emploie cette opération pour calculer :

1° La perte ou le bénéfice fait sur une vente ;

2° Ce que l'on redoit, après avoir donné un à-compte ;

3° Ce que l'on possède encore, après avoir fait une certaine dépense ;

4° Ce qui reste en magasin, après avoir vendu une partie des marchandises ;

5° Le temps écoulé entre deux dates ;

6° Enfin, comme l'indique la définition, on emploie la soustraction toutes les fois que la question consiste, ou peut se ramener, à chercher un reste, un excès ou une différence.

CHAPITRE IV

MULTIPLICATION

2. Définition. — *La multiplication est une opération qui a pour objet de prendre un nombre appelé multiplicande, autant de fois qu'il y a d'unités dans un autre appelé multiplicateur. Le résultat s'appelle produit.*

43. Signe. — Le signe de la multiplication est $\times$, qu'on énonce : *multiplié par*. Ex. 5×4 se lit : 5 multiplié par 4. 5 est le *multiplicande*, et 4 le *multiplicateur*.

Le multiplicande et le multiplicateur, servant à former le produit, sont appelés pour cette raison *facteurs* du produit.

44. — On distingue trois cas :

1ᵉʳ Cas. — *Multiplication de deux nombres d'un seul chiffre.*

EXEMPLE. Multiplier 7 par 3.

D'après la définition de la multiplication, il est évident qu'il suffit d'écrire le multiplicande 7 *trois* fois sous lui-même, et de faire la somme :

$$\begin{array}{r} 7 \\ 7 \\ 7 \\ \hline 21 \end{array}$$

Ainsi 21 est le produit de 7 par 3.

Ces additions deviendraient impraticables, si les facteurs étaient considérables. On les remplace alors par la multiplication proprement dite, qui n'est, par conséquent, qu'une *addition abrégée.*

D'ailleurs, la multiplication de deux nombres quelconques, dépendant, comme nous le verrons plus loin, de celle de deux nombres d'un seul chiffre, il est indispensable de connaître de mémoire les produits des 9 premiers multipliés 2 à 2. Ces produits sont contenus dans la table suivante.

TABLE DE MULTIPLICATION (*)

2 fois 1 font 2	4 fois 1 font 4	6 fois 1 font 6	8 fois 1 font 8
2 — 2 — 4	4 — 2 — 8	6 — 2 — 12	8 — 2 — 16
2 — 3 — 6	4 — 3 — 12	6 — 3 — 18	8 — 3 — 24
2 — 4 — 8	4 — 4 — 16	6 — 4 — 24	8 — 4 — 32
2 — 5 — 10	4 — 5 — 20	6 — 5 — 30	8 — 5 — 40
2 — 6 — 12	4 — 6 — 24	6 — 6 — 36	8 — 6 — 48
2 — 7 — 14	4 — 7 — 28	6 — 7 — 42	8 — 7 — 56
2 — 8 — 16	4 — 8 — 32	6 — 8 — 48	8 — 8 — 64
2 — 9 — 18	4 — 9 — 36	6 — 9 — 54	8 — 9 — 72
3 fois 1 font 3	5 fois 1 font 5	7 fois 1 font 7	9 fois 1 font 9
3 — 2 — 6	5 — 2 — 10	7 — 2 — 14	9 — 2 — 18
3 — 3 — 9	5 — 3 — 15	7 — 3 — 21	9 — 3 — 27
3 — 4 — 12	5 — 4 — 20	7 — 4 — 28	9 — 4 — 36
3 — 5 — 15	5 — 5 — 25	7 — 5 — 35	9 — 5 — 45
3 — 6 — 18	5 — 6 — 30	7 — 6 — 42	9 — 6 — 54
3 — 7 — 21	5 — 7 — 35	7 — 7 — 49	9 — 7 — 63
3 — 8 — 24	5 — 8 — 40	7 — 8 — 56	9 — 8 — 72
3 — 9 — 27	5 — 9 — 45	7 — 9 — 63	9 — 9 — 81

(*) Voir, *Arithmétique élémentaire,* la méthode à suivre pour faire apprendre la table de multiplication.

Remarque. —Il est évident que l'usage de cette table ne présente aucune difficulté, et que si 5 fois 7 unités font 35 unités; 5 fois 7 dizaines font 35 dizaines; 5 fois 7 centaines font 35 centaines, etc. Avec la table de multiplication, on peut donc avoir les produits des unités, des dizaines, des centaines, etc., d'un nombre par un seul chiffre.

45. 2e Cas. — *Multiplication d'un nombre de plusieurs chiffres par un nombre d'un seul.*

Règle. — *On écrit le multiplicande, puis le multiplicateur au-dessous et on souligne. On multiplie ensuite successivement, et en commençant par la droite, chaque chiffre du multiplicande par le multiplicateur. Si un produit ne surpasse pas 9, on l'écrit tel qu'on le trouve; s'il surpasse 9, on n'en écrit que les unités, et l'on retient les dizaines pour les ajouter au produit suivant. Le dernier produit s'écrit tel qu'on le trouve.*

EXEMPLE. — Multiplier 3 468 par 7,

$$
\begin{array}{r}
3\ 468 \\
7 \\
\hline
24\ 276
\end{array}
$$

En opérant d'après la règle, on trouve 24 276 pour produit (*).

Démonstration. — Le nombre 24 276 est bien le produit de 3 468 par 7; car multiplier 3 468 par 7, c'est prendre 7 fois 8 unités, 7 fois 6 dizaines, 7 fois 4 centaines, 7 fois 3 mille et faire un seul nombre de la somme de tous ces produits. Or, c'est précisément ce qui a eu lieu; donc la démonstration justifie la règle.

Corollaire. — *Lorsque le multiplicateur est un nombre d'un seul chiffre suivi d'un ou plusieurs zéros, il suffit de multiplier le multiplicande par ce chiffre et d'écrire les zéros sur la droite du produit.*

Par exemple, le produit de 624 par 300 sera égal à celui de 624 par 3 suivi de deux zéros, ou 187 200.

$$1 \begin{cases} 624 \\ 624 \\ 624 \end{cases}$$ En effet, multiplier 624 par 300 revient à chercher la somme de 300 nombres égaux à 624 (n° 44); mais cette addition peut être partagée en 100 additions partielles de chacune 3 fois 624. La somme de l'une de ces additions est

$$2 \begin{cases} 624 \\ 624 \\ 624 \end{cases}$$ donc égale à

$$624 \times 3 = 1\ 872,$$

$$3 \begin{cases} 624 \\ \dots \text{ ou (**)} \\ \dots \end{cases}$$ et la somme des 100 additions sera 100 fois plus grande,

$$1\ 872 \times 100 = 187\ 200.$$

46. 3e Cas. — *Multiplication de deux nombres de plusieurs chiffres.*

Règle. — *On écrit le multiplicande, le multiplicateur au-dessous et on souligne. Puis on multiplie le multiplicande successivement par chaque chiffre significatif (***) du multiplicateur en commençant par la droite. On écrit les produits partiels les uns sous les autres, de manière que le premier chiffre à droite de chacun d'eux se trouve sous le chiffre du multiplicateur qui a servi à le former. On souligne le dernier produit partiel, et la somme de tous ces produits est le produit cherché.*

(*) Voir, pour la pratique, nos ouvrages plus élémentaires.
(**) Car rendre un nombre 100 fois plus grand (27), ou le multiplier par 100, c'est évidemment la même chose.
(***) Les neuf chiffres 1, 2, 3, 4...9 sont appelés *chiffres significatifs.*

EXEMPLE. — Multiplier 8 367 par 645.

$$
\begin{array}{r}
8\,367 \\
645 \\
\hline
41\,835 \\
334\,68 \\
5\,020\,2 \\
\hline
5\,396\,745
\end{array}
$$

Le produit (*) des deux nombres proposés est 5 396 745.

Démonstration. — Multiplier 8 367 par 645, c'est prendre 645 fois 8 367, ce qui revient à prendre ce nombre 5 fois, 40 fois et 600 fois; puis additionner. Or, on sait déjà faire de telles opérations (45 et *corol.*). Donc :

1er produit partiel :	5 fois 8 367, ou 8 367 × 5 = . . .		41 835
2e —	40 fois 8 367, ou 8 367 × 40 = . .		334 680
3e —	600 fois 8 367, ou 8 367 × 600 = . .		5 020 200

Somme des trois produits partiels, ou *Produit total.*   5 396 745

Mais au lieu d'écrire des zéros sur la droite du second et du troisième produit partiel, on voit qu'on peut les omettre, pourvu, toutefois, qu'on commence à écrire chaque produit partiel sous le chiffre du multiplicateur qui a servi à le former. La théorie est donc conforme à la règle.

47. Cas particulier. — *Les facteurs sont terminés par des zéros.*

Règle. — *On fait la multiplication sans avoir égard aux zéros qui terminent les facteurs, mais on écrit sur la droite du produit obtenu autant de zéros qu'il y en a dans les deux facteurs.*

EXEMPLE. — Multiplier 89 000 par 2 700.

On trouve, en suivant la règle, 240 300 000 pour le produit.

Démonstration. — Multiplier 89 000 par 2 700, c'est répéter 100 fois 27 fois 89 mille, or 27 fois 89 mille font (n° 44, *Rem.*) 2 403 mille, ou 2 403 000 unités, et 100 fois 27 fois donnent 240 300 000. La théorie est donc conforme à la règle.

Remarque. — Les produits de chaque chiffre du multiplicande par chaque chiffre du multiplicateur surpassant généralement 9, on commence la multiplication par la droite et non par la gauche des deux facteurs, pour n'être pas obligé d'effacer, à cause des retenues, des chiffres déjà écrits (31, *Rem.*, et 38, *Rem.*). Mais on pourrait très-bien commencer l'opération par un chiffre quelconque du *multiplicateur*, pourvu que dans les produits partiels les unités de même ordre se correspondent, cela est évident. Voici une multiplication faite des deux manières :

3 624	3 624
436	436
21 744	108 72
108 72	1 449 6
1 449 6	21 744
1 580 064	1 580 064

La seconde manière n'est pas plus longue, mais elle est moins naturelle.

48. Théorème. — *Le produit de deux facteurs ne change pas, lorsqu'on intervertit l'ordre de ses facteurs.*

Par exemple : 4 × 3 = 3 × 4.

(*) Voir, pour la pratique, nos ouvrages plus élémentaires.

En effet, multiplier 4 par 3 c'est répéter 3 fois 4 unités, ou 3 fois une colonne horizontale de 4 unités (III), ce qui donne le tableau suivant

pour le produit de 4 par 3. Mais si on compte les unités rangées par colonnes verticales, on trouve que chaque colonne contient 3 unités et qu'il a 4 de ces colonnes : le même tableau renferme donc 3 unités répétées 4 fois ou le produit de 3 par 4. Donc

$$4 \times 3 = 3 \times 4.$$

Autre démonstration. — Je dis que $25 \times 32 = 32 \times 25$, ou que 32 fois 25 = 25 fois 32.

En effet, d'après la définition de la multiplication, le produit 25×32 n'est autre chose que 32 fois 25. Mais, dans ce produit, chacune des unités de 25 est prise 32 fois, et s'y trouve ainsi représentée par 32 unités; par suite, le produit se compose d'autant de fois 32 qu'il y a d'unités dans 25, c'est-à-dire de 25 fois 32. *C. q. f. d.*

49. Preuve. — On recommence l'opération en prenant le multiplicateur pour multiplicande, et réciproquement, on doit trouver le même produit (48).

50. Usages de la multiplication. — Cette opération est d'un usage très-fréquent. On l'emploie :

I. Pour calculer la valeur, le poids, etc., d'un groupe de plusieurs objets, connaissant la valeur, le poids, etc., d'un seul;

II. Pour calculer le bénéfice ou la perte sur l'ensemble de plusieurs unités, connaissant le bénéfice ou la perte sur une seule unité.

III. Pour calculer le gain ou la dépense d'une semaine, d'un mois, etc., connaissant le gain ou la dépense d'un jour.

THÉORÈMES DIVERS RELATIFS A LA MULTIPLICATION

51. Théorème I. — *Si on rend le multiplicande ou le multiplicateur un certain nombre de fois plus grand ou plus petit, le produit est rendu le même nombre de fois plus grand ou plus petit.*

En effet, si on rend le multiplicande *seul* 2, 3, 4... fois plus grand, comme on répète le même nombre de fois un nombre 2, 3, 4... fois plus grand, il est évident que l'on obtient un produit 2, 3, 4... fois plus grand. Si, en second lieu, on rend le multiplicateur *seul* 2, 3, 4... fois plus grand, on répète le même nombre, un nombre de fois 2, 3, 4... fois plus grand, et, par conséquent, le produit est 2, 3, 4... fois plus grand.

52. Produit de plusieurs facteurs. — On appelle ainsi le produit obtenu en multipliant le 1er facteur par le 2e, puis le produit par le 3e, et ainsi de suite, jusqu'à ce que tous les facteurs soient épuisés.

Par exemple : $4 \times 3 \times 7 \times 2 = 12 \times 7 \times 2 = 84 \times 2 = 168$.

53. Théorème II. — *Le produit de deux facteurs contient au plus autant de chiffres qu'il y en a dans ces facteurs, et au moins autant moins un, qu'ils en contiennent eux-mêmes.*

Ex. : Le produit de 8923 par 537 aura au plus 7 chiffres et au moins 6.

En effet, le multiplicande est moindre que 10 000 et le multiplicatcur moindre que 1 000 : donc le produit sera moindre que celui de 10 000 par 1 000 = 10 000 000, qui est le plus petit nombre composé de 8 chiffres : donc le produit des nombres donnés en contiendra au plus 7.

En second lieu, le multiplicande est plus grand que 1 000, et le multiplicateur plus grand que 100 : donc le produit sera plus grand que celui de 1 000 par 100 = 100 000, qui est le petit nombre composé de 6 chiffres : donc le produit en contiendra au moins 6, ce qu'il fallait démontrer.

Remarque. — On prouverait de même que le produit de plusieurs facteurs contient au plus autant de chiffres qu'il y en a dans ces facteurs, et au moins autant qu'ils en contiennent, diminués du nombre des facteurs moins un.

Ainsi le produit de $25 \times 4 \times 355 \times 16 \times 54$ contiendra au plus 10 chiffres et au moins 6.

54. Théorème III. — *Le produit d'un nombre quelconque de facteurs ne change pas, dans quelque ordre qu'on effectue les multiplications.*

La démonstration de ce théorème se divise en 3 parties.

1° *Le produit d'un nombre quelconque de facteurs ne change pas lorsqu'on intervertit l'ordre des deux derniers.*

Ex. : $2 \times 3 \times 7 \times 4 \times 6 = 2 \times 3 \times 7 \times 6 \times 4$.

Si l'on effectue le produit des trois premiers facteurs 2, 3, 7, il reste à multiplier leur produit 42 par 4, puis par 6.

Mais multiplier 42 par 4, c'est répéter ce nombre 4 fois, par conséquent

$$42 \times 4 = 42 + 42 + 42 + 42.$$

Pour multiplier ce produit par 6, il suffit de multiplier chacune de ses parties par 6, ce qui donne

$$42 \times 4 \times 6 = 42 \times 6 + 42 \times 6 + 42 \times 6 + 42 \times 6.$$

Mais répéter 4 fois le produit 42×6, c'est évidemment le multiplier par 4 : donc

$$42 \times 4 \times 6 = 42 \times 6 \times 4 ;$$

et si l'on substitue à 42 sa valeur, on a enfin

$$2 \times 3 \times 7 \times 4 \times 6 = 2 \times 3 \times 7 \times 6 \times 4.$$

2° *Dans un produit de plusieurs facteurs, on peut intervertir l'ordre de deux facteurs consécutifs quelconques.*

Ex. : $2 \times 3 \times 7 \times 4 \times 6 = 2 \times 7 \times 3 \times 4 \times 6$.

On vient de démontrer que

$$2 \times 3 \times 7 = 2 \times 7 \times 3.$$

Mais si l'on multiplie deux quantités égales par une même quantité (4×6), elles restent encore égales : donc

$$2 \times 3 \times 7 \times 4 \times 6 = 2 \times 7 \times 3 \times 4 \times 6.$$

3° *Dans un produit, on peut intervertir l'ordre des facteurs d'une manière quelconque sans changer le produit.*

En effet, changer l'ordre des facteurs d'un produit revient évidemment à faire occuper la première place à un facteur désigné, la seconde à un autre également désigné, etc.

Or, d'après ce qui précède, on peut successivement faire changer un facteur de place avec son voisin et par conséquent l'amener à la place qui lui a été assignée, et de même pour tout autre facteur.

Donc : dans un produit, etc.

Soit, par exemple, à amener dans le produit de

$$3 \times 2 \times 4 \times 6 \times 7 \times 12$$

le facteur 6 à la première place et le facteur 12 à la quatrième.

On a :

$$
\begin{aligned}
3 \times 2 \times 4 \times 6 \times 7 \times 12 &= 3 \times 2 \times 6 \times 4 \times 7 \times 12 \\
&= 3 \times 6 \times 2 \times 4 \times 7 \times 12 \\
&= 6 \times 3 \times 2 \times 4 \times 7 \times 12 \\
&= 6 \times 3 \times 2 \times 4 \times 12 \times 7 \\
&= 6 \times 3 \times 2 \times 12 \times 4 \times
\end{aligned}
$$

On voit que le facteur 6 a d'abord été amené à la première place, puis le facteur 12 à la quatrième. On aurait pu faire occuper de même à tout autre facteur une place désignée.

55. Théorème IV. — *Dans un produit de facteurs, on peut remplacer plusieurs facteurs par un seul égal à leur produit effectué.*

En effet :

1° Cela est vrai, si les facteurs considérés sont au 1ᵉʳ rang, puisque pour le produit $8 \times 5 \times 6 \times 4 \times 2$, on a successivement (52) :

$$8 \times 5 \times 6 \times 4 \times 2 = 40 \times 6 \times 4 \times 2 = 240 \times 4 \times 2 = 960 \times 2 = 1920.$$

Donc, sans altérer le produit total, on a pu remplacer les 2 premiers facteurs par le seul facteur 40, les 3 premiers par le seul facteur 240, etc.

2° Si les facteurs que l'on veut remplacer par un seul ne sont pas au 1ᵉʳ rang, on peut (54) les y ramener, et l'on rentre dans le cas précédent.

56. Théorème V. — *Pour multiplier un nombre par le produit de plusieurs facteurs, on peut multiplier ce nombre successivement par chacun des facteurs de ce produit.*

Ex. : $56 = 2 \times 4 \times 7$. Soit à multiplier 19 par 56, je dis que

$$19 \times 56 = 19 \times 2 \times 4 \times 7.$$

En effet, $19 \times 56 = 56 \times 19 = 2 \times 4 \times 7 \times 19.$

Mais (54) $2 \times 4 \times 7 \times 19 = 19 \times 2 \times 4 \times 7;$

Donc $19 \times 56 = 19 \times 2 \times 4 \times 7$ (C. q. f. d.).

57. Théorème VI. — *Pour multiplier un produit de 2 ou plusieurs facteurs par un nombre, il suffit de multiplier l'un des facteurs du produit par ce nombre.*

Ainsi, pour multiplier le produit $3 \times 4 \times 5$ par 6, il suffira, par exemple, de multiplier le facteur 4 par 6, et l'on aura

$$3 \times 4 \times 5 \times 6 = 3 \times 24 \times 5.$$

En effet, on a (54)

$$3 \times 4 \times 5 \times 6 = 3 \times 4 \times 6 \times 5.$$

et (55)

$$3 \times 4 \times 6 \times 5 = 3 \times 24 \times 5.$$

Remarque. — Ces trois théorèmes sont les conséquences immédiates du théorème démontré plus haut, n° 54.

DEFINITIONS. — THÉORÈMES SUR LES PUISSANCES

58. On appelle *multiple* d'un nombre le produit de ce nombre par un nombre entier quelconque. Ainsi 28, produit de 7 par 4, est en même temps multiple de **7** et de **4**.

58 *bis.* On appelle *équimultiples* de plusieurs nombres les produits de ces nombres par un même multiplicateur. Ainsi, 20 et 12, provenant de la multiplication de 5 et de 3 par 4, sont des équimultiples de 5 et de 3.

59. — On appelle *puissance* d'un nombre un produit obtenu par la multiplication de plusieurs facteurs égaux à ce nombre. Ainsi 16 est la 4e puissance de 2, parce qu'il provient de $2 \times 2 \times 2 \times 2$. Le nombre des facteurs égaux indique le degré de la puissance.

La première puissance d'un nombre est ce nombre même : 5, par exemple, est la première puissance de 5.

60. Exposant. — L'*exposant* est un chiffre qui se place à droite d'un nombre, et un peu au-dessus, pour faire connaître la puissance à laquelle ce nombre doit être élevé. Ainsi dans 2^4 et 3^6, qu'on prononce 2 *puissance* 4 et 3 *puissance* 6, les chiffres 4 et 6 sont les exposants de 2 et de 3; par conséquent, on a $2^4 = 2 \times 2 \times 2 \times 2 = 16$, et $3^6 = 3 \times 3 \times 3 \times 3 \times 3 \times 3 = 729$.

Remarque. — Au lieu de dire puissance deuxième, puissance troisième d'un nombre, on dit *carré*, *cube* d'un nombre : 4 est le carré de 2 et 8 en est le cube.

61. Théorème I. — *Le produit de deux ou plusieurs puissances d'un même nombre a pour exposant la somme des exposants des facteurs.*

$$\text{Ex. : } 19^3 \times 19^5 = 19^8.$$

En effet,

$$19^3 \times 19^5 = 19 \times 19 \times 19 \times 19 \times 19 \times 19 \times 19 \times 19 = 19^8.$$

61. Théorème II. — *Pour élever une puissance d'un nombre au carré, au cube, etc... il suffit de multiplier par 2, par 3... l'exposant de cette puissance.*

$$\text{Ainsi } (4^2)^3 = 4^6.$$

En effet, on a

$$(4^2)^3 = 4^2 \times 4^2 \times 4^2$$

et (60) $4^2 \times 4^2 \times 4^2 = 4^{2 + 2 + 2} = 4^{2 \times 3} = 4^6.$

62. Théorème III. — *Pour élever un produit à une puissance, on peut élever chacun de ses facteurs à cette puissance.*

2

Soit, par exemple, à élever 30 à la 4e puissance.

Je dis qu'on aura $30^4 = 2^4 \times 3^4 \times 5^4$.

En effet,

$$30^4 = (2 \times 3 \times 5)^4$$
$$= 2 \times 3 \times 5 \times 2 \times 3 \times 5 \times 2 \times 3 \times 5 \times 2 \times 3 \times 5$$
$$= 2 \times 2 \times 2 \times 2 \times 3 \times 3 \times 3 \times 3 \times 5 \times 5 \times 5 \times 5$$
$$= 2^4 \times 3^4 \times 5^4.$$

64. Théorème IV. — *Pour multiplier entre eux des produits composés de facteurs affectés eux-mêmes d'exposants, il suffit d'écrire au produit, une fois chacun, les facteurs différents du multiplicande et du multiplicateur, en leur donnant pour exposant la somme des exposants qu'ils ont au multiplicande et au multiplicateur, s'ils entrent dans tous les deux, ou en leur conservant l'exposant dont ils sont affectés s'ils n'entrent que dans un seul.*

Ainsi,

$$(3^2 \times 5^3 \times 4^7)(5^2 \times 4^3 \times 7^4) = 3^2 \times 5^5 \times 4^{10} \times 7^4$$

En effet,

$$(3^2 \times 5^3 \times 4^7)(5^2 \times 4^3 \times 7^4) = 3^2 \times 5^3 \times 4^7 \times 5^2 \times 4^3 \times 7^4$$
$$= 3^2 \times 5^3 \times 5^2 \times 4^7 \times 4^3 \times 7^4 = 3^2 \times 5^5 \times 4^{10} \times 7^4 \ (60).$$

Remarque. — Il est facile d'étendre ce raisonnement au cas où l'on a à effectuer un produit composé d'un nombre quelconque de facteurs.

65. Théorème V. — *Pour élever à la 2e, à la 3e.... puissance un produit de plusieurs facteurs affectés eux-mêmes d'exposants, il suffit de multiplier l'exposant de chaque facteur par la puissance indiquée.*

Par exemple :

$$(3^5 \times 4^6 \times 7^2)^3 = 3^{15} \times 4^{18} \times 7^6.$$

En effet, on a

$$(3^5 \times 4^6 \times 7^2)^3 = (3^5 \times 4^6 \times 7^2)(3^5 \times 4^6 \times 7^2)(3^5 \times 4^6 \times 7^2)$$
$$= 3^{15} \times 4^{18} \times 7^6.$$

CHAPITRE V

DIVISION

66. Définition. — *La division est une opération qui a pour but, étant donnés un produit de deux facteurs et l'un de ces facteurs, de trouver l'autre.*

Le produit donné se nomme *dividende;* le facteur donné, *diviseur,* et celui qu'on cherche, *quotient.*

67. Signe. — Le signe de la division est : ou — qui s'énonce *divisé par.* Ex.: $20 : 5$ ou $\dfrac{20}{5}$ se lit 20 divisé par 5 : d'ailleurs, le nombre 20 est le produit connu ou *dividende* et 5 est le facteur connu ou *diviseur.*

68. — D'après la définition qui vient d'être donnée (66), le quotient doit être tel que, multiplié par le diviseur, il reproduise le dividende. Le quotient de $20 : 5$ est donc 4, car on sait que 4 multiplié par 5 donne 20.

Puisque $20 = 4 \times 5$, le nombre 20 contient 5 fois 4, ou se compose de 5 parties égales à 4. On peut donc dire encore que la *division est une opération par laquelle on partage un nombre donné, appelé dividende, en autant de parties égales qu'il y a d'unités dans un autre nommé diviseur ; l'une de ces parties est le quotient.*

C'est de ce but de la division que sont tirés les mots division (*divisio*, partage), dividende (*dividendus*, qui doit être partagé), diviseur (*divisor*, qui divise).

De ce qu'on a aussi $20 = 5 \times 4$, il résulte que le diviseur 5 est contenu 4 fois dans le dividende 20. On peut par conséquent dire encore que la *division est une opération par laquelle on cherche combien de fois un nombre appelé dividende en contient un autre appelé diviseur ; le nombre de fois s'appelle quotient* (*quoties*, combien de fois).

69. Du reste. — Dans la division de 20 par 5, le dividende est exactement le produit du diviseur par le quotient. Mais il n'en est pas toujours ainsi ; il arrive au contraire, le plus souvent, que le dividende est compris entre deux produits consécutifs du diviseur par le quotient. On se propose alors de trouver le plus grand multiple du diviseur compris dans le dividende. L'excès du dividende sur ce plus grand multiple est ce qu'on appelle le *reste*, lequel est nécessairement plus petit que le diviseur.

70. — On distingue 3 cas dans la division.

1er Cas. — *Le diviseur et le quotient n'ont qu'un seul chiffre.*

EXEMPLE : diviser 46 par 7.

La table de multiplication suffit pour ce cas, car elle nous fait connaître que 46 est compris entre $7 \times 6 = 42$ et $7 \times 7 = 49$, et que, par conséquent, le quotient entier est 6 et le reste 4 ; puisque $42 + 4 = 46$.

71. Remarque. — Pour trouver le quotient, on pourrait, *en général* (1re définition), multiplier le diviseur par les divers nombres 1, 2, 3... jusqu'à ce qu'on trouve le dividende, ou le plus grand multiple qui y soit contenu. Ainsi, 46 divisé par 7 donne 6 pour quotient, car le plus grand multiple de 7 contenu dans 46 est 42, ou 7×6 : le reste est 4.

D'après la 3e définition, on pourrait encore chercher le nombre de fois que le diviseur est contenu dans le dividende, à l'aide d'additions ;

car on a (*) $\qquad 7 + 7 + 7 + 7 + 7 + 7 < 46,$

et $\qquad\qquad 7 + 7 + 7 + 7 + 7 + 7 + 7 > 46 ;$

on en conclut que 7 est contenu 6 fois dans 46.

Ces deux méthodes seraient impraticables dans la plupart des cas, mais elles font connaître que *la division elle-même découle de l'addition.*

72. 2e Cas. — *Le dividende et le diviseur ont plusieurs chiffres et le quotient n'en a qu'un seul.*

Règle. — *A la droite du dividende, on place un trait vertical, puis le diviseur, qu'on souligne pour le séparer du quotient qui s'écrit au-dessous. Si le dividende a le même nombre de chiffres que le diviseur, on divise le 1er chiffre à gauche du dividende par le 1er chiffre à gauche*

(*) Le signe $>$ ou $<$ sert à désigner l'inégalité de deux quantités. On tourne l'ouverture du côté de la plus grande. Ainsi, $5 > 4$ se lit *5 plus grand que 4*, et $6 < 7$ se lit *6 plus petit que 7*.

du diviseur; si le dividende a un chiffre de plus que le diviseur, on divise les 2 premiers chiffres par le 1er du diviseur. On multiplie tout le diviseur par le nombre trouvé; si le produit peut se retrancher du dividende, ce nombre est le vrai quotient. Dans le cas contraire, le nombre trouvé est trop fort; on le diminue d'une unité et on essaye de nouveau jusqu'à ce que la soustraction soit possible.

EXEMPLE : Diviser 2917 par 389.

Le quotient n'aura bien qu'un seul chiffre, puisque $389 \times 10 = 3890$, nombre plus grand que 2917.

$$\begin{array}{r|l} 2917 & 389 \\ 194 & \overline{7} \end{array}$$

En se conformant à la règle, on trouve 7 pour quotient et 194 pour reste (*).

Démonstration.—En effet, le quotient n'ayant qu'un chiffre, le dividende se compose évidemment de la somme des produits du chiffre inconnu du quotient par les 3 centaines, les 8 dizaines et les 9 unités du diviseur, plus du reste s'il y en a un.

Or, la 1re de ces quatre parties est un nombre exact de centaines, car les unités du quotient multipliées par les 3 centaines du diviseur donneront des centaines ; cette 1re partie ne peut donc se trouver que dans les 29 centaines du dividende. Mais ces 29 centaines peuvent encore contenir quelques centaines provenant des trois autres parties. Donc 29 centaines sont *au moins* le produit des 3 centaines du diviseur par le chiffre du quotient; donc en divisant 29 par 3, on aura le quotient ou un chiffre *trop fort*. Il est évident qu'il sera trop fort, si son produit par le diviseur est plus grand que le dividende ; c'est précisément ce qui aurait lieu dans ce cas, puisque le quotient n'est ni 9, ni 8, mais 7 seulement (**).

73. 3e Cas. — *Le dividende et le diviseur sont quelconques, et le quotient a plusieurs chiffres.*

Règle. — *On place le dividende et le diviseur comme il a été indiqué (72). Cela fait, on prend sur la gauche du dividende assez de chiffres pour avoir un nombre au moins égal à une fois le diviseur, mais qui ne le contienne pas 10 fois. On a ainsi un 1er dividende partiel qu'on divise par le diviseur, ce qui donne le chiffre des plus hautes unités du quotient. On multiplie le diviseur par ce chiffre, on retranche le produit du premier dividende partiel. A la droite du reste, on abaisse le chiffre suivant du dividende total. On a un second dividende partiel sur lequel on opère comme sur le 1er. L'opération se continue de même jusqu'à ce que les chiffres du dividende total aient été tous abaissés et employés.*

Il peut arriver qu'un dividende partiel se trouve PLUS PETIT *que le diviseur. Dans ce cas, on met un zéro au quotient et on abaisse le chiffre suivant du dividende total. On a alors un nouveau dividende partiel qu'on divise par le diviseur.*

(*) Voir, pour la pratique, nos ouvrages plus élémentaires.
(**) Les essais à faire pour trouver 7 sont connus du lecteur.

EXEMPLE : Diviser 71 892 par 85.

Le dividende étant plus grand que 85 × 100 = 8 500 et plus petit que 85 × 1 000 = 85 000 ; le quotient sera plus grand que 100 et plus petit que 1000 ; il aura donc 3 chiffres.

$$
\begin{array}{r|l}
71892 & 85 \\
389 & \overline{845} \\
492 & \\
67 &
\end{array}
$$

En se conformant à la règle, on trouve 845 pour le quotient cherché et 67 pour reste.

Démonstration. — Partager 71 892 en 85 parties égales revient évidemment à partager successivement en 85 parties égales, les centaines, les dizaines et les unités du dividende.

Je partage déjà en 85 parties égales les 718 centaines (*) du dividende (2e cas), je trouve 8 centaines et il reste 38 centaines, qui font 380 dizaines et 9 du dividende font 389.

Je partage en 85 parties égales les 389 dizaines, je trouve 4 dizaines, et il reste 49 dizaines, qui font 490 unités et 2 du dividende font 492.

Je partage enfin ces 492 unités en 85 parties égales, ce qui donne 5 pour quotient et pour reste 67. Le quotient est donc 845 et le reste 67.

Autre démonstration (**). — Le quotient, étant plus grand que 100 et plus petit que 1 000, aura 3 chiffres : le chiffre des centaines, celui des dizaines et celui des unités. Le dividende se composera, par conséquent, de la somme des produits du diviseur par les centaines, par les dizaines et par les unités du quotient, plus du reste, s'il y en a un.

Or, la première de ces quatre parties est un nombre exact de centaines ; elle ne peut donc se trouver que dans les 718 centaines du dividende. Mais 718 centaines peuvent encore contenir quelques centaines provenant des trois autres parties. Donc 718 centaines sont *au moins* le produit du diviseur par les centaines du quotient ; donc, en divisant 718 centaines par 85, on n'aura pas un chiffre moindre que celui des centaines du quotient ; on ne pourra pas non plus en obtenir un trop grand ; car, s'il en était ainsi, il arriverait qu'en divisant seulement 718 centaines ou 71 800 par 85, on aurait un quotient plus grand qu'en divisant 71 892, ce qui est impossible (***): donc, en divisant 718 par 85, on obtiendra le chiffre exact des centaines du quotient. Mais la division de 718 par 85 est une division du second cas qui donne 8 pour quotient et 38 pour reste, de sorte que

718 centaines = 85 fois 8 centaines + 38 centaines.

On écrit 8 centaines au quotient ; puis on détermine les dizaines du quotient. Tout nombre de dizaines est terminé par un zéro ; donc le produit du diviseur par les dizaines du quotient sera aussi terminé par un zéro, et sera par conséquent un nombre exact de dizaines qui ne pourra se trouver que dans les dizaines qui restent. Or, 38 centaines valent 380 dizaines ; si l'on ajoute les 9 dizaines du dividende complet, on aura en tout 389 dizaines à diviser par 85 ; division du second cas, qui donne 4 pour quotient et 49 pour reste, de sorte que

389 dizaines = 85 fois 4 dizaines + 49 dizaines. On écrit 4 au quotient.

(*) Il est inutile de chercher à diviser en 85 parties les 71 mille, puisque chaque partie ne contiendrait pas un mille.

(**) Cette seconde démonstration est préférable à la 1re, parce qu'elle est analogue à celle qui a été donnée au 2e cas, et que toutes deux sont basées sur la même définition (66) ; elle a, en outre, l'avantage de préparer le lecteur à la théorie des racines.

(***) Si, par exemple, 8 est le véritable chiffre des centaines du quotient de 71 892 par 85, le quotient peut être au plus 899 ; donc il est impossible qu'en divisant *seulement* 718 par 85, on trouve 9 pour quotient.

On prouverait, comme plus haut, que le chiffre 4 est le chiffre exact des dizaines. On n'a plus qu'à déterminer le chiffre des unités. Ce qui reste, c'est-à-dire 49 dizaines = 490 unités + 2 unités du dividende proposé ou 492, est évidemment le produit du diviseur par les unités du quotient augmenté du reste, s'il y en a un ; donc, en divisant 492 par 85, on trouvera le chiffre des unités du quotient.

Cette division du second cas donne 5 pour quotient et 67 pour reste, de sorte que

$$492 = 85 \text{ fois } 5 + 67.$$

On écrit 5 unités au quotient.

La division de 71 892 par 85 donne donc bien 845 pour la partie entière du quotient et 67 pour reste, et l'on a

$$71\,892 = 85 \times 845 + 67.$$

Ce raisonnement est conforme à la règle pratique.

74. Cas particuliers. — *Le diviseur n'a qu'un chiffre.*

On abrége la division en opérant comme il suit. Soit, par exemple, à diviser 75 845 par 8.

$$\text{Quotient.} \quad \frac{\overline{7\,5\,8\,5\,4}}{9\,4\,8\,1} \Big| 8$$
$$\text{Reste.} \qquad 6$$

On dit : en 75 combien de fois 8 ? 9 fois, pour 72 (8 fois 9, 72), il reste 3 (3 mille) qui valent 30 (30 centaines), et 8 font 38. En 38 combien de fois 8 ? 4 fois, pour 32, il reste 6 (6 centaines), qui valent 60 (60 dizaines) et 5 font 65. En 65 combien de fois 8 ? 8 fois, pour 64, il reste 1 (1 dizaine) qui vaut 10 (10 unités) et 4 font 14. En 14 combien de fois 8 ? 1 fois et il reste 6.

Remarque I. — On dit plus généralement le 8ᵉ de 75 est de 9 pour 72 (on écrit 9), il reste 3 qui valent 30, et 8, 38 ; le 8ᵉ de 38 est de 4 pour 32 (on écrit 4), il reste 6 qui valent 60, etc...

Remarque II. — On sait pourquoi les trois premières opérations se commencent par la droite ; la division, au contraire, se commence par la gauche, parce que, dans les divisions du 2ᵉ et du 3ᵉ cas, il est impossible de déterminer d'abord le chiffre des unités. On ne peut commencer par déterminer le chiffre des unités du quotient, par suite de l'impossibilité dans laquelle on se trouve de préciser le nombre de chiffres qui, sur la droite du dividende, composent le produit du diviseur par les unités du quotient. On éprouverait la même difficulté pour déterminer le chiffre des dizaines du quotient. Ainsi, par exemple, on ne peut savoir à l'avance si 92 (3ᵉ cas) est le produit du diviseur par le chiffre des unités du quotient, ou si le nombre 92 forme seulement les deux premiers chiffres de ce produit.

75. Preuve. — On multiplie le diviseur par le quotient et en ajoutant le reste au produit, on doit retrouver le dividende. Cette preuve est basée sur la définition de la division.

76. Usages. — On fait une division :

1º Quand on veut partager un nombre en autant de parties égales qu'il y a d'unités dans un autre ;

2º Quand on connaît la valeur de plusieurs objets, celle d'un seul, et qu'on désire trouver le nombre d'objets ;

3º Quand on veut connaître la valeur d'un objet, connaissant le nombre et la valeur d'un nombre d'objets semblables ;

4º Quand on veut rendre un nombre tant de fois plus petit ;

THÉORÈMES RELATIFS A LA DIVISION

77. Théorème I. — *Le quotient d'une division ne change pas lorsqu'on multiplie ou qu'on divise le dividende et le diviseur par un même nombre; mais le reste, s'il y en a un, est multiplié ou divisé par ce nombre.*

En effet, soit 32 à diviser par 6, le quotient est 5 et le reste 2; de sorte qu'on a

$$(1)\ 32 = 6 \times 5 + 2.$$

Si l'on multiplie les deux membres de cette égalité par 8, il vient :

(2) $$32 \times 8 = 6 \times 5 \times 8 + 2 \times 8$$

ou $$32 \times 8 = 6 \times 8 \times 5 + 2 \times 8.$$

Cette égalité prouve que (32×8) divisé par (6×8) donne toujours 5 pour quotient, et que le reste 2 a été multiplié par 8; ce reste, est encore plus petit que le diviseur, car on avait $2 < 6$, et par conséquent on a $2 \times 8 < 6 \times 8$.

Ce théorème est encore vrai, quand au lieu de *multiplier* on *divise* le dividende et le diviseur par un même nombre.

En effet, l'égalité (2) est une conséquence de l'égalité (1); on peut admettre réciproquement que l'égalité (1) est la conséquence de l'égalité (2).

Corollaire. — *On peut supprimer sur la droite du dividende et du diviseur le même nombre de zéros sans altérer le quotient* (*).

78. Théorème II. — *Diviser un nombre par le produit de plusieurs facteurs, revient à le diviser successivement par chacun des facteurs de ce produit.*

EXEMPLE : Pour obtenir le quotient de 720 par $30 = 2 \times 3 \times 5$, on peut diviser 720 par 2, le quotient obtenu par 3, et le nouveau quotient par 5.

En effet, le quotient de 720 par 30 étant exactement 24, on a $720 = 30 \times 24 = 2 \times 3 \times 5 \times 24$. Si on divise 720 par 2, on aura $720 = 2 \times (3 \times 5 \times 24)$, et le premier quotient sera $3 \times 5 \times 24$. Si on divise ce quotient par 3, on aura $3 \times 5 \times 24 = 3 \times (5 \times 24)$, et le second quotient sera 5×24. Si enfin on divise 5×24 par 5, on aura 24 pour quotient ; lequel est bien celui de la division de 720 par 30.

Le raisonnement est analogue dans le cas où la division donne un reste. *Exemple.* La partie entière du quotient de 528 par 30 étant 17, le dividende 528 est compris entre les produits de 30×17 et 30×18 ou $2 \times (3 \times 5 \times 17)$ et $2 \times (3 \times 5 \times 18)$.

Si on divise 528 par 2, il est évident que ce premier quotient sera compris entre $3 \times 5 \times 17$ et $3 \times 5 \times 18$.

Si on divise ce quotient par 3, le second quotient sera compris entre 5×17 et 5×18; enfin, si on divise ce second quotient par 5, le

(*) Voir notre *Arithmétique élémentaire* pour les applications de ces divers principes au calcul mental.

troisième quotient sera compris entre 17 et 18. Donc 17 est bien la partie entière du quotient.

79. Théorème III. — *Diviser un produit de plusieurs facteurs par un nombre revient à diviser un des facteurs par ce nombre.*

Ainsi, pour diviser par 5 le produit $4 \times 7 \times 15$, il suffit de diviser le facteur 15 par 5, le quotient sera

$$4 \times 7 \times 3.$$

Ce produit est en effet le vrai quotient, car si on le multiplie par le diviseur 5, on retrouve le dividende

$$4 \times 7 \times 15.$$

80. Théorème IV. — *Le quotient de deux puissances d'un même nombre est égal à l'exposant du dividende, moins l'exposant du diviseur.*

Ainsi, par exemple, $3^8 : 3^6 = 3^{8-6} = 3^2$.

En effet, 3^2 multiplié par le diviseur 3^6 reproduit le dividende (60). Donc 3^2 est le quotient réel.

EXERCICES

SUR LES QUATRE OPÉRATIONS

1. Une personne qui a une rente annuelle de 2490 fr., veut consacrer 300 fr. chaque année en bonnes œuvres. Combien peut-elle en moyenne dépenser par jour?

2. Un marchand de vin a besoin de réaliser 1250 fr. Combien doit-il vendre d'hectolitres, à 25 fr. l'un, pour obtenir cette somme, et avoir encore 400 fr. à sa disposition?

3. Un train, parcourant en moyenne 32 kilom. par heure, est sorti de Paris à 11 heures du soir, et il est arrivé à Lyon à 3 heures du soir le lendemain. Quelle est la distance de Paris à Lyon?

4. On emploie en France environ 36 000 kilogr. de phosphore pour la fabrication des allumettes; 24 000 kilogr. sont employés à d'autres usages ou exportés. A combien de kilogrammes s'élève la production annuelle du phosphore en France, et quelle somme représente-t-elle si le kilogramme est estimé 8 fr.?

5. Le volume du soleil est égal à 1 280 000 fois environ le volume de la terre; celui de la terre est 50 fois plus considérable que celui de la lune. Combien le volume du soleil vaut-il de fois le volume de la lune?

6. Un cultivateur vend au marché 32 quintaux de blé à 25 fr. le quintal, et 12 quintaux d'avoine à 16 fr. l'un. Il dépense 128 fr. en acquisitions et frais de voyage. Il est parti au marché avec 30 fr. Combien doit-il rapporter?

7. Démontrer que si, à la somme de deux nombres, on ajoute leur différence, on obtient le double du plus grand, et que, si on retranche cette différence, on obtient le double du plus petit.

8. Un propriétaire a deux vergers qui renferment ensemble 320 pieds d'arbres. Il y a 60 arbres de plus dans l'un que dans l'autre : combien y en a-t-il dans chacun?

9. Quel est le nombre qui, divisé par 56, donne 728 pour quotient et 4 pour reste?

10. On compte environ un décès par an pour 41 habitants et une naissance pour 35. Sur combien de décès et combien de naissances peut-on compter annuellement dans une ville de 86 100 habitants? De combien la population s'est-elle accrue au bout de l'année?

11. Un ouvrier gagne 5 fr. par jour, sa femme 2 fr. et son jeune fils 1 fr. Combien leur faudra-t-il de jours pour gagner 880 fr.? et, au bout de ce temps, combien chacun aura-t-il gagné?

12. Le houblon en plein rapport produit, année ordinaire, 900 kilogr. de cônes secs et 9 000 kilogr. de litière par hectare. Combien vaut cette récolte, le kilogr. de cônes secs se payant 2 fr. et les 100 kilogr. de litière 1 fr.?

13. Le blé richelle blanche demande par hectare 220 litres, lorsqu'on sème en lignes, et 320 litres, lorsqu'on sème à la volée. Quelle est la valeur de la semence qu'on peut économiser en semant 15 hectares en lignes, au lieu de semer à la volée? On estime 4 fr. le double décalitre, ou 20 litres.

14. Un hectare de bon terrain produit, année ordinaire, 30 000 kilogr. de betteraves à sucre. Combien vaut cette récolte, à 16 fr. les 1 000 kilogr.? 25 kilogr. de betteraves donnant en moyenne 1 kilogr. de sucre. Combien fera-t-on de kilogr. de sucre avec cette récolte? Enfin, si les 100 kilogr. de sucre valent 160 fr., quelle somme cette récolte représentera-t-elle transformée en sucre?

15. Deux ouvriers travaillent ensemble : le premier gagne 1 fr. par jour de plus que le second. Après avoir travaillé chacun le même nombre de jours, le premier reçoit 96 fr. et le second 72 fr. On demande ce que chaque ouvrier gagnait par jour?

16. Un ouvrier a pu placer 35 fr. par mois à la Caisse d'Épargne pendant les onze premiers mois de l'année et 20 fr. le dernier mois. Dans son année, il a dépensé pour sa nourriture, son logement, etc., une somme de 1095 fr. On demande : 1° combien il a gagné par jour pendant les 300 jours qu'il a travaillé; 2° combien il a dépensé en moyenne par jour?

17. Quel est le nombre qui, divisé par 8, donne un quotient tel qu'en le retranchant de 104 on trouve 40 pour reste?

18. Il y a dans une ferme 6 chevaux, 8 bœufs, 12 vaches et 50 moutons. En moyenne, un cheval produit 15 mèt. cubes de fumier par an; un bœuf ou une vache, 11 mèt. cubes et un mouton 1 mèt. cube. Quel sera dans ces conditions, le poids du fumier produit dans la ferme pendant une année; on sait d'ailleurs que le mètre cube de fumier pèse 800 kilogr.

19. Le physicien français Léon Foucault, a trouvé, en 1865, que la lumière parcourt 298 000 kilom. par seconde. On demande, en lieues de 4 kilom., la distance de la terre au soleil; on sait d'ailleurs que la lumière du soleil nous arrive en 8 minutes 18 secondes.

20. Un négociant a acheté 600 hect. de vin à 19 fr. l'un, et 460 hect. à 25 fr. l'un; les frais de transport et autres s'élèvent à 4 fr. par hect. Combien ce négociant a-t-il revendu l'hectolitre du mélange ; on sait qu'il a gagné 2540 fr. sur le tout ?

21. Un père de famille a deux fils qui travaillent avec lui : le père, qui est un bon ouvrier, gagne 5 fr. par jour ; le fils aîné 4 fr. et le plus jeune 3 fr. On dépense dans cette famille 650 fr. par an pour les vêtements, et, en moyenne, 6 fr. par jour, pour les vivres et autres frais. En comptant 300 jours de travail dans l'année, quelle économie peut-on faire annuellement dans cette famille ?

22. Un éleveur paye une certaine somme le droit de faire paître 28 bœufs dans un pré pendant 5 mois ; mais, 45 jours après, il ajoute 7 bœufs. Combien de temps peut-il encore laisser les 35 bœufs pour la même somme ?

23. Une personne paye 103 fr. avec 29 pièces, tant de 2 fr. que de 5 fr. Combien donne-t-elle de pièces de chaque espèce ?

24. La distance de Paris à Lyon est de 512 kilom. L'express, parti de Lyon à 11 h. du matin, fait 40 kilom. par heure ; un train omnibus, sorti de Paris à 1 h. du soir, se rendant à Lyon, fait 32 kilom. à l'heure. A quelle heure et à quelle distance de chaque ville la rencontre aura-t-elle lieu ?

25. En revendant une propriété 3740 fr., on a gagné le 10ᵉ du prix d'achat. Combien a-t-on gagné, et quel est le prix d'achat ?

26. Trouver trois nombres tels que la somme du 1ᵉʳ et du 2ᵉ soit 55 ; celle du 2ᵉ et du 3ᵉ, 45, et enfin celle du 1ᵉʳ et du 3ᵉ, 40.

27. On coule dans une usine 480 pièces en fonte ; les unes pèsent 12 kilogr. et les autres 20 kilogr. ; le poids total des 480 pièces est 7520 kilogr. On demande le nombre de pièces de chaque espèce ?

28. Une montre avance de 1 h. 12 min. par jour. Elle a été mise à l'heure à midi. Quelle sera l'heure exacte le lendemain matin quand elle marquera 7 heures ?

29. La somme de deux nombres est 360 et leur quotient 5. On demande ces deux nombres ?

30. La différence de deux nombres est 493, et leur quotient 30. On demande ces deux nombres ?

31. Le plus grand de deux nombres est 380 : en retranchant 180 de l'un et 160 de l'autre, on obtient 240 pour la somme des restes. On demande le plus petit nombre ?

32. Le produit de deux nombres est 180, si l'on augmente le plus petit de ces nombres de 3 unités, on obtient 225 pour leur nouveau produit. Quels sont ces nombres ?

33. Le quotient de deux nombres est 4, le reste de leur division est 76 : trouver chacun des deux nombres, leur différence étant 430.

34. Démontrer que, si on multiplie la somme de deux nombres par leur différence, on obtient pour produit la différence de leurs carrés.

35. Les deux facteurs d'un produit sont égaux ; que devient ce produit, si l'on augmente l'un des facteurs d'une unité, et si l'on diminue l'autre également d'une unité ?

36. Un volume in-8 (16 pages par feuille) de 24 feuilles d'impression renferme 52 n à la ligne (en moyenne 52 lettres par ligne) et 44 lignes à la page. On demande combien ce volume ferait de feuilles, format in-12 (24 pages par feuille), de 30 n à la ligne et de 36 lignes à la page ?

37. On a acheté trois objets : le premier, augmenté de la moitié du prix des deux autres, a coûté 129 fr. ; le second, augmenté de la moitié du prix des deux autres, 151 fr. ; enfin le troisième, augmenté également de la moitié du prix des deux autres, 144 fr. On demande le prix de chaque objet?

38. Un père a 30 ans de plus que son fils, et, dans 4 ans, l'âge du père sera quadruple de l'âge du fils. Quel est l'âge du père et du fils?

39. Un père a 41 ans et son fils 5. Dans combien d'années l'âge du père ne vaudra-t-il plus que 3 fois l'âge du fils?

40. On a construit une ferme dans des conditions telles qu'on peut assurer que sa durée probable sera de 100 ans. Les frais de construction se sont élevés à 20 000 fr. On demande combien devront être estimés les bâtiments 25 ans après la construction, en supposant que les matériaux conservent, au bout de 100 années, une valeur de 2 000 fr.

41. La somme des deux chiffres d'un nombre est 10; si l'on intervertit l'ordre de ces chiffres, on obtient un nouveau nombre qui renferme 54 unités de plus que le premier. Quel est ce premier nombre?

LIVRE II

PROPRIÉTÉS DES NOMBRES

CHAPITRE I

DIVISIBILITÉ (*)

DÉFINITIONS.

81. — Un nombre est *divisible* par un autre, lorsque la division du premier par le second se fait sans reste.

82. — Un nombre est *diviseur* d'un autre, lorsqu'il est contenu dans cet autre un certain nombre de fois exactement. Ex.: 28 est *divisible* par 7 et par 4 ; les nombres 7 et 4 sont des *diviseurs* de 28.

83. — Les mots *diviseur, facteur, sous-multiple, partie aliquote* sont synonymes.

84. — Tout nombre est divisible par lui-même et par l'unité, Ex. : 7 est divisible par 7 et par 1.

85. Théorème I. — *Tout diviseur de plusieurs nombres divise leur somme.*

En effet, soient les nombres 18, 63, 81 tous divisibles par 9 ; chacun d'eux contient un nombre exact de fois 9 : donc leur somme contiendra aussi un nombre exact de fois 9 ; donc elle est divisible par 9.

Corollaire. — *Tout diviseur d'un nombre divise ses multiples.*

En effet, tout diviseur de 12, par exemple, divise les multiples de 12, car un multiple de 12 n'est autre chose que la somme de plusieurs nombres égaux à 12.

86. Théorème II. — *Tout diviseur de deux nombres divise leur différence.*

En effet, soient les deux nombres 56 et 14 divisibles l'un et l'autre par 7 ; chacun d'eux contient un nombre exact de fois 7 : donc leur différence est aussi un nombre exact de fois 7 ; donc elle est divisible par 7.

(*) Voir *Note II*, à la fin du volume.

Corollaire. — *Tout nombre qui divise une somme composée de deux parties et la première de ces parties divise aussi la seconde.*

En effet, la seconde partie n'est autre chose que la différence entre la somme et la première partie.

87. Théorème III. — *Si un nombre est décomposé en deux parties : 1° tout nombre qui divise l'une de ces parties sans diviser l'autre ne divise pas la somme ; 2° la division du nombre donné et celle de la seconde partie par le diviseur proposé donnent le même reste.*

Soit, par exemple, le nombre $60 = 36 + 24$. Le nombre 9, qui divise 36 et ne divise par 24, ne divisera pas la somme 60.

En effet, puisque 9 divise 36 et ne divise pas 24, le nombre 36 est égal à un certain nombre de fois 9, et 24 à un certain nombre de fois 9, plus un reste, d'où

$$36 = 9 + 9 + 9 + 9$$
$$24 = 9 + 9 + 6.$$

Par conséquent :

$$36 + 24 \text{ ou } 60 = 9 + 9 + 9 + 9 + 9 + 9 + 6.$$

Donc : 1° le nombre 9 qui divise 36 et ne divise pas 24, ne divise pas la somme 60 ; et 2° le reste de la division de 60 par 9 est le même que celui de 24 par 9.

88. Remarque. — On sait que : $10 = 2 \times 5$; 10^2 ou $100 = 4 \times 25$, et 10^3 ou $1000 = 8 \times 125$, etc.

D'où il résulte que :

1° *Tout multiple de* 10, *c'est-à-dire tout nombre terminé par un zéro au moins, est divisible par* 2 *et par* 5.

2° *Tout multiple de* 100, *c'est-à-dire tout nombre terminé par deux zéros au moins, est divisible par* 4 *et par* 25.

3° *Tout multiple de* 1000, *c'est-à-dire tout nombre terminé par* 3 *zéros au moins est divisible par* 8 *et par* 125.

DIVISIBILITÉ PAR 2, 5, 4, 25, 8 ET 125.

89. Théorème. — *Un nombre est divisible par* 2 *ou par* 5 *lorsque son dernier chiffre à droite est un zéro, ou bien est divisible par* 2 *ou par* 5.

En effet, tout nombre peut se décomposer en dizaines et en unités, par exemple : $674 = 670 + 4$. La première partie est toujours divisible par 2 (88); si la seconde l'est aussi, le nombre lui-même est divisible par 2 (85); c'est ce qui a lieu pour le nombre 674 (*).

On démontre de même pour 5. Par exemple : $6245 = 6240 + 5$, est divisible par 5, parce que les deux parties dont se compose ce nombre sont divisibles par 5.

Remarque. — 5 est le seul nombre d'un chiffre qui soit divisible

---

(*) On appelle nombres *pairs* les nombres divisibles par 2, et, par opposition, nombres *impairs* ceux qui ne le sont pas.

par 5 ; par conséquent, *un nombre n'est divisible par 5 que quand il est terminé par zéro ou par 5.*

90. Théorème. — *Un nombre est divisible par 4 ou par 25 lorsque ses deux derniers chiffres à droite sont deux zéros ou forment un nombre divisible par 4 ou par 25.*

En effet, tout nombre peut se décomposer en centaines et unités ; par exemple : $16\,924 = 16\,900 + 24$. La première partie est toujours divisible par 4 (88) ; si la seconde l'est aussi, le nombre lui-même est divisible par 4 (85). C'est ce qui a lieu pour le nombre 16 924.

On démontre de même pour 25.

Remarque. — De tous les nombres composés de deux chiffres, il n'y a que 25, 50 et 75 qui soient divisibles par 25 ; donc, un nombre n'est divisible par 25 que quand il est terminé par deux zéros ou par un des nombres 25, 50, 75.

91. Théorème. — *Un nombre est divisible par 8 ou par 125, lorsque ses trois derniers chiffres à droite sont trois zéros ou forment un nombre divisible par 8 ou par 125.*

En effet, tout nombre peut se décomposer en mille et unités ; par exemple : $696\,320 = 696\,000 + 320$. La première partie est toujours divisible par 8 ; si la seconde l'est aussi, le nombre lui-même est divisible par 8 ; c'est ce qui a lieu pour le nombre 696 320.

On démontre de même pour 125.

On trouverait aussi facilement des caractères de divisibilité, par 16, 32, etc.

DIVISIBILITÉ PAR 9 ET PAR 3.

92. Théorème. — *Tout nombre est divisible par 9, lorsque la somme de ses chiffres est divisible par 9.*

La démonstration de ce théorème peut être divisée en trois parties :

1° *L'unité suivie d'un nombre quelconque de zéros est un multiple de 9 augmenté de 1.*

En effet, en prenant successivement pour dividende 1, 10, 100, 1 000.... et pour diviseur le nombre constant 9, on a le tableau ci-dessous :

Dividendes.		Diviseur.		Quotients.		Restes.
1	=	9	×	0	+	1
10	=	9	×	1	+	1
100	=	9	×	11	+	1
1 000	=	9	×	111	+	1

. . . .

Donc, etc.

2° *Tout chiffre significatif suivi de zéros est un multiple de 9 augmenté de ce chiffre.*

En effet, soit 6 000, par exemple, on a
$$1\,000 = m \text{ de } 9 + 1.$$

Si l'on multiplie les deux membres de cette égalité par 6, il vient :

$$6\,000 = \text{un } m \text{ de } 9 \times 6 + 6$$

ou

$$6\,000 = \text{un } m \text{ de } 9 + 6.$$

Donc, etc.

3° *Tout nombre est un multiple de 9 augmenté de la somme de ses chiffres.*

En effet, soit, par exemple, le nombre 6 723 ; on a :

$$6\,723 = 3 + 20 + 700 + 6\,000$$

d'où

$$3 = 3$$
$$20 = \text{un } m \text{ de } 9 + 2$$
$$700 = \text{un } m \text{ de } 9 + 7$$
$$6\,000 = \text{un } m \text{ de } 9 + 6$$

ou

$$6\,723 = \text{un } m \text{ de } 9 + 3 + 2 + 7 + 6.$$

Donc, etc.

Tout nombre étant égal à un multiple de 9 augmenté de la somme de ses chiffres, si cette dernière somme est divisible par 9, le nombre lui-même est divisible par 9 (85).

D'ailleurs (87), le reste de la division du nombre proposé par 9 est le même que celui de la somme de ses chiffres par 9.

Donc, *pour qu'un nombre soit divisible par 9, il faut et il suffit que la somme de ses chiffres soit divisible par 9.*

93. Théorème. — *Tout nombre est divisible par 3, lorsque la somme de ses chiffres est divisible par 3.*

Ce théorème est une conséquence du précédent ; car 9 étant divisible par 3, tout multiple de 9 est aussi multiple de 3. On a, par exemple,

$$3\,427 = \text{un } m \text{ de } 9 + 3 + 4 + 2 + 7$$

ou

$$3\,427 = \text{un } m \text{ de } 3 + 3 + 4 + 2 + 7.$$

Donc encore, *pour qu'un nombre soit divisible par 3, il faut et il suffit que la somme de ses chiffres soit divisible par 3.*

DIVISIBILITÉ PAR 11.

94. Théorème. — *Tout nombre est divisible par 11, lorsque la différence entre la somme de ses chiffres de rang impair, à partir de la droite, et la somme de ses chiffres de rang pair est zéro ou un multiple de 11.*

La démonstration de ce théorème peut être divisée en trois parties :

1° *L'unité suivie d'un certain nombre de zéros est un multiple de 11 plus ou moins 1, selon que le nombre de zéros est pair ou impair.*

En effet, en prenant successivement pour dividendes 1, 10, 100... et pour diviseur constant 11, on a le tableau ci-dessous, qui satisfait à la première partie du théorème :

Dividendes.	Diviseur.	Quotients.	Restes.
$1 = 11 \times$		0	$+ 1$
$10 = 11 \times$		1	$- 1$
$100 = 11 \times$		9	$+ 1$
$1\,000 = 11 \times$		91	$- 1$
$10\,000 = 11 \times$		909	$+ 1$
....	..	...	.

Donc, etc.

2° *Un chiffre significatif suivi d'un certain nombre de zéros est un multiple de* 11 *plus ou moins ce chiffre significatif, selon que le nombre de zéros est pair ou impair*

En effet, soit 300, par exemple; on a (tableau ci-dessous) :

$$100 = \text{un } m \text{ de } 11 + 1.$$

Si l'on multiplie les deux nombres de cette égalité par 3, il vient :

$$300 = \text{un } m \text{ de } 11 \times 3 + 3,$$
$$\text{ou} \quad 300 = \text{un } m \text{ de } 11 + 3.$$

Donc, etc.

3° *Tout nombre est un multiple de* 11 *augmenté de la somme de ses chiffres de rang impair à partir de la droite, et diminué de la somme de ses chiffres de rang pair.*

En effet, soit, par exemple, le nombre 59 829, on a :

$$59\,829 = 9 + 20 + 800 + 9\,000 + 50\,000;$$

d'où :

$$9 = \qquad\qquad 9$$
$$20 = \text{un } m \text{ de } 11 - 2$$
$$800 = \text{un } m \text{ de } 11 + 8$$
$$9\,000 = \text{un } m \text{ de } 11 - 9$$
$$50\,000 = \text{un } m \text{ de } 11 + 5$$

Somme $59\,829 = \text{un } m \text{ de } 11 + 9 - 2 + 8 - 9 + 5;$

ou $59\,829 = \text{un } m \text{ de } 11 + 22 - 11;$

ou encore $59\,829 = \text{un } m \text{ de } 11 - 11 = \text{un } m \text{ de } 11.$

Tout nombre étant un multiple de 11 augmenté de la somme de ses chiffres de rang impair, diminué de la somme des chiffres de rang pair, si cette différence est zéro ou un multiple de 11, le nombre sera divisible par 11 (86).

D'ailleurs, le reste de la division d'un nombre par 11 est le même que le reste de la division par 11 de l'excès de la somme de ses chiffres de rang impair, à partir de la droite, sur la somme de ses chiffres de rang pair.

Donc, *pour qu'un nombre soit divisible par* 11, *il faut et il suffit que la différence entre la somme de ses chiffres de rang impair et la somme de ses chiffres de rang pair soit zéro ou un multiple de* 11.

Remarque. — Si l'on représente par N un nombre quelconque, par S la somme de ses chiffres de rang impair et par S′ la somme de ses chiffres de rang pair, on aura :

$$N = m \text{ de } 11 + S - S'.$$

Or, il peut se présenter trois cas; on peut avoir :

$$S = S', \qquad S > S' \quad \text{et} \quad S < S'.$$

1er *Cas.* S = S′. On a alors :

$$N = m \text{ de } 11.$$

2e *Cas.* S > S′. Si l'on fait S − S′ = D, on a :

$$N = m \text{ de } 11 + D.$$

Le reste de la division de N par 11 sera évidemment le même que celui de D par 11; donc, si D est un multiple de 11, le nombre N sera divisible par 11.

3e *Cas.* S < S′. La soustraction n'étant pas possible, on augmente S d'un multiple de 11 suffisant seulement pour que la soustraction puisse se faire; si $n \times 11$ est ce multiple, on aura alors :

$$N = m \text{ de } 11 - n \times 11 + (S + n \times 11) - S'.$$

Si l'on pose

$$(S + n \times 11) - S' = D',$$

il vient :

$$N = m \text{ de } 11 - n \times 11 + D'.$$

Or, N est égal à un multiple de 11 (l'expression m de $11 - n \times 11$ est multiple de 11) augmenté de D' qui est plus petit que 11 : donc, D' sera le reste de la division de N par 11.

EXEMPLE : 958 524.

Somme des chiffres de rang impair, ou

$$S = 4 + 5 + 5 = 14.$$

Somme des chiffres de rang pair, ou

$$S' = 2 + 8 + 9 = 19.$$

Il suffit d'ajouter 11 à 14 pour que la soustraction puisse se faire :

$$14 + 11 - 19 = 6.$$

Le reste de la division de 958 524 par 11 est 6 ; ce qu'on peut vérifier.

DIVISIBILITÉ PAR 7, PAR 13, ETC.

95. — En suivant une méthode analogue à celle qui vient d'être employée pour les diviseurs 9 et 11, il est facile de trouver le caractère de divisibilité par un nombre quelconque. Soit, par exemple, à trouver la condition nécessaire et suffisante pour qu'un nombre soit divisible par 7 ; on a :

	Dividendes.		Diviseur.		Quotients.		Restes.
(a)	1	=	7	×	0	+	1
(b)	10	=	7	×	1	+	3
(c)	100	=	7	×	14	+	2
(d)	1 000	=	7	×	142	+	6
(e)	10 000	=	7	×	1 428	+	4
(f)	100 000	=	7	×	14 285	+	5
(g)	1 000 000	=	7	×	142 857	+	1
(h)	10 000 000	=	7	×	1 428 571	+	3

En continuant, les mêmes restes se reproduiraient indéfiniment et périodiquement.

Il est facile de conclure que tout nombre est un multiple de 7 augmenté de la somme de ses chiffres multipliés respectivement, à partir de la droite, par les nombres 1, 3, 2, 6, 4, 5, 1, 3...

Donc, *pour qu'un nombre soit divisible par 7, il faut et il suffit que la somme des produits de ses chiffres, à partir de la droite, par 1, 3, 2, 6, 4, 5, 1... et ainsi de suite dans le même ordre, soit elle-même divisible par 7.*

Remarque. — Les égalités (d), (e), (f) peuvent évidemment se remplacer par les suivantes :

Dividendes.		Diviseur.		Quotients.		Restes.
1 000	=	7	×	143	—	1
10 000	=	7	×	1 429	—	3
100 000	=	7	×	14 286	—	2

D'où l'on conclut que *tout nombre est un multiple de 7 augmenté de la somme de ses trois premiers chiffres à droite multipliés respectivement par 1, 3, 2, et diminué de la somme des trois suivants multipliés respectivement par les mêmes nombres, augmenté, etc.*

On est conduit alors à cette règle :

On partage le nombre en tranches de trois chiffres, à partir de la droite, puis on multiplie les chiffres de chaque tranche, respectivement, par 1, 3, 2. On fait la somme de ces produits dans toutes les tranches de rang impair, on agit de même pour toutes les tranches de rang pair, et si la différence entre ces deux sommes est divisible par 7, le nombre lui-même est divisible par 7.

EXEMPLE : 6 578 942 132.

1re tranche, 132, multipliée par 1, 3, 2, donne pour somme des produits, 13
3e   —   578,   —   1, 3, 2,   —   39

        Somme des produits dans les tranches de rang impair, 52

2e tranche, 942, multiplié par 1, 3, 2, donne pour somme des produits, 32
4o   —   6,   —   1,   —   6

        Somme des produits dans les tranches de rang pair, 38

        Différence des deux sommes, 14

Cette différence est divisible par 7, le nombre donné l'est aussi, ce qu'on peut vérifier.

Ce caractère de divisibilité ne présente assurément aucun avantage ; car il est bien plus simple d'essayer, par la méthode ordinaire, si le nombre est divisible par 7.

Remarque. — On pourrait faire des recherches analogues pour les nombres 13, 17, etc. ; mais ce travail serait plus curieux qu'utile.

PREUVE PAR 9 ET PAR 11 DE LA MULTIPLICATION ET DE LA DIVISION.

96. Preuve par 9 de la multiplication.

Règle. — *On divise le multiplicande, le multiplicateur et le produit par 9 : le produit des deux premiers restes, divisé par 9, donne un quatrième reste qui doit être égal au troisième.*

Exemple :

$$
\begin{array}{r}
6\,791 \\
85 \\
\hline
33\,955 \\
543\,28 \\
\hline
577\,235
\end{array}
$$

Le multiplicande divisé par 9 donne 5 pour reste (*) ; le multiplicateur divisé par 9 donne 4 pour reste (**). Le produit de ces deux restes (5 × 4 = 20) divisé par 9 donne 2 pour reste ; le produit des nombres donnés divisé par 9 donne de même 2 pour reste.

Démonstration (***).

$$6\,791 = \text{un multiple de } 9 + 5$$
$$85 = \text{un multiple de } 9 + 4$$

(*) On dit d'abord : 6 et 7, 13, et 1 (en passant 9), 14 ; ou dit ensuite : 1 et 4, 5, et on en conclut que le reste de la division de 6 791 par 9 est 5. C'est ainsi qu'on opère généralement (voir notre *Arithmétique élémentaire*) ; car le nombre 6 791 est un multiple de 9 augmenté de la somme de ses chiffres ; de même la somme 14 est un multiple de 9 augmenté de 1 + 4 = 5 : donc, le nombre 6 791 est lui-même un multiple de 9 augmenté de 5. Il est évident qu'on pourrait encore opérer par parties, et dire : 6 et 7, 13 ; puis 1 et 3, 4, et enfin (en passant 9), 4 et 1, 5.

(**) 8 et 5, 13 ; 1 et 3, 4. Le reste est 4.

(***) Si, d'une manière générale, on désigne par M et M' un multiplicande et un multiplicateur quelconques, on aura :

$$M = m \times 9 + r$$
$$M' = m' \times 9 + r'$$

Produit : $P = m \times 9 \times m' \times 9 + r \times m' \times 9 + m \times 9 \times r' + r \times r'.$

Le produit P est donc composé de multiples de 9 + $r \times r'$; donc, la division de P par 9 donne le même reste que celle de $r \times r'$ par 9.

ou $\qquad 6791 = m \times 9 + 5$

et $\qquad 85 = m' \times 9 + 4$:

d'où $\qquad 6791 \times 85 = (m \times 9 + 5) \times (m' \times 9 + 4),$

ou encore

$$6791 \times 85 = m \times 9 \times m' \times 9 + 5 \times m' \times 9 + m \times 9 \times 4 + 5 \times 4$$

Ce qui donne enfin :

$$577\,235 = \text{un } m \text{ de } 9 + 5 \times 4.$$

Le reste de la division du produit 577 235 par 9 est donc le même que celui de la division par 9 du produit 5×4. Ce qu'il fallait démontrer.

97. Preuve par 9 de la division. — On retranche du dividende le reste de la division. Le dividende, ainsi diminué, est considéré comme un produit dont les deux facteurs sont le diviseur et le quotient; donc aucune difficulté pour faire la preuve par 9 de la division.

Remarque. — Dans l'addition des produits partiels, il peut se faire qu'on se trompe *en plus* d'un certain nombre d'unités, et *en moins* du même nombre d'unités; dans ce cas, la somme des chiffres du produit est la même que s'il était exact, et la preuve par 9 ne fait point découvrir l'erreur.

98. Preuve par 11. — En se reportant au n° 94, il est facile de faire la preuve par 11 de la multiplication et de la division. Un exemple fera comprendre la marche à suivre.

67 289	Dans le multiplicande, $S = 17$ et $S' = 15$; $S - S' = \qquad 2$
9 425	Dans le multiplicateur, $S = 9$ et $S' = 11$; $S + 11 - S' = \qquad 9$
336 445	
1 345 78	
26 915 6	Produit des deux restes, 18
605 601	18 divisé par 11 donne 7 pour reste.
634 198 825	Dans ce produit, $S = 32$ et $S' = 14$; donc $S - S' = 18$.

On a encore 18 divisé par 11 : d'où le même reste 7. On en conclut que l'opération est exacte.

Démonstration. — Elle est analogue à celle donnée pour la preuve par 9.
Comme la preuve par 11 est plus longue que la preuve par 9 et qu'elle ne présente guère plus de certitude, elle n'est presque pas usitée.

CHAPITRE II

PLUS GRAND COMMUN DIVISEUR—PLUS PETIT MULTIPLE

99. Communs diviseurs. — On appelle *communs diviseurs* de plusieurs nombres donnés tous les diviseurs qui divisent exactement et en même temps les nombres donnés.

100. Plus grand commun diviseur. — Le *p. g. c. d.* (*plus grand commun diviseur*) de plusieurs nombres est le plus grand nombre qui puisse les diviser tous exactement. Ex. : 6 est le *p. g. c. d.* des nombres 24, 18, 12.

101. Nombres premiers entre eux. — Quand deux nombres n'ont pas de commun diviseur autre que l'unité, on dit que ces nombres sont *premiers entre eux*. Ex. : 16 et 9.

PLUS GRAND COMMUN DIVISEUR DE DEUX NOMBRES.

102. Règle. — *Pour trouver le p. g. c. d. entre deux nombres, on divise le plus grand par le plus petit; si la division se fait sans reste, le plus petit nombre est le p. g. c. d. S'il y a un reste, on divise le plus petit nombre par le reste; si la division se fait exactement, ce reste est le p. g. c. d. Si cette seconde division donne encore un reste, on divise le premier reste par le second et ainsi de suite, jusqu'à ce que la division se fasse exactement. Le dernier diviseur employé est le p. g. c. d. Quand on arrive au reste 1, on en conclut que les nombre proposés sont premiers entre eux.*

Soit à chercher le *p. g. c. d.* entre 324 et 132.

L'opération se dispose ainsi :

	2	2	5
324	132	60	12
60	12		

En opérant comme l'indique la règle, on trouve que 12 est le *p. g. c. d.* cherché.

Démonstration. — Le *p. g. c. d.* entre 324 et 132 ne peut surpasser 132, puisqu'il doit le diviser : or, 132 se divise lui-même; s'il divisait également 324, il serait donc le *p. g. c. d.* On essaie la division qui donne 2 pour quotient et 60 pour reste. 132 n'est point, par conséquent, le *p. g. c. d.* Mais le *p. g. c. d.* entre 324 et 132 est le même que celui qui existe entre 132 et 60. En effet, d'après la première division, on a

$$324 = 132 \times 2 + 60.$$

Or, tout nombre qui divise 324 et 132, divise aussi 132×2; il divise donc une somme, 324, et l'une des parties (132×2); donc (86, Corol.) il doit doit diviser l'autre 60.

Réciproquement. Tout nombre qui divise 132 et 60 divise aussi 324; car divisant 132, il divise 132×2; il divise donc les deux parties d'une somme (132×2) et 60; donc (85) il divise la somme 324.

Les diviseurs communs à 324 et à 132 sont par conséquent les mêmes que ceux communs à 132 et à 60. Donc le *p. g. c. d.* entre 324 et 132 est le même que celui qui existe entre 132 et 60.

On est conduit, par conséquent, à chercher le *p. g. c. d.* entre 132 et 60. 132 : 60 donne 2 pour quotient et 12 pour reste.

On démontrerait, comme on l'a fait pour 324 et 132, que le *p. g. c. d.* entre 132 et 60 est le même que celui qui existe entre 60 et 12.

La division de 60 par 12 se faisant exactement, 12 et le *p. g. c. d.* entre 60 et 12, et par conséquent entre 132 et 60, et enfin entre 324 et 132.

103. Théorème I. — *Tout diviseur commun à deux nombres divise leur p. g. c. d.*

En effet, tout diviseur commun aux deux nombres 324 et 132 divise aussi 60; divisant 132 et 60, il divise de même 60 et 12, et ainsi de suite. Donc tout diviseur commun à deux nombres divise tous les restes que l'on obtient dans la recherche du *p. g. c. d.*; donc il divise leur *p. g. c. d.*, qui est le dernier de ces restes.

104. Théorème II. — *Lorsqu'on multiplie ou qu'on divise deux nombres par un troisième, leur p. g. c. d. est multiplié ou divisé par ce troisième nombre.*

En effet, si, par exemple, on multiplie par 5 les nombres 324 et 132, le quotient ne changera pas, mais le reste 60 sera multiplié par 5 (77); les nombres 132 et 60 étant multipliés par 5, le reste 12 sera aussi multiplié par le même nombre, et ainsi de suite : tous les restes que l'on obtient dans la recherche du *p. g. c. d.* seront, par conséquent, multipliés par 5; donc le *p. g. c. d.*, qui est le dernier de ces restes, sera aussi multiplié par 5.

105. Théorème III. — *Lorsqu'on divise deux nombres par leur p. g. c. d., les quotients que l'on obtient sont premiers entre eux.*

En effet, d'après le théorème précédent, si l'on divise, par exemple, les nombres 324 et 132 par leur *p. g. c. d.* 12, les quotients auront pour *p. g. c. d.* 12 : 12 = 1.

106. Théorème IV. — *Tout nombre qui divise le produit de deux facteurs, et qui est premier avec l'un d'eux, divise nécessairement l'autre.*

Par exemple, si 8 divise le produit 15 × 24, et qu'il soit premier avec 15 il divisera 24.

En effet, 15 et 8, étant premiers entre eux, ont 1 pour *p. g. c. d.* Si on multiplie 15 et 8 par 24, leur *p. g. c. d.* 1 sera aussi multiplié par 24 (104), et sera, par conséquent, 24. Or, 8 divise par hypothèse 15 × 24, il divise aussi son multiple 8 × 24; mais 8 divisant les nombres (15 × 24) et (8 × 24) divise leur *p. g. c. d.* 24 (103). *C. q. f. d.*

107. Théorème V. — *Tout nombre qui est divisible séparément par plusieurs nombres, premiers entre eux, est divisible par leur produit.*

Par exemple, 420 divisible séparément par les 3 nombres 3, 4 et 5, premiers entre eux, est divisible par 60, produit de ces trois nombres.

En effet, le quotient de 420 par 3 est 140. On a par conséquent,
$$420 = 3 \times 140.$$

Le nombre 4 divisant 420 ou 3×140, et étant premier avec 3, divise 140. Le quotient de 140 par 4 est 35 : d'où
$$140 = 4 \times 35.$$

Le nombre 5 divisant 420 ou 3×140, et étant premier avec 3, divise 140 ou 4×35; mais 5 étant premier avec 4 divise 35. Le quotient de 35 par 5 est 7.

On a donc
$$420 = 3 \times 140 \,; \, 140 = 4 \times 35 \,; \, 35 = 5 \times 7.$$

Par suite :
$$420 = 3 \times 4 \times 5 \times 7 = 60 \times 7,$$
donc 420 est divisible par le produit
$$3 \times 4 \times 5 = 60.$$

Corollaire. — *Tout nombre divisible par 2 et par 3 est divisible par 6. Tout nombre divisible par 3 et par 4 est divisible par 12, etc.*

PLUS GRAND COMMUN DIVISEUR DE PLUS DE DEUX NOMBRES.

108. Règle. — *Pour avoir le p. g. c. d. de plus de deux nombres, on cherche le p. g. c. d. des deux premiers; puis le p. g. c. d. du nombre obtenu et du 3e des nombres proposés, et ainsi de suite jusqu'à ce que tous les nombres aient été employés. Le dernier p. g. c. d. obtenu est celui des nombres proposés.*

Soit à chercher le *p. g. c. d.* des nombres 360, 216, 126, 54.

En opérant comme l'indique la règle, on trouve 18 pour le *p. g. c. d.* demandé.

Démonstration. — Tout diviseur commun des quatre nombres proposés, divisant 360 et 216, divise leur *p. g. c. d.* 72 (103); il est donc diviseur commun des trois nombres
$$72, \, 126, \, 54.$$

Réciproquement. Tout diviseur commun de ces trois nombres divise aussi 360 et 216, qui sont des multiples du premier d'entre eux ; donc il divise les nombres proposés.

Les nombres 360, 216, 126, 54 ont, par conséquent, les mêmes communs diviseurs que les nombres 72, 126, 54 : donc le *p. g. c. d.* des uns est égal au *p. g. c. d.* des autres.

Le *p. g. c. d.* de 72 et 126 est 18. Par un raisonnement analogue au précédent, on prouverait que le *p. g. c. d.* des nombres proposés est égal à celui des deux nombres 18 et 54.

Ce dernier *p. g. c. d.* étant 18, c'est aussi le *p. g. c. d.* demandé.

De cette démonstration résulte les trois théorèmes suivants, analogues aux théorèmes déjà connus (103, 104, 105).

1° *Tout diviseur commun à plusieurs nombre divise leur p. g. c. d.*

2° *Lorsqu'on multiplie ou qu'on divise plusieurs nombres par un troisième, leur p. g. c. d. est multiplié ou divisé par ce 3ᵉ nombre.*

3° *Lorsqu'on divise plusieurs nombres par leur p. g. c. d., les quotients que l'on obtient sont premiers entre eux.*

PLUS PETIT MULTIPLE DE DEUX NOMBRES.

109. Commun multiple. — On appelle *commun multiple*, ou simplement *multiple* de plusieurs nombres donnés un nombre qui est exactement divisible par chacun d'eux.

Ex. : 70 est multiple de 5 et de 7.

110. Plus petit multiple. — Le plus *petit multiple* de plusieurs nombres est le plus petit nombre exactement divisible par chacun d'eux.

111. Règle. — *Pour avoir le plus petit multiple de deux nombres, on cherche leur p. g. c. d., on divise l'un d'eux par ce p. g. c. d. et on multiplie l'autre nombre par le quotient obtenu.*

Soit à trouver le *p. p. m.* des nombres 210 et 54. Le *p. g. c. d.* de ces nombres étant 6; d'après la règle, leur *p. p. m.* est $210 \times 9 = 1890$.

Démonstration. Si l'on divise 210 et 54 par leur *p. g. c. d.* 6, les quotients 35 et 9 que l'on obtient sont premiers entre eux (105). On a les égalités

$$210 = 6 \times 35 \text{ et } 54 = 6 \times 9.$$

Soit M un multiple quelconque des nombres 210 et 54.

Puisque le multiple M est divisible par 210 ou par le produit 6×35, il est divisible par 6, et le quotient M : 6 est divisible par 35. De même, M étant divisible par 54, ou par le produit 6×9, est divisible par 6, et le quotient M : 6 est divisible par 9. Le nombre (M : 6) divisible séparément par les deux nombres 35 et 9, premiers entre eux, est divisible (107) par leur produit 35×9, ou en d'autres termes est un multiple de 35×9. Tout multiple commun M des nombres 210 et 54 est donc multiple du produit $6 \times 35 \times 9$.

Réciproquement. Tout multiple M du nombre $6 \times 35 \times 9$ est divisible séparément par chacun des deux nombres 210 ou 6×35 et 54 ou 6×9.

Ainsi, les multiples communs de 210 et 54 sont en même temps les multiples du nombre $6 \times 35 \times 9$.

Mais le nombre $6 \times 35 \times 9$ est à lui-même son *p. p. m.*; donc il est aussi le *p. p. m.* des nombres donnés 210 et 54. Comme on a

$$6 \times 35 \times 9 = 210 \times 9,$$

la règle se trouve démontrée.

Corollaire. — Il résulte de la démonstration précédente que *tout multiple commun de deux nombres est un multiple de leur plus petit multiple.*

PLUS PETIT MULTIPLE DE PLUS DE DEUX NOMBRES.

112. Règle. — *Pour avoir le p. p. m. de plusieurs nombres, on cherche le p. p. m. des deux premiers, puis le p. p. m. du nombre obtenu et du 3ᵉ des nombres proposés, et ainsi de suite, jusqu'à ce que tous les nombres aient été employés. Le dernier p. p. m. obtenu est celui des nombres proposés.*

Soit à trouver le *p. p. m.* des nombres

$$360, 216, 126, 54.$$

En opérant comme l'indique la règle, on trouve 7 560 pour le *p. p. m.* demandé.

Démonstration. — Le nombre cherché étant un multiple de 360 et 216, est aussi multiple de leur *p. p. m.* 5×216; il est donc un multiple commun de 3 nombres

$$5 \times 216, 126, 54.$$

Réciproquement. Tout multiple commun de ces trois nombres est aussi multiple commun des nombres proposés, car 360 et 216 sont des diviseurs du premier d'entre eux, puisque

$$5 \times 216 = 5 \times 72 \times 3 = 360 \times 3.$$

Les nombres 360, 216, 126, 54 ont, par conséquent, les mêmes communs multiples que les nombre $5 \times 216, 126, 54$: donc, le *p. p. m.* des uns est égal au *p. p. m.* des autres.

Le *p. p. m.* de 5×216 et 126 est $5 \times 216 \times 7$. Par un raisonnement analogue au précédent, on prouverait que le *p. p. m.* des nombres proposés est égal à celui des deux nombres.

$$5 \times 216 \times 7 \text{ et } 54.$$

Ce dernier *p. p. m.* n'étant autre que $5 \times 216 \times 7 = 7\,560$, c'est aussi le *p. p. m.* demandé.

Corollaire I. — *Tout commun multiple de plusieurs nombres est aussi un multiple de leur p. p. m.*

Corollaire II. — *Lorsque plusieurs nombres sont premiers entre eux, leur plus petit multiple est égal à leur produit.*

Cela doit être, puisque leur *p. g. c. d.* est l'unité. Ainsi le *p. p. m.* des nombres 16, 9 et 7, premiers entre eux, par exemple, est égal à $16 \times 9 \times 7 = 1\,008.$

CHAPITRE III

NOMBRES PREMIERS

113. Définition. — On appelle *nombre premier* tout nombre qui n'est *divisible* que par lui-même et l'unité. *Ex.* : 1, 2, 3, 5, 7.

114. Théorème I. — *Tout nombre qui n'est pas premier est égal à un produit de facteurs premiers.*

En effet, si le nombre n'est pas premier, il est égal au produit de deux autres nombres ; de même, si ces facteurs ne sont pas premiers, chacun d'eux pourra être remplacé par le produit de deux autres, et r'nsi de suite ; or, ces décompositions doivent s'arrêter, car chaque facteur trouvé est au moins égal à 2, et le nombre proposé ne peut être le produit que d'un certain nombre de facteurs 2, ou autres. Quand ces décompositions seront terminées, le nombre donné sera évidemment égal à un produit composé de facteurs premiers. *Ex.* :

$$120 = 30 \times 4 = 15 \times 2 \times 2 \times 2 = 5 \times 3 \times 2 \times 2 \times 2.$$

115. Détermination des nombres premiers. — Tous les nombres pairs étant divisibles par 2, ne peuvent être des nombres premiers, d'où il suit qu'il faut chercher ceux-ci seulement parmi les nombres impairs. Comme 2 est lui-même nombre premier, on peut écrire 2, et les nombres impairs les uns à la suite des autres :

1, 2, 3, 5, 7, 9, 11, 13, 15, 17, 19, 21, 23, 25, 27, 29, 31, 33, 35, 37, 39, 41, 43, 45, 47, 49, 51, 53, 55, 57.......

Si maintenant, à partir de 3 *exclusivement*, on compte de trois en trois, les nombres sur lesquels on tombe sont *seuls* divisibles par 3, car chaque nombre impair diffère de deux unités du précédent : donc, le nombre qui se trouve trois rangs après un multiple de 3 est lui-même un multiple de 3, et par conséquent divisible par 3 ; donc aussi, le nombre qui se trouve trois rangs après un nombre qui n'est pas divisible par 3, ne sera pas lui-même divisible par 3, parce qu'il se composera d'une partie divisible par 3, et d'une autre qui ne le sera pas ; donc, enfin, si, à partir de 3 *exclusivement*, on compte de trois en trois, les nombres sur lesquels on tombe sont *seuls* divisibles par 3. On prouverait de même que si l'on compte de cinq en cinq à partir de 5, de sept en sept à partir de 7, etc., les nombres sur lesquels on tombe sont seuls divisible par 5, par 7, etc. ; donc, en procédant ainsi, on parvient par biffer tous les nombres divisibles respectivement par 3, 5, 7, 11, etc., et il ne reste plus que les nombres premiers.

Cette méthode, due au géomètre grec Eratosthène, qui vivait dans le IIIe siècle, avant Jésus-Christ, est connue sous le nom de *crible d'Ératosthène*.

Remarque. — Plus on avance dans la recherche des nombres premiers, plus on les trouve rares, ce qui peut porter à croire qu'au delà d'une certaine limite il n'y a plus de nombres premiers.

Mais nous allons démontrer qu'il n'en est pas ainsi.

116. Théorème II. — *La suite des nombres premiers est illimitée.*

En effet, soit un nombre premier quelconque n, si on fait le produit de tous les nombres premiers en commençant par 2 jusqu'à n inclusivement, et qu'à ce produit on ajoute l'unité, on aura le nombre $2 \times 3 \times 5 \times 7 \times 11 \times 13 \times 17... \times n + 1$. Or, ce nombre n'est divisible par aucun des nombres premiers, jusqu'à n, car la division donnera toujours 1 pour reste (*) : donc, ce nombre est ou premier, ou divisible par un nombre premier plus grand que n; donc, il y a un nombre premier plus grand que n; donc, la suite des nombres premiers est illimitée (**).

Il résulte de ce théorème, qu'une table de nombres premiers sera toujours limitée.

117. Problème. — *Reconnaître si un nombre donné est premier ou non.*

Règle. — *On divise ce nombre par les nombres premiers 2, 3, 5, 7, 11, 13... jusqu'à ce qu'on trouve pour quotient un nombre égal ou inférieur au diviseur essayé. Si aucune de ces divisions ne s'est faite exactement, le nombre est premier.*

Démonstration. — En effet, si le nombre proposé était divisible par un nombre plus grand que le dernier diviseur employé, il serait aussi divisible par un quotient plus petit, ce qui a été reconnu impossible.

Ainsi, par exemple, 97 divisé par 11, donnant 8 pour quotient et 9 pour reste, ne peut être divisible par 13, car il serait aussi divisible par le quotient obtenu, ce qui ne peut être, puisque ce quotient serait moindre que 8.

118. Théorème III. — *Tout nombre premier, qui divise un produit, divise au moins un facteur de ce produit.*

1° Soit, d'abord, un produit de deux facteurs.

Si, par exemple, le nombre premier 3 divise le produit 8×15, il divisera au moins un des facteurs : car, si 3 ne divise pas 8, il est premier avec 8; mais 3 divisant le produit 8×15, et étant premier avec 8, doit diviser 15 (106).

2° Soit, en second lieu, un produit d'un nombre quelconque de facteurs. Par exemple, le nombre premier 7, qui divise le produit $22 \times 19 \times 15 \times 28$, divise au moins un des facteurs : car, si 7 ne divise pas 22, il est premier avec 22; mais on peut considérer le pro-

---

(*) Car si on divise le nombre en question par $2 \times 3 \times 5$, je suppose, le quotient sera $7 \times 11 \times 13 \times 17... \times n$ et le reste 1.

(**) On a cru que les nombres tels que $2 + 1$, $2 \times 3 + 1$, $2 \times 3 \times 5 + 1$, ... étaient tous des nombres premiers, mais c'est une erreur; ainsi :

$$2 \times 3 \times 7 \times 11 \times 13 + 1 = 30\,031 = 59 \times 509.$$

duit $22 \times 19 \times 15 \times 28$ comme composé des deux facteurs 22 et du produit effectué $(19 \times 15 \times 28).$

Or $(1°)$, 7 étant premier avec 22, divisera $19 \times 15 \times 28$.

De même, si 7 ne divise pas 19, il divisera (15×28).

Et, enfin, si 7 ne divise pas 15, il divisera 28. *C. q. f. d.*

Corollaire I. — *Tout nombre premier qui divise la puissance d'un nombre divise ce nombre.*

Par exemple, le nombre premier 5, qui divise 15^3, divise 15 : car $15^3 = 15 \times 15 \times 15$. Le nombre premier 5, qui divise ce produit, doit diviser au moins l'un des facteurs 15.

Corollaire II. — *Lorsque deux nombres sont premiers entre eux, leurs puissances sont aussi premières entre elles.*

Soient les nombres 9 et 14. Supposons que les puissances 9^3 et 14^5 aient pour diviseur commun le nombre premier 3 : 3 divisant 9^3 diviserait 9 (corollaire précédent); 3 divisant 14^5, diviserait 14; les nombres 9 et 14 auraient donc 3 pour diviseur commun, ce qui ne peut être, puisque 9 et 14 sont premiers entre eux,

Les puissances 9^3 et 14^5 ne sauraient non plus avoir pour diviseur commun un nombre tel que 6, qui ne serait pas premier : car, si ces puissances étaient divisibles par 6, elles le seraient par 2, 3; or, nous venons de démontrer que cela ne peut être.

119. Décomposition d'un nombre en ses facteurs premiers. — Un nombre est dit décomposé en ses facteurs premiers, lorsqu'on a la suite des nombres premiers dont le produit est égal au nombre donné.

Remarque. — Lorsque, dans la décomposition d'un nombre, le même facteur se trouve répété plusieurs fois, on ne l'écrit qu'une seule fois, en l'affectant d'un exposant qui indique le nombre de fois qu'il se trouve répété. On écrira, par exemple, $48 = 2^4 \times 3$.

120. Théorème IV. — *Un nombre n'est décomposable que d'une seule manière en ses facteurs premiers.*

Si l'on suppose, par exemple, que le nombre 840 puisse se décomposer de deux manières, on aura, d'abord :

$$840 = 2 \times 2 \times 2 \times 3 \times 5 \times 7,$$

et, ensuite,

$$840 = a \times a \times a \times a \times b \times c \times d \times e \times f.$$

$1°$ *Ces deux produits contiennent les mêmes facteurs premiers.*

En effet, les deux égalités précédentes donnent

(m) $2 \times 2 \times 2 \times 3 \times 5 \times 7 = a \times a \times a \times a \times b \times c \times d \times e \times f.$

Or, le premier membre de cette égalité étant divisible par 2, le second l'est aussi; et comme 2 est un nombre premier, il divise l'un des facteurs de ce produit, a, par exemple. Mais a est lui-même un nombre premier, et s'il est divisible par 2, c'est qu'il est égal à 2.

On prouverait de même que $3 = b$, $5 = c$, $7 = d$, par suite; les autres facteurs, e, f, sont égaux à l'unité.

2° *Un même facteur entre dans les deux produits le même nombre de fois.*

Le facteur 2, par exemple, entre 3 fois dans chaque produit.

En effet, s'il n'en était pas ainsi, après avoir divisé trois fois de suite par 2 les deux membres de l'égalité (*m*), elle se réduirait à

$$3 \times 5 \times 7 = a \times b \times c \times d \times e \times f,$$

et le second membre de cette égalité serait encore divisible par 2, tandis que le premier ne le serait pas, ce qui serait absurde.

121. Règle. — *Pour décomposer un nombre en ses facteurs premiers, il suffit évidemment de le diviser par tous les nombres premiers qui le divisent exactement, et par chacun d'eux, autant de fois qu'il est possible.*

Soit, à décomposer le nombre 6 930 en ses facteurs premiers.

Ordinairement on dispose les calculs de la manière suivante :

$$
\begin{array}{r|l}
6\,930 & 2 \\
3\,465 & 3 \\
1\,155 & 3 \\
385 & 5 \\
77 & 7 \\
11 & 11 \\
1 &
\end{array}
\qquad 6\,930 = 2.\ 3^2.\ 5.\ 7.\ 11.
$$

Le nombre 6 930, étant pair, est divisible par 2; le quotient de cette division est 3 465, nombre qui n'est plus divisible par 2, mais qui l'est par 3; cette division donne pour quotient 1 155, nombre encore divisible par 3. En effectuant la division, on trouve 385 pour quotient, nombre qui n'est plus divisible par 3, mais qui l'est par 5. Le quotient 77 de cette division n'est plus divisible par 5, mais l'est par 7. Cette division donnant pour quotient le nombre premier 11, la décomposition du nombre 6 930 en ses facteurs premiers est terminée, et l'on a

$$6\,930 = 2.\ 3^2.\ 5.\ 7.\ 11.$$

Quelle que soit la méthode que l'on suive pour rechercher les facteurs premiers d'un nombre, on arrivera toujours au même résultat, puisqu'un nombre n'est décomposable que d'une seule manière en ses facteurs premiers.

RECHERCHE DES DIVISEURS D'UN NOMBRE.

122. Théorème V. — *Pour que deux nombres soient divisibles l'un par l'autre, il est nécessaire et suffisant que chacun des facteurs premiers du diviseur se trouve dans le dividende avec un exposant au moins égal à celui qu'il a dans le diviseur.*

1° *La condition est nécessaire*, car si les deux nombres proposés sont divisibles l'un par l'autre, le dividende sera égal au produit du diviseur par le quotient, et contiendra, par conséquent, tous les facteurs premiers du diviseur et du quotient avec des exposants égaux à la somme des exposants qu'ils ont au diviseur et au quotient. Donc, le dividende contient tous les facteurs premiers du diviseur, avec des exposants ou égaux ou supérieurs à ceux du diviseur.

2° *La condition est suffisante ;* car, si elle existe, on pourra toujours grouper les facteurs du dividende de manière qu'ils forment deux facteurs, dont l'un soit le diviseur.

Par exemple, $5^2 \times 3^4 \times 7^5 \times 11$ est divisible par $5^2 \times 3^2 \times 7^4$; car on a (63)

$$5^3 \times 3^4 \times 7^5 \times 11 = (5^2 \times 3^2 \times 7^4) \times (3^2 \times 7 \times 11).$$

123. Problème. — *Trouver tous les diviseurs d'un nombre.*

Soit, par exemple, à trouver tous les diviseurs de 1 800. Si l'on décompose ce nombre en ses facteurs premiers, on a

$$1\,800 = 2^3 \times 3^2 \times 5^2$$

Par suite, le nombre 1 800 sera divisible par 1 et par les 3 premières puissances de 2; par 1 et par les 2 premières puissances de 3; par 1 et par les 2 premières puissances de 5. Ces puissances étant d'ailleurs premières entre elles (118, coroll. II), deux à deux, le nombre 1 800 sera divisible par leur produit 2 à 2, 3 à 3 (107) et n'aura pas d'autres diviseurs (122). Donc, pour avoir tous les diviseurs de 1 800, il suffira d'écrire sur trois lignes horizontales :

$$\text{1 et les puissances de 2 jusqu'à la 3}^e$$

| 1 | — | 3 | — | 2e |
| 1 | — | 5 | — | 2e |

et de multiplier successivement tous les facteurs de la première ligne par ceux de la seconde, puis tous les produits obtenus par les facteurs de la troisième.

En procédant ainsi, on aura

$$
\begin{array}{l|l}
1 , 2 , 2^2 . 2^3 & \text{ou } 1 , 2 , 4 , 8 \\
1 , 3 , 3^2 & \text{ou } 1 , 3 , 9 \\
1 , 5 , 5^2 & \text{ou } 1 , 5 , 25
\end{array}
$$

Produits de la première ligne par la deuxième. } 1, 2, 4, 8; 3, 6, 12, 24; 9, 18 36 72.

Produits des deux premières lignes par la troisième. } 5, 10, 20, 40; 15, 30, 60, 120; 45, 90, 180, 360. 25, 50, 100, 200; 75, 150, 300, 600; 225, 450, 900, 1 800.

Plus généralement. on donne aux calculs la disposition suivante :

		1.
1800	2	2.
900	2	4.
450	2	8.
225	3	3, 6, 12, 24.
75	3	9, 18, 36, 72.
25	5	5, 10, 20, 40; 15, 30, 60, 120; 45, 90, 180, 360.
5	5	25, 50, 100, 200; 75, 150, 300, 600; 225, 450, 900, 1 800.
1		

Les deux premières colonnes à gauche contiennent le tableau des calculs à faire pour trouver tous les facteurs premiers de 1 800. La troisième contient tous les diviseurs de ce nombre. Pour la former, on écrit d'abord le diviseur 1 qu'on multiplie par le premier facteur 2 ; on écrit le produit au-dessous de ce diviseur. On trouve de même tous les autres diviseurs en multipliant, chaque fois, tous ceux que l'on a déjà par le facteur premier qui suit. On omet, d'ailleurs, d'écrire deux fois le même produit.

124. Théorème VI. — *Le nombre total des diviseurs d'un nombre est égal au produit des exposants de ses facteurs premiers augmentés chacun d'une unité.*

EXEMPLE : on a
$$1\,800 = 2^3 \times 3^2 \times 5^2$$

Le nombre total de ses diviseurs sera
$$(3+1) \times (2+1) \times (2+1) = 4 \times 3 \times 3 = 36.$$

En effet, on vient de voir que, pour obtenir tous les diviseurs de 1 800, on peut former le tableau suivant :

$$1 \,.\, 2 \,.\, 4 \,.\, 8$$
$$1 \,.\, 3 \,.\, 9$$
$$1 \,.\, 5 \,.\, 25$$

et ensuite, multiplier successivement tous les facteurs ou diviseurs de la première ligne par ceux de la seconde, puis tous les produits obtenus par ceux de la troisième.

Or, la première ligne contient $(3+1)$ diviseurs, la deuxième $(2+1)$, et la troisième $(2+1)$: donc, en multipliant la première ligne par un facteur quelconque de la deuxième, on obtient $(3+1)$ diviseurs ; par conséquent, le produit des deux premières lignes donne autant de fois $(3+1)$ diviseurs qu'il y a de facteurs dans la deuxième ; donc, le nombre des diviseurs fournis par les deux premières lignes sera
$$(3+1) \times (2+1).$$

De même, en multipliant le produit des deux premières lignes par un facteur quelconque de la troisième, on obtient pour produit $(3+1) \times (2+1)$ diviseurs. Donc, le produit des trois lignes se compose d'autant de fois $(3+1)(2+1)$ qu'il y a de facteurs dans la troisième ; donc, le nombre total des diviseurs sera
$$(3+1)(2+1)(2+1) = 4 \times 3 \times 3 = 36$$
c'est-à-dire égal au produit des exposants augmentés chacun d'unité.

APPLICATION DES THÉORÈMES PRÉCÉDENTS A LA RECHERCHE
DU P. G. C. D. ET DU P. P. M. DE PLUSIEURS NOMBRES.

1° Plus grand commun diviseur de plusieurs nombres.

125. Règle. — *Pour trouver le p. g. c. d. de plusieurs nombres décomposés en facteurs premiers, il suffit de faire le produit des facteurs* *premiers communs à ces différents nombres, affectés chacun de son plus petit exposant.*

Soient, par exemple, les nombres 1 890, 1 980, 12 600; comme

$$1\,890 = 2 \ . \ 3^3 \ . \ 5 \ . \ 7$$
$$1\,980 = 2^2 \ . \ 3^2 \ . \ 5 \ . \ 11$$
$$12\,600 = 2^3 \ . \ 3^2 \ . \ 5^2 \ . \ 7$$

le plus grand commun diviseur sera, d'après la règle,

$$2 \ . \ 3^2 \ . \ 5 = 90.$$

En effet, ce nombre, entrant comme facteur dans chacun des produits précédents, est d'abord un diviseur commun des nombres proposés.

En second lieu, il est leur *p. g. c. d.;* car, si dans $2 \ . \ 3^2 \ . \ 5$ on introduit un nouveau facteur quelconque, 2, par exemple, on obtient pour produit un nombre $2^2 \ . \ 3^2 \ . \ 5$ qui cesse d'être diviseur commun à tous les nombres proposés, puisque, divisant encore 1 980 et 12 600, il ne divise plus 1 800.

2° Plus petit multiple de plusieurs nombres.

126. Règle. — *Pour trouver le p. p. m. de plusieurs nombres décomposés en facteurs premiers, il suffit de faire le produit de tous leurs facteurs premiers différents, affectés chacun de son plus grand exposant.*

Soient, par exemple, les nombres 40, 60, 126; comme

$$40 = 2^3 \ . \ 5$$
$$60 = 2^2 \ . \ 3 \ . \ 5$$
$$126 = 2 \ . \ 3^2 \ . \ 7$$

le *p. p. m.* sera, d'après la règle, $2^3 \ . \ 3^2 \ . \ 5 \ . \ 7 = 1\,520.$

En effet, ce nombre est d'abord divisible par chacun des nombres proposés, (122) donc c'est un multiple de ces nombres.

Il est, en second lieu, leur *p. p. m.;* car, si dans $2^3 \ . \ 3^2 \ . \ 5 \ . \ 7$, on supprime un facteur quelconque, 3, par exemple, on obtient pour produit un nombre $2^3 \ . \ 3 \ . \ 5 \ . \ 7$, qui cesse d'être multiple commun à tous les nombres proposés, puisqu'étant encore multiple de 40 et de 60, il ne l'est plus de 126.

127. Théorème VII. — *Lorsqu'on divise le p. p. m. de plusieurs nombres par ces nombres, les quotients qu'on obtient sont premiers entre eux.*

En effet, si ces quotients n'étaient pas premiers entre eux, la suppression de leur diviseur commun dans le *p. p. m.* n'empêcherait pas celui-ci d'être divisible par chacun des nombres donnés; donc celui-ci ne serait pas leur *p. p. m.*

EXERCICES
SUR LES PROPRIÉTÉS DES NOMBRES

42. Trouver le *p. g. c. d.* des nombres :
> 1 260 et 990; 346 500 et 22 050.

43. Trouver le *p. g. c. d.* des nombres :
> 970 200 et 3 150; 99 000 et 831 600.

44. Touver le *p. g. c. d.* des nombres :
> 17 640, 31 500 et 420; 178 200, 196 560 et 3 825.

45. Trouver le *p. g. c. d.* des nombres :
> 9 800, 27 440, 384 160 et 12 250; 2 079, 1 089, 17 811 et 29 403.

46. Trouver le *p. p. m.* des nombres :
> 450 et 360; 980 et 616.

47. Trouver le *p. p. m.* des nombres :
> 150 et 84; 5 040 et 39 600.

48. Trouver le *p. p. m.* des nombres :
> 450, 1 500 et 900; 270 000 et 1 800.

49. Trouver le *p. p. m.* des nombres :
> 240, 300, 360 et 8 400; 2 016, 720, 4 032 et 6 048.

50. Trouver le nombre des diviseurs de :
> 420, 5 040 et 10 800.

51. En divisant **427** et 322 par le plus grand nombre possible, on obtient le reste 7 dans chaque division. Quel est ce nombre?

52. En divisant 1 271 et 341 par le plus grand nombre possible, on obtient les restes 11 et 5. Quel est ce nombre?

53. Combien y a-t-il, au-dessous de 100 000, de nombres divisibles à la fois par 225 et 315?

54. Le *p. g. c. d.* de deux nombres est 18. On demande quels sont ces deux nombres, sachant que la série des quotients qu'on obtient dans la recherche de leur plus *p. g. c. d.* est 11, 5, 1, 1 et 2.

55. Deux nombres entiers consécutifs sont premiers entre eux.

56. Tout nombre premier qui ne divise pas un autre nombre est premier avec ce nombre.

57. Tout nombre premier plus grand que 3, augmenté ou diminué de l'unité, est divisible par 3.

58. Tout nombre premier plus grand que 3, augmenté ou diminué de l'unité, est divisible par 6.

59. Démontrer qu'un nombre est divisible par 6, lorsqu'en ajoutant au chiffre des unités 4 fois la somme de tous les autres, on obtient une somme divisible par 6.

60. Un propriétaire a fait faire une plantation de 700 sapins au plus. Si on les compte 6 à 6, 8 à 8, 10 à 10, 12 à 12, il reste toujours 5; mais si on les compte 11 à 11, il n'en reste pas. Combien y a-t-il d'arbres dans la plantation?

61. Trois bateaux à vapeur partent pour la même destination : le premier tous les 4 jours, le second tous les 6 jours, et enfin le troisième tous les 9 jours. Ces bateaux sont partis ensemble; au bout de combien de temps partiront-ils de nouveau le même jour?

LIVRE III

FRACTIONS

CHAPITRE I

FRACTIONS ORDINAIRES

DÉFINITIONS.

128. — On appelle *fraction* une partie ou la réunion de plusieurs parties égales de l'unité.

129. — Le *dénominateur* de la fraction indique en combien de parties égales l'unité a été partagée, et le *numérateur* indique combien l'on prend de ces parties.

Si l'on partage l'unité en 5 parties égales et que l'on prenne 3 de ces parties : le dénominateur de la fraction résultante sera 5, et son numérateur 3.

Le numérateur et le dénominateur sont les deux *termes* de la fraction.

130. — Pour *représenter* une fraction, on écrit d'abord son numérateur ; puis son dénominateur au-dessous, ou à droite, en les séparant par un trait.

La fraction précédente s'écrira donc $\frac{3}{5}$ ou 3/5.

131. — En général, pour *énoncer* une fraction, on nomme d'abord le numérateur, puis le dénominateur en faisant suivre son nom de la terminaison *ième*.

Ainsi, les fractions $\frac{3}{5}, \frac{7}{9}$, se lisent : *trois cinquièmes, sept neuvièmes*.

Il y a exception pour le cas où le dénominateur est 2, 3 ou 4, on dit alors : *demi, tiers, quart*.

Les fractions s'énoncent encore en plaçant le mot *sur* entre les deux termes ; ainsi, $\frac{5}{9}$ peut se lire : 5 *sur* 9.

4

Les fractions s'énoncent toujours de cette manière, lorsque le numérateur et le dénominateur sont des nombres considérables, ou qu'ils indiquent des opérations à effectuer.

Ainsi, les fractions suivantes :

$$\frac{3\,745}{67\,824}, \qquad \frac{3 \times 5}{5 \times 7},$$

s'énoncent : 3 745 *sur* 67 824 et 3 × 5 *sur* 4 × 7.

132. — Une quantité sous forme de fraction est plus petite que l'unité lorsque le numérateur est plus petit que le dénominateur. *Ex.* : $\frac{3}{5}$.

Elle est égale à l'unité lorsque le numérateur est égal au dénominateur. *Ex.* : $\frac{5}{5}$. Elle est plus grande que l'unité, lorsque le numérateur est plus grand que le dénominateur. *Ex.* : $\frac{7}{5}$.

133. Nombre fractionnaire. — On appelle nombre fractionnaire un nombre composé d'un entier et d'une fraction. *Ex.* : $7\frac{4}{5}$.

134. Convertir un nombre fractionnaire en fraction.

Règle. — *On multiplie l'entier par le dénominateur de la fraction ; au produit on ajoute le numérateur, et l'on donne à la somme pour dénominateur celui de la fraction.*

EXEMPLE : Convertir $7\frac{4}{5}$ en fraction. On dit : 5 fois 7, 35 et 4, 39 = $\frac{39}{5}$.

Démonstration. — Une unité valant $\frac{5}{5}$, 7 unités valent 7 fois $\frac{5}{5}$ ou $\frac{35}{5}$, et $\frac{4}{5}$ font $\frac{39}{5}$.

135. Extraire les entiers d'une fraction.

Règle. — *On divise le numérateur par le dénominateur, le quotient est le nombre d'unités.*

EXEMPLE : Extraire les entiers de $\frac{13}{5}$. La division de 13 par 5 donnant 2 pour quotient et 3 pour reste, $\frac{13}{5} = 2 + \frac{3}{5}$.

Démonsration. — En 13 il y a 2 fois 5 plus 3 ; donc en $\frac{13}{5}$ il y a 2 fois $\frac{5}{5}$ plus $\frac{3}{5}$ ou $2 + \frac{3}{5}$.

PROPRIÉTÉS FONDAMENTALES DES FRACTIONS.

136. Théorème I. — *Une fraction est le quotient de son numérateur par son dénominateur.*

Par exemple, $\frac{4}{5}$ est le quotient de 4 par 5.

En effet, 1 *cinquième* pris 5 fois donne l'*unité :* donc 4 *cinquièmes* pris 5 fois donneront 4 *unités ;* par conséquent $\frac{4}{5}$ est tel que multiplié par 5 il reproduit 4 : c'est donc le quotient de 4 par 5.

Corollaire. — *Lorsqu'une division a donné un reste, on complète le quotient entier au moyen d'une fraction qui a pour numérateur le reste et pour dénominateur le diviseur.*

EXEMPLE : La division de 103 par 8 donnant 12 pour quotient et 7 pour reste, le quotient complété sera $12 + \frac{7}{8}$.

En effet, le quotient de 103 par 8 est égal à $\frac{103}{8}$ (136); et (135) $\frac{103}{8}$ est bien égal à $12 + \frac{7}{8}$.

137. Théorème II. — 1° *Lorsque deux fractions ont le même dénominateur, la plus grande est celle qui a le plus grand numérateur;* 2° *lorsque deux fractions ont le même numérateur, la plus grande est celle qui a le plus petit dénominateur.*

1° Soient les deux fractions $\frac{7}{15}$ et $\frac{4}{15}$: ces deux fractions sont composées de parties égales, de *quinzièmes ;* la première en contient 7, et la seconde n'en contient que 4 : la première est donc plus grande que la seconde.

2° Soient les deux autres fractions $\frac{8}{11}$ et $\frac{8}{15}$: ces deux fractions contiennent chacune le même nombre de parties, *huit ;* mais celles de la première sont plus grandes que celles de la seconde ; donc la première est plus grande que la seconde.

Corollaire. — *Une fraction devient plus grande ou plus petite selon qu'on augmente son numérateur ou son dénominateur.*

138. Théorème III. — 1° *Lorsqu'on multiplie le numérateur d'une fraction par un nombre entier, elle devient ce nombre de fois plus grande ;* 2° *lorsqu'on multiplie le dénominateur, elle devient ce nombre de fois plus petite.*

1° Soit la fraction $\frac{2}{5}$; si l'on multiplie le numérateur 2 par 4, on a $\frac{8}{9}$. Cette fraction est évidemment 4 fois plus grande que la première, car elle contient 4 fois plus de *neuvièmes*.

2° Soit la fraction $\frac{3}{7}$; si l'on multiplie le dénominateur 7 par 5, on a $\frac{3}{35}$. Cette fraction est évidemment 5 fois plus petite que la pre- mière, car elle contient le même nombre de parties, *trois*, mais ces parties sont 5 fois plus petites.

139. Théorème IV. — *1° Lorsqu'on divise le numérateur d'une fraction par un nombre entier, elle devient ce nombre de fois plus petite ; 2° lorsqu'on divise le dénominateur par un nombre entier, elle devient ce nombre de fois plus grande.*

1° Soit la fraction $\frac{6}{7}$; si l'on divise le numérateur 6 par 3, on a $\frac{2}{7}$. Cette fraction est évidemment 3 fois plus petite que la première, car elle contient 3 fois moins de *septièmes*.

2° Soit la fraction $\frac{5}{18}$; si l'on divise le dénominateur 18 par 2, on a $\frac{5}{9}$. Cette fraction est évidemment 2 fois plus grande que la pre- mière, car elle contient le même nombre de parties, *cinq*, mais ces parties sont 2 fois plus grandes.

140. Théorème V. — *Lorsqu'on multiplie ou divise les deux termes d'une fraction par un même nombre, elle ne change pas de valeur.*

1° Soit la fraction $\frac{5}{7}$; si l'on multiplie les 2 termes 5 et 7 par 3, on a $\frac{15}{21}$. Cette fraction est équivalente à la première, car si elle con- tient trois fois plus de parties, ces parties sont trois fois plus petites.

2° Soit la fraction $\frac{8}{12}$; si l'on divise les deux termes par 2, on a $\frac{4}{6}$. Cette fraction est équivalente à la première, car si elle contient 2 fois moins de parties, ces parties sont 2 fois plus grandes.

141. Théorème VI. — *Lorsqu'on augmente d'une même quantité les deux termes d'une fraction, cette fraction augmente, si elle est plus petite que l'unité ; elle diminue dans le cas contraire.*

1° Soit la fraction $\frac{5}{9}$; si l'on ajoute à chaque terme 3, on a $\frac{8}{12}$. Cette fraction est plus grande que la première, car il lui manque $\frac{4}{12}$ pour valoir l'unité, tandis qu'il manque $\frac{4}{9}$ à la première. Or, $\frac{4}{12}$ sont plus petits

que $\frac{4}{9}$ (137) : donc, il manque moins à la seconde qu'à la première pour

valoir l'unité; donc, la seconde est plus grande que la première.

2° Soit l'expression fractionnaire $\frac{15}{11}$; si l'on ajoute 5 à chaque

terme, on a $\frac{20}{16}$. Cette expression est plus petite que la première, car

elle surpasse l'unité de $\frac{4}{16}$ tandis que l'expression donnée surpasse

l'unité de $\frac{4}{11}$. Or, $\frac{4}{11}$ sont plus grands que $\frac{4}{16}$: donc la seconde expression surpasse l'unité d'une quantité moindre que la première,
donc elle est plus petite que la première.

Corollaire. — *Toute fraction se rapproche de l'unité, lorsqu'on
augmente ses deux termes d'une même quantité.*

SIMPLIFICATION DES FRACTIONS

142. Définition. — Simplifier une fraction, c'est la ramener à
être exprimée par des termes moindres sans la changer de valeur.

143. Règle. — *Pour simplifier une fraction, on divise, quand il est
possible, ses deux termes par le même nombre..*

Démonstration. — Une fraction ne change pas de valeur, lorsqu'on
divise ses deux termes par un même nombre (140); donc, la nouvelle
fraction est équivalente à la première, et elle est exprimée par des
termes moindres.

Ainsi, en divisant les deux termes de la fraction $\frac{24}{48}$ par 24, on ob-

tient la fraction équivalente $\frac{1}{2}$.

Remarque. — La simplification des fractions est d'une grande
utilité; parce que plus les termes d'une fraction sont petits, plus il est

facile d'en avoir une juste idée. Ainsi, quoique les deux fractions $\frac{9}{11}$

et $\frac{16\,632}{20\,328}$ aient la même valeur, on a une idée bien plus nette, bien

plus précise de la première que de la seconde. On conçoit, d'ailleurs,
que les calculs sur les fractions doivent être d'autant moins laborieux
que leurs termes sont plus petits.

144. Fraction irréductible. — Une fraction est dite *irréductible* lorsqu'elle ne peut être ramenée à une fraction de même valeur
ayant des termes respectivement moindres que les siens.

145. Théorème I. — *Lorsque les deux termes d'une fraction sont premiers entre eux, toute fraction équivalente a pour termes des équimultiples de la fraction proposée.*

Soit la fraction $\dfrac{5}{8}$ dont les deux termes sont premiers entre eux, et la fraction équivalente $\dfrac{45}{72}$: il s'agit de démontrer que 45 et 72 sont des équimultiples de 5 et de 8.

En effet, les fractions proposées étant équivalentes,

(1) $$\frac{5}{8} = \frac{45}{72}.$$

Or, on rend la première fraction 72 fois plus grande en multipliant son numérateur par 72 (138), et la seconde 72 fois plus grande en disant son dénominateur par 72 (139); par suite, on a encore

(2) $$\frac{5 \times 72}{8} = \frac{45}{1} = 45.$$

Le second nombre étant un nombre entier, le premier l'est aussi, et, par conséquent, 8 divise 5×72; or, par hypothèse, 8 est premier avec 5, donc, il divise 72 (106). La division donne

$$72 = 8 \times 9.$$

Si on remplace, dans l'égalité (2), 72 par sa valeur; il vient

$$\frac{5 \times 8 \times 9}{8} = 45,$$

ou, après simplification,

$$45 = 5 \times 9:$$

45 et 72 sont donc des équimultiples de 5 et de 8, puisque 45 est le *neuvième* multiple de 5, et 72 le *neuvième* multiple de 8.

Corollaire. — *Toute fraction dont les deux termes sont premiers entre eux est irréductible.*

Ainsi, la fraction $\dfrac{5}{8}$ est irréductible; les seules fractions qui lui soient équivalentes sont $\dfrac{10}{16}, \dfrac{15}{25}$..... dont les termes sont plus grands que ceux de la fraction $\dfrac{5}{8}$.

146. Théorème II. — *Pour réduire une fraction à sa plus simple expression, on divise ses deux termes par leur p. g. c. d.*

En effet, les deux termes de la nouvelle fraction seront premiers entre eux (105), et elle sera équivalente à la fraction proposée (140).

Par exemple, en divisant les deux termes de la fraction $\dfrac{189}{315}$ par leur p. g. c. d. 63, on obtient $\dfrac{3}{5}$ pour la fraction équivalente à $\dfrac{189}{315}$.

Remarque. — Dans la pratique, au lieu de chercher immédiatement le *p. g. c. d.* des deux termes de la fraction, on essaye d'abord les diviseurs les plus simples, 2, 3, 4, 5, 6, 8, 9. On fait quelquefois l'une et l'autre de ces deux opérations.

EXEMPLE I. — Simplifier la fraction $\dfrac{864}{1\,296}$. Les deux termes étant divisibles par **4**, on fait la division, et l'on a la nouvelle fraction $\dfrac{216}{324}$, dont les deux termes sont encore divisibles par **4**, ce qui donne la fraction $\dfrac{54}{81}$. On voit immédiatement que les deux termes de cette dernière sont divisibles par **9**. La division faite, on a $\dfrac{6}{9}$, fraction dont on peut encore diviser les deux termes par 3. On a enfin $\dfrac{2}{3}$ pour la fraction équivalente à $\dfrac{864}{1\,296}$.

EXEMPLE II. — Simplifier la fraction $\dfrac{16\,632}{20\,328}$.

Je divise les deux termes par **4**, et j'ai $\dfrac{4\,158}{5\,082}$.

Les deux termes de cette fraction étant divisibles par **2** et par **3**, sont divisibles par **6**, ce qui donne $\dfrac{693}{847}$. Les deux termes de cette fraction ne présentant plus de caractères de divisibilité par **2, 3, 5**....., je cherche le *p. g. c. d.* de ses 2 termes.

Le *p. g. c. d.* est **77**. Les termes 693 et 847 divisés par **77** donnent $\dfrac{9}{11}$ pour la fraction équivalente à $\dfrac{16\,632}{20\,328}$.

RÉDUCTION DES FRACTIONS AU MÊME DÉNOMINATEUR.

147. Définition. — Réduire des fractions au même dénominateur, c'est les ramener à avoir le même dénominateur, sans changer leur valeur.

Lorsque des fractions, telles que $\dfrac{8}{12}$, $\dfrac{3}{12}$, $\dfrac{7}{12}$, ont le même dénominateur, il est facile de les comparer, de dire laquelle est la plus grande ou la plus petite, de les additionner, etc.; il n'en serait pas ainsi si elles n'avaient pas le même dénominateur.

Deux cas peuvent se présenter dans la réduction des fractions au même dénominateur.

148. 1er Cas. — *On a seulement 2 fractions à réduire au même dénominateur.*

Règle. — *On multiplie les 2 termes de chacune par le dénominateur de l'autre.*

Soient les fractions $\frac{4}{5}$ et $\frac{3}{7}$ à réduire au même dénominateur. On multiplie les deux termes de la première par 7, ce qui donne $\frac{28}{35}$, et les 2 termes de la seconde par 5, ce qui donne $\frac{15}{35}$.

En opérant ainsi, les fractions n'ont pas changé de valeur (140), puisqu'on a multiplié les 2 termes de chacune par un même nombre; elles ont d'ailleurs le même dénominateur, puisqu'il provient de la multiplication des dénominateurs, et qu'un produit reste le même quel que soit l'ordre dans lequel on l'effectue (54).

149. 2e Cas. — *On a plus de 2 fractions à réduire au même dénominateur.*

Règle. — *On multiplie les 2 termes de chacune par le produit des dénominateurs de toutes les autres.*

EXEMPLE : Soit à réduire au même dénominateur

$$\frac{2}{3}, \frac{1}{4}, \frac{5}{6}, \frac{3}{7}.$$

L'application de la règle donne

$$\frac{2 \times (4 \times 6 \times 7)}{3 \times (4 \times 6 \times 7)}, \frac{1 \times (3 \times 6 \times 7)}{4 \times (3 \times 6 \times 7)}, \frac{5 \times (3 \times 4 \times 7)}{6 \times (3 \times 4 \times 7)}, \frac{3 \times (3 \times 4 \times 6)}{7 \times (3 \times 4 \times 6)}.$$

Ces nouvelles fractions, pour lesquelles il n'y a plus qu'à effectuer les calculs indiqués, sont équivalentes aux premières, puisqu'on a multiplié les deux termes de chacune par un même nombre, et, de plus, elles ont toutes le même dénominateur $3 \times 4 \times 6 \times 7$, produit des anciens dénominateurs.

Remarque. — Au lieu d'appliquer la règle précédente, qui donne souvent des fractions dont les termes sont considérables, on préfère réduire les fractions au plus petit dénominateur commun.

150. Théorème. — *Quand plusieurs fractions sont irréductibles, les fractions respectivement équivalentes ont pour dénominateur commun un multiple des anciens dénominateurs.*

Soient les fractions irréductibles $\frac{2}{3}, \frac{3}{4}, \frac{5}{7}$.

Si l'on suppose ces fractions respectivement égales à $\frac{56}{84}, \frac{63}{84}, \frac{60}{84}$, il s'agit de démontrer que le dénominateur commun 84 est un multiple commun de 3, 4 et 7.

En effet, la fraction $\frac{2}{3}$ ayant ses deux termes premiers entre eux, toutes les fractions qui lui sont équivalentes ont pour termes des équimultiples de 2 et 3 (145); donc 84 est un multiple de 3. On prouverait de même que 84 est un multiple des dénominateurs 4 et 7.

Il résulte de là que *le plus petit dénominateur commun des fractions irréductibles est le plus petit multiple des dénominateurs. D'où cette règle.*

151. Règle. — *Pour ramener des fractions au plus petit dénominateur commun, on commence par les réduire à leur plus simple expression. On cherche ensuite le plus petit multiple des dénominateurs, on le divise par chaque dénominateur, et on multiplie le numérateur de chaque fraction par le quotient correspondant. Le dénominateur commun sera le p. p. m.*

Exemple : Soit à trouver le *p. p. d. c.* des fractions irréductibles

$$\frac{11}{24}, \quad \frac{17}{36}, \quad \frac{9}{46}, \quad \frac{19}{72};$$

On a :

$$24 = 2^3 \times 3$$
$$36 = 2^2 \times 3^2$$
$$46 = 2 \times 23$$
$$72 = 2^3 \times 3^2$$

Le *p. p. m.* de ces nombres est, par conséquent,

$$2^3 \times 3^2 \times 23 = 1\,656.$$

Si l'on divise 1 656 par les dénominateurs des fractions proposées, les quotients respectifs sont :

$$69, \ 46, \ 36, \ 23.$$

Enfin, si l'on multiplie le numérateur de chaque fraction par le quotient correspondant, on trouvera pour les fractions demandées :

$$\frac{759}{1\,656}, \quad \frac{782}{1\,656}, \quad \frac{324}{1\,656}, \quad \frac{437}{1\,656}.$$

Remarque. — Au lieu d'obtenir les quotients 69, 46, 36 et 23 par une division ordinaire, on préfère, en général, pour abréger les calculs, profiter de la décomposition des dénominateurs en facteurs premiers. Ainsi, on a :

$$\frac{1\,656}{24} = \frac{2^3 \times 3^2 \times 23}{2^3 \times 3} = 3 \times 23 = 69$$

$$\frac{1\,656}{36} = \frac{2^3 \times 3^2 \times 23}{2^2 \times 3^2} = 2 \times 23 = 46$$

$$\frac{1\,656}{46} = \frac{2^3 \times 3^2 \times 23}{2 \times 23} = 2^2 \times 3^2 = 36$$

$$\frac{1\,656}{72} = \frac{2^3 \times 3^2 \times 23}{2^3 \times 3^2} = 23.$$

AUTRE EXEMPLE. — Soit à trouver le *p. p. d. c.* des fractions

$$\frac{2}{3}, \quad \frac{3}{4}, \quad \frac{5}{6}, \quad \frac{7}{12}.$$

On voit immédiatement que 12 est le *p. p. m.* des nombres 3, 4, 6 et 12. Les fractions équivalentes aux proposées sont donc

$$\frac{8}{12}, \quad \frac{9}{12}, \quad \frac{10}{12}, \quad \frac{7}{12}.$$

OPÉRATIONS SUR LES FRACTIONS

ADDITION.

152. Règle. — *On réduit d'abord les fractions au même dénominateur. On fait la somme des numérateurs et on lui donne pour dénominateur le dénominateur commun.*

Soit à additionner les fractions $\frac{2}{3}, \frac{3}{4}, \frac{5}{8}, \frac{7}{12}$. On commence par réduire ces fractions au même dénominateur, puisqu'on ne peut additionner que des quantités de même espèce, et non des tiers avec des quarts, etc.

24 étant divisible par tous les dénominateurs, on le prend pour dénominateur commun.

Les fractions respectivement équivalentes sont

$$\frac{16}{24}, \frac{18}{24}, \frac{15}{24}, \frac{14}{24}.$$

D'après la règle, la somme est $\frac{63}{24}$, ou, extrayant les entiers,

$$2\frac{15}{24} = 2\frac{5}{6}.$$

Démonstration. — 16 unités $+$ 18 $+$ 15 $+$ 14 $=$ 63 unités, donc

$$\frac{16}{24} + \frac{18}{24} + \frac{15}{24} + \frac{14}{24} = \frac{63}{24}.$$

Addition des nombres fractionnaires.

153. Règle. — *On additionne d'abord les fractions, et, si leur somme contient des entiers, on les extrait pour les ajouter à la somme des entiers donnés.*

EXEMPLE : Soit à additionner $25\frac{2}{3}$, $18\frac{7}{9}$ et $2\frac{4}{5}$.

$$25 \frac{2}{3} = 25 \frac{30}{45}$$

$$18 \frac{7}{9} = 18 \frac{35}{45}$$

$$2 \frac{4}{5} = 2 \frac{36}{45}$$

Somme $\qquad 45 \frac{101}{45} = 47 \frac{11}{45}.$

L'addition des fractions, faite d'après la règle précédente, donne $\frac{101}{45}$

u $2 \frac{11}{45}$. On écrit $\frac{11}{45}$, puis on ajoute 2 à la somme des entiers ce qui

onne po_r somme totale $47 \frac{11}{45}$.

SOUSTRACTION.

154. Règle. — *On réduit d'abord les deux fractions au même déno-*
iinateur. On retranche ensuite le plus petit numérateur du plus grand,
! on donne au reste, pour dénominateur, le dénominateur commun.
Soit à soustraire

$$\frac{4}{5} \text{ de } \frac{7}{8}.$$

Les fractions respectivement équivalentes sont :

$$\frac{32}{40} \text{ et } \frac{35}{40}.$$

La différence des numérateurs étant 3, $\frac{3}{40}$ est celle des fractions.

Démonstration. — Si de 35 unités, on en retranche 32, il en reste 3;
onc, si de $\frac{35}{40}$ on retranche $\frac{32}{40}$, il reste $\frac{3}{40}$.

Soustraction des nombres fractionnaires.

155. Règle. — *On retranche d'abord la fraction qui accompagne le*
lus petit nombre de celle qui accompagne le plus grand, puis le plus
etit nombre du plus grand; la somme des 2 restes est le reste de-
iandé.

Exemple : Soustraire $15 \frac{3}{4}$ de $23 \frac{6}{7}$.

$$23 \frac{6}{7} = 23 \frac{24}{28}.$$

$$15 \frac{3}{4} = 15 \frac{21}{28}.$$

Reste $\qquad 8 \frac{3}{28}.$

Remarque. — Lorsque la fraction qui accompagne le plus petit nombre est la plus grande, on ajoute au numérateur de la fraction trop faible son dénominateur. Mais, pour que la différence reste la même, on ajoute 1 à l'entier du plus petit nombre.

Ex. : Soustraire $17\dfrac{4}{5}$ de $29\dfrac{3}{4}$.

$$29\dfrac{3}{4} = 29\dfrac{15}{20}.$$

$$17\dfrac{4}{5} = 17\dfrac{16}{20}.$$

Soustraction rendue possible

$$29\dfrac{35}{20}$$

$$18\dfrac{16}{20}$$

$$\overline{\qquad\qquad}$$

$$11\dfrac{19}{20}.$$

Comme on ne peut retrancher $\dfrac{16}{20}$ de $\dfrac{15}{20}$, on ajoute une unité, ou $\dfrac{20}{20}$, à la fraction du plus grand nombre, ce qui donne $\dfrac{20}{20} + \dfrac{15}{20} = \dfrac{35}{20}$.

On soustrait $\dfrac{16}{20}$ de $\dfrac{35}{20}$, il reste $\dfrac{19}{20}$. On ajoute 1 à 17 ; 1 et 17, 18 e[t] 11, 29. On trouve enfin $11\dfrac{19}{20}$ pour la différence cherchée.

MULTIPLICATION.

156. Définition. — *La multiplication est une opération qui a pou[r] but de former un nombre appelé produit avec un nombre nommé mul[ti]plicande, de la même manière qu'un autre appelé multiplicateur es[t] formé avec l'unité.*

D'après cette définition, si le multiplicateur contient une fois, deux fois, troi[s] fois... l'unité, le produit contiendra une fois, deux fois, trois fois... le multipl[i]cande ; si au contraire le multiplicateur est le tiers, les trois cinquièmes... de l'unit[é] le produit sera le tiers, les trois cinquièmes... du multiplicande. Le produit ser[a] donc plus petit que le multiplicande, toutes les fois que le multiplicateur sera pl[us] peti[t] que l'unité.

On distingue trois cas :

157. 1er Cas. — *Multiplication d'une fraction par un nombre en[tier].*

Règle. — *Pour multiplier une fraction par un nombre entier, o[n] multiplie le numérateur par l'entier, sans toucher au dénominateur ; o[u] bien on divise, quand on le peut, le dénominateur par l'entier, sans tou[cher au numérateur.*

EXEMPLE I. — *Multiplier $\dfrac{3}{7}$ par 6. Le produit est égal à $\dfrac{3 \times 6}{7} = \dfrac{18}{7}$*

Démonstration. — En effet, le multiplicateur se formant de 6 fo[is] l'unité, le produit doit, d'après la définition du n° 156, se former [de]

6 fois le multiplicande ou être 6 fois plus grand. Le produit sera donc $\frac{18}{7}$.

EXEMPLE II. — *Multiplier* $\frac{9}{14}$ *par* 7. On divise le dénominateur par 7, et l'on trouve $\frac{9}{2}$ pour produit. En effet, multiplier une quantité par 7, c'est répéter 7 fois cette quantité, ou la rendre 7 fois plus grande. Or, on rend une fraction 7 fois plus grande en divisant son dénominateur seul par 7.

158. 2ᵉ Cas. — *Multiplication d'un entier par une fraction.*

Règle. — *Pour multiplier un entier par une fraction, ou multiplie l'entier par le numérateur sans toucher au dénominateur ; ou bien on divise, quand on le peut, le dénominateur par l'entier, sans toucher au numérateur.*

EXEMPLE I. — *Multiplier* 4 *par* $\frac{5}{7}$. Le produit est égal a $\frac{4 \times 5}{7} = \frac{20}{7}$.

Démonstration. — En effet, le multiplicateur se formant des $\frac{5}{7}$ de l'unité, le produit sera les $\frac{5}{7}$ du multiplicande 4 ; or, $\frac{1}{7}$ de 4 vaut $\frac{4}{7}$ et les $\frac{5}{7}$ valent 5 fois plus, ou $\frac{4 \times 5}{7} = \frac{20}{7}$.

EXEMPLE II. — *Multiplier* 4 *par* $\frac{5}{8}$. On divise 8 par 4, ce qui donne 2, et $\frac{5}{2}$ est le produit demandé. En effet, le produit doit être (156) les $\frac{5}{8}$ de 4 ; or, $\frac{1}{8}$ de 4 est $\frac{4}{8}$ ou $\frac{1}{2}$: les $\frac{5}{8}$ sont donc $\frac{5}{2}$.

159. 3ᵉ Cas. — *Multiplication d'une fraction par une fraction.*

Règle. — *On multiplie les numérateurs entre eux et les dénominateurs entre eux.*

EXEMPLE : *Multiplier* $\frac{3}{4}$ *par* $\frac{5}{8}$. Le produit est égal à $\frac{3 \times 5}{4 \times 8} = \frac{15}{32}$.

Démonstration. — En effet, le multiplicateur se formant des $\frac{5}{8}$ de unité, le produit sera les $\frac{5}{8}$ de $\frac{3}{4}$. Le $\frac{1}{8}$ de $\frac{3}{4}$ est 8 fois plus petit que il est donc $\frac{3}{4 \times 8}$; les $\frac{5}{8}$ valent 5 fois plus, ou $\frac{3 \times 5}{4 \times 8} = \frac{15}{32}$.

Multiplication des nombres fractionnaires.

160. Règle. — *On convertit les nombres fractionnaires en fra*$_($
tions et l'on applique la règle des fractions.

EXEMPLE : *Multiplier* $6 \frac{3}{4}$ *par* $9 \frac{5}{7}$. $6 \frac{3}{4} = \frac{27}{4}$ et $9 \frac{5}{7} = \frac{68}{7}$:

d'où $6 \frac{3}{4} \times 9 \frac{5}{7} = \frac{27}{4} \times \frac{68}{7} = \frac{1\,836}{28} = 65 \frac{16}{28} = 65 \frac{4}{7}.$

**161. Produit de plus de deux facteurs entiers o
fractionnaires** (*). — On appelle ainsi le produit obtenu en mul
pliant le premier facteur par le second, le résultat par un troisième, et
    Ainsi, l'expression

$$\frac{2}{3} \times \frac{3}{4} \times 5 \times \frac{5}{8},$$

signifie qu'il faut multiplier la fraction $\frac{2}{3}$ par $\frac{3}{4}$, le résultat par 5, $_($

enfin, ce dernier résultat par $\frac{5}{8}$.

De ce qui précède résulte la règle suivante :

Règle. — *Pour obtenir le produit de plusieurs facteurs, on pre*
pour numérateur le produit de leurs numérateurs, et pour dénominate
le produit de leurs dénominateurs.
    Ainsi,

$$\frac{3}{4} \times \frac{5}{6} \times \frac{7}{9} \times \frac{4}{7} = \frac{3 \times 5 \times 7 \times 4}{4 \times 6 \times 9 \times 7}.$$

En effet (159),

$$\frac{3}{4} \times \frac{5}{6} = \frac{3 \times 5}{4 \times 6},$$

et

$$\frac{3 \times 5}{4 \times 6} \times \frac{7}{9} = \frac{3 \times 5 \times 7}{4 \times 6 \times 9},$$

enfin

$$\frac{3 \times 5 \times 7}{4 \times 6 \times 9} \times \frac{4}{7} = \frac{3 \times 5 \times 7 \times 4}{4 \times 6 \times 9 \times 7}.$$

Remarque I. — Il est évident que la règle précédente s'éte
au cas où les facteurs sont des nombres entiers, ou des nombres $_($
tiers accompagnés de fractions : car, si les facteurs sont des nomb$_: $
entiers, on peut les considérer comme des fractions ayant l'unité po
dénominateur ; et si les facteurs sont des nombres entiers accompagr
de fractions, on peut réunir chaque facteur, et la fraction qui l'acco$_: $
pagne, en une seule fraction.

(*) Un produit de plusieurs fractions s'appelle souvent *fractions de fractions*.

Remarque II.—Avant d'effectuer les produits indiqués, on supprime, pour abréger les calculs, les facteurs communs au numérateur et au dénominateur.

Ainsi, l'expression précédente,

$$\frac{3 \times 5 \times 7 \times 4}{4 \times 6 \times 9 \times 7}$$

après avoir supprimé les facteurs communs, se réduit à

$$\frac{5}{2 \times 9} = \frac{5}{18}.$$

Théorèmes relatifs à la multiplication des fractions.

162. Théorème. — *Le produit de plusieurs facteurs entiers ou fractionnaires ne change pas de valeur lorsqu'on intervertit l'ordre de ses facteurs.*

On aura, par exemple :

$$\frac{3}{4} \times 5 \times \frac{7}{8} = \frac{7}{8} \times \frac{3}{4} \times 5.$$

En effet, $\dfrac{3}{4} \times 5 \times \dfrac{7}{8} = \dfrac{3 \times 5 \times 7}{4 \times 8}$

et $\dfrac{7}{8} \times \dfrac{3}{4} \times 5 = \dfrac{7 \times 3 \times 5}{8 \times 4}.$

Or, les fractions $\dfrac{3 \times 5 \times 7}{4 \times 8}$ et $\dfrac{7 \times 3 \times 5}{8 \times 4}$ ont des numérateurs et des dénominateurs égaux (54), donc elles sont égales; donc on a aussi :

$$\frac{3}{4} \times 5 \times \frac{7}{8} = \frac{7}{8} \times \frac{3}{4} \times 5.$$

Corollaire. — *Le théorème du n° 54 étant vrai pour les nombres fractionnaires, il en résulte que tous les théorèmes sur les nombres entiers, qui sont des conséquences de ce théorème, peuvent être étendus aux nombres fractionnaires.*

DIVISION.

163. — La théorie de la division des fractions est basée sur cette définition déjà connue :

La division a pour but, étant donnés deux nombres, l'un appelé dividende et l'autre diviseur, d'en trouver un troisième appelé quotient qui, multiplié par le diviseur, reproduise le dividende.

On distingue trois cas :

164. 1ᵉʳ Cas. — *Division d'une fraction par un nombre entier.*

Règle. — *On multiplie le dénominateur de la fraction par le nombre entier, ou bien on divise, s'il est possible, le numérateur par le nombre entier.*

Ainsi le quotient de $\dfrac{6}{7}$ par 3, sera $\dfrac{6}{7 \times 3}$, ou $\dfrac{6}{21}$, ou encore $\dfrac{2}{7}$.

Démonstration, — En effet, d'après la définition, il s'agit de trouver un quotient qui, multiplié par 3, reproduise $\dfrac{6}{7}$. Ce quotient est donc 3 fois plus petit que $\dfrac{6}{7}$; il est par conséquent égal à (139) $\dfrac{6}{7 \times 3} = \dfrac{6}{21}$, ou encore à $\dfrac{2}{7}$.

165. 2ᵉ Cas. — *Division d'un nombre entier par une fraction.*

Règle. — *On multiplie le dividende par la fraction diviseur renversée.*

Ainsi le quotient de 5 par $\dfrac{3}{4}$, sera égal à $\dfrac{5 \times 4}{3} = \dfrac{20}{3}$.

Démonstration. — En effet, il s'agit de trouver un quotient qui, multiplié par $\dfrac{3}{4}$, reproduise 5. Or (156), multiplier un nombre par $\dfrac{3}{4}$, c'est prendre les $\dfrac{3}{4}$ de ce nombre, par conséquent :

$$\dfrac{3}{4} \text{ du quotient} = \mathbf{5},$$

$$\dfrac{1}{4} \text{ ou 3 fois moins} = \dfrac{5}{3},$$

$$\dfrac{4}{4} \text{ ou 4 fois plus} = \dfrac{5 \times 4}{3} = \dfrac{20}{3}.$$

166. 3ᵉ Cas. — *Division d'une fraction par une fraction.*

Règle. — *On multiplie la fraction dividende par la fraction diviseur renversée.*

Ainsi le quotient de $\dfrac{3}{7}$ par $\dfrac{5}{9}$ sera $\dfrac{3 \times 9}{7 \times 5} = \dfrac{27}{35}$.

Même démonstration que pour le 2ᵉ cas, car,

$$\dfrac{5}{9} \text{ du quotient} = \dfrac{3}{7},$$

$$\dfrac{1}{9} \text{ du quotient} = \dfrac{3}{7 \times 5},$$

$$\dfrac{9}{9} \text{ du quotient} = \dfrac{3 \times 9}{7 \times 5} = \dfrac{27}{35}.$$

Division des nombres fractionnaires.

167. Règle. — *On convertit les nombres fractionnaires en fractions, et l'on applique la règle des fractions.*

EXEMPLE : Diviser $2\frac{1}{3}$ par $5\frac{3}{4}$. $2\frac{1}{3} = \frac{7}{3}$ et $5\frac{3}{4} = \frac{23}{4}$.

On a à diviser $\frac{7}{3}$ par $\frac{23}{4}$, ce qui donne $\frac{7 \times 4}{3 \times 23} = \frac{28}{69}$.

Théorèmes relatifs à la division des fractions.

168. Théorème I. — *Le quotient de deux nombres entiers ou fractionnaires ne change pas lorsqu'on les multiplie ou divise tous deux par un même nombre.*

Par exemple, le quotient de $\frac{5}{7} : \frac{3}{4}$ sera le même que celui de

$$\frac{5 \times 9}{7} : \frac{3 \times 9}{4}.$$

En effet, ces deux quotients sont respectivement

$$\frac{5 \times 4}{7 \times 3} \text{ et } \frac{5 \times 9 \times 4}{7 \times 3 \times 9}.$$

On voit que la seconde fraction n'est autre chose que la première dont on a multiplié les deux termes par 9, ce qui n'en a pas changé la valeur.

La démonstration serait la même si, au lieu de multiplier, on avait divisé. Elle serait encore la même, si les multiplicateurs ou les diviseurs étaient des nombres fractionnaires au lieu d'être des nombres entiers.

169. Remarque. — Il est facile d'expliquer la division des fractions, en se basant sur le théorème précédent.

1er Cas. — Diviser $\frac{6}{7}$ par 3. Le quotient de $\frac{6}{7}$ par 3 sera le même que celui de $6 : 3 \times 7$, et sera, par conséquent, égal à $\frac{6}{3 \times 7} = \frac{6}{21}$.

2e Cas. — Diviser 5 par $\frac{3}{4}$. Le quotient de $5 : \frac{3}{4}$ sera le même que celui de $5 \times 4 : 3$, et sera, par conséquent, égal à $\frac{5 \times 4}{3} = \frac{20}{3}$.

3e Cas. — Diviser $\frac{3}{7}$ par $\frac{5}{9}$. Le quotient de $\frac{3}{7} : \frac{5}{9}$ sera le même

5

que celui de $3 : \dfrac{5 \times 7}{9}$, ou encore le même que celui de $3 \times 9 : 5 \times 7$,

et sera, par conséquent, égal à $\dfrac{3 \times 9}{5 \times 7} = \dfrac{27}{35}$.

170. Théorème II. — *Diviser un nombre entier ou fractionnaire par le produit de plusieurs autres revient à le diviser successivement par chaque facteur de ce produit.*

Ainsi, pour obtenir le quotient de $3\dfrac{2}{5} = \dfrac{17}{5}$ par $\dfrac{6}{7} \times 3 \times \dfrac{14}{5}$, on

peut diviser $\dfrac{17}{5}$ par $\dfrac{6}{7}$, le quotient obtenu par 3, et enfin le nouveau

quotient par $\dfrac{14}{5}$.

En effet, le diviseur $\dfrac{6}{7} \times 3 \times \dfrac{14}{5} = \dfrac{6 \times 3 \times 14}{7 \times 5}$;

par suite le quotient de $\dfrac{17}{5} : \dfrac{6}{7} \times 3 \times \dfrac{14}{5}$, est égal à

$$\dfrac{17}{5} \times \dfrac{7 \times 5}{6 \times 3 \times 14} = \dfrac{17 \times 7 \times 5}{5 \times 6 \times 3 \times 14} \quad (1).$$

D'autre part, on a successivement :

$$\dfrac{17}{5} : \dfrac{6}{7} = \dfrac{17 \times 7}{5 \times 6},$$

$$\dfrac{17 \times 7}{5 \times 6} : 3 = \dfrac{17 \times 7}{5 \times 6 \times 3},$$

$$\dfrac{17 \times 7}{5 \times 6 \times 3} : \dfrac{14}{5} = \dfrac{17 \times 7 \times 5}{5 \times 6 \times 3 \times 14} \quad (2).$$

Les quotients (1) et (2) sont identiques. *C. q. f. d.*

171. Théorème III. — *Diviser un produit de plusieurs facteurs entiers ou fractionnaires par un nombre quelconque revient à diviser un des facteurs par ce nombre.*

Ainsi, pour diviser par $\dfrac{3}{11}$ le produit $5 \times \dfrac{6}{7} \times \dfrac{8}{9}$, il suffit de divi-

ser le facteur $\dfrac{8}{9}$ par $\dfrac{3}{11}$, le quotient sera, par conséquent,

$$5 \times \dfrac{6}{7} \times \dfrac{8 \times 11}{9 \times 3}.$$

Ce quotient est exact, car si on le multiplie par le diviseur $\dfrac{3}{11}$, on

retrouve le dividende; on a, en effet,

$$5 \times \dfrac{6}{7} \times \dfrac{8 \times 11}{9 \times 3} \times \dfrac{3}{11} = 5 \times \dfrac{6}{7} \times \dfrac{8 \times 11 \times 3}{9 \times 3 \times 11} = 5 \times \dfrac{6}{7} \times \dfrac{8}{9}.$$

EXERCICES

SUR LES FRACTIONS ORDINAIRES

62. Trouver la demi-somme des fractions $\frac{2}{5}$ et $\frac{3}{4}$.

63. Trouver les $\frac{2}{5}$ de la différence des fractions $\frac{5}{6}$ et $\frac{4}{9}$.

64. Quelle est la fraction qui, ajoutée à $\frac{2}{7}$, donne $\frac{3}{4}$ pour somme?

65. Évaluer 1 heure $\frac{3}{11}$ en secondes et fraction de seconde.

66. Étant donnés deux couples de fractions :

$$\frac{4}{7} \text{ et } \frac{9}{16} ; \qquad \frac{2}{3} \text{ et } \frac{3}{11} :$$

1° Quel est le plus grand des deux couples? 2° Si l'on multiplie chaque fraction du premier couple par celle qui occupe le même rang dans le second, quel sera le plus grand des deux produits obtenus?

67. Quelle fraction de $\frac{6}{7}$ d'unité faut-il prendre pour avoir $\frac{3}{4}$?

68. Quel est le nombre dont les $\frac{5}{6}$ valent 120?

69. Quel est le nombre dont la moitié et le quart valent 66 $\frac{3}{4}$?

70. La différence entre les $\frac{3}{4}$ et les $\frac{3}{5}$ d'un nombre est 15. Quel est ce nombre?

71. Un nombre est les $\frac{3}{5}$ d'un autre. Leur somme est 96. On demande ces deux nombres.

72. Partager le nombre 6 741 en deux parties, de manière que la première soit les $\frac{2}{3}$ des $\frac{5}{6}$ des $\frac{7}{8}$ de la seconde.

73. Une montre retarde de $\frac{3}{4}$ d'heure par jour. Elle a été mise à l'heure à midi. Quelle sera l'heure précise, quand elle marquera 4 h. 1/2 du soir?

74. En revendant une propriété 3 800 fr., on a perdu $\frac{1}{20}$ du prix d'achat. Combien l'avait-on achetée?

75. Telle qu'elle se trouve, une maison peut être vendue 20 000 fr.; mais ce ne serait que les $\frac{4}{5}$ de la valeur qu'elle aurait si elle était réparée. Les frais qu'entraîneraient les réparations s'élèveraient à 3 650 fr. Quel avantage y a-t-il de les faire?

76. Tous frais payés, des marchandises coûtent 4 200 fr., et on les revend, tous frais déduits, 4 800 fr. Quelle fraction du prix d'acquisition a-t-on gagnée ?

77. Une balle élastique rebondit chaque fois à une hauteur qui est les $\frac{3}{7}$ de celle d'où elle est partie. Elle est tombée primitivement d'une hauteur de 14 m. A quelle hauteur rebondit-elle encore la troisième fois ?

78. Un homme est obligé de vendre son cheval, son jardin et sa maison. reeçoit 5 300 fr. pour le tout. Le prix du cheval est estimé les $\frac{2}{7}$ de celui du jardin, et ce dernier les $\frac{2}{5}$ du prix de la maison. On demande le prix du cheval, celui du jardin et celui de la maison.

79. Deux ouvriers travaillent ensemble, le premier gagne par jour $\frac{1}{3}$ de plus que le second ; au bout d'un certain temps, le premier, qui a travaillé 5 jours de plus que le second, a reçu 100 fr. et le second 60 fr. Combien chacun gagnait-il par jour ?

80. Deux fontaines coulent dans un même bassin, la première le remplirait seule en 3 heures, et les deux emploieraient ensemble 1 h. $\frac{1}{5}$. On demande le temps que la seconde emploierait pour remplir le bassin ?

81. Une personne brûle chaque jour les $\frac{2}{5}$ d'un panier de houille contenant 28 kg. Combien dépensera-t-elle pour son chauffage depuis le matin du 1er janvier jusqu'au soir du 4 février, en admettant que 8 hl. $\frac{2}{3}$ lui aient coûté 26 fr. et que l'hectolitre de houille pèse 84 kg. ?

82. Un spéculateur donne à un de ses neveux le $\frac{1}{4}$ d'une somme qu'il vient de gagner dans une opération ; à un autre les $\frac{2}{5}$, et à un troisième les $\frac{2}{7}$ de ce qui lui reste après les deux partages. Il conserve encore 300 fr. Combien avait-il gagné, et combien a-t-il donné à chacun de ses neveux ?

83. On soutire d'un vase rempli de vin le $\frac{1}{3}$ de ce qu'il contient, une 2e fois le $\frac{1}{3}$ du reste, une 3e fois le $\frac{1}{3}$ du second reste, enfin une 4e fois le $\frac{1}{3}$ du dernier reste, après quoi il contient encore 4 litres. Quelle est la capacité de ce vase ?

84. Trouver une fraction équivalente à $\frac{7}{8}$ et telle que la somme de ses termes soit 135.

85. Trouver une fraction équivalente à $\frac{5}{7}$ et telle que la différence de ses termes soit 24.

86. Dans quel cas le quotient de 2 fractions irréductibles peut-il être un nombre entier ?

87. Quand on ajoute une fraction quelconque à cette même fraction renversée, on obtient toujours une somme plus grande que 2.

88. Les bénéfices de l'exploitation d'une mine de houille se partagent également tous les ans entre 20 actions de deux frères auxquels cette mine appartient. L'aîné avait 11 de ces actions, le cadet les 9 autres. Le premier a laissé 16 héritiers, le second 13. Deux parts d'héritage sont en vente, une dans chaque succession. Elles sont offertes au même prix. Quelle est celle des deux parts dont l'acquisition serait la plus avantageuse ?

89. Trois robinets servent à alimenter un bassin ; un 4e sert à le vider. Le 1er robinet, s'il était seul ouvert, remplirait le bassin en 4 h. $\frac{1}{2}$, le 2e en 5 h. $\frac{3}{4}$, et le 3e en 8 h. Le 4e robinet le viderait en 5 h. $\frac{1}{2}$. On ouvre les 4 robinets : au bout de combien de temps le bassin sera-t-il rempli ?

90. La houille fournit à peu près les $\frac{4}{9}$ de son poids en coke.

D'après le système de fours à coke de l'invention de MM. Pauwels et Dubochet, 100 kg de houille donnent 24 mètres cubes de gaz d'éclairage. On demande la production annuelle en coke d'une ville qui consomme chaque jour 2 700 mètres cubes de gaz.

91. Trois terrassiers creusent un fossé. Le 1er et le 2e le creuseraient en 1 jour $\frac{5}{7}$, le 2e et le 3e le creuseraient en 2 jours $\frac{2}{9}$, et le 1er et le 3e le creuseraient en 1 jour $\frac{7}{8}$. Combien de temps chaque terrassier seul mettrait-il pour creuser le fossé ?

92. On a dans un vase A un mélange de 12 litres de vin et de 4 litres d'eau, et dans un autre vase B un mélange de 8 litres de vin et de 3 litres d'eau. On ôte 4 litres du vase A et 4 litres du vase B ; puis on verse les 4 litres du vase A dans le vase B, et les 4 litres du vase B dans le vase A. On demande la quantité de vin et d'eau qui se trouve alors dans chaque vase.

93. Une garnison composée de 1500 hommes a des vivres pour 8 mois ; mais on l'augmente de 300 hommes sans pouvoir augmenter les vivres. Si l'on craint de subir un siége de 10 mois, à quelle fraction devra-t-on réduire la ration ?

94. Un fermier, nouvellement établi, calcule que, s'il fait chaque année un certain bénéfice, il lui faudra 4 ans pour payer ce qu'il doit. Mais il remarque qu'il a exagéré le chiffre de ses bénéfices, et qu'il lui faudra au moins 6 ans. Il arrive qu'il s'est trompé dans l'une et l'autre hypothèse, car son bénéfice n'est que le $\frac{1}{5}$ de la somme des deux autres. Combien mettra-t-il de temps pour s'acquitter.

95. Un négociant met tout son avoir et tous ses bénéfices dans le commerce. Il commence avec 120 000 fr. La 1re année, il gagne le $\frac{1}{12}$ du capital engagé; la 2ᵉ année, il gagne 9 000 fr. Au commencement de la 3ᵉ année, il perd dans un incendie $\frac{1}{5}$ de ce qu'il a dans le commerce. A la fin de la 3ᵉ année, il se trouve avoir 123 000 fr. Combien a-t-il gagné dans le courant de la 3ᵉ année ?

96. On a partagé une somme inconnue entre 2 personnes ; la part de la première égale les $\frac{3}{4}$ de celle de a seconde ; on sait de plus qu'en ajoutant le $\frac{1}{10}$ de la première part aux $\frac{4}{5}$ de la seconde, on obtient 100 fr. Trouver la somme entière et chacune des parts.

97. On a partagé une certaine somme entre 4 personnes ; la 1ʳᵉ a eu le $\frac{1}{5}$ de la somme totale ; la 2ᵉ les $\frac{4}{9}$ du reste ; la 3ᵉ les $\frac{2}{5}$ du second reste; et la 4ᵉ, qui a eu le dernier reste pour sa part, se trouve avoir 2 400 fr. Quelle somme a-t-on partagée, et quelle est la part de chaque personne ?

98. Un tonneau contient 210 litres de vin ; on en retire 45 litres qu'on remplace par une égale quantité d'eau; on tire une seconde fois 45 litres du melange, qu'on remplace encore par une égale quantité d'eau; enfin on fait une troisième fois la même opération. On demande combien le tonneau contient alors de vin et d'eau ?

99. Quatre compagnies d'ouvriers sont telles que la 1ʳᵉ ferait un ouvrage en 45 jours ; la 2ᵉ en 9 jours ; la 3ᵉ en 27 jours, et la 4ᵉ en 36 jours. Pour exécuter cet ouvrage, on emploie en même temps les $\frac{2}{5}$ des hommes de la 1ʳᵉ compagnie ; les $\frac{3}{4}$ de ceux de la 2ᵉ ; la $\frac{1}{2}$ de ceux de la 3ᵉ, et le $\frac{1}{3}$ de ceux de la 4ᵉ. Combien de jours leur faudra-t-il pour faire l'ouvrage ?

100. Les deux aiguilles d'une montre sont sur midi : à quelle heure aura lieu leur prochaine rencontre ? et combien y aura-t-il de rencontres des deux aiguilles de midi à minuit.

101. Une montre marque 5 heures 27 minutes : à quel point du cadran est la petite aiguille ?

CHAPITRE II

FRACTIONS DÉCIMALES

DÉFINITIONS.

172. On appelle *fraction décimale* une ou plusieurs parties de l'unité divisée en 10, 100, 1 000..... parties égales.

Cette division donne des fractions telles que $\frac{3}{10}$, $\frac{5}{100}$.....; elles

ont par conséquent toutes pour dénominateur 10 ou une puisssance de 10. Ces fractions représentent donc des *dixièmes*, *centièmes*, etc.....
de l'unité.

D'ailleurs, comme on a (140)

$$\frac{1}{10} = \frac{10}{100}; \frac{1}{100} = \frac{10}{1\,000}; \frac{1}{1\,000} = \frac{10}{10\,000}\ldots,$$

on voit que ces fractions expriment des parties de l'unité qui sont de dix en dix fois plus petites : on les appelle, pour cette raison, *des parties décimales*.

173. Nombre décimal. — On appelle *nombre décimal* tout nombre entier augmenté d'une fraction décimale. Une fraction décimale proprement dite prend aussi quelquefois le nom de nombre décimal.

174. Ordres dans les nombres décimaux. — Les *dixièmes* sont les *parties décimales* ou *unités décimales* du 1er ordre; les *centièmes*, celles du 2e; les *millièmes*, celles du 3e, etc.

ÉCRITURE DES NOMBRES DÉCIMAUX

175. — Les fractions décimales, suivant le système de numération des nombres entiers (172), pourront donc s'écrire comme les nombres entiers, à la condition qu'on étende aux unités décimales cette convention faite pour les nombres entiers : *tout chiffre placé à la droite d'un autre représente des unités dix fois plus petites que cet autre.*

Un chiffre placé à droite des unités représentera donc des *dixièmes*, un chiffre à droite des dixièmes représentera des *centièmes*, et ainsi de suite. On met d'ailleurs une virgule entre le chiffre des unités et celui des dixièmes, afin de séparer la partie entière de la partie décimale.

Ainsi, dans un nombre tel que 64,25, la partie entière est 64 et 25 est la partie décimale. Si la partie entière manque, on la remplace par un zéro. Exemple : 0,847.

De ce qui précède, on peut donc conclure la règle suivante :

Règle. — *On écrit d'abord la partie entière, puis une virgule, ensuite la partie décimale, en ayant soin de remplacer par des zéros les ordres manquants, de manière que le dernier chiffre à droite représente les unités décimales de l'ordre énoncé.*

Soit à écrire les nombres décimaux suivants :

EXEMPLE I. — 638 *unités* 45 *centièmes*.

On écrira d'abord la partie entière ou 638 unités, puis une virgule. Les centièmes devant se trouver au 2e rang, on écrira le chiffre 4, et ensuite le chiffre 5, on aura donc

638,45.

EXEMPLE II — 26 *unités* 34 *dix-millièmes*.

Le chiffre 4 devant se trouver au 4e rang après la virgule, on mettra un zéro pour remplacer les dixièmes et un pour remplacer les centièmes, on aura donc

$$26,0034.$$

EXEMPLE III. — 25 *millièmes*. La partie entière manquant, on la remplace par un zéro; d'ailleurs les millièmes devant se trouver à la 3e place, on écrira

$$0,025.$$

MANIÈRE DE LIRE UN NOMBRE DÉCIMAL.

176. Règle. — *On énonce d'abord la partie entière, puis la partie décimale comme un nombre entier en lui donnant le nom des unités du dernier chiffre à droite.*

EXEMPLE I. — 92,53.

Le dernier chiffre à droite représentant des centièmes , on lira :

$$92 \text{ } unités \text{ } 53 \text{ } centièmes.$$

EXEMPLE II. — 439,8253.

Le dernier chiffre à droite représentant des dix-millièmes, on lira :

$$439 \text{ } unités \text{ } 8253 \text{ } dix\text{-}millièmes.$$

Remarque I. — Lorsque les chiffres décimaux sont nombreux, on sépare généralement par la pensée, à partir de la gauche, la partie décimale en tranches de trois chiffres; la 1re tranche est celle des *millièmes*, la 2e celle des *millionièmes*, etc.

Ainsi le nombre décimal

$$63,645\,892\,678.$$

se lira : 63 *unités* 645 *millièmes* 892 *millionièmes* 678 *billionièmes*.

Remarque II. — On peut encore lire un nombre décimal comme s'il ne renfermait que des unités entières, en lui donnant le nom des décimales du dernier ordre.

Ainsi 3,45 peut se lire 345 *centièmes;* car 3 unités égalant 300 centièmes, 3 unités 45 centièmes équivalent, par conséquent, à 345 centièmes.

177. Théorème I. — *Un nombre décimal ne change pas de valeur, soit qu'on écrive ou qu'on efface des zéros sur sa droite.*

Ainsi, 4,27 = 4,2700.

En effet, dans le second nombre comme dans le premier, on n'a que 4 unités 2 dixièmes et 7 centièmes; car 0 millième, etc., n'ajoute rien.

178. Théorème II. — *Pour multiplier un nombre décimal par 10, 100, 1000..... on porte la virgule de 1, 2, 3..... rangs vers la droite.*

Ainsi, pour multiplier 7, 645 par 100, il suffit d'écrire :

$$764, 5.$$

En effet, chaque chiffre dans le second nombre représente des unités 100 fois plus grandes que dans le premier. Toutes les parties du premier nombre ont donc été rendues 100 fois plus grandes, donc le nombre lui-même a été rendu 100 fois plus grand.

Remarque. — Lorsque le nombre à multiplier ne contient pas assez de chiffres pour qu'il soit possible de faire l'application du théorème, on y supplée par des zéros.

Ainsi, pour multiplier 4, 5 par 1000, on écrira

$$4500.$$

179. Théorème III. — *Pour diviser un nombre décimal par 10, 100, 1000..... on porte la virgule de 1, 2, 3..... rangs vers la gauche.*

Ainsi, pour diviser les nombres 4593, 5 et 6,28 par 100, il suffit d'écrire

$$45, 935; 0,0628.$$

Même démonstration que pour le théorème précédent.

Corollaire. — *Pour rendre un nombre entier 10, 100, 1000 fois plus petit, il suffit de séparer par une virgule 1, 2, 3..... chiffres sur sa droite.*

Ainsi, pour diviser 3456 par 1000, on écrira

$$3, 456.$$

Toutes les parties du nombre donné ont été rendues 1000 fois plus petites, et, par suite, le nombre lui-même est 1000 fois plus petit, ou divisé par 1000.

OPÉRATIONS SUR LES NOMBRES DÉCIMAUX

ADDITION.

180. Règle. — *On écrit les nombres les uns sous les autres, de manière que les unités de même ordre soient dans une même colonne verticale, ce qui se fait en plaçant les virgules les unes sous les autres. Puis on fait l'addition comme celle des nombres entiers. Lorsque la somme est trouvée, on met une virgule sous la colonne des virgules.*

EXEMPLE : Additionner les nombres

$$824, 578; 32, 4; 354, 627; 8, 249.$$

En se conformant à la règle précédente, on disposera l'opération comme il suit :

$$
\begin{array}{r}
824, 578 \\
32, 4 \\
354, 627 \\
8, 249 \\
\hline
1219, 854
\end{array}
$$

Le résultat est 1219, 854.

Démonstration. — En effet, puisque 32, 4 = 32, 400, on a donc additionné des millièmes. La somme 1219854 exprime donc des millièmes : donc le résultat est 1219 *unités* 854 *millièmes* ou 1219, 854.

SOUSTRACTION.

181. Règle. — *On écrit le plus petit nombre sous le plus grand, de manière que les unités de même ordre soient les unes sous les autres. Puis on fait la soustraction comme celle des nombres entiers. Lorsque le résultat est trouvé, on met une virgule sous les virgules des nombres.*

Exemple : Trouver la différence des nombres

874, 28 et 58, 32.

En se conformant à la règle ci-dessus, on dispose l'opération comme il suit :

$$
\begin{array}{r}
874, 28 \\
58, 32 \\
\hline
815, 96
\end{array}
$$

Le résultat est 815, 96.

Démonstration. — En effet, on a retranché l'un de l'autre deux nombres de centièmes ; la différence 81596 exprime donc des centièmes ; donc le résultat est 815 *unités* 96 *centièmes* ou 815, 96.

Remarque. — Si le nombre supérieur contenait moins de chiffres que le nombre inférieur, on pourrait y suppléer par des zéros (177), soit de fait, soit mentalement.

MULTIPLICATION.

182. Règle. — *On multiplie les deux nombres sans avoir égard aux virgules ; puis on sépare sur la droite du produit autant de chiffres décimaux qu'il y en a dans les deux facteurs.*

Démonstration. — Soit, en effet, à multiplier 45, 6 par 8, 42.

On a (176, *Rem. II*) $45, 6 = 456$ dixièmes $= \dfrac{456}{10}$; et $8, 42 = 842$ centièmes $= \dfrac{842}{100}$.

Donc,

$$
45, 6 \times 8, 42 = \frac{456}{10} \times \frac{842}{100} = \frac{456 \times 842}{1000} = \frac{383952}{1000} = 383, 952.
$$

Ce résultat est bien conforme à la règle.

Autre démonstration.

On distingue deux cas.

1er Cas. — *Le multiplicateur est un nombre entier.*

EXEMPLE : $37,425 \times 7$.

$$
\begin{array}{r}
37,425 \\
7 \\
\hline
261,975
\end{array}
$$

Le résultat est $261,975$.

Démonstration. — En effet, $37,425 = 37425$ millièmes.

Il s'agit donc de répéter 7 fois 37425 millièmes, ce qui donne 261975 millièmes ou $261,975$, résultat annoncé par la règle.

2e Cas. — *Le multiplicateur est un nombre décimal.*

EXEMPLE : $48,23 \times 6,5$.

$$
\begin{array}{r}
48,23 \\
6,5 \\
\hline
24115 \\
28938 \\
\hline
313,495
\end{array}
$$

Le résultat est $313,495$.

Démonstration. — En effet, $6,5 = 65$ dixièmes.

Le multiplicateur contenant 65 fois le dixième de l'unité, le produit contiendra 65 fois le dixième (156) du multiplicande $48,23$. Or, le $0,1$ de $48,23$ est $4,823 = 4823$ millièmes. On a donc à répéter 4823 millièmes 65 fois, ce qui donne (1er cas), pour le produit cherché, $4823 \times 65 = 313495$ millièmes ou $313,495$, résultat conforme à la règle.

DIVISION.

On distingue deux cas.

183. 1er Cas. — *Le diviseur est un nombre entier.*

Règle. — *Pour diviser un nombre décimal par un nombre entier, on opère comme si le dividende était un nombre entier; puis on sépare, par une virgule, sur la droite du quotient, autant de chiffres décimaux qu'il y en a dans le dividende.*

EXEMPLE : Diviser $3,475$ par 25.

$$
\begin{array}{r|l}
3,475 & 25 \\
\cline{2-2}
97 & 0,139 \\
225 &
\end{array}
$$

Le quotient est $0,139$.

Démonstration. — En effet, $3,475 = 3475$ millièmes.

Or, la division de 3475 unités par 25 donnerait pour quotient 139 unités.

Donc la division de 3475 millièmes par le même diviseur 25, donnera 139 millièmes ou $0,139$.

Autre démonstration. — Diviser 3,475 par 25, c'est chercher un quotient qui, multiplié par 25, reproduise 3,475.

Ce quotient est donc le 25ᵉ partie de 3,475, et on l'obtiendra en divisant 3,475 en 25 parties égales. Or partager 3,475 en 25 parties égales revient évidemment à partager les unités, les dixièmes, les centièmes, les millièmes du dividende. Mais on ne peut partager les 3 unités en 25 parties égales, puisque une partie ne contiendrait pas une unité ; 3 unités valent d'ailleurs 30 dixièmes et 4 du dividende font 34.

En partageant 34 dixièmes en 25 parties égales on trouve 1 dixième, et il reste 9 dixièmes qui font 90 centièmes et 7, font 97. Or, 97 centièmes partagés en 25 parties égales donnent 3 centièmes, et il reste 22 centièmes ou 220 millièmes et 5, 225 qui partagés en 25 parties égales donnent enfin 9 millièmes.

Le quotient est donc 0 unité 1 dixième 3 centièmes et 9 millièmes = 0,139.

184. 2ᵉ Cas. — *Le diviseur est un nombre décimal.*

Règle. — *On supprime la virgule du diviseur, et on déplace celle du dividende d'autant de rangs vers la droite qu'il y avait de chiffres décimaux au diviseur, et on rentre alors dans le 1ᵉʳ cas.*

Quand le dividende est entier ou ne contient pas assez de chiffres décimaux, on y supplée par des zéros.

EXEMPLE I. — Diviser 4,325 par 1,7.

$$\begin{array}{c|c} 43,25 & 17 \\ 9\;2 & \overline{2,54} \\ 75 & \\ 7 & \end{array}$$

D'après la règle, le quotient est 2,54 et il reste 7 centièmes.

Démonstration. — En effet, en supprimant la virgule au diviseur et en déplaçant d'un rang vers la droite celle du dividende, on les a multipliés tous les deux par 10, ce qui n'a pas altéré le quotient (168).

EXEMPLE II. — Diviser 56,32 par 12,745.

Cette division revient à celle de 56320 par 12745 : même démonstration que plus haut.

Remarque. — On voit que la division des nombres décimaux ne présente aucune difficulté : tout consiste à ramener le diviseur à être un nombre entier, et alors chaque chiffre du quotient est toujours du même ordre que les unités que l'on divise.

Soit, par exemple, à diviser 0,0000478 par 18.

$$\begin{array}{c|c} 0,0000478 & 18 \\ 118 & \overline{0,0000026} \\ 10 & \end{array}$$

Le premier dividende partiel 47 représentant des unités du 6ᵉ ordre le chiffre 2 du quotient doit aussi représenter des unités du 6ᵉ ordre. La seconde division des 118 unités du 7ᵉ ordre par 18 donne le chiffre 6 du 7ᵉ ordre.

ÉVALUATION D'UN QUOTIENT A UNE APPROXIMATION DÉCIMALE DEMANDÉE.

185. Règle. — *Pour obtenir un quotient à une approximation décimale donnée, on fait en sorte que le diviseur soit un nombre entier (184)* *puis on convertit le dividende en unités de l'ordre de l'approximation indiquée; ensuite on effectue la division, et l'on sépare au quotient le nombre voulu de décimales.*

EXEMPLE I. — Trouver à 0, 01 près le quotient de 47, 24 par 8, 3. On a, d'après la règle, à diviser 47 240 par 83.

$$
\begin{array}{r|l}
47240 & 83 \\
574 & \overline{5, 69} \\
760 & \\
13 & \\
\end{array}
$$

Le quotient est 5, 69 à 0, 01 près.

Démonstration. — En effet, le quotient exact serait $5, 69 + \dfrac{13}{85}$ de centième. Or la quantité négligée $\dfrac{13}{85}$ est moindre que 0, 01, donc le quotient 5, 69 est exact à moins de 0, 01 près (*).

EXEMPLE II. — Trouver à 0, 004 près le quotient de 6 par 7. Il suffit de convertir 6 unités en millièmes et d'effectuer la division.

$$
\begin{array}{r|l} \qquad
6000 & 7 \\
40 & \overline{0, 857} \\
50 & \\
1 & \\
\end{array}
\qquad\qquad
\begin{array}{r|l}
60 & 7 \\
40 & \overline{0, 857} \\
50 & \\
1 & \\
\end{array}
$$

On prouverait, comme dans l'exemple précédent, que le quotient est 0, 857, à 0, 004 près.

Remarque I. — Dans la pratique, au lieu de convertir le dividende en unités de l'ordre de l'approximation demandée, on convertit plus généralement les restes successifs, ainsi qu'il est indiqué dans l'opération à droite.

Remarque II. — Les fractions telles que 0, 01, 0, 004..... qui indiquent à quel degré d'approximation on veut obtenir un quotient, sont dites *fractions d'approximation.*

Remarque III. — Dans l'exemple précédent, le quotient exact serait $0, 857 + \dfrac{1}{7}$ de millième. Comme il est compris entre 0, 857 et 0, 858, on dit qu'il est 0, 857 *par défaut* et 0, 858 *par excès.* Si l'on prend 0, 857, l'erreur exacte que l'on commet est $\dfrac{1}{7}$ de millième, tandis que si l'on prenait 0, 858 l'erreur serait $\dfrac{6}{7}$ de millième. Le quotient par défaut est ici plus approché que le quotient par excès, et en

_____

(*) Pour abréger, on dit généralement à 0,01 près, à 0,001, etc.

prenant $0,857$, on a le quotient à moins de $\frac{1}{2}$ millième.

D'après cet exemple, on voit qu'en général il est toujours possible d'obtenir un quotient à moins de $\frac{1}{2}$ unité près, ou tout au plus à $\frac{1}{2}$ unité, d'un ordre quelconque. Car, quand le reste est moindre que la moitié du diviseur, il suffira de prendre le quotient par défaut; dans le cas contraire, on le prendra par excès. Enfin, si le reste est égal à la moitié du diviseur, l'erreur sera la même de part et d'autre.

Remarque IV. — Les quotients 5, 69, $0,857$, obtenus plus haut, étant incomplets, sont dits *quotients approchés*. Dans la pratique, on se contente très-souvent d'un quotient approché.

On dit qu'un quotient est approché à 1 unité, à 0,1, à 0,01..... près lorsqu'il contient le plus grand nombre d'unités, de dixièmes, de centièmes..... qui, multipliés par le diviseur, donnent un produit inférieur au dividende.

CHAPITRE III

CONVERSION DES FRACTIONS ORDINAIRES EN FRACTIONS DÉCIMALES

186. Les opérations sur les fractions décimales se ramènent, comme on l'a vu, aux opérations sur les nombres entiers; leur emploi est, par conséquent, plus commode que celui des fractions ordinaires. Il est donc important, lorsqu'une quantité est donnée en fraction ordinaire, de savoir l'exprimer en fraction décimale.

C'est là ce qu'on appelle *convertir une fraction ordinaire en fraction décimale.*

187. Règle. — *Pour convertir une fraction ordinaire en fraction décimale, on divise le numérateur par le dénominateur.*

Car une fraction étant le quotient de la division de son numérateur par son dénominateur, on la convertira en décimales en effectuant cette division.

EXEMPLE I. — Soit la fraction $\frac{5}{8}$ à convertir en fraction décimale

$$
\begin{array}{r|l}
50 & \;8 \\
20 & \overline{\;0,625.} \\
40 &
\end{array}
$$

Le quotient étant exactement $0,625$, la fraction ordinaire $\dfrac{5}{8}$, réduite en décimales, est égale à la fraction $0,625$.

Exemple II. — Soit la fraction $\dfrac{7}{33}$

$$
\begin{array}{r|l}
70 & 33 \\
40 & \overline{0,2121\ldots} \\
70 & \\
40 & \\
7 & \\
\end{array}
$$

Dans cet exemple, les *mêmes restes* se reproduisent indéfiniment, et par suite les mêmes dividendes ; et comme le diviseur ne change pas, on aura toujours les mêmes chiffres au quotient, de sorte que la fraction $\dfrac{7}{33}$, n'est pas exactement réductible en décimales, et $0,2121\ldots$

n'est que la valeur approchée de la fraction $\dfrac{7}{33}$; mais il est évident que cette valeur sera d'autant plus approchée que l'on prendra plus de chiffres décimaux, et comme le nombre de ceux-ci est illimité, on peut atteindre le degré d'approximation que l'on désire.

188. Théorème. — *Pour qu'une fraction ordinaire irréductible puisse être exactement convertie en fraction décimale, il faut et il suffit que son dénominateur ne contienne pas d'autres facteurs premiers que 2 et 5.*

$1°$ *La condition est nécessaire.* — En effet, soit la fraction irréductible $\dfrac{9}{40}$ qu'on suppose pouvoir être convertie en fraction décimale.

Les termes 9 et 40 étant premiers entre eux, le dénominateur de toute fraction décimale équivalente à $\dfrac{9}{40}$ est un multiple de 40 (145) et, de plus, ce dénominateur est une puissance de 10 (172), et par conséquent ne contiendra pas d'autres facteurs que 2 et 5 : donc 40 ne doit pas non plus renfermer d'autres facteurs premiers.

$2°$ *La condition est suffisante.* — Car, dès qu'elle est remplie, il est toujours possible de multiplier les deux termes de la fraction proposée par un des facteurs 2 ou 5, de manière que son dénominateur devienne une puissance de 10.

Soit, par exemple, la fraction $\dfrac{9}{40}$ dont le dénominateur est $2^3 \times 5$; on trouve successivement

$$
\frac{9}{40} = \frac{9}{2^3 \times 5} = \frac{9 \times 5^2}{2^3 \times 5 \times 5^2} = \frac{9 \times 5^2}{2^3 \times 5^3} = \frac{9 \times 5^2}{1000} = 0,225.
$$

Cette fraction est donc exactement réductible en décimales.

Remarque. — Le nombre des chiffres décimaux de la fraction décimale est égal au plus haut exposant des facteurs 2 ou 5 de la fraction irréductible donnée.

Ainsi, la fraction $\dfrac{9}{40}$ est équivalente à une fraction décimale qui aura 3 chiffres, parce qu'on a

$$\frac{9}{40} = \frac{9}{2^3 \times 5} = \frac{9 \times 5^2}{2^3 \times 5^3} = \frac{9 \times 5^2}{10^3}.$$

FRACTIONS DÉCIMALES PÉRIODIQUES

DÉFINITIONS.

189. — On appelle *fraction décimale périodique* une fraction décimale dans laquelle les mêmes chiffres se reproduisent indéfiniment et dans le même ordre.

Ainsi, 0, 39 39 39..... est une fraction décimale périodique.

    0, 43 276 276..... en est une autre.

190. Période. — On appelle *période* le groupe de chiffres qui se reproduit indéfiniment. Dans les deux fractions périodiques précédentes, les périodes sont 39 et 276.

191. Fraction périodique simple ou pure. — Une fraction décimale périodique est *simple* ou *pure*, lorsque la période commence immédiatement après la virgule.

Ainsi, 0, 396 396..... est une fraction périodique simple dans laquelle la période est 396.

192. Fraction périodique mixte. — Une fraction décimale périodique est *mixte* lorsque la période ne commence pas immédiatement après la virgule. Telle est la fraction 0, 43 276 276..... dans laquelle la période 276 ne commence qu'à partir du troisième chiffre après la virgule.

193. Partie non périodique. — On appelle ainsi la partie décimale qui précède la première période. Les chiffres qui constituent a *partie non périodique* s'appellent aussi *chiffres irréguliers*.

Ainsi, dans la fraction 0, 43 276 276....., 43 est la partie non périodique.

194. Fraction génératrice. — On appelle *fraction génératrice* d'une fraction décimale la fraction ordinaire qui, réduite en décimales, donnerait naissance à cette fraction périodique.

Ainsi (187), la fraction $\dfrac{7}{33}$ est la fraction génératrice de la fraction périodique 0, 21 21.....

195. Limite d'une quantité variable. — La *limite d'une quantité variable* est une quantité fixe dont la variable peut approcher indéfiniment sans jamais pouvoir l'atteindre. La différence entre la limite et la variable pourra donc être moindre que tout nombre donné, mais ne pourra jamais être nulle.

196. Théorème. — *Toute fraction irréductible dont le dénominateur contient d'autres facteurs que 2 et 5, donne naissance à une fraction périodique si on la convertit en décimales.*

En effet, soit la fraction $\frac{5}{13}$; la division de 5 par 13 ne peut jamais se terminer (188).

De plus, les restes successifs devant tous être plus petits que le diviseur; après 12 divisions partielles *au plus*, on retrouvera nécessairement un reste déjà obtenu : et, à partir de ce moment, les chiffres successifs du quotient se reproduiront toujours dans le même ordre, et par suite on aura une fraction périodique :

$$
\begin{array}{c|l}
50 & 13 \\
110 & \overline{} \\
60 & 0,384615\ 384..... \\
80 & \\
20 & \\
70 & \\
50 & \\
11 &
\end{array}
$$

Ainsi on a $\frac{5}{13} = 384615\ 384615\ 38.....$

CONVERSION DES FRACTIONS DÉCIMALES EN FRACTIONS ORDINAIRES.

197. Théorème I. — *Pour transformer une fraction décimale donnée en fraction ordinaire, on prend pour numérateur la fraction décimale proposée, abstraction faite de la virgule, et pour dénominateur l'unité suivie d'autant de zéros qu'il y a de chiffres décimaux dans la fraction.*

Ainsi $0,875 = \frac{875}{1000} = \frac{7}{8}$.

Cela est évident.

198. Théorème II. — *La fraction ordinaire génératrice d'une fraction périodique simple a pour numérateur la période, et pour dénominateur un nombre formé d'autant de 9 qu'il y a de chiffres dans la période* (*).

Ainsi la fraction périodique simple :

$$0,42\ 42\ 42\ 42.....$$

(*) Voir *Progressions géométriques* (582, Applications, II).

G

aura pour génératrice la fraction ordinaire.

$$\frac{42}{99} = \frac{14}{33}.$$

En effet, le nombre des périodes est illimité, mais on peut d'abord n prendre un nombre limité, trois par exemple. On aura alors

fraction proposée = 0, 42 42 42.

Si l'on multiplie cette fraction par 100, il vient

100 fois la fraction = 42, 42 42.

Mais 1 fois la fraction = 0, 42 42 42.

Retranchant membre à membre, on a

99 fois la fraction = 42 − 0,000042,

d'où   1 fois la fraction $= \frac{42}{99} - \frac{0,000042}{99}.$

Le second membre de cette égalité se compose d'une quantité fixe $\frac{42}{99}$, et d'une variable $\frac{0,000042}{99}$, qui diminuera à mesure que l'on prendra un plus grand nombre de périodes, puisqu'elle aura toujours pour numérateur la dernière période conservée, et pour dénominateur le nombre constant 99; donc cette variable peut devenir aussi petite qu'on voudra et, par suite, le second membre peut approcher indéfiniment de $\frac{42}{99}$; et, à la limite, on a, par conséquent,

$$1 \text{ fois la fraction} = \frac{42}{99} = \frac{14}{33}.$$

Corollaire. — *Avant simplification de la fraction génératrice, son dénominateur, ne se composant que de 9, ne contient ni le facteur 2 ni le facteur 5, il est évident qu'il en sera de même après simplification.*

199. Théorème III. — *La fraction ordinaire génératrice d'une fraction périodique mixte a pour numérateur la différence des nombres entiers que l'on obtient en transposant successivement la virgule après et avant la première période, et pour dénominateur un nombre formé d'autant de 9 qu'il y a de chiffres dans la période, suivis d'autant de zéros qu'il y a de chiffres irréguliers.*

Ainsi la fraction périodique mixte

0, 61324 324.....

aura pour génératrice la fraction ordinaire

$$\frac{61324 - 61}{999\,00}.$$

En effet, en limitant la fraction 0, 61324 324 324..... à trois périodes, on aura :

fraction proposée = 0, 61324 324 324.

Si l'on multiplie successivement les deux membres de cette égalité par 100000 et par 100, de manière à transporter la virgule après et avant la première période, on a

100000 fois la fraction = 61324, 324 324.

100 fois la fraction = 61, 324 324 324.

Retranchant membre à membre, il vient

99900 fois la fraction = 61324 — 61 — 0, 000000 324,

$$1 \text{ fois la fraction} = \frac{61324 - 61}{99900} - \frac{0,000000\ 324}{99900}.$$

Le second membre de cette égalité se compose d'une quantité fixe $\frac{61324 - 61}{99900}$, et d'une quantité variable $\frac{0,000000\ 324}{99000}$, qui diminuera à mesure que l'on prendra un plus grand nombre de périodes, puisqu'elle aura toujours pour numérateur la dernière période conservée, et pour dénominateur le nombre constant 99900. Donc cette variable peut devenir aussi petite qu'on voudra, et, par suite, le second membre peut approcher indéfiniment de $\frac{61324 - 61}{99900}$; et, à la limite, on a

$$1 \text{ fois la fraction} = \frac{61324 - 61}{99900} = \frac{2269}{3700}.$$

200. Théorème IV. — *Le numérateur d'une fraction ordinaire équivalente à une fraction périodique mixte, ne peut être jamais terminé par un zéro.*

En effet, pour que ce numérateur, qui est une différence, fût terminé par un zéro, il faudrait que le dernier chiffre de la partie non périodique fût le même que le dernier de la période, mais alors on aurait fait commencer la partie périodique un chiffre trop tard, ce qui est inadmissible.

Ainsi, dans l'exemple précédent, si le chiffre 1, qui est le dernier de la partie non périodique était un 4, la période commencerait un chiffre plus tôt et serait 432 et non 324.

Corollaire. — Le dénominateur, $999 \times 100 = 999 \times 2^2 \times 5^2$, de la fraction précédente, renferme d'après sa composition, les facteurs 2 et 5, avec des exposants égaux au nombre de chiffres irréguliers, et en outre d'autres facteurs premiers. En simplifiant la fraction, on ne peut supprimer que des facteurs 2 ou des facteurs 5 ; mais jamais à la fois un facteur 2 et un facteur 5 : car on diviserait par 10, et le numérateur n'est pas divisible par 10. Donc lorsque la fraction sera irréductible, son dénominateur contiendra encore l'un des facteurs 2 ou 5 avec un exposant égal au nombre des chiffres irréguliers.

201. Théorème V. — *Une fraction ordinaire irréductible, dont le dénominateur ne contient ni le facteur 2 ni le facteur 5, donne naissance, lorsqu'on la convertit en décimales, à une fraction périodique simple.*

Soit la fraction $\frac{14}{33} = \frac{14}{3 \times 11}$. On sait déjà qu'elle donnera naissance à une fraction périodique. Il s'agit de démontrer qu'elle ne peut être mixte.

En effet, toute fraction ordinaire irréductible qui représente une fraction périodique mixte renferme toujours à son dénominateur les facteurs 2 et 5, ou au moins l'un d'eux (*Corollaire précédent*). Si donc $\frac{14}{33}$ représentait une fraction périodique mixte, il faudrait que son dénominateur fût divisible par 2 ou par 5, ce qui n'est pas : donc $\frac{14}{33}$ donnera lieu à une fraction périodique simple.

202. Théorème VI. — *Toute fraction irréductible dont le dénominateur contient les facteurs 2 ou 5 avec d'autres, donne naissance, lorsqu'on la convertit en décimales, à une fraction périodique mixte, et le nombre des chiffres irréguliers est égal au plus haut des exposants des facteurs 2 ou 5 ou dénominateur.*

1° Soit la fraction $\frac{11}{56} = \frac{11}{2^3 \times 7}$: elle donnera naissance à une fraction périodique (196). Il s'agit de démontrer qu'elle ne peut être simple.

En effet, toute fraction ordinaire irréductible qui représente une fraction périodique simple ne renferme jamais à son dénominateur les facteurs premiers 2 ou 5 (204). Si donc $\frac{11}{56}$ représentait une fraction périodique simple, son dénominateur ne contiendrait ni le facteur 2 ni le facteur 5, ce qui n'est pas : donc $\frac{11}{56}$ donne lieu à une fraction périodique mixte.

2° En développant en décimales $\frac{11}{56} = \frac{11}{2^3 \times 7}$, on trouve 3 chiffres irréguliers.

En effet, on ne peut en trouver plus, 4, par exemple, car la fraction génératrice correspondante aurait un dénominateur terminé par quatre zéros (199), et après toute simplification le dénominateur contiendrait encore 2^4 ou 5^4 (200, *corol.*). Or cette fraction simplifiée devrait être nécessairement $\frac{11}{56}$. Il faudrait donc que 56 contint le facteur 2^4, ce qui n'est pas. Ainsi, le nombre des chiffres irréguliers ne peut être supérieur à 3. On démontrerait de même qu'il ne peut être inférieur, donc il sera 3.

Remarque I. — D'après le *Théorème* du n° 198, on a

$$0,99999\ldots = \frac{9}{9} = 1.$$

Ce résultat, qui parait inexact de prime abord, ne l'est pas en réalité ; car $0,999 = 1 - 0,001$; $0,9999 = 1 - 0,0001$; donc la fraction $0,999\ldots$ peut, en augmentant le nombre de ses chiffres indéfiniment, différer aussi peu que l'on voudra de l'unité, et, à la limite, on aura

$$0,9999\ldots = 1.$$

Remarque II. — On a supposé jusqu'ici que dans les fractions simples ou mixtes, la partie entière manquait, mais lorsqu'il en est autrement, la difficulté n'est pas plus grande.

1° Trouver la fraction ordinaire génératrice de $4,27\,27\ldots$

On a $4,27\,27 = 4 + \dfrac{27}{99} = 4 + \dfrac{3}{11} = \dfrac{47}{11}$.

2° Trouver la fraction ordinaire génératrice de $3,27\,69\,69\ldots$

On a $3,27\,69\,69 = 3 + \dfrac{2769 - 27}{9900} = 3 + \dfrac{2742}{9900} = \dfrac{5407}{1650}$.

Remarque III. — Il est de toute évidence que si l'on a, par exemple,

$$\frac{1}{11} = 0,09090909\ldots$$

on aura

$$\frac{1}{11} \times 2 = 0,09090909\ldots \times 2,$$

$$\frac{1}{11} \times 3 = 1,09090909\ldots \times 3,$$

. . . .

D'où il résulte que pour avoir le développement de toutes les fractions qui ont même dénominateur, il suffit d'avoir le développement de celle qui a l'unité pour numérateur.

Ainsi pour avoir le développement de $\dfrac{8}{11}$, il suffit de multiplier $0,09\,09\,09\ldots$ par 8.

CHAPITRE IV

OPÉRATIONS ABRÉGÉES

203. — Un résultat approché est suffisant dans la généralité des cas. D'ailleurs les calculs sur les nombres exacts peuvent devenir impraticables par leur longueur, et comme, enfin, il n'est pas possible (188) d'évaluer exactement certaines grandeurs, il en résulte qu'on opère le plus souvent sur des nombres approchés.

Les opérations sur les nombres approchés sont dites *opérations abrégées.*

ADDITION.

204. Règle. — *S'il y a moins de dix nombres à additionner, on conserve dans chacun d'eux une décimale de plus qu'on en veut avoir à la somme. Puis on fait à l'ordinaire l'addition des nombres ainsi modifiés, et dans la somme on supprime le dernier chiffre, en forçant l'unité sur le dernier conservé. S'il y a plus de dix nombres à additionner, mais moins de* 100, *on conserve deux chiffres. Dans la somme, on supprime les deux derniers chiffres, en forçant l'unité sur le dernier conservé.*

EXEMPLE. — Trouver à 0,01 près la somme des nombres 45,6386; 7,04963; 0,0956785; 28,7567

$$
\begin{array}{r}
45,638 \\
7,049 \\
0,095 \\
28,756 \\
\hline
81,538.
\end{array}
$$

En appliquant la règle, on trouve, à 0,01 près, 81,54 pour la somme demandée.

Démonstration. — En effet, il est évident que les erreurs de ces nombres s'ajoutent. Or, on a commis sur chacun d'eux une erreur moindre que 0,001, et comme il y a mcins de dix nombres à additionner, l'erreur totale est donc inférieure à 0,001 × 10 ou à 0,01. En supprimant le chiffre 8 à droite de la somme, on augmente encore l'erreur de 0,008; elle pourrait, par suite, devenir supérieure à 0,01. Afin d'établir la compensation, on force l'unité sur le chiffre 3, et on est certain alors d'avoir la somme à 0,01 près.

SOUSTRACTION.

205. Règle. — *On conserve dans les nombres donnés autant de décimales qu'on en veut avoir au résultat; et il n'y a rien à modifier à la différence obtenue.*

EXEMPLE.—Trouver à 0,01 près la différence des nombres 67,45678 et 31,6489

$$
\begin{array}{r}
67,45 \\
31,64 \\
\hline
34,81
\end{array}
$$

En appliquant la règle, on trouve, à 0,01 près, 35,81 pour la différence demandée.

Démonstration. — En effet, les erreurs commises sur chacun des deux nombres donnés sont moindres que $0,01$: donc l'erreur sur le résultat, qui est la différence de ces deux erreurs, sera moindre que $0,01$.

MULTIPLICATION.

206. Règle. — *Pour calculer le produit de deux nombres décimaux, à moins d'une unité décimale donnée, on renverse l'ordre des chiffres du multiplicateur, c est-à-dire que les chiffres qui sont à droite du chiffre des unités se mettent à gauche, et réciproquement. On place le chiffre de ses unités simples sous le chiffre du multiplicande qui représente des unités 100 fois plus petites que celles de l'approximation demandée; on multiplie le multiplicande par chaque chiffre du multiplicateur en commençant chacune des multiplications partielles par le chiffre du multiplicande qui est au-dessus du chiffre du multiplicateur correspondant, et l'on écrit les produits partiels les uns au-dessous des autres, en plaçant les premiers chiffres de droite dans une même colonne verticale. On fait l'addition. On supprime ensuite les deux derniers chiffres de droite, et l'on augmente d'une unité le dernier chiffre ainsi conservé. Enfin, il ne reste plus qu'à séparer sur la droite de ce produit le nombre de chiffres décimaux qu'il doit y avoir au produit demandé.*

EXEMPLE : Trouver à $0,01$ près le produit de $196,54287349$ par $84,32895468$.

On dispose l'opération comme ci-dessous :

```
      196,542873 4 9
       86459 82348
      ─────────────
       157234296
         7861712
          589626
           39308
           15720
            1764
              95
               4
      ─────────────
       16574,2525.
```

En se conformant à la règle, on a pour le produit, à $0,01$ près, $16574,26$.

Démonstration. — En effet, les divers produits partiels sont :

$$196,54287 \times 80 = 15723,4296$$
$$196,5428 \times 4 = 786,1712$$
$$196,542 \times 0,3 = 58,9626$$
$$196,54 \times 0,02 = 3,9308$$
$$196,5 \times 0,008 = 1,5720$$
$$196 \times 0,0009 = 0,1764$$
$$190 \times 0,00005 = 0,0095$$
$$100 \times 0,000004 = 0,0004.$$

Tous ces produits représentent des dix-millièmes. On doit donc mettre leurs premiers chiffres de droite les uns sous les autres.

Il s'agit maintenant d'évaluer l'erreur commise.

Dans le premier des produits, on a négligé de multiplier toute la partie du multiplicande qui se trouve à droite du chiffre 7.

Comme cette partie est moindre que $0,00001$, l'erreur commise est moindre que $0,00001 \times 80 = 0,0008$. Dans le second produit, on a négligé au multiplicande la partie à droite du chiffre 8. Cette partie étant moindre que $0,0001$, l'erreur commise est moindre que $0,0001 \times 4 = 0,0004$. On verrait de même pour les produits suivants que les erreurs commises sont moindres que

$$0,0003\,;\ 0,0002\,;\ 0,0008\,;\ 0,0009\,;\ 0,0005\,;\ 0,0004.$$

D'autre part, on a négligé de multiplier tout le multiplicande par les deux derniers chiffres à gauche du multiplicateur; mais le multiplicande étant moindre que $1\,000$, et la partie négligée au multiplicateur ($0,00000068$) moindre que $0,0000007$, l'erreur commise est certainement moindre que $0,0000007 \times 1\,000$, ou que $0,0007$.

L'erreur totale est donc moindre qu'un nombre de dix millièmes exprimé par la somme

$$8+4+3+2+8+9+5+4+7=50.$$

Par conséquent l'erreur est inférieure à $0,01$.

Le produit exact est donc plus grand que $16574,2525$ et plus petit que $16574,2525 + 0,0050$ ou $16574,2575$. En supprimant les deux derniers chiffres, on commet une seconde erreur en moins de $0,0025$. Mais chacune de ces erreurs étant inférieure à $0,01$, leur somme est inférieure à *deux centièmes;* d'autre part, en forçant l'unité sur le chiffre 5, on commet une erreur en *plus* de un centième. Donc, en prenant pour produit $16574,26$, l'erreur commise est moindre que deux centièmes moins un centième : donc, enfin, $16574,26$ est le produit à $0,01$ près. Puisque le produit exact est moindre que $16574,2575$, il est visible qu'en prenant $16574,25$, on aurait le produit à $0,01$ près.

Remarque. — Il résulte de ce qui précède, que pour avoir la limite supérieure de l'erreur commise, en suivant la règle donnée, *il faut faire la somme des chiffres employés au multiplicateur, et ajouter à cette somme le chiffre suivant augmenté de 1.*

Si donc cette somme de chiffres était supérieure à 100, ce qui d'ailleurs n'aura presque jamais lieu, on ne serait plus certain d'avoir le produit au degré d'approximation voulu. Pour l'obtenir tel qu'il serait demandé, il suffirait de placer le chiffre des unités du multiplicateur sous le chiffre du multiplicande qui représente des unités mille fois plus petites que celles de l'approximation demandée.

On aurait alors trois décimales à supprimer sur la droite du produit.

De même si cette somme de chiffres était inférieure à 10, il suffirait de placer le chiffre des unités du multiplicateur sous le chiffre du multiplicande qui représente des unités dix fois plus petites que celles demandées. On aurait seulement à supprimer une décimale sur la droite du produit.

EXEMPLE : Soit à trouver, à 0,001 près, le produit de 1,667321 par 0,01322.

$$
\begin{array}{r}
1,66\,7\,3\,2\,1 \\
2\,2\ 310,0 \\
\hline
166 \\
48 \\
2 \\
\hline
0,0216
\end{array}
$$

En se conformant à ce qui vient d'être dit, le produit demandé, à 0,001 près, est 0,022.

DIVISION.

207. Règle. — *Pour obtenir un quotient à une unité donnée près, on détermine d'abord le nombre de chiffres qu'il doit avoir, et l'on prend sur la gauche du diviseur ce nombre de chiffres, plus deux; on barre les autres.*

Pour avoir le premier dividende partiel, abstraction faite de la virgule, on prend assez de chiffres sur la gauche du dividende total pour contenir le diviseur modifié au moins une fois, mais moins de dix fois.

Pour obtenir le premier chiffre du quotient, on divise le premier dividende partiel par le diviseur modifié.

Pour obtenir le second chiffre du quotient, on divise le reste de la première division par le premier diviseur modifié, privé de son dernier chiffre à droite. On continue ainsi de diviser le reste de chaque division précédente par le diviseur précédent privé de son chiffre à droite, jusqu'à ce qu'on ait au quotient le nombre voulu de chiffres.

EXEMPLE : Calculer, à 0,01 près, le quotient de 6,745236428 par 0,068678459.

Cette division revient à celle de 674,5236428 par 6,8678459; et, si l'on déplace la virgule du dividende d'autant de rangs vers la droite que l'on veut avoir de chiffres décimaux au quotient, la question est ramenée à évaluer, à une unité près (185), le quotient de 67452,36428 par 6,8678459.

Le dividende étant d'ailleurs plus grand que 1000 fois et plus petit que 10000 fois le diviseur, le quotient aura quatre chiffres. Le premier diviseur abrégé sera donc composé de six chiffres, et le premier dividende partiel en aura sept.

On dispose ordinairement l'opération comme il suit :

$$
\begin{array}{r|l}
67452\,36\ |\ 428 & 6\,8678\,4\,5\,9 \\
\cline{2-2}
5641\,80 & 9\,821. \\
147\,56 & \\
10\,22 & \\
3\,36 &
\end{array}
$$

En se conformant à la règle, on trouve 98,21 pour le quotient à 0,01 près.

Démonstration. — Pour prouver que ce quotient est exact à 0,01 près, il faut évaluer l'erreur commise :

1° *Par la modification subie par le dividende ; 2° par les modifications successives du diviseur.*

1° On a omis de diviser, d'une part, le reste 3,36, et de l'autre, la partie à droite du dividende, c'est-à-dire 0,00 428, ou, en tout, 3,36428. Comme cette quantité est moindre que le diviseur 6,867..., cette omission n'a pu donner une unité de *moins* au quotient ou *un centième*, puisque le quotient exprime des centièmes.

2° D'autre part, les diminutions successives du diviseur n'ont pu donner une unité de *plus* au quotient ou *un centième ;* car on a omis de retrancher du dividende les produits suivants :

$$9000 \times 0,00\,000\,59$$
$$800 \times 0,00\,004\,59$$
$$20 \times 0,00\,084\,59$$
$$1 \times 0,00\,784\,59$$

C'est-à-dire des quantités moindres que :

$$9000 \times 0,00\,001 = 0,09$$
$$800 \times 0,00\,01 = 0,08$$
$$20 \times 0,00\,1 = 0,02$$
$$1 \times 0,01 = 0,01$$

En tout, on a donc omis de retrancher du dividende une somme de centièmes moindre que :

$$9 + 8 + 2 + 1 = 20 \text{ centièmes,}$$

ou une quantité moindre que le diviseur 6,867.... Cette omission n'a donc pu donner une unité en *plus* au quotient.

Il résulte de ce raisonnement que le quotient, à 0,01 près, ne peut être ni inférieur, ni supérieur à 98,21 : donc ce quotient est exact à 0,01 près.

Les deux erreurs étant d'ailleurs, l'une en *plus* et l'autre en *moins*, se compensent, et le quotient est exact, peut-être à bien moins de 0,01 près.

Remarque I. — Cette démonstration est générale ; car, quels que soient les nombres donnés, il est toujours possible, en multipliant ou en divisant le dividende et le diviseur par un même nombre, de ramener ce dernier à n'avoir qu'un chiffre à sa partie entière.

Ainsi, soit à trouver le quotient, à 0,1 près, de 6 789 456 789 par 5 745 896. Cette division revient d'abord à celle de 6789,456789 par 5,745896 ; puis à 0,1 près à la division de 67894,56789 par 5,745896.

On appliquera facilement à ces nombres le raisonnement qui précède.

Remarque II. — Si l'on trouvait, comme cela arrive quelquefois, qu'un dividende partiel contint dix fois son diviseur correspondant, on augmenterait d'une unité de son ordre le chiffre précédent du quotient, et l'on mettrait à la suite de ce chiffre autant de zéros qu'on doit avoir encore de chiffres au quotient.

CHAPITRE V

APPROXIMATIONS

ERREURS ABSOLUES

208. — On sait déjà que si, *forcément* (188) ou *volontairement*, pour les nombres qui renferment beaucoup de décimales, on substitue dans le calcul, à un nombre exact, un nombre qui en diffère peu, ce dernier est dit *nombre approché*.

On sait encore que le nombre inexact est approché *par défaut*, s'il est moindre que le nombre exact, et qu'il est approché *par excès* dans le cas contraire.

Ainsi 3,141 est approché par défaut du nombre 3,14159; et 3,142 est approché par excès du même nombre.

209. — On appelle *erreur absolue* d'un nombre approché la différence entre ce nombre et le nombre exact.

Par exemple, si au lieu de 16,56 on ne prend que 16,5 on commet une erreur absolue de 0,06, et l'erreur commise est *en moins;* si l'on prend 16,6, l'erreur absolue est 0,04, mais elle est en *plus.*

210. — On ne connaît généralement pas l'erreur absolue d'un nombre approché, mais seulement sa limite, c'est-à-dire un nombre qu'elle ne peut dépasser; c'est le plus souvent une unité décimale.

Si on remplace, par exemple, 85,341256 par le nombre approché 85,34, on se contente de dire que l'erreur absolue est moindre que 0,01.

On voit, par cet exemple, que si l'on veut avoir un nombre approché à moins d'une unité décimale, il suffit de supprimer tous les chiffres décimaux qui suivent le chiffre représentant l'ordre décimal demandé.

Ex. : 3,14159... Si l'on veut un nombre approché avec une erreur absolue moindre que 0,001, il suffit évidemment de conserver trois décimales, et le nombre approché est de 3,141. Mais comme le chiffre qui suit les millièmes est 5, et qu'il est encore suivi d'autres chiffres, on force l'unité et l'on prend 3,142.

ERREURS RELATIVES.

211. — L'erreur qu'on peut tolérer sur une nombre doit nécessairement être en rapport avec la grandeur du nombre, cela se conçoit.

Ainsi, il ne serait pas permis de commettre une erreur de 1 mètre sur une longueur de 10 mètres; tandis que la même erreur serait parfaitement admise sur une longueur de 10 000 mètres.

De même, il ne serait pas convenable de demander 0 fr. 50 de remise sur une facture se montant à 3 fr. 50; mais on peut très-bien le faire pour une facture de 100 fr. 50.

Il n'est donc pas possible de se rendre compte exactement du degré d'approximation d'un nombre approché, si l'on ne connaît ce qu'on appelle son *erreur relative*, c'est-à-dire la fraction qui indique de quelle partie de sa valeur exacte le nombre a été altéré. Dire, par exemple, que l'erreur relative d'un nombre est $\dfrac{5}{4840}$, c'est dire que le nombre a été altéré des $\dfrac{5}{4840}$ de sa valeur exacte.

212. Règle. — *On obtient l'erreur relative d'un nombre, en divisant son erreur absolue par le nombre exact.*

Si l'on remplace, par exemple, 1254 par 1250, l'erreur relative sera $\dfrac{4}{1254}$.

Démonstration. — En effet, en négligeant une unité de 1254, on néglige $\dfrac{1}{1254}$: donc, pour quatre unités, on néglige les $\dfrac{4}{1254}$ du nombre.

Le raisonnement serait identique si le nombre était approché par excès.

Remarque. — De même que pour l'erreur absolue, il importe peu de connaître l'erreur relative elle-même; il est beaucoup plus utile de connaître sa limite, c'est-à-dire une fraction qu'elle ne peut dépasser.

Ainsi, on précise assez le degré d'approximation d'un nombre approché, si l'on dit, par exemple, que son erreur relative est moindre que $\dfrac{1}{1000}$.

213. Relation entre l'erreur relative d'un nombre approché et le nombre de ses chiffres exacts. — La relation qui existe entre l'erreur relative d'un nombre approché et le nombre de ses chiffres exacts, à partir du chiffre des plus hautes unités, donne lieu aux deux théorèmes suivants.

214. Théorème I. —*Si l'on conserve sur la gauche d'un nombre un* certain nombre de chiffres exacts, et qu'on remplace les autres par des zéros, s'il est nécessaire (*), l'erreur relative que l'on commet est moindre que l'unité divisée par le premier chiffre à gauche du nombre ainsi altéré, suivi d'autant de zéros qu'on a conservé de chiffres après lui.

Ainsi, par exemple, en remplaçant le nombre $764\,542$ par $764\,500$, l'erreur relative de ce nombre approché est moindre que $\dfrac{1}{7000}$.

En effet, le nombre proposé a été altéré de quarante-deux unités ; on a donc

$$Erreur\ absolue\ <\ 100,$$

et, par suite

$$Erreur\ relative\ <\ \frac{100}{764\,542},$$

et comme, d'ailleurs, on a $764542 > 700\,000$, il vient *a fortiori* .

$$Erreur\ relative\ <\ \frac{100}{700\,000},$$

ou enfin

$$Erreur\ relative\ <\ \frac{1}{7000}.\ \text{C. q. f. d.}$$

215. Théorème II. — *Si l'erreur relative d'un nombre approché est moindre qu'une unité décimale donnée, on peut compter sur autant de chiffres exacts qu'il y a de zéros au dénominateur de la fraction décimale.*

Ainsi, par exemple, en supposant que 67892 soit un nombre approché, et que son erreur relative soit moindre que $\dfrac{1}{1000}$, on peut compter que les trois premiers chiffres 6, 7 et 8 sont exacts, ou, en d'autres termes, l'erreur absolue n'atteint pas le chiffre 8, et se trouve par conséquent inférieur à 100.

En effet, on a (212)

$$\frac{Erreur\ absolue}{Nombre\ exact} = Erreur\ relative,$$

d'où l'on tire

$$Erreur\ absolue = Erreur\ relative \times nombre\ exact.$$

Mais, pour le nombre proposé, on a

$$Erreur\ relative\ <\ \frac{1}{1000}$$

et

$$Nombre\ exact\ <\ 100\,000,$$

donc, on a

$$Erreur\ absolue\ <\ \frac{1}{1000} \times 100\,000 ;$$

ou

$$Erreur\ absolue\ <\ 100.\ \text{C. q. f. d.}$$

(*) S'il est nécessaire : il est nécessaire lorsqu'on opère sur des nombres entiers.

Remarque I. — Si la limite de l'erreur relative d'un nombre approché est représentée par une unité fractionnaire quelconque, on peut la remplacer par l'unité décimale immédiatement supérieure, et on retombe alors dans le cas précédent.

Par exemple, il est évident que si l'erreur relative d'un nombre approché est moindre que $\dfrac{1}{6725}$, elle est *à fortiori* moindre que $\dfrac{1}{1000}$; et, dans ce cas, on peut être assuré que le nombre proposé a trois chiffres exacts.

Cependant, si le premier chiffre de gauche du dénominateur de cette unité fractionnaire est plus fort que le premier chiffre de gauche du nombre approché, on peut compter dans celui-ci sur un chiffre exact de plus que ne l'indique le théorème précédent.

Par exemple, si l'on suppose que dans le nombre approché 534748 l'erreur relative soit moindre que $\dfrac{1}{6438}$, on peut compter dans ce nombre sur quatre chiffres exacts.

En effet, on a comme plus haut,

$$\textit{Erreur absolue} = \textit{Erreur relat.} \times \textit{nomb. exact};$$

or,

$$\textit{Erreur relative} < \frac{1}{6000}$$

et

$$\textit{nombre exact} < 600000 :$$

donc on a

$$\textit{Erreur absolue} < \frac{1}{6000} \times 600000$$

ou

$$\textit{Erreur absolue} < 100.$$

L'erreur absolue n'atteint donc pas le chiffre 7 des centaines, et par conséquent, le nombre proposé a quatre chiffres exacts.

Remarque II. — L'erreur relative d'un nombre approché est quelquefois exprimé par une fraction dont le numérateur est autre que l'unité, par exemple, une fraction telle que $\dfrac{5}{7621}$; il est évident qu'on rentre dans le cas précédent en divisant les deux termes de la fraction par son numérateur.

Remarque III. — On comprend aisément que les chiffres sur l'exactitude desquels on ne peut compter doivent être supprimés, et remplacés par des zéros, quand il est nécessaire. Toutes les fois que les nombres sont approchés par défaut, on force l'unité sur le dernier chiffre conservé.

OPÉRATIONS SUR LES NOMBRES APPROCHÉS

ERREURS RELATIVES DANS L'ADDITION ET LA SOUSTRACTION

216. — Pour trouver la limite de l'erreur relative de la somme de plusieurs nombres ou de leur différence, lorsqu'on connaît les limites des erreurs relatives de ces nombres, le moyen le plus simple est de chercher la limite de leurs valeurs absolues, et d'en déduire la limite de l'erreur absolue de leur somme ou de leur différence, puis revenir de cette limite de l'erreur absolue à la limite de l'erreur relative.

Soit, par exemple, à trouver la somme des quatre nombres approchés :

685,4567 avec une erreur relative moindre que $\dfrac{1}{100\,000}$

34,6578 — $\dfrac{1}{10\,000}$

1,4564 — $\dfrac{1}{1000}$

0,3234 — $\dfrac{1}{1000}$

721,8943

Si l'on se reporte au théorème du n° 215, on trouve que l'erreur absolue du premier est < 0,01, celle du deuxième < 0,01, celle du troisième < 0,01, et celle du quatrième < 0,001, a fortiori est-elle < 0,01. La somme de ces quatre nombres est 721,8943. L'erreur absolue de cette somme étant moindre que 0,04, son erreur relative est moindre que $\dfrac{0,04}{721,89}$ ou moindre que $\dfrac{1}{10\,000}$.

La somme des nombres approchés diffère donc de la somme des nombres exacts d'une quantité moindre que la dix-millième partie de cette dernière somme.

ERREURS RELATIVES DANS LA MULTIPLICATION

217. Théorème I. — *Lorsque dans un produit de deux facteurs, un seul est inexact, l'erreur relative du produit est égale a l'erreur relative du facteur inexact.*

Si l'on remplace, par exemple, le produit de 924×463 par le produit de 924×460, on commet une erreur relative sur le multiplicateur égale à $\dfrac{3}{463}$. Il s'agit de démontrer que cette erreur relative sera aussi celle du produit.

En effet, la différence entre le produit exact et le produit approché est

$$924 \times 463 - 924 \times 460, \text{ ou } 924 \times 3.$$

Or, cette différence est l'erreur absolue du produit, son erreur relative sera donc

$$\frac{924 \times 3}{924 \times 463} \text{ ou } \frac{3}{463},$$

c'est-à-dire l'erreur relative du facteur approché.

218. Théorème II. — *Lorsque deux facteurs sont approchés dans le même sens, l'erreur relative de leur produit est sensiblement égale à la somme des erreurs relatives des facteurs ; si les facteurs sont appro-*

chés en sens contraire, l'erreur relative de leur produit est sensiblement égale à la différence de leurs erreurs relatives.

Si l'on remplace, par exemple, le produit 924×463 par le produit 920×460, on commet sur les facteurs des erreurs de même sens. L'erreur relative du produit sera sensiblement égale à

$$\frac{4}{924} + \frac{3}{463}.$$

En effet, si au lieu du produit exact 924×463, on multiplie d'abord 924 par 460, on commet une première erreur sur le produit égale à

$$924 \times 3 ;$$

et si, au lieu de multiplier 924 par 460, on multiplie 920 par 460, on commet une seconde erreur sur le produit égale à

$$4 \times 460.$$

La différence entre le produit exact et le produit approché est donc la somme de ces deux erreurs ou

$$924 \times 3 + 4 \times 460,$$

ou encore

$$924 \times 3 + 4 \times 463 - 4 \times 3.$$

Or, cette différence est l'erreur absolue du produit; son erreur relative est donc

$$\frac{924 \times 3 + 4 \times 463 - 4 \times 3}{924 \times 463}$$

$$= \frac{924 \times 3}{924 \times 463} + \frac{4 \times 463}{924 \times 463} - \frac{4 \times 3}{924 \times 463}$$

$$= \frac{3}{463} + \frac{4}{924} - \frac{4 \times 3}{924 \times 463}.$$

Le dernier terme $\frac{4 \times 3}{924 \times 463}$, étant relativement très-petit (*), peut être négligé; il reste donc *à peu près* pour *limite supérieure* de l'erreur relative du produit

$$\frac{3}{463} + \frac{4}{924};$$

ce qui justifie l'énoncé du théorème.

Le cas où les deux facteurs sont approchés par excès, et le cas où l'un est approché par défaut et l'autre par excès, se démontreraient d'une manière analogue.

Remarque. — Le théorème précédent s'applique à un nombre quelconque de facteurs; car on peut d'abord considérer les deux pre-

---

(*) Les erreurs relatives étant généralement représentées par de très-petites fractions, les produits de deux ou plusieurs erreurs relatives sont par conséquent très-petits par rapport à ces erreurs elles-mêmes; c'est pour ce motif qu'on les néglige toujours dans les calculs d'approximation.

miers facteurs, ensuite leur produit effectué et un troisième facteur, etc. Si l'on remplace, par exemple, le produit de

$$42 \times 63 \times 54 \times 84 \text{ par } 40 \times 60 \times 50 \times 80, \text{ on a}$$

$$\frac{2}{42} + \frac{3}{63}$$

pour limite supérieure de l'erreur relative du produit de 40×60; celle du produit de $(40 \times 60) \times 50$ a pour limite supérieure

$$\frac{2}{42} + \frac{3}{63} + \frac{4}{54},$$

et enfin celle du produit $(40 \times 60 \times 50) \times 80$ est à très-peu près

$$\frac{2}{42} + \frac{3}{63} + \frac{4}{54} + \frac{4}{84}.$$

Applications.

219. Problème I. — *Calculer avec un nombre déterminé de chiffres exacts, le produit de deux nombres donnés avec un approximation indéfinie.*

Réponse. — On prend dans chaque facteur un chiffre exact de plus qu'il ne doit y en avoir au produit.

EXEMPLE : Trouver avec quatre chiffres exacts le produit

$$3,141592\ldots \times 4,5678921\ldots.$$

Il suffit de conserver cinq chiffres exacts au multiplicande et cinq au multiplicateur, et de faire à l'ordinaire le produit

$$3,1415 \times 4,5678.$$

En effet, l'erreur relative du multiplicande est (214) moindre que $\frac{1}{30000}$, et celle du multiplicateur moindre que $\frac{1}{40000}$.

L'erreur relative du produit sera donc moindre que

$$\frac{1}{30000} + \frac{1}{40000},$$

et *a fortiori* moindre que

$$\frac{1}{20000} + \frac{1}{20000} \text{ ou } \frac{1}{10000}.$$

Le produit aura, par conséquent, quatre chiffres exacts (215).

Remarque I. — Lorsqu'un facteur a l'unité pour premier chiffre de gauche, pour être certain d'avoir au produit l'approximation voulue, on prend ce facteur avec deux chiffres exacts de plus qu'on en désire obtenir au produit.

Ainsi pour calculer avec trois chiffres exacts le produit

$$1,64235\ldots \times 2,53214\ldots$$

on prendra cinq chiffres exacts au multiplicande et quatre au multiplicateur.

La démonstration est analogue à la précédente.

Remarque II. — On démontrerait de même que pour avoir le produit de plus de deux facteurs, mais moins de dix, avec un nombre déterminé de chiffres exacts, il suffit toujours de conserver dans chacun de ces facteurs deux chiffres de

7

plus qu'on en désire obtenir au produit. On en prendrait trois de plus, si l'on avait à multiplier plus de dix nombres.

Ce procédé est long, mais il peut être modifié bien souvent.

EXEMPLE : Calculer le produit

$$4,56789 \times 6,73214 \times 9,92354 \times 7,5623,$$

avec trois chiffres exacts.

Il suffit de conserver quatre chiffres exacts dans chacun des facteurs et d'effectuer le produit

$$4,567 \times 6,732 \times 9,923 \times 7,562.$$

En effet, les erreurs relatives des facteurs seront moindres que

$$\frac{1}{4000} + \frac{1}{6000} + \frac{1}{9000} + \frac{1}{7000}.$$

L'erreur relative du produit sera donc moindre que

$$\frac{1}{4000} + \frac{1}{4000} + \frac{1}{4000} + \frac{1}{4000} \text{ ou } \frac{1}{1000}.$$

Le produit aura donc trois chiffres exacts.

Il est facile de voir que si l'un des facteurs avait eu son premier chiffre inférieur à 4, on aurait dû le prendre avec cinq chiffres exacts.

220. Problème II. — *Calculer le produit de deux nombres à moins d'une fraction déterminée de sa propre valeur.*

Réponse. — Il suffit de conserver dans chaque facteur un chiffre exact de plus qu'il y a de zéros au dénominateur de la fraction qui marque le degré d'approximation.

Ex. : Trouver le produit

$$3,645678 \times 9,354568$$

à moins de $\frac{1}{1000}$ de sa propre valeur, c'est-à-dire avec une erreur relative moindre que $\frac{1}{1000}$.

Il suffit d'effectuer le produit

$$3,645 \times 9,354.$$

En effet, l'erreur relative du produit sera moindre que

$$\frac{1}{3000} + \frac{1}{9000},$$

et *a fortiori* moindre que

$$\frac{1}{2000} + \frac{1}{2000} \text{ ou } \frac{1}{1000};$$

on aura donc le produit à moins de $\frac{1}{1000}$ de sa propre valeur.

Remarque. — Lorsque l'un des facteurs ou tous les deux commencent par l'unité, ou encore s'il y a plus de deux facteurs, on opère comme il a été indiqué au *prob.* I.

221. Problème III. — *Calculer le produit de deux nombres à moins d'une unité décimale donnée.*

Ex. : Trouver à $0,1$ près le produit de $68,94567 \times 1,542315$.

Le produit est $\qquad > 68 \times 1$ ou 68

et $\qquad < 69 \times 2$ ou 138.

Il aura donc 2 ou 3 chiffres à sa partie entière. Comme on doit le calculer à moins de $0,1$, il devra, par conséquent, avoir en tout quatre ou cinq chiffres exacts.

En le calculant avec cinq chiffres exacts, ce qui rentre dans la première question, on est donc certain d'avoir l'approximation demandée.

222. Problème IV. — *Dire sur combien de chiffres exacts on peut compter au produit lorsque les deux facteurs sont des nombres approchés.*

Combien, par exemple, y aura-t-il de chiffres exacts au produit

$$6,7254 \times 3,251,$$

le premier facteur ayant cinq chiffres exacts, le second quatre?

On ne peut compter au produit que sur trois chiffres exacts, c'est-à-dire sur un chiffre exact de moins qu'il y en a dans celui des deux facteurs qui en contient le moins.

En effet, l'erreur relative du premier facteur, étant moindre que $\dfrac{1}{60000}$, et l'erreur relative du second moindre que $\dfrac{1}{3000}$, la somme des deux erreurs n'est pas moindre que $\dfrac{1}{10000}$, ce qui serait nécessaire pour conclure que le produit aura au moins quatre chiffres exacts.

D'ailleurs, le produit en aura au moins trois, car l'erreur relative du produit est inférieure à

$$\frac{1}{60000} + \frac{1}{3000},$$

et, *a fortiori*, à

$$\frac{1}{2000} + \frac{1}{2000} \text{ ou } \frac{1}{1000},$$

fraction qui indique qu'on peut compter au produit sur trois chiffres exacts.

Remarque I. — Si l'un des facteurs commençait par l'unité, on démontrerait, comme on vient de le faire, qu'on ne peut compter que sur deux chiffres exacts de moins qu'il s'en trouve dans le facteur qui en contient le moins.

Ainsi, le produit des deux nombres approchés

$$3,14159 \text{ et } 13,4556$$

n'aura que quatre chiffres exacts.

Remarque II. — Le lecteur a déjà dû s'apercevoir que les questions précédentes auraient pu être traitées à l'aide de la multiplication abrégée, de sorte que cette opération et la méthode des erreurs relatives conduisent au même résultat, mais par des voies différentes.

Si l'on voulait, par exemple, employer la multiplication abrégée pour trouver avec quatre chiffres exacts (*Prob*. I.) le produit

$$3,141592\ldots \times 4,5678921\ldots,$$

on verrait immédiatement que le produit demandé ne peut avoir que deux chiffres à sa partie entière et que, par conséquent, le dernier chiffre exact doit se trouver au rang des centièmes; il suffirait donc (206) de disposer l'opération comme ci-dessus.

$$3,14159{\scriptstyle2}$$
$$1{\scriptstyle2}9{\scriptstyle8} \ 7654$$

Cette multiplication serait un peu moins longue que celle qui a été indiquée au n° 219.

ERREURS RELATIVES DANS LA DIVISION

223. Théorème I. — *Lorsque le dividende seul est altéré, l'erreur relative du quotient est égale à l'erreur relative du dividende.*

En effet, le dividende étant un produit, et comme l'un de ses facteurs, le diviseur, n'est pas altéré, l'erreur relative de l'autre facteur, c'est-à-dire du quotient, doit être la même que celle du dividende (217).

224. Théorème II. — *Lorsque le diviseur seul est altéré, l'erreur relative du quotient est sensiblement égale à celle du diviseur, mais de sens contraire.*

Ces deux erreurs relatives doivent être, en effet, à *peu près* égales et de sens contraire, puisque leur somme doit être égale à l'erreur relative du dividende (218) qui est nulle.

225. Théorème III. — *Lorsque le dividende et le diviseur sont altérés, l'erreur relative du quotient est sensiblement égale à la différence ou à la somme des erreurs relatives du dividende et du diviseur, suivant que ces erreurs sont de même sens ou de sens contraire.*

Cela doit être; car le dividende étant un produit, son erreur relative est égale à la somme ou à la différence des erreurs relatives de ses facteurs : or, 1° quand il est égal à la somme, si l'on en retranche l'erreur relative du diviseur, il est évident qu'on obtient l'erreur relative du quotient, ou, en d'autres termes, l'erreur relative du quotient est égale à la différence des erreurs relatives du dividende et du diviseur; 2° quand il est égal à la différence, si on lui ajoute l'erreur relative du diviseur, on obtient l'erreur relative du quotient, ou, en d'autres termes, l'erreur relative du quotient est égale à la somme des erreurs relatives du dividende et du diviseur.

Remarque. — Lorsque les erreurs du dividende et du diviseur sont de même sens, il n'est pas possible de connaître le sens de l'erreur du quotient; mais, *en prenant toujours la somme des erreurs relatives du dividende et du diviseur pour limite supérieure de l'erreur relative du quotient,* on est certain de ne jamais être en défaut, puisque, d'après le théorème précédent, *l'erreur relative du quotient de deux nombres approchés ne dépasse jamais sensiblement la somme de leurs erreurs relatives.*

Applications.

226. Problème. — *Calculer avec 4 chiffres exacts le quotient de* 48,42789 *par* 3,141592.

Pour qu'on puisse compter sur 4 chiffres exacts au quotient, il faut que son erreur relative soit moindre que $\dfrac{1}{10000}$. On obtiendra ce résultat en prenant le dividende et le diviseur chacun avec cinq chiffres exacts et en effectuant la division de

$$48,427 \text{ par } 3,1415.$$

En effet, l'erreur relative du dividende est moindre que $\dfrac{1}{10000}$ et celle du diviseur moindre que $\dfrac{1}{30000}$. Or, la somme de ces deux erreurs étant $\dfrac{1}{40000} + \dfrac{1}{30000}$ est moindre que

$$\dfrac{1}{20000} + \dfrac{1}{20000} \text{ ou } \dfrac{1}{10000}.$$

La *différence* de ces deux erreurs est, *a fortiori*, moindre que $\dfrac{1}{10000}$. Donc, dans l'un ou l'autre cas, l'erreur relative du quotient sera moindre que $\dfrac{1}{10000}$.

Remarque. — Il est évident que les théorèmes qui ont été démontrés à propos des erreurs relatives dans la division permettent de résoudre des questions analogues à celles des n⁰ˢ 220, 221 et 222.

Il est également visible que la remarqne II du n° 222 s'applique aussi à la division.

EXERCICES

FRACTIONS DÉCIMALES ET APPROXIMATIONS

102. Convertir en fractions décimales les fractions

$$\frac{83}{400}, \quad \frac{127}{160}, \quad \frac{193}{2500}.$$

Dire, avant l'opération, si elles sont exactement réductibles en décimales; et, si elles le sont, combien chacune aura de chiffres décimaux.

103. Convertir en fractions décimales les fractions

$$\frac{167}{252}, \quad \frac{824}{2331}.$$

Dire, avant l'opération, si elles sont exactement réductibles ou non en décimales; si elles donneront lieu à des fractions périodiques simples on mixtes, et, dans ce dernier cas, combien il y aura de chiffres à la partie irrégulière.

104. Convertir en fractions ordinaires les fractions

0,332; 0,624; 0,355; 0,45; 0,1648

et simplifier les résultats.

105. Convertir en fractions ordinaires les fractions

0,272727....; 0,3636....; 0,6363....; 0,142857...; 0,45252....,

et simplifier les résultats.

106. Convertir en fractions ordinaires les fractions

0,342342...; 0,4531531...; 0,401401...; 0,354354....,

et simplifier les résultats.

107. Trouver un multiple de 13 qui ne soit composé que de 9.

108. Démontrer que la différence de deux fractions décimales périodiques simples est elle-même périodique simple.

109. Le produit de deux fractions décimales périodiques simples donne lieu à une fraction périodique simple.

110. Le produit de deux fractions décimales périodiques mixtes peut donner lieu ou à une fraction décimale finie, ou à une fraction périodique simple, ou enfin à une fraction périodique mixte.

111. Trouver avec quelle approximation on peut calculer la somme des nombres

$$3,624\ldots;\ 8,436\ldots;\ 17,24\ldots,$$

approchés, le 1er et le 2e à moins de 0,001, et le 3e à moins de 0,01.

112. Trouver, à moins d'une unité, les produits

de 681,65324 par 5,64898 ; et de 3632,5679 par 4,5432.

113. Trouver, à moins de 0,1, les produits

de 34,39156 par 2,34562; et de 567,32267 par 0,56784.

114. Trouver, à moins de 0,01, les produits

de 4,5267892 par 0,056748; et de 47,63958625 par 0,0067.

115. Trouver, à moins d'une unité, les produits

de 456,53894 par 21,6742; et de 328,321564 par 761,2,

et dire s'il est nécessaire ou non de forcer l'unité sur le dernier chiffre conservé.

116. Trouver, à moins d'une unité, les quotients

de 328,69231 par 2,5623245; et de 4654,2132 par 28,324267.

117. Trouver, à moins de 0,1, les quotients

de 425,36423 par 5,324362; et de 632,652 par 0,4356722.

118. Trouver avec 4 chiffres exacts le produit

de 1,324523... par 6,7321423...

119. Les deux nombres 4398,85 et 635,724 sont l'un et l'autre affectés d'une erreur qui peut aller jusqu'à 2 unités en plus ou en moins de l'ordre du dernier chiffre conservé. Calculer le produit de ces 2 nombres en se bornant au chiffre sur l'exactitude duquel on peut compter.

120. Trouver la limite de l'erreur relative du quotient de 5624,48 par 3,141 : le dividende est exact et le diviseur est approché à moins de 0,001.

LIVRE IV

SYSTÈME MÉTRIQUE — ANCIENNES MESURES DE FRANCE

CHAPITRE I

SYSTÈME MÉTRIQUE (*)

227. Poids et Mesures. — *On appelle poids et mesures les instruments qui servent à mesurer les grandeurs usuelles.*

Ainsi, on se sert de poids pour peser le pain, la viande, etc., et de

---

(*) Le système des poids et mesures employé autrefois en France et dans la plupart des autres pays présentait de graves inconvénients.

Il manquait de simplicité; parce que les unités secondaires étaient très-nombreuses et se déduisaient très-irrégulièrement des unités principales. Aussi les calculs sur les anciennes mesures étaient-ils longs et difficiles.

Il n'avait pas d'uniformité; car les mesures variaient de noms et de grandeurs d'une province à l'autre, d'une ville à la ville voisine. Souvent le même nom désignait plusieurs grandeurs différentes.

Il n'avait pas non plus de stabilité; car les unités qui le composaient, ayant été choisies arbitrairement, changeaient avec le temps, et plus encore avec les circonstances, ce qui arrivait fort souvent pour les monnaies.

Il est facile de comprendre ce qu'un tel état de choses apportait d'entraves au commerce, et à combien de contestations et de fraudes il donnait lieu.

Aussi la nécessité d'une réforme dans les poids et mesures se faisait-elle sentir depuis longtemps.

Enfin, en 1790, une Commission de savants nommée par l'Académie fut chargée de préparer cet important travail.

Borda, Lagrange, Laplace, Monge et Condorcet, qui composaient cette commission, décidèrent que le nouveau système de mesures suivrait la loi décimale, et que l'unité de longueur, dont devaient dériver toutes les autres unités de mesures, serait liée à la grandeur de la terre.

Cette heureuse idée rendit l'unité de longueur, base du système, indépendante du temps et des nations.

Pour arriver à ce résultat, Méchain et Delambre mesurèrent l'arc du méridien compris entre Dunkerque et Barcelone. Cet arc présentait plusieurs avantages : ses deux extrémités sont au niveau de la mer; de plus, il est situé à peu près à égale distance du pôle et de l'équateur, et, par conséquent, il donne approximativement la valeur d'un degré terrestre, puisque, par suite de l'aplatissement de la terre, les arcs d'un degré augmentent de longueur vers les pôles et diminuent vers l'équateur.

Les opérations, exécutées avec toute l'exactitude que comportaient les derniers progrès de la science, furent terminées en 1799.

En combinant les résultats de Méchain et de Delambre avec ceux obtenus au Pérou en 1736 par Bouguer et La Condamine, on trouva que l'aplatissement de la terre à ses pôles pouvait être évaluée à $\frac{1}{334}$ de son grand arc, et que le quart du méridien a une longueur totale de 5 130 740

mesures pour apprécier la longueur d'une règle, la contenance d'un vase, etc.

228. Système métrique. — *On appelle système métrique, ou système légal*(*) *des poids et mesures, l'ensemble des mesures et des unités qui sont seules reconnues en France par la loi.*

229. — Unités principales. — Il est évident que, dans tout système de poids et mesures, il faut autant d'unités principales différentes qu'il y a d'espèces de grandeurs à évaluer. Les unités principales du système métrique sont :

Le **Mètre** (*m*), unité principale de longueur.

Le **Mètre carré** (*mq*) et l'**Are** (*a*), unités principales de surface.

Le **Mètre cube** (*mc*) et le **Stère** (*st*), unités principales de volume.

Le **Litre** (*l*), unité principale de contenance ou de capacité.

Le **Gramme** (*g*), unité principale des poids.

Le **Franc** (*f*), unité principale des monnaies.

Toutes ces unités dérivent du mètre.
Le *mètre carré* est un carré qui a pour côté le mètre.
L'*are* est un carré dont le côté a dix mètres.
Le *mètre cube* est un cube qui a pour côté le mètre.
Le *stère* n'est d'ailleurs que le mètre cube.
Le *litre* est la contenance du décimètre cube.
Le *gramme* est le poids du centimètre cube d'eau pure.
Enfin le *franc* dérive du mètre, puisqu'il pèse 5 grammes.

Remarque. — La lettre qui suit chaque unité principale est le signe dont on se sert pour la désigner. Ainsi *m* signifie *mètre*, etc.

230. Unités secondaires, leur formation, leur nomenclature. — L'esprit se fait difficilement une idée exacte des nombres trop grands ou trop petits; les unités principales ne suffisent donc pas, il faut aussi *des unités secondaires* en rapport avec les grandeurs à évaluer.

Chaque unité principale sert à former des unités secondaires qui sont ou 10, ou 100... fois plus grandes qu'elles, ou 10 ou 100... fois plus petites.

toises. La dix-millionième partie de cette longueur, désignée sous le nom de *Mètre*, fut adoptée pour unité fondamentale.

Le mètre a donc 0,513074 toise ou 3 pieds 11 lignes 295937, ou encore 443,296 lignes. On a trouvé, depuis, que les calculs de Méchain et de Delambre étaient entachés d'une petite erreur. Biot et Arago, ayant continué la mesure de cet arc jusqu'à l'île de Formentera, ont trouvé 443,31 lignes pour la dix-millionième partie du quart du méridien terrestre; d'autres savants ont trouvé plus encore : 443,39 lignes.

L'aplatissement de la terre est évalué aujourd'hui à $\frac{1}{294}$.

Cette erreur insignifiante n'ôte rien à la beauté et à la simplicité d'un système de mesures que toutes les nations civilisées nous envient et commencent d'adopter en totalité ou en partie.

Douze États étrangers ont introduit et prescrit officiellement le système métrique décimal : la Belgique, les Pays-Bas, Rome, etc. (Rapport de novembre 1859).

(*) Système *légal*, parce qu'il est le seul autorisé, depuis le 1er janvier 1840; on l'appelle quelquefois système *décimal*, parce qu'il est basé sur le système de numération.

Le système métrique a donc pour base notre numération décimale.

Pour nommer les unités secondaires, on place devant le nom de l'unité principale l'un des mots suivants :

Déca,	qui signifie	10		*Déci*,	qui signifie	0,1
Hecto,	—	100		*Centi*,	—	0,01
Kilo,	—	1 000		*Milli*,	—	0,001
Myria,	—	10 000				

Remarque. — Les quatre premiers mots sont tirés du grec et les trois derniers du latin.

231. Mesures réelles ou effectives, unités de compte. — On appelle *mesures réelles ou effectives*, les unités qu'on peut voir et manier. On appelle *unités de compte*, ou encore *mesures fictives*, les unités qui sont employées dans le langage et le calcul.

Quelques unités de compte sont aussi des mesures réelles. (Voir le tableau, page 120.)

Quelle que soit l'espèce de grandeur (longueur, capacité, poids), les mesures effectives sont : *l'unité principale, les unités secondaires,* et, en outre, *leurs doubles* et *leurs moitiés.* Il est donc facile de retenir les noms de ces mesures, il suffit de se rappeler la plus grande et la plus petite.

MESURES DE LONGUEUR

232. Unités principales. — L'unité principale de longueur est le *mètre* (*).

233. Mètre. — *Le mètre est la dix-millionième partie du quart du méridien terrestre, ou de la distance du pôle à l'équateur.*

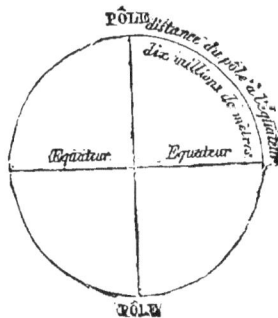

234. Unités secondaires. — Les *unités secondaires* de longueur sont :

(*) L'étalon prototype en platine, déposé aux archives le 22 juin 1799, donne la longueur légale du mètre, quand il est à la température de zéro.

Le **Myriamètre** (*Mm*) (*), qui vaut 10 000 mètres.
Le **Kilomètre** (*Km*),   —   1 000
L'**Hectomètre** (*Hm*) (*),   —   100
Le **Décamètre** (*Dm*) (*),   —   10
Le **Décimètre** (*dm*) (*),   —   0,1
Le **Centimètre** (*cm*),   —   0,01
Le **Millimètre** (*mm*),   —   0,001

Remarque. — L'abréviation qui suit le nom de chaque unité secondaire est le signe par lequel on la désigne. *Mm* signifie *myriamètre*, etc. Nous ferons souvent usage de ces abréviations; il importe donc de bien les retenir. Les majuscules K et H sont très-souvent remplacées par les minuscules *k* et *h*, ainsi on écrit *km*, *hm*, *kg*, etc., au lieu de *Km*, *Hm*, *Kg*, etc.

235. Mesures effectives. — Les *mesures effectives* de longueur sont au nombre de huit.

1° Le *double décamètre*, ou   20   mètres.
2° Le *décamètre*   10   —   (chaine d'arpenteur.)
3° Le *demi-décamètre* . . .   5   —
4° Le *double mètre*.   2   —
5° Le *mètre*.
6° Le *demi-mètre*   50   centimètres.
7° Le *double décimètre* . .   20   —
8° Le *décimètre*   10   —

Ces mesures sont établies dans la forme qui convient le mieux à leur emploi. C'est ainsi qu'on trouve dans le commerce :

1° Le double-décamètre, le décamètre et le demi-décamètre, employés particulièrement par les arpenteurs, les agents voyers, etc., et composés de tiges de fer reliées par des anneaux.

2° Le mètre en forme de règle carrée, à l'usage des marchands d'étoffe.

3° Le mètre brisé ou pliant des ouvriers.

4° Le double décimètre et le décimètre triangulaires divisés en centimètres et en millimètres servant aux dessinateurs.

5° Enfin la *roulette* composée d'un étui cylindrique renfermant un ruban de 1, 2, 5, 10 ou 20 mètres.

236. Choix de l'unité. — En général, l'unité ne doit être ni trop grande ni trop petite par rapport à la quantité à mesurer. Ainsi, la longueur d'une règle plate s'exprimera en centimètres, son épaisseur en millimètres, et très-souvent aussi sa largeur. Les dimensions d'une salle de classe, c'est-à-dire sa longueur, sa largeur et sa hauteur, s'exprimeraient en mètres et centimètres.

237. Mesures itinéraires. — On appelle ainsi les mesures qui servent à énoncer la distance entre deux villes, la longueur d'une route, etc. Le *kilomètre* est presque la seule unité qui soit employée.

Sur les routes, ainsi que sur un grand nombre d'autres voies de communication, on voit ce que l'on appelle des *bornes kilométriques*. Entre deux bornes consécutives

---

(*) Comme unité de compte, ces quatre unités tombent de plus en plus en désuétude. Si le mot *myriamètre* reste encore dans le langage administratif, cela tient surtout à ce qu'il a été employé dans la rédaction du Code Napoléon, à une époque voisine de la création du système métrique. Il n'est plus employé ni dans les ponts et chaussées, ni dans les chemins de fer.

on en trouve quelquefois d'autres, plus petites, distantes de 100 mètres, et numéro-
tées de 1 à 9. Sur les voies ferrées, les distances au point de départ sont indiquées
par des *poteaux kilométriques*.

238. Écriture et lecture des mesures de longueur. —
Suivant leur étendue, les longueurs sont énoncées en *km*, en *m*, en *cm*, en *mm* ;
mais en les écrivant on emploie presque exclusivement pour unité le *km* et le *m*.

Écriture. — 1° Si la longueur est exprimée en *m* et *cm* ou *mm*, on écrit
d'abord le nombre de *m* (0^m s'il n'y en a pas) que l'on surmonte du signe initial ^{m};
on place la virgule, et à la suite la tranche de 2 ou de 3 chiffres qui représente les
cm ou les *mm*, en la complétant, au besoin, par des zéros.

2° Si la longueur est exprimée en *km* et en *m* avec ou sans *cm*, on écrit d'abord
le nombre de *km* que l'on surmonte du signe initial ^{km}, on place la virgule et à
la suite la tranche de 3 chiffres qui représente les *m* ; puis, s'il y en a, celle de
2 chiffres qui représente les *cm* en complétant au besoin ces tranches.

Exemples. 1° 3^m57^{cm} ; 3^m7^{cm} ; 84^{cm} ; 1^m25^{mm} ; 12^{mm} s'écrivent : $3^m,57$;
$3^m,07$; $0^m,84$; $1^m,025$; $0^m,012$.

2° $18^{km}24^m$; $47^{km}250^m$; $2^{km}3^m$; $3^{km}35^m$ s'écrivent : $18^{km},024$; $47^{km},250$;
$2^{km},003$; $3^{km},035$.

Lecture. — 1° Dans le cas où l'unité est le *m*, s'il y a 2 chiffres décimaux,
ils expriment des *cm*, s'il y en a 3, des *mm*. 2° Dans le cas où l'unité est le *km*,
les 3 premiers chiffres décimaux expriment des *m* ; les 2 chiffres suivants, s'il y en
a, des *cm*.

Exemples. 1° $3^m,25$; $1^m,235$ se lisent : 3^m25^{cm} ; 1^m235^{mm}.

2° $4^{km},25$; $1^{km},2583$ se lisent : $4^{km}250^m$; $1^{km}258^m30^{cm}$.

239. Changement d'unité. — 1° *Exprimer en m une longueur écrite
en km*. On avance la virgule (*) de 3 rangs, en complétant, s'il le faut, par des zéros.
Si le nombre donné est entier, on le fait suivre de 3 zéros. Ainsi $3^{km},2431 = 3243^m,1$;
$5^{km},2 = 5200^m$. 2° *Exprimer en km une longueur écrite en m*. S'il y a une virgule, on la recule de 3 rangs ; s'il n'y en a pas, on sépare par une virgule les
3 derniers chiffres. Ainsi $1257^m,4$ valent $1^{km},2574$.

Remarque. — Il arrive assez fréquemment qu'on exprime en *m* une longueur qui contient un et même plusieurs *km*, c'est ce que l'on fait toujours pour
l'altitude des montagnes. Par exemple, 1815^m (mont Blanc).

MESURES DE SURFACE OU DE SUPERFICIE

240. — Les mesures de surface ou de superficie se divisent en trois
classes : 1° *Les mesures de surface proprement dites;* 2° *les mesures
agraires;* 3° *les mesures topographiques.*

241. 1° Mesures de surface proprement dites. — L'unité
principale pour les surfaces est le *mètre carré* (*mq*), c'est-à-dire un
carré dont chaque côté a un mètre. Il n'y a pas d'unité secondaire supérieure. Les unités secondaires inférieures sont : le *décimètre carré*
(*dmq*), le *centimètre carré* (*cmq*) et le *millimètre carré* (*mmq*), qui ont
respectivement pour côté $0^m,1$, $0^m,01$ et $0^m,001$.

242. Choix de l'unité. — On évalue en mètres carrés les ouvrages de maçonnerie, de menuiserie, de peinture, etc., les surfaces
des cours, des jardins de peu d'étendue et des terrains dans les villes.

(*) *Avancer la virgule* se dit pour porter vers la droite. *Reculer la virgule* se dit pour
porter vers la gauche.

Quant aux unités secondaires inférieures, on les emploie pour des surfaces très-petites, comme celles d'une feuille de papier, de verre, etc.

243. Mesures agraires. — *On appelle mesures agraires* (du latin *ager, agri,* champ) *les mesures qui servent à évaluer les surfaces des jardins, des champs, des prés, des bois, etc.* La mesure principale est l'*are* (a). Il n'y a que deux unités secondaires qui dérivent de l'are : l'*hectare* (ha), qui vaut 400 ares, et le *centiare* (ca) ou mètre carré, qui est la 100ᵉ partie de l'are.

244. Mesures topographiques. — *On nomme ainsi les mesures employées pour les grandes surfaces, comme la surface d'un département, d'un État.* On ne fait guère usage, comme mesure topographique, que du *kilomètre carré* (kmq), carré qui a un kilomètre de côté.

Remarque. — On sait qu'il n'y a pas de mesures réelles de surface, et que, pour calculer l'étendue des surfaces, on emploie les mesures de longueur.

245. — *Les unités de surface sont de* 100 *en* 100 *fois plus grandes.*

Par exemple, 1^{mq} vaut 100^{dmq}.

En effet, je suppose que le carré ABCD ait 1^m ou 10^{dm} de côté. Je partage AB et DC en 10 parties égales, chacune d'elles est 1^{dm}. Je joins les points de division et j'opère de même sur AD et BC. La 1re tranche AB*mn* contient évidemment 40 parties, il en est de même de chacune des autres ; le nombre de ces parties est donc 10 fois 10 ou 100 : or chacune d'elles a 1^{dm} de haut et 1^{dm} de large, c'est donc un décimètre carré : donc

$$1^{mq} = 100^{dmq}.$$

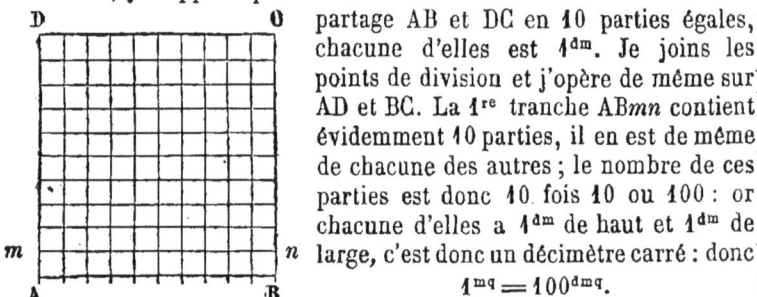

Remarque. — L'hectare, valant 400 ares, n'est autre chose que l'hectomètre carré ; et le centiare, étant le 400ᵉ de l'are, n'est autre chose que le mètre carré. Par la même raison, le kilomètre carré vaut 400 hectares, ou $1^{ha} = 0^{kmq},01$. Puisqu'il faut 400 unités d'un certain ordre pour valoir l'unité suivante, chacune d'elles peut être répétée jusqu'à 99 fois.

246. Écriture et lecture des mesures de surface. — 4° *Surfaces proprement dites.* Il y a quatre unités déjà connues (241) ; le *mq*, le *dmq*, le *cmq* et le *mmq*. Les unités décroissant de 400 en 400, il faut une tranche de 2 chiffres pour chacune d'elles. Jamais, d'ailleurs, on n'exprime plus de 3 de ces unités simultanément, et le plus souvent on se borne à 2. Le *cmq*, par exemple, étant le 400ᵉ du *dmq*, et par conséquent le 40 000ᵉ du *mq*, est réellement négligeable et à plus forte raison le *mmq*. Ainsi, dans les mémoires de menuisiers, de planneurs, de peintres, etc., l'unité est le *mq*, et l'on ne descend pas u-dessous du *dmq*. Le *cmq* et le *mmq* ne s'emploient que très-rarement.

1° **Écriture.** — On écrit le nombre de *mq*, qu'on surmonte du igne initial ^{mq}(*), on place la virgule, puis la tranche de 2 chiffres qui eprésente les *dmq*, et enfin, s'il y en a, celle des *cmq* en complétant u besoin ces tranches par des zéros. Ex. : Ainsi $1^{mq}7^{dmq}3^{cmq}$ s'écrit ^{mq},0703, car le chiffre 7, exprimant des 100es, doit occuper le ^{e} rang, et le chiffre 3 le 4e, puisqu'il exprime des 10 000es.

2° **Lecture.** — On énonce la partie entière, puis la 1re tranche de chiffres avec les mots *dmq*, puis la 2e avec les mots *cmq*.

Ex. : 3^{mq},3547; 1^{mq},0508 ; 0^{mq},0044 se lisent : $3^{mq}35^{dmq}47^{cmq}$; $^{mq}5^{dmq}8^{cmq}$; 14^{cmq}.

2° *Surfaces agraires.* — L'écriture et la lecture des surfaces agraires est facile. Il y a 3 unités déjà connues : *ha*, *a* et *ca*. Il est d'usage, à eu près invariable, de les exprimer séparément dans l'écriture et le angage. Par exemple, $22^{ha}8^a17^{ca}$... Si cependant le nombre des unités supérieures est petit, on ne l'énonce pas toujours. Ainsi, on dit bien 148 ares, comme aussi 152 centiares, mais on ne dira pas 2 358 ares.

3° *Surfaces topographiques.* — La seule unité est le *kmq*. On ne descend jamais au-dessous de son 100e.

Exemple. — La superficie du département du Nord est de 5 680^{kmq},86. On supprimerait la virgule pour passer aux hectares, ce qui donnerait 568 086^{ha}.

247. Changement d'unité. — Quoique le *mq* soit presque la seule nnité employée, les petites surfaces s'expriment quelquefois en *dmq* et *cmq*. Ainsi le timbre dont doit être frappée une affiche dépend du nombre de *dmq* de sa surface.

Pour passer du *mq* au *dmq*, on avance la virgule de 2 rangs ; et de même pour passer du *dmq* au *cmq*.

Ex. 0^{mq},47 égalent 47^{dmq}; 0^{mq},0703 égalent 703^{cmq}.

MESURES DE VOLUME

248. Mètre cube. — L'unité principale de volume est le *mètre cube* (*mc*), c'est-à-dire un cube dont chaque côté ou arête a un mètre de longueur.

249. Unités secondaires. — Il n'y a pas d'unité supérieure. Les unités inférieures sont le *décimètre cube* (*dmc*) et le *centimètre cube* (*cmc*). Ces cubes ont respectivement pour côtés un décimètre et un centimètre.

250. Choix de l'unité. — C'est en mètres cubes qu'on évalue les ouvrages de maçonnerie, les terrassements (déblais ou remblais), les bois de construction, les blocs de marbre, de pierre, etc. En pareil

(*) Les architectes, les entrepreneurs, etc., remplacent généralement l'abréviation ^{mq} par ^{m2}

cas, on s'arrête toujours aux millièmes, c'est-à-dire au *dmc*. Le décimètre cube et le centimètre cube ne peuvent être employés que quand il s'agit de petits volumes.

Remarque. — On sait qu'il n'y a pas de mesures réelles de volume (excepté pour le bois de chauffage). Pour calculer les volumes, on se sert des mesures de longueur.

251. — *Les unités de volumes sont de 1 000 en 1 000 fois plus grandes.* Par exemple, 1 *mc* vaut 1 000^{dmc}.

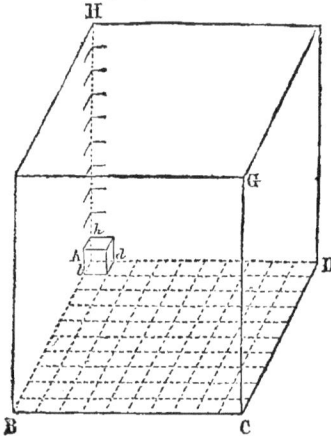

En effet, imaginons un *mc* creux. Le fond qui est un *mq* peut être partagé en 100 *dmq*. Sur chacun d'eux plaçons 1 *dmc* nous aurons ainsi une 1re assise de 100 *dmc* qui n'occupera qu'un *dm* sur la hauteur. Comme il reste 9 *dm*, nous devrons poser encore successivement 9 de ces assises pour remplir complétement la cavité : donc en tout il s'y trouvera 10 fois 100 ou 1 000 *dmc*.

On prouverait de même que le *cmc* n'est que le 1 000e du *dmc*.

Puisqu'il faut 1 000 unités d'un certain ordre pour valoir l'unité supérieure, chacune d'elles peut être répétée jusqu'à 999 fois.

252. Écriture et lecture des mesures de volume.

1° Écriture. — Si la plus haute unité énoncée est le mètre cube, on écrit le nombre de *mc* en le surmontant du signe initial ^{mc} (*); on place la virgule, puis la tranche des *dmc* qui doit toujours avoir 3 chiffres, on complète au besoin par des zéros. Si la plus haute est le décimètre cube, on écrit le nombre de *dmc* en le surmontant du signe initial; on place la virgule et la tranche de 3 chiffres qui représente les *cmc*.

Ainsi 3^{mc}56^{dmc}; 853^{dmc}; 27^{dmc}4^{cmc}; 17^{mc}40^{dmc} s'écrivent : 3^{mc},056; 0^{mc},853; 27^{dmc},004; 17^{mc},040.

2° Lecture. — Si l'unité est le mètre cube, on énonce le nombre de *mc* puis la tranche des 3 premières décimales qui exprime les *dmc*. Si l'unité est le *dmc*, on énonce le nombre de *dmc*, puis la tranche des 3 premières décimales qui exprime les *cmc*.

EXEMPLE : 2^{mc},043; 0^{mc},058; 1^{mc},04; 28^{dmc},17; 19^{dmc},2 se lisent : 2^{mc}43^{dmc}; 58^{dmc}; 1^{mc}40^{dmc}; 28^{dmc}170^{cmc}; 19^{dmc}200^{cmc}.

253. Changement d'unité. — Jamais, dans la pratique, on ne fait de changement d'unité; si cependant on voulait en effectuer un, il n'y aurait qu'à avancer ou reculer la virgule de trois rangs.

Par exemple : 0^{mc},043 = 43^{dmc}.

(*) Au lieu de ^{mc}, les architectes, les entrepreneurs, etc., écrivent aussi ^{m3}.

254. Bois de chauffage. — L'unité des mesures de bois de chauffage est le *stère* (*st*), qui n'est autre chose que le mètre cube.

Le stère n'a qu'un multiple qui est le *décastère* (*Dst*), et un sous-multiple le *décistère* (*dst*). Le décastère vaut 10 stères et le décistère est la 10ᵉ partie du stère. Le décastère est très-rarement employé.

255. Mesures effectives. — La loi ne reconnaît que trois mesures effectives en usage pour le bois de chauffage : ce sont le *stère*, le *double stère* et le *demi-décastère*.

256. Stère. — Le stère est un cadre en bois ABCD composé d'une pièce AB appelée *sole*, de deux *montants* AD, BC et de deux *contre-fiches* soutenant les montants. Le double stère et le demi-décastère ont la même forme. La distance entre les montants est de 1 mètre pour le stère, de 2 pour le double stère et de 3 pour le demi-décastère. Si les bûches ont 1 mètre de longueur, la hauteur des montants est 1 mètre pour les 2 premières mesures et $1^m,667$ pour la 3ᵉ. S'il n'en est pas ainsi, la géométrie apprend à calculer cette hauteur.

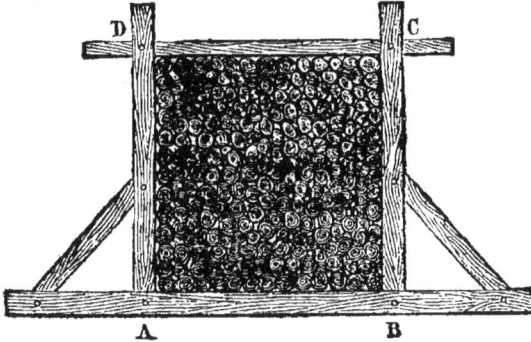

Remarque. — C'est au poids que le bois se vend généralement dans les villes. Il serait à désirer que cet usage se répandit partout.

MESURES DE CAPACITÉ

257. Litre. — *L'unité principale de capacité est le litre, dont la contenance est de 1 décimètre cube.*

258. Unités secondaires. — Il y en a 4 : deux supérieures, l'*hectolitre* (*Hl*) et le *décalitre* (*Dl*); deux inférieures, le *décilitre* (*dl*) et le *centilitre* (*cl*). On parle rarement aujourd'hui du *Dl* et du *dl*.

259. Mesures effectives. — La loi en reconnaît 13, dont la plus grande est l'*hectolitre*, et la plus petite le *centilitre*. Voici les noms de ces treize mesures : l'*hectolitre*, le *demi-hectolitre*, le *double décalitre*, le *décalitre*, le *demi-décalitre*, le *double litre*, le *litre*, le *demi-litre*, le *double décilitre*, le *décilitre*, le *demi-décilitre*, le *double centilitre* et le *centilitre*.

Remarque I. — Les mesures de capacité servent pour les liquides, comme l'eau, le vin, le cidre, le vinaigre, l'eau-de-vie, l'huile, etc.; et pour les matières sèches, comme le blé, les haricots, les fruits, le charbon, etc.

Remarque II. — On a adopté la forme cylindrique pour toutes les mesures de capacité, parce qu'un vase cubique serait moins commode à manier, moins facile à nettoyer et plus sujet à se déformer.

260. — *Les mesures de capacité se divisent en 4 classes :*

1° 8 *mesures en étain* (*) appelées *petites mesures,* pour le commerce au détail de tous les liquides autres que le lait et l'huile.

La hauteur intérieure est double du diamètre intérieur.

Cette série va du double litre au centilitre (231).

2° 8 *mesures en fer-blanc* pour l'huile (**) et pour le lait. Ce sont les mêmes que les mesures en étain, mais la hauteur est égale au diamètre.

3° 5 *mesures en cuivre*, en *tôle* ou en *fonte* (***). Ce sont les *grandes mesures.* On les emploie pour le commerce en gros des liquides. La hauteur est égale au diamètre.

Cette série va de l'hectolitre au demi-décalitre.

4° 11 *mesures* pour les matières sèches (blé, haricots, charbon, etc.) (****), construites ordinairement en bois de chêne, avec la partie supérieure garnie de tôle rabattue pour éviter les déformations. On les construit aussi, selon leur destination, en tôle ou en cuivre. La hauteur est encore égale au diamètre. Afin de faciliter leur maniement, on les munit d'anses, ou de deux tiges de fer placées à l'intérieur et formant le T.

Cette série va de l'hectolitre au demi-décilitre (231).

POIDS

261. Gramme. — L'unité principale de poids est le *gramme. Le gramme est le poids d'un centimètre cube d'eau distillée* (*****).

(*) L'étain n'est pas pur, parce qu'il serait trop cassant. On l'allie au plomb. Ce dernier métal peut aller jusqu'à 18 °/₀ du poids total.

(**) C'est presque toujours au poids que les huiles se vendent maintenant.

(***) On doit, par l'étamage ou tout autre procédé analogue, rendre inoffensif l'usage de ces mesures.

(****) La vente au poids se généralise de plus en plus pour les grains.

(*****) On ne s'est pas contenté de prendre de l'eau distillée, on a fait la pesée à 4°, et de plus on a ramené le résultat à ce qu'il eût été dans le vide. Toutes ces précautions étaient nécessaires pour fixer d'une manière certaine le poids du gramme.

1° On s'est servi d'eau distillée, parce que le poids d'un même volume d'eau est variable sui-

262. Unités secondaires. — Les unités secondaires employées ne sont guère aujourd'hui que le *centigramme* (*cg*), le *milligramme* (*mg*), le *kilogramme* (*kg*), le *quintal métrique* (*ql* ou *qx*) qui vaut 100 *kg*, et enfin le *tonneau métrique* ou la *tonne* (*t*) qui vaut 1 000 *kg*.

263. Mesures effectives. — Le nombre des poids usuels est de 24, le plus gros est celui de 50 *kg* et le plus petit celui d'un *mg*. On trouvera facilement les noms de tous ces poids en se rappelant ce qui a été dit n° 231, et en consultant, au besoin, le tableau n° 284.

264. Choix de l'unité. — On emploie le gramme et les poids inférieurs dans les pesées qui demandent une grande précision ; aussi sont-ils d'un fréquent usage dans les laboratoires, chez les pharmaciens et chez les orfévres.

Le poids de 50 *kg* et tous les poids inférieurs, jusqu'au gramme, sont employés pour peser les diverses denrées et les substances alimentaires.

Les fortes pesées s'évaluent en quintaux.

Enfin, pour évaluer le chargement des navires, on emploie le *tonneau* pour unité.

Remarque. — Le gramme étant trop petit pour servir dans les pesées les plus ordinaires, il en résulte que le *kilogramme* est réellement l'unité de poids la plus employée.

265. — Les poids ont diverses formes, et la matière qui les compose n'est pas la même pour tous :

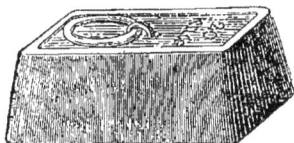

1° 10 poids *en fonte*, dont 2, ceux de 50 *kg* et de 20 *kg*, en forme de pyramide tronquée, arrondie sur les angles, ayant pour base un rectangle ; et 8 en forme de pyramide tronquée ayant pour base un hexagone régulier. Ils sont tous munis d'un anneau qui en facilite le maniement.

Cette série va de 50 *kg* à 50 *g* (1/2 *hectog.*).

vant la nature et la quantité des matières étrangères qu'elle contient. Ainsi un litre d'eau salée pèse plus qu'un litre d'eau de pluie ; au contraire un litre d'eau contenant de l'alcool pèse moins qu'un litre d'eau pure.

2° On a pris de l'eau à une température déterminée, parce que le poids d'un même volume d'eau, d'un litre par exemple, change avec la température. On a choisi celle de 4°, parce que c'est à cette température que le poids d'un même volume d'eau est le plus considérable, ce qu'on exprime en disant qu'elle est à son *maximum de densité*.

3° On a enfin, à l'aide de calculs que la physique enseigne, ramené le poids trouvé à ce qu'il eût été si l'on eût fait la pesée dans le vide. Tout corps plongé dans un fluide, tel que l'eau ou l'air, perd en effet une portion de son poids égale au poids du fluide dont il tient la place ; et comme la hauteur du baromètre est variable, le poids d'un certain volume d'air est aussi variable. Si donc on avait pesé l'eau sans tenir compte de l'air déplacé, le poids appelé gramme n'aurait pas été constant.

2° 14 poids *en cuivre* ayant la forme d'un cylindre surmonté d'un bouton. Pour les 12 plus gros, la hauteur du cylindre est égale au diamètre et celle du bouton en est la moitié; pour les deux plus petits, 2 *g*., 1 *g*., le diamètre est plus grand que la hauteur.

Cette série va de 20 *kg* à 1 *g*.

3° 9 poids en forme de lame mince *en cuivre, argent ou platine*, coupée carrément.

Cette série va du *demi-gramme* au *milligramme*.

Remarque I.— Si l'on n'avait à sa disposition, outre l'unité principale et les unités secondaires, que leurs doubles et leurs moitiés, il serait impossible de faire un poids contenant 4 ou 9 fois ces unités : par exemple 454 *g*.; 459 *g*. Pour obvier à la difficulté, on se procure en double exemplaire les doubles de ces unités, savoir pour la 2ᵉ série, les poids de 2 *kg*., de 200 *gr*, de 20 *gr*., et de 2 *gr*. Veut-on faire un poids de 459 *gr*., on mettra dans la balance les 2 poids de 200 *gr*., ceux de 50 et de 5, et les deux de 2 *gr*.

Remarque II. — Il résulte de la définition du gramme une correspondance remarquable entre les unités de volume et les unités de poids.

1 *cmc* d'eau pèse 1 *gr*.
1 *dmc* ou un litre pèse 1 000 *g*, ou 1 *kg*.
1 *mc* pèse 1 000 *kg* ou 1 tonneau.

MONNAIES

266. Franc. — *L'unité principale pour les monnaies est le franc* (*f* ou *fr*), *pièce pesant* 5 *grammes* (*).

267. Unité secondaire. — Il n'y en a qu'une qui soit usitée, le *centime* (*c*) ou centième du franc. Le mot *décime* n'est plus employé que dans le langage administratif et même très-rarement.

268. Monnaies effectives. — Il y a trois espèces de monnaie : la monnaie d'*or*, celle d'*argent* et celle de *bronze*.

269. — La série des monnaies se compose de 14 pièces, dont 5 en or, 5 en argent et 4 en bronze.

270. Remarque. — Les grandes opérations commerciales s'effectuent principalement au moyen de ce qu'on appelle la monnaie *fiduciaire* (*fiducia*, confiance).

On comprend sous cette dénomination les *effets de commerce* et les *billets de banque*.

_____

(*) En vertu de la convention internationale du 23 décembre 1865, la France, la Belgique, l'Italie, la Suisse ont le même système monétaire. La Grèce a aussi les mêmes pièces, mais non les mêmes dénominations.

Les billets que la Banque de France met en circulation sont de 1000 francs, de 500 francs, de 200 francs, de 100 francs, et de 50 francs ; il y a aussi des coupures de 25 francs, de 20 francs, de 10 francs et de 5 francs.

271. Alliage. — On appelle alliage le mélange par voie de fusion de deux ou plusieurs métaux(*).

Un alliage jouit en général de diverses propriétés que ne possèdent pas isolément les métaux qui le composent : ainsi, en s'alliant au cuivre, l'or et l'argent deviennent plus durs, plus résistants au *frai* (usure).

272. Lingot. — On appelle *lingot* un morceau fondu, formé d'un ou plusieurs métaux.

273. Titre. — *Le titre d'un alliage par rapport à l'un des métaux qui y entrent est la quantité de ce métal qu'il contient par unité de poids de l'alliage.* Ainsi, par exemple, un lingot qui contiendrait les 0,9 de son poids en or pur, l'autre dixième étant formé d'autres métaux quelconques, est dit au titre 0,9.

De même un lingot qui contiendrait les 0,8 de son poids en argent pur, les deux autres dixièmes étant formés d'autres métaux quelconques, est dit au titre 0,8.

Remarque. — Le poids total d'un lingot peut être considéré comme composé de $\frac{10}{10}$ ou $\frac{100}{100}$, ou encore de $\frac{1000}{1000}$. D'ailleurs, il est évident qu'on exprimera que des lingots sont au titre 9 dixièmes, 8 dixièmes.... en écrivant $\frac{9}{10}$, $\frac{8}{10}$.... Par conséquent, *le titre d'un alliage, par rapport à l'un des métaux, est encore le quotient du poids de ce métal par le poids total de l'alliage.*

Le titre s'exprime généralement en millièmes du poids total. Si, par exemple, 1 *gr.* d'alliage d'or contenait 920 *mg* d'or pur, le titre s'exprimerait par 0,920.

D'après la seconde définition, un alliage d'or du poids de 9 gr., 40 qui contiendrait 7^{gr},52 d'or pur serait au titre de $\frac{7,52}{9,40} = 0,800$.

274. Métaux fins. — Les métaux précieux, tels que l'or et l'argent, sont désignés sous le nom de *métaux fins* : on dit d'un alliage d'or ou d'argent au titre 0,9 qu'il est à $\frac{9}{10}$ de fin.

275. Titre des monnaies. — Pour les monnaies d'or et d'argent, les deux métaux fins sont alliés au cuivre. Le titre des monnaies pour l'or est 0,900 pour la pièce de 5 francs ; mais il n'est que 0,835 (lois du 25 mai 1864 et du 27 juin 1866) pour les quatre autres formant la *monnaie divisionnaire*. La monnaie de bronze se compose de 95 parties de cuivre, 4 d'étain et 1 de zinc.

276. Tolérance. — La difficulté de fabriquer des pièces ayant exactement les poids et les titres voulus a fait admettre une *tolérance* en plus ou en moins sur les poids des pièces de même que sur les titres.

Mais ces tolérances de poids et de titres sont réduites autant que l'ont permis les derniers progrès de la science.

277. Diamètre des pièces. — Les diamètres des pièces de monnaie ont été aussi fixés par la loi, et ils sont tous inégaux, même pour des métaux différents, afin que les diverses pièces ne puissent être confondues.

(*) Un alliage dont le mercure fait partie prend le nom d'*amalgame*.

278. — Tableau des pièces de monnaie reconnues par la loi.

NATURE	POIDS		TITRE		DIAMÈTRE
DES PIÈCES.	POIDS DROIT	TOLÉRANCE	TITRE DROIT	TOLÉRANCE	
		millièmes.	millièmes.	millièmes.	millimètres.
Or..... 100ᶠ »	32ᵍ,25806	1			35
50 »	16,12903				28
20 »	6,45161	2	900	2	21
10 »	3,22580				19
5 »	1,61290	3	900		17
Argent.. 5 »	25 »	3	900	2	37
2 »	10 »	5			27
1 »	5 »		835	3	23
» 50ᶜ	2,50	7			18
» 20	1 »	10			16
Bronze.. » 10	10 »	»	Cuivre. 0,95	»	30
» 5	5 »	»	Étain.. 0,04	»	25
» 2	2 »	»	Zinc... 0,01	»	20
» 1	1 »	»		»	15

Remarques diverses. — I. — Le poids des pièces étant bien déterminé, il est évident qu'elles peuvent être employées pour peser.

II. — Il résulte de ce tableau que 1 kg de monnaie vaut :

1° Pour l'argent 200ᶠ, car 40 pièces de 5ᶠ ou 200ᶠ pèsent 40 fois 25 gr. = 1 kg.

2° Pour l'or 3100ᶠ, car 31 pièces de 100ᶠ ou 155 pièces de 20ᶠ pèsent 1 kg.

3° Pour le cuivre 10ᶠ, car 100 pièces de 10 centimes pèsent 1 kg.

A poids égal, la monnaie d'or vaut donc 15 fois $\frac{1}{2}$ plus que celle de l'argent, 310 fois plus que celle de bronze, et la monnaie d'argent 20 fois plus que celle de bronze.

III. — Toutes les mesures et tous les poids à l'usage du commerce doivent porter ostensiblement leur dénomination ainsi que le nom ou la marque du fabricant.

279. Hôtels des monnaies. — Il y a en France les hôtels des monnaies de Paris et de Bordeaux. Les marques de fabrique sont respectivement A et K.

L'Etat est propriétaire des hôtels des monnaies, La fabrication est confiée, sous la surveillance de la *Commission des monnaies et médailles*, à des *entrepreneurs*. Il est alloué 1ᶠ,50 par kg d'argent à 900 millièmes, et 6ᶠ,70 par kg d'or au *même titre*.

Moyennant cette retenue, supportée par les porteurs de matière d'or et d'argent au *bureau du change* des hôtels des monnaies, les directeurs de la fabrication sont chargés de tous les frais de l'entreprise, tels que les salaires des ouvriers, le remplacement et l'entretien de tout le mobilier monétaire, etc.

Il résulte de ce qui précède, que 1 kg de matière présenté au change vaut pour

l'or au titre 0,9 $\qquad 3100^f - 6,70 \quad = 3093^f,30$

L'or pur $\qquad 3093,3 \times \dfrac{10}{9} \quad = 3437 \;\text{»}$

L'argent au titre 0,9 $\quad 200 - 1,5 \quad = 198,50$

L'argent pur $\qquad 198,5 \times \dfrac{10}{9} \quad = 220,55...$

L'argent au titre 0,835 $\quad 220,555 \times 0,835 = 184^f,16$

1 kg sans retenue vaut pour

l'or pur $\qquad 3100 \times \dfrac{10}{9} = 3444^f,444...$

L'argent pur $\quad 200 \times \dfrac{10}{9} = 222^f,222...$

L'argent au titre 0,835 ; $222,222 \times 0,835 = 185^f,56$.

280. — Tarifs des matières et espèces d'or et d'argent avec ou sans retenue (*).

Tarif des matières et espèces d'or.			Tarif des matières et espèces d'argent.		
TITRE.	VALEUR AU CHANGE pour 1 kg.	VALEUR RÉELLE ou sans retenue.	TITRE.	VALEUR AU CHANGE pour 1 kg.	VALEUR RÉELLE ou sans retenue.
millièmes.	f. c.	f. c.	millièmes.	f. c.	f. c.
1000	3437, »	3444,44	1000	220,56	222,22
900	3093,30	3100, »	900	198,50	200, »
800	2749,60	2755,56	800	176,44	177,78
700	2405,90	2411,11	700	154,39	155,56
600	2062,20	2066,67	600	132,33	133,33
500	1718,50	1722,22	500	110,28	111,11
400	1374,80	1377,78	400	88,22	88,89
300	1031,10	1033,33	300	66,16	66,67
200	687,40	688,89	200	44,11	44,44
100	343,70	344,44	100	22,05	22,22

Ce tarif permet de calculer sans difficulté le prix du kg d'or ou d'argent à tous les titres.

Soit, par exemple, à trouver au change le prix du kg d'or au titre 0,843. Le tarif donne immédiatement

Pour 800 $\hspace{8cm} 2749^f,60$

Pour 40, $\dfrac{1}{10}$ de ce que vaut 1 kg d'or au titre 400 $\hspace{1cm} 137,48$

Pour   3, $\dfrac{1}{100}$ $\qquad$ — $\qquad$ — $\quad$ 300 $\hspace{1cm} 10,31$

$\hspace{3cm}$ Prix du kg d'or au titre 0,843 = $\hspace{1cm} \overline{2897^f,39}$

(*) Annuaire du Bureau des Longitudes.

La valeur au change et la valeur réelle d'un objet d'or ou d'argent ayant un poids et un titre quelconque, s'obtiennent aussi sans difficulté à l'aide de ce tarif.

Soit, par exemple, à trouver la valeur au change d'un lingot d'or pesant 980 gr. et au titre 0,700.

On trouve, à l'aide du tarif, que

$$1000 \text{ gr. d'or au titre } 700 \text{ valent} \qquad\qquad 2405^{f},90$$
$$1 \text{ gr.} \qquad — \qquad\qquad\qquad\qquad 2,4059$$
$$980 \text{ gr.} \qquad — \qquad \text{valent } 2,4059 \times 980 = 2357^{f},782$$

Remarque. — La valeur sans retenue ou réelle d'une matière d'or ou d'argent est encore appelée *valeur absolue*, ou *intrinsèque*, *le pair intrinsèque* ou simplement le *pair* de cette matière.

281. Orfévrerie. — La loi reconnaît 3 titres pour les ouvrages en or ·

$$1^{er}, 0,920 ; 2^{e}, 0,840 ; 3^{e}, 0,750 ;$$

et 2 pour ceux en argent :

$$1^{er}, 0,950 ; 2^{e}, 0,800.$$

Il est accordé aux fabricants 3 millièmes de tolérance pour l'or, et 5 millièmes pour l'argent.

Les bijoux en or sont aux titres 0,840 et 0,750; la vaisselle est au titre 0,920.

La vaisselle d'argent est au titre 0,950 ; les bijoux, les couverts et autres articles sont au titre 0,800.

282. Droit de contrôle. — Tout produit de l'orfévrerie française doit être *contrôlé*, c'est-à-dire qu'il doit porter une marque qui atteste son titre.

Le droit de contrôle se paye (Loi du 30 mars 1872) :

Pour l'or, 30 fr. par 100 gr., plus le double décime par franc.

Pour l'argent, 1 fr., 60 par 100 gr., plus le double décime par franc.

L'acheteur d'objets d'or ou d'argent paye donc ces droits, la valeur de la matière première, le salaire de l'ouvrier, le bénéfice du fabricant, celui du marchand, et enfin les frais de commission.

Tout lingot d'or, avec ou sans alliage, quel qu'en soit le poids, paye 3 fr. pour l'*essai*.

Tout lingot d'argent, avec ou sans alliage, quel qu'en soit le poids, paye 0 fr., 80 pour l'*essai*.

283. — Tableau par ordre alphabétique des monnaies les plus usuelles avec leur valeur intrinsèque (*).

DÉNOMINATION.	VALEUR des pièces.	DÉNOMINATION.	VALEUR des pièces.
	fr. c.		fr. c.
Aigle, or, *États-Unis*, 10 dollars.	51.71	Krone, or, *Allemagne, Autriche*..	34.37
Bani, cuivre, *Roumanie*.........	0.01	Lepton, cuivre, *Grèce*, 1/100 drachme	0.01
Boudjou, argent, *Alger*..........	1.80	Lira, argent, *Italie*............	1.00
Carolin, or, *Suède*............	10.00	Livre sterling, *Angleterre*, monnaie	
Cent, cuivre, *États-Unis*, 1/100 dol-		de compte.................	25.20
lar......................	0.05	Ley, argent, *Roumanie*........	1.00
Cent, cuivre, *Hollande*, 1/100 gulden	0.02	Medjidieh d'or, or, *Turquie*, 100	
Centime, cuivre, *France, Belgique*.	0.01	piastres...................	22.48
Centesimo, cuivre, *Italie*.......	0.01	Milreis, argent, *Brésil*, 1000 reis.	2.48
Christian, or, *Danemark*.......	20.48	Milreis, or, *Portugal*, 1000 reis...	5.59
Condor, or, *Chili*, 10 pesos.....	47.18	Mohur, or, *Indes Britanniques*...	39.72
Condor, or, *Colombie*, 10 pesos..	50.27	Onça, or, *Mexique, Amérique du*	
Copeck, *voir* Kopeck.		*Sud*, 16 pesos.............	81.00
Coroa, or, *Portugal*, 10 000 reis...	55.88	Pagode, or, *Indes Britanniques*...	9.18
Couronne, or, *voir* Krone.		Para, cuivre, *Turquie*, 1/40 piastre.	0.006
Crown, argent, *Angleterre*, 5 shil-		Penny, bronze, *Angleterre*.......	0.11
lings	5.60	Peseta, argent, *Espagne*, 4 réales.	0.92
Decimo, argent, *Chili*, 1/10 peso..	0.49	Peso ou Piastre, or, *Chili*......	4.72
Dime, argent, *États-Unis*, 10 cents.	0.53	Peso ou Piastre, argent, *Mexique*	
Dinero, argent, *Pérou*.........	0.49	et *Amérique du Sud*, 8 réales de	
Doblon, or, *Espagne*, 10 escudos.	25.95	Plata..................	5.35
Doblon, or, *Chili*, 5 pesos......	23.59	Peso ou Piastre, argent, *Amérique*	
Doblon de oro, or, *Iles Philippines*,		*du Sud*, 10 réales ou 100 cents.	4.96
4 pesos...................	20.94	Pfenning, cuivre, *Allemagne et*	
Dollar, or, *États-Unis*, 100 cents.	5.17	*Prusse*...................	0.01
Dollar, argent, *États-Unis*.......	5.31	Piastre, argent, *Turquie*, 40 paras.	0.22
Dollar, or, *Guatemala*........	5.07	Piastre, argent, *Égypte*........	0.25
Drachme, argent, *Grèce*........	1.00	Piastre, argent, *Tunis*.........	0.59
Ducat ad legem Imperii, or, *Alle-*		Pistole, or, *Mexique*, 4 pesos.....	20.29
magne, Autriche, Danemark,		Quadruple, or, *Amérique*, 16 pesos.	81.00
Hollande, Suède, etc.......	11.75	Real de Plata, argent, *Amérique*.	0.66
Duro, argent, *Espagne*, 2 escudos.	5.15	Real de Vellon, argent, *Espagne*.	0.23
Écu, argent, *Prusse*, *voir* Thaler.		Rei, monnaie de compte, *Portugal*,	
Escudo, argent, *Espagne*, 10 réales.	2.57	environ..................	0.006
Escudo, or, *Chili*, 2 pesos......	9.43	Rei, monnaie de compte, *Brésil*, en-	
Escudo de oro, or, *Mexique et Phi-*		viron.....................	0.003
lippines, 2 pesos..........	10.17	Rigsdaler, argent, *Danemark*....	2.77
Escudillo de oro, or, *Mexique et*		Rixdaler, argent, *Hollande*, 2 1/2	
Philippines, 1 peso.........	5.08	gulden...................	5.21
Florin, argent, *Angleterre*, 2 shil-		Rixdaler spéciès, argent, *Suède*..	5.61
lings	2.25	Rouble, argent, *Russie*, 100 kopecks	3.92
Florin, argent, *Autriche*, 100 kreut-		Roupie, argent, *Indes Britanniques*	2.36
zers.....................	2.45	Silbergroschen, argent, *Prusse*,	
Florin, argent, *Allemagne, Hollan-*		1/30 thaler.................	0.12
de, *voir* Gulden.		Shilling, argent, *Angleterre*.....	1.12
Franc, *France, Belgique*........	1.00	Skilling, cuivre, *Norvège*........	0.05
Frédéric, or, *Prusse*...........	20.78	Skilling, cuivre, *Danemark*.....	0.12
Frédéric, or, *Danemark*.......	20.48	Sol, argent, *Pérou*..........	4.96
Groat, argent, *Angleterre*, 4 pences.	0.38	Soldo, cuivre, *États pontificaux*,	
Gros (Silbergroschen), argent, *Prus-*		5 centesimi................	0.05
se, 1/30 thaler..............	0.12	Sovereign, or, *Angleterre*, 20 shil-	
Guillaume, or, *Hollande*.......	20.79	lings	25.20
Gulden, argent, *Allemagne du Sud*,		Specie daler, argent, *Norvège*....	5.58
60 kreutzers	2.10	Speciè rixdaler, argent, *Suède*...	5.61
Gulden, argent, *Hollande*, 100 cents	2.08	Testao, argent, *Portugal*, 100 reis.	0.50
1/2 Impériale, or, *Russie*......	20.60	Thaler (Vereinsthaler) , argent,	
Kopeck, cuivre, *Russie*, 1/100 rouble	0.04	*Prusse* et *Allemagne*.......	3.68
Kreutzer, cuivre, *Allemagne, Au-*		Two-annas, argent, *Indes Britan-*	
triche.................	0.03	*niques*..................	0.29

(*) Ce tableau est dû à M. Huguet, commissaire du gouvernement près la Monnaie de Paris.

284. — Tableau résumant tout le système métrique.

GRANDEURS	UNITÉS PRINCIPALES	UNITÉS SECONDAIRES	UNITÉS de COMPTE	MESURES EFFECTIVES		
LONGUEURS	Mètre m	Myriam. Mm Kilom. km Hectom. hm Décam. Dm décim. dm centim. cm millim. mm	km m cm mm	Double décamètre Décamètre Demi-décamètre Double mètre Mètre demi-mètre double décimètre décimètre		
SURFACES	Mètre carré mq surf. ordin^res — Are a surf. agraires	Kilom. carré kmq décim. carré dmq centim. carré cmq Hectare ha centiare ca	kmq mq dmq cmq ha ou hmq a ou Dmq ca ou mq			
VOLUMES	Mètre cube mc — Stère st bois de chauffage	décim. cube dmc centim. cube cmc centistère cst	mc dmc cmc st cst	Demi-décastère Double stère Stère		
CAPACITÉS	Litre l	Hectolitre hl Décalitre Dl décilitre dl centilitre cl	hl l cl	8 en étain 8 en fer-blanc Double litre Litre demi-litre double décil. décilitre demi-décilitre double centil. centilitre	5 en cuivre, tôle ou fonte Hectolitre Demi-hectol. Double décal. Décalitre Demi-décal.	11 en bois Hectolitre Demi-hectol. Double décal. Décalitre Demi-décal. Double litre Litre demi-litre double décil. décilitre demi-décil.

POIDS	Gramme g	Tonne t
		Quintal ql
		Myriagr. Mg
		Kilogr. kg
		Hectog. hg
		Décagr. Dg
		décigr. dg
		centigr. cg
		milligr. mg
			t
			ql
			kg
			g
			cg
			mg
				10 en fonte
				50kg 2 hg
				20— 1 —
				10— 1/2-
				5—
				2—
				1—
				1/2 -
					14 en cuivre
					20 kg 100 g
					10— 50—
					5— 20—
					2— 10—
					1— 5—
					    500g
					    200-
						9 en lames
						5 dg 5mg
						2— 2—
						1— 1—
						5 cg
						2
						1

MONNAIES	Franc fr	centime c	fr c	Or 100 fr 50 — 20 — 10 — 5 —	Argent 5 fr 2— 1— 50 c 20 -	Bronze 10 c 5 - 2 - 1 -

CHAPITRE II

ANCIENNES MESURES DE FRANCE

285. Longueurs. — L'unité principale de longueur était la *toise*; elle se divisait en six pieds, le *pied* en douze pouces, le *pouce* en douze lignes, la *ligne* en douze *points*.

La distance du pôle à l'équateur a été trouvée de 5130740 toises, ou de 10000000^m, par suite

$$1^t = \frac{10000000}{5130740} = 1^m,94904$$
$$1^{Pi} = 0^m,32484$$
$$1^{Po} = 0^m,02707$$
$$1^l = 0^m,002256$$

Les autres mesures de longueur étaient :

1° L'*aune*, d'une dimension très-variable.

La plus répandue avait trois pieds sept pouces dix lignes et dix points.

2° La *perche* de dix-huit pieds à Paris et en général de vingt-deux pieds dans le reste de la France.

Les *mesures itinéraires* étaient :

1° La *lieue* dont la longueur variait suivant les provinces.

2° La *lieue de poste* usitée dans tonte la France valait 2000^t ou 3898^m.

3° Les savants et les géographes faisaient surtout usage de la lieue de 25 au degré; elle valait 2280^t,33 ou 4444^m,44.

4° Les marins employaient la lieue marine de 20 au degré; elle valait 2850^t ou 5556^m.

On emploie encore dans la marine :

1° Le *mille marin* dont trois forment la *lieue marine*; un *mille* vaut par conséquent 1852^m.

2° La *brasse*, qui vaut cinq pieds ou 1^m,624 (*).

3° Le *nœud* (*) qui vaut $\frac{1}{120}$ du mille ancien ou 15^m,432.

4° L'*encâblure* ancienne qui vaut 100^t ou 194^m,904.

5° La *nouvelle encâblure* de 200^m.

(*) BRASSES DES CARTES MARINES.

France.........	brasse 5 pieds........	1^m,624
Angleterre......	— (fathom).......	1,829
Danemark.......	— (favn)..........	1,883
Espagne........	— (braza).......	1,672
Hollande........	— (vadem).......	1,699
Russie...........	— (sagène).......	2,134
Suède...........	— (famn)........	1,781

(*) Voici d'où vient ce mot. La vitesse d'un navire se mesure à l'aide d'un instrument appelé *loch* (pr. lock). Le *loch* se compose de trois parties : le *bateau*, la *ligne* et le *dévidoir*.

Le *bateau* est un morceau de bois ayant la forme d'un petit triangle isocèle. Il est lesté de plomb de manière à se tenir verticalement dans l'eau et à s'y enfoncer des $\frac{2}{3}$ de sa hauteur.

La *ligne* est un petit cordage enroulé autour du *dévidoir*, et dont l'extrémité s'attache par trois petites branches aux trois angles du bateau de loch.

Lorsqu'on veut mesurer la vitesse d'un navire, on jette à la mer le bateau qui reste à peu près

286. Mesures agraires. — Les unités de surface étaient des carrés construits sur les unités de longueur.

La principale unité de surface était la *toise carrée*.

Les mesures agraires étaient très-variables. Il y avait l'*arpent des eaux et forêts*, qui valait cent perches carrées (perche de 22 pieds); l'*arpent de Paris*, qui valait également cent perches carrées (perche de 18 pieds); etc.

287. Mesures de volumes. — Les unités de volume étaient les cubes construits sur les unités de longueur.

La principale unité de volume était la *toise cube*.

288. Mesures de capacités. — On faisait usage pour les grains du *setier*, qui se divisait en douze boisseaux, le *boisseau* en seize *litrons*.

Le setier de Paris vaudrait 156 litres.
Le boisseau —   —   13
Le litron   —   — $0^l,8125$

Pour les liquides, on employait le *muid*, qui se divisait en deux feuillettes, la *feuillette* en cent quarante-quatre pintes, et la *pinte* en deux *chopines*.

Le muid vaudrait 244 litres.
La pinte   — $0^l,91$
La chopine — $0^l,45$

289. Poids. — L'unité de poids était la *livre*; la *livre* valait seize onces, l'*once* huit gros, le *gros* trois deniers, le *denier* vingt-quatre grains.

La livre vaudrait $489^g,51$
L'once   — $30^g,59$
Le gros   — $3^g,82$
Le denier   — $1^g,27$
Le grain   — $0^g,053$

290. Monnaies. — L'unité monétaire était la *livre tournois*; elle se divisait en vingt sous, le *sou* en quatre liards, et le *liard* en trois *deniers*.

81 livres tournois vaudraient environ 80 fr.

291. Mesures du temps. — On sait que la division du temps est basée sur les deux mouvements de la terre : celui de *révolution* autour de son axe et celui de *révolution* ou de *translation* autour du soleil.

Du jour. — Le temps que met la terre pour accomplir son mouvement de rotation se mesure par l'intervalle qui s'écoule entre deux passages consécutifs de la même étoile fixe au méridien d'un lieu. Cet intervalle est toujours exactement le même et constitue ce qu'on nomme le *jour sidéral*. Cette unité de temps n'est guère usitée qu'en astronomie. On lui préfère le *jour solaire moyen*, intervalle de temps de deux midis consécutifs. Le jour solaire moyen a environ quatre minutes de plus que le jour sidéral.

Les jours se subdivisent l'un et l'autre en vingt-quatre heures, l'*heure* en soixante minutes et la *minute* en soixante *secondes*.

Une durée de cinq jours six heures huit minutes cinquante-cinq secondes s'écrit 5^j 6^h 8^m 55^s.

immobile, et la longueur de corde déroulée dans un temps déterminé fait connaître le chemin parcouru par le navire. Pour apprécier la longueur de la corde déroulée, on partage celle-ci en un certain nombre de divisions, par des morceaux d'étoffe de couleur, appelés *nœuds*.

Dans le but d'éviter des calculs, on espace les nœuds de $15^m 432$, c'est-à-dire de la 120e partie d'un mille marin, et l'on se sert d'un sablier qui marche 30 secondes ou la 120e partie d'une heure. Par exemple, si dans 30 secondes la corde se déroule de 10 nœuds, on dira que le bâtiment file 10 nœuds, ce qui revient à dire qu'il parcourt 10 milles marins à l'heure ou

$18,520^m$; car parcourant 10 nœuds en 30 secondes ou $\dfrac{1}{12}$ de mille; en 1 minute il parcourt $\dfrac{1}{6}$ de

mille; et en 60 minutes $\dfrac{60}{6}$ de mille, ou 10 milles.

De l'année. — Le temps que la terre emploie à faire une révolution complète autour du soleil se nomme *année sidérale solaire* ou encore *astronomique*; cette année renferme $365^j \frac{1}{4}$ environ.

Les années servant à indiquer les dates doivent nécessairement se composer d'un nombre exact de jours. C'est pour ce motif qu'on a remplacé l'année astronomique par l'*année civile*; celle-ci vaut trois cent soixante-cinq jours; quatre années solaires donnant naissance à un jour de plus, on ajoute tous les quatre ans un jour à l'année civile, on a alors une année civile de trois cent soixante-six jours, qui est appelée *bissextile*.

Cent années forment un *siècle*.

Remarque. — La chronologie fait usage, comme unité de temps, de l'année et du siècle.

La seconde est l'unité la plus employée par les astronomes et les physiciens.

292. Mesure de la circonférence. — La *circonférence* se divise en 360 parties égales ou degrés, le *degré* en 60 minutes, la *minute* en 60 secondes. Un arc de 15 degrés 28 minutes 35 secondes s'écrit :

$$15^\circ \ 28' \ 35''$$

293. Nombre complexe. — On appelle *nombres complexes* les nombres composés d'unités d'une certaine espèce réunies à une ou plusieurs subdivisions de cette unité.

Ainsi $3^{pi} \ 2 \quad 6^l$ est un nombre complexe.

OPÉRATIONS SUR LES NOMBRES COMPLEXES

ADDITION

294. Règles. — *On place les unités de la même espèce les unes sous les autres; puis on commence l'addition par les plus petites, en ayant soin de retenir de chaque somme partielle les unités de l'espèce immédiatement supérieure, pour les ajouter à la somme partielle suivante.*

	Ex. I.				Ex. II.	
25^j	6^h	15^m	8^s	15°	$35'$	$18''$
12^j	14^h	35^m	15^s	29°	$24'$	$52''$
65^j	42^h	17^m	48^s	45°	$18'$	$24''$
104^j	15^h	8^m	11^s	90°	$18'$	$34''$

Ex. I. On trouve 71^s, ou 1^m et 11^s, pour la somme des secondes; on écrit 11^s et l'on ajoute 1^m à la somme des minutes. On trouve ainsi 68^m, ou 1^h et 8^m, pour la somme des minutes; on écrit 8^m, et l'on ajoute 1^h à la somme des heures. On trouve 63^h ou 2 jours et 15^h; on écrit 15^h et l'on ajoute 2 jours à la somme des jours : on trouve donc pour somme totale $104^j \ 15^h \ 8^m \ 11^s$.

Ex. II. En procédant comme dans l'exemple I, on trouve :

$$90^\circ \ 18' \ 34''$$

SOUSTRACTION

295. Règles. — *On place le plus petit nombre sous le plus grand, de manière que les unités de la même espèce se trouvent les unes sous les autres; puis on commence l'opération par les unités de la plus petite espèce; si des soustractions par-*

tielles ne sont pas possibles, on emploie des artifices analogues à ceux qu'on a em-
ployés dans la soustraction des nombres entiers.

Ex. I.	Ex. II.
24ʲ 15ʰ 27ᵐ 35ˢ	38° 31' 12''
10ʲ 8ʰ 22ᵐ 12ˢ	14° 46' 23''
14ʲ 7ʰ 5ᵐ 23ˢ	23° 44' 49''

Ex. I. Cet exemple ne présente aucune difficulté.

Ex. II. On ne peut soustraire 23'' de 12''; on ajoute alors 1' ou 60'' à 12'', ce qui donne à soustraire 23' de 72''; la différence est 49''. Par compensation, on ajoute 1' à 46', et l'on a 47' à soustraire de 31'; la soustraction n'étant pas possible, on ajoute 1° ou 60' au nombre supérieur, ce qui donne 47 à soustraire de 91; la différence est 44'. Par compensation, on ajoute 1° à 14°, ce qui donne 15° à soustraire de 38° : la différence est 23°.

MULTIPLICATION

296. Règle. — *Pour multiplier un nombre complexe par un nombre entier, on multiplie chaque partie du multiplicande, en commençant par les unités de la plus petite espèce, par le multiplicateur, en faisant les retenues comme dans l'addition.*

Soit, par exemple, à multiplier 4ʲ 17ʰ 28ᵐ par 3.

$$4 \quad 17^h \quad 28^m$$
$$3$$
$$14^j \quad 4^h \quad 24^m$$

Explication. — 3 fois 28 font 84, ou 24ᵐ et 1ʰ; on écrit les 24ᵐ et on retient 1ʰ; 3 fois 17 font 51 et 1 de retenue font 52ʰ ou 2ʲ et 4ʰ; on écrit 4ʰ et on retient 2ʲ. 3 fois 4 font 12 et 2 de retenue 14ʲ.

Remarque. — Il est toujours possible de ramener une multiplication de nombres complexes à une multiplication d'une fraction par une fraction.

Soit, par exemple, à trouver le prix de 2ᵗ 4ᴾⁱ 5ᴾᵒ à raison de 8ᴸ 5ˢ la toise.

$$1^t = 6^{Pi} = 72^{Po}$$
$$2^t \ 4^{Pi} 5^{Po} = 72 \times 2 + 4^{Pi} \times 12 + 5^{Po} = 197^{Po}$$

Comme une toise vaut 72 pouces, il s'ensuit que

$$2^t \ 4^{Pi} 5^{Po} \text{ valent } \frac{197}{72} \text{ de toise.}$$

De même $1^L = 20^s$

$$8^L 5^s = 8 \times 20 + 5 = 165^s$$

Par suite $8^L 5^s$ valent $\frac{165}{20}$ de livre.

De sorte que la question se réduit à multiplier $\frac{197}{72}$ par $\frac{165}{20}$, ce qui donne

$$\frac{197}{72} \times \frac{165}{20} = \frac{32505}{1440} \text{ de livre.}$$

On verra dans la division comment on peut extraire les livres, sous et deniers contenus dans cette expression.

DIVISION

297. Règle. — *Pour diviser un nombre complexe par un nombre entier, on divise chaque partie du dividende par le diviseur, en commençant par les unités de la plus grande espèce, et en ayant soin de réduire le reste de chaque division partielle en unités de l'espèce immédiatement inférieure du dividende proposé et auquel on les joint pour former le dividende partiel suivant.*

Soit, par exemple, à diviser 163° 25′ 33″ par 12.

$$
\begin{array}{r|l}
163°\ 25′\ 33″ & 12 \\
43 & \\
7° & 13°\ 37′\ 7″\quad 9 \\
60 & \qquad\qquad\quad\ \overline{12} \\
\hline
420′ & \\
25 & \\
\hline
445′ & \\
85 & \\
1′ & \\
60 & \\
\hline
60″ & \\
33 & \\
\hline
93″ & \\
9″ &
\end{array}
$$

Explication. — Le quotient de 163 par 12 est 13, il reste 7° qui valent 420′ et 25 du dividende font 445′. Le quotient de 445 par 12 est 37, il reste 1′ qui vaut 60″, et 33″ du dividende font 93″. Le quotient de 93 par 12 est 7 et il reste 9″.

De sorte que le quotient est 13° 37′ 7″ $\frac{3}{4}$.

Remarque I. — On voit, d'après cet exemple, qu'il est facile d'extraire les livres, sous et deniers contenus dans l'expression $\dfrac{29535}{1440}$ de livre, trouvée plus haut. Car il s'agit de diviser 29535, nombre que l'on peut considérer comme représentant des livres, par le nombre abstrait 1440.

Remarque II. — Lorsque le dividende est aussi un nombre complexe, on le réduit en unités de sa plus petite espèce, puis on multiplie le dividende par le nombre qui exprime combien il faut de parties de la plus petite espèce du diviseur pour former une unité de la plus grande de ce même diviseur, et enfin on opère comme plus haut.

Ex.: $3^t\ 4^{Pi}\ 5^{Po}$ ont coûté $28^L\ 5^s\ 6^d$; trouver le prix de la toise.

Il est clair que pour trouver le prix de la toise, il faut diviser $28^L\ 5^s\ 6^d$ par $3^t\ 4^{Pi}\ 5^{Po}$. Or, une toise vaut 72^{Po}.

$$3^t\ 4^{Pi}\ 5^{Po} = 3 \times 72 + 4 \times 12 + 5 = 269^{Po}.$$

Par suite $3^t\ 4^{Pi}\ 5^{Po}$ valent $\dfrac{269}{72}$ de toise.

On a donc maintenant à diviser $28^L\ 5^s\ 6^d$ par $\dfrac{269}{72}$, ce qui revient à multiplier le dividende par 72 et diviser le produit par 269, opérations que l'on sait effectuer.

298. Conversion des anciennes mesures en nouvelles.

Exemple I. Convertir $3^t\ 4^{Pi}\ 9^{Po}\ 7^l$ en mètres.

On sait (285) que

$$
\begin{array}{lll}
1^t = 1^m,94904 & \text{donc } 3^t = 1,94904 & \times 3 = 5^m,84712 \\
1^{Pi} = 0^m,32484 & - \quad 4^{Pi} = 0,32484 & \times 4 = 1^m,29936 \\
1^{Po} = 0^m,02707 & - \quad 9^{Po} = 0,02707 & \times 9 = 0^m,24363 \\
1^l = 0^m,002256 & - \quad 7^l = 0,002256 & \times 7 = 0^m,015792 \\
\hline
\end{array}
$$

D'où $\qquad\qquad\qquad 3^t\ 4^{Pi}\ 9^{Po}\ 7^l \qquad = 7^m,405902$

Ex. II. Convertir $15^L\ 8^s\ 4^d$ en francs.

On a vu (290) que 80^L valent 80 francs.

$$\text{Donc :} \quad 1^L = \frac{80}{81} = 0^f,987654$$

$$1^s = \frac{0,987654}{20} = 0^f,0493827$$

$$1^d = \frac{0,0493827}{12} = 0^f,0041152$$

$$15^L = 0,987654 \times 15 = 14^f,815$$
$$8^s = 0,0493827 \times 8 = 0^f,395$$
$$4^d = 0,0041152 \times 4 = 0^f,016$$

$$\text{D'où :} \quad \overline{15^L \; 8^s \; 4^d} \qquad = 15^f,226$$

Remarque. — Les conversions de ce genre se font généralement à l'aide de tables construites à cet effet (Voir *Annuaire du bureau des longitudes*). On trouve dans ces tables les valeurs de 1, 2, 3....., 9 toises ; de 1, 2...., 9 pieds, etc., en mètres, et de même pour toutes les anciennes mesures. De sorte que les diverses opérations que nous venons de faire dans les exemples précédents se ramènent à deux additions.

299. Conversion des nouvelles mesures en mesures anciennes.

Ex. Convertir $32^m,625$ en toises, pieds, pouces, lignes.

Suivant le n° 285, on a $10000000^m = 5130740^t$

$$1^m = 0^t,513074$$

Par suite : $32^m,625 = 0^t,513074 \times 32,625 = 16^t,73903925$.

Il suffit de convertir ce produit en toises, pieds, pouces et lignes, opération facile (297).

EXERCICES

SYSTEME MÉTRIQUE — ANCIENNES MESURES

---

121. La grande base d'un trapèze a 120^m, la petite 92^m, et la hauteur 54^m. On demande, à l'échelle de $\frac{1}{1000}$, les dimensions du plan en centimètres (*).

122. Un plan a été construit à l'échelle de 1 à 2500. A quelle longueur sur le terrain correspond une ligne de 4^{cm} ?

(*) Les échelles les plus employées sont, pour les constructions de toutes sortes, $\frac{1}{100}$ et $\frac{1}{20}$, pour les terrains, $\frac{1}{500}$, $\frac{1}{1000}$, $\frac{1}{1250}$, $\frac{1}{2000}$ et $\frac{1}{2500}$.

Le numérateur de chaque fraction indique la longueur sur le papier, et le dénominateur la longueur correspondante sur le terrain.

On dit aussi échelle de 1 à 1000, de 1 à 1250, etc.

123. A l'échelle de 1 à 1250, quelle longueur aura sur le papier une ligne de 340^m sur le terrain ?

124. On veut placer dans une salle, ayant 5^m,84 de longueur, des solives de 0^m,12 d'épaisseur et espacées de 0^m,40 : combien en faudra-t-il ?

125. Un convoi parti de Paris à 7^h 15^m arrive à Orléans à 10^h 18^m. Il s'arrête un quart d'heure, passe à Tours, où il s'arrête encore un quart d'heure, et arrive à Poitiers à 4^h 12^m. Il y a 121^{km} de Paris à Orléans et 113 d'Orléans à Tours. On demande à quelle heure le convoi est arrivé à Tours, et quelle est la distance d'Orléans à Poitiers.

126. Quelle est la distance parcourue par une voiture dont les petites roues ont 0^m,80 de diamètre et les grandes 1^m,40 ? On sait d'ailleurs que les premières ont fait 2000 tours de plus que les secondes.

127. 4 personnes louent une voiture moyennant 9^f,50 pour faire un trajet de 32^{km} ; après avoir fait 20^{km}, elles admettent aux mêmes conditions 2 autres personnes qui achèvent la route avec les 4 premières. On demande ce que doit payer chacune des 4 premières personnes et chacune des 2 dernières.

128. Un employé peut disposer de 2 heures pour faire une promenade. Il part dans une voiture qui fait 12^{km} à l'heure. A quelle distance du point de départ l'employé doit-il quitter la voiture pour être de retour à l'heure fixée ? Il ne compte faire que 4^{km} à l'heure en revenant.

129. Un régiment devait mettre 18 jours pour arriver à sa destination ; mais, au moment du départ, on reçoit un ordre qui enjoint d'arriver 3 jours plus tôt. En vertu de cet ordre, chaque journée de marche est augmentée de 6^{km}. On demande combien ce régiment a de kilomètres à faire et combien il en aurait fait chaque jour dans le 1er cas ?

130. Une ligne de chemin de fer ayant deux voies de 497^{km} de longueur doit être parcourue par deux locomotives faisant à l'heure, l'une 35^{km} et l'autre 42^{km}. Sachant que la 1re part à 5^h 36^m du matin, on demande : 1° A quelle heure devra partir la 2e du point opposé pour arriver en même temps que la 1re à sa destination? 2° A quelle heure aura lieu la rencontre des deux locomotives ? 3° A quelle distance du point de départ de la 1re elles se rencontreront ?

131. Le coefficient de *dilatation linéaire* du fer est 0,0000118, ce qui veut dire qu'une barre de fer se dilate des 0,0000118 de sa longueur, lorsque la température s'élève de 1° centigrade à partir de 0°. On demande la longueur, à 85°, d'une barre de fer ayant 3^m à 0°.

132. Une barre de fer a 2^m,30 à 90°. Quelle est sa longueur à 0°, le coefficient de dilatation du fer étant 0,0000118 ?

133. Une barre d'acier trempé a 1^m,40 à 0° et 1^m,4013664 à 80°. Quel est le coefficient de dilatation linéaire de l'acier ?

134. Un plan triangulaire a été construit à l'échelle de 1 à 2000. Quelle est la superficie du terrain qu'il représente, sachant que la base du triangle a 54^{mm},6 et la hauteur 48^{mm},7 ?

135. Une personne achète 82^a 55^{ca} de terrain qui lui reviennent, tous frais payés, à 1000 fr.; elle en revend d'abord les $\frac{2}{5}$ à 12 fr. l'are; puis 17^a 65^{ca} à 15 fr. A combien lui revient l'are du terrain qu'elle possède encore ?

136. Une cuisine a 5^m,30 sur 4^m,20. On emploie des carreaux hexagonaux à 45 par mètre carré, déchet compris, et 0^{mc},05 de mortier. Le mille de carreaux à pied d'œuvre est de 40 fr., et le prix du mètre cube de mortier est de 12 fr. La main-d'œuvre et les faux frais s'élèvent à $1^f,15$ par mètre carré. Combien a-t-on payé en tout?

137. On a mesuré un terrain qui a donné pour surface $12^{ha}28^a35^{ca}$. Mais on s'est aperçu que le décamètre employé était trop court de 3 centimètres. On demande de déterminer la contenance réelle sans recommencer l'opération.

138. Rendu à pied d'œuvre, le 1000 de tuiles plates (petit modèle) coûte 40 fr. Ces tuiles ont $0^m,257$ sur $0^m,183$ et se recouvrent aux deux tiers. Combien coûtera la tuile nécessaire à la couverture de 320^{mq} de toiture? Pour la casse et les mauvaises tuiles, on augmentera le nombre de $\dfrac{1}{20}$.

139. Si, pour faire la couverture dont il est question dans l'exercice précédent, on avait employé des tuiles (grand modèle), ayant $0^m,31$ sur $0^m,23$ et se payant 60 fr. le 1000 rendu à pied d'œuvre, aurait-on eu de l'avantage? et combien? On supposera qu'il y a également perte de $\dfrac{1}{20}$ sur le nombre. Ces tuiles se recouvrent aussi aux $\dfrac{2}{3}$.

140. Un propriétaire a fait construire une maison dans laquelle se trouvent 52 croisées, dont 46 composées chacune de 6 carreaux ayant $0^m,48$ sur $0^m,58$, et 6 ayant aussi chacune 6 carreaux de $0^m,28$ sur $0^m,35$. Le verre, bon 2e choix, coûte au vitrier, rendu à pied d'œuvre, 3 fr. le mètre carré. Il estime le déchet, la casse, etc., à $\dfrac{1}{6}$ du prix précédent; la coupe, la pose, etc., à 0 fr., 90 le mq; pour tous faux frais autres que ceux déjà comptés et menues fournitures, il compte 0 fr., 25 également par mq. Enfin il prend $\dfrac{1}{10}$ des sommes précédentes pour son bénéfice et avances de fonds. On demande le prix du mq et la somme à payer par le propriétaire.

141. Une terre de $17^{ha}50^{ca}$ était affermée 1030 fr.; après un drainage qui a coûté 240 fr. par hectare, la plus-value acquise par la terre est de 80 pour 100. Calculer le nouveau prix auquel la terre devra être affermée, et au bout de combien de temps le drainage sera payé par l'augmentation du prix de la ferme. On ne tiendra pas compte de l'intérêt de l'argent déboursé pour le drainage.

142. Quelle doit être la hauteur des montants pour le demi-décastère, lorsque les bûches ont $1^m,10$?

143. Le mètre cube de bois de charpente en chêne se vend 75 fr., et le transport par mètre cube et par km coûte $2^f,25$. On demande combien on aura à payer en tout pour $15^{mc},500$ transportés à 4500^m.

144. Une barre de fer a pour section un carré de 40 millimètres de côté et pour longueur 3^m. On l'étire en la faisant passer en dernier lieu dans un orifice carré ayant 24 millimètres de côté. Quelle longueur aura la barre de fer après cette opération? Bien que la densité du fer ait un peu augmenté dans cette opération, on supposera qu'elle est restée la même.

145. Pour un mètre cube de maçonnerie en pierre de taille, il faut $1^{mc},15$ de pierre brute à 30 fr. le mètre; $0^{mc},10$ de mortier en sable fin lavé à $12^f,60$ le mètre. Pour toute main-d'œuvre, montage, arrosage, rejointoiement, etc., on doit payer $\dfrac{2}{5}$ de journée de poseur, soit 1 fr., 50; $\dfrac{7}{5}$ de journée de maçon, soit 4 fr., 20; une journée de manœuvre, 2 fr., 25. Faux frais, échafaudage, outils, etc., $\frac{1}{6}$ de la main-d'œuvre ; bénéfice de l'entrepreneur,

$\frac{1}{10}$ de toute la dépense. Calculer, d'après ces données, le prix du mètre cube.

146. Dans les forêts, la carbonisation a lieu en meules circulaires, contenant de 30 à 150 stères de bois de charbonnette (*). On paye 1^f,10 par stère pour préparation de la faulde, abatage du bois, déchiquetage, transport, mise en meules, etc.; la cuisson est payée généralement 0^f.,40 par mètre cube de charbon. 1° Combien, d'après ces données, coûtera la fabrication de 10 800^{mc} de charbon? On sait que le rendement du bois en charbon est environ de 36 0/0 en volume. 2° Combien a-t-il fallu de meules de 40 stères chacune pour obtenir ce charbon?

147. Une poutre en chêne a 4^m,20 de long et 0^m,27 d'équarrissage. Combien rendra-t-elle en volume, employée comme pièce de charpente? et combien coûtera-t-elle? Pour obtenir 1^{mc} posé, il faut 1^{mc}05 à 80 fr. le mètre. Pour le débit, l'ajustage, la pose, etc., il faut, par mètre cube, l'équivalent d'une journée d'ouvrier charpentier à 3^f,50, et d'un manœuvre à 2^f,25. Les faux frais et le bénéfice de l'entrepreneur sont estimés à $\frac{3}{20}$ de toutes les dépenses précédentes.

148. En carbonisant du bois, on obtient un rendement en volume de 35 0/0. On paye 1^f,10 par stère de bois pour préparation de la faulde, abatage, déchiquetage, mise en meules, etc., et 0^f,40 par mètre cube de charbon pour la cuisson. Pris en forêt, le stère de bois qui a servi à la carbonisation aurait pu être vendu 3^f,25 avant l'abatage. Quel bénéfice aura-t-on de transformer 100 stères de ce bois en charbon? Le charbon pris en forêt est estimé 14 fr. le mètre cube.

149. Année ordinaire, les marcs pressurés, provenant d'une pièce de vin de 230 litres, donnent 4 litres d'eau-de-vie. La fabrication d'une pièce de cette eau-de-vie coûte 28 fr., et on doit en outre fournir 1st,5 de bon bois, estimé généralement 12 fr. le stère.

Un vigneron a fait 60 pièces de vin. On demande la quantité d'eau-de-vie qu'il doit retirer de ses marcs, et à combien lui reviendra le litre de ce liquide.

150. Un commerçant de Paris a acheté 10 barriques de vin de Bordeaux de 228 litres chacune. L'hectolitre lui revient à 70^f,50 en gare à Paris; il paye en outre 20 fr. par hectolitre pour l'entrée, plus le double décime pour franc pour un hectolitre seulement. Enfin, pour le transport de tout son vin de la gare à son domicile et pour tous autres frais, il donne 31^f,50. Au bout de quelque temps, ce commerçant met son vin dans des bouteilles de 82 centilitres, qui lui ont coûté 18 fr. le 100, et vend son vin au détail à raison de 1 fr. 20 la bouteille perdue. Quel a été son gain brut pour 100 ? On sait qu'en mettant son vin en bouteille, il a trouvé un déchet de 20 litres sur la totalité.

151. Quel effort exigerait, pour être soutenu dans du mercure à 0° degré, un décimètre cube de platine, la densité du mercure étant 13,596 et celle du platine fondu 21,15?

152. Le stère de charme sec, bois de quartier, pèse 330 Kg; le stère du même bois de rondin pèse 260 Kg. Si l'on paye, rendu à la maison, 12 fr. le tère de bois de quartier, combien devra-t-on payer le stère de bois de rondin, en supposant la même valeur pour 1 Kg de bois de quartier et de rondin?

(*) Les meules les plus ordinaires sont de 36 à 40 stères. Il ne convient pas de les faire trop petites, le rendement est moins considérable. — *Faulde,* emplacement de la meule.

9

153. 485 gr. de bougies (vendus pour le demi-Kg) donnent 50 heures d'é-
clairage et coûtent 1f,40. Quelle dépense fera une personne qui a employé
ce mode d'éclairage pendant 120 jours, et en moyenne 4 heures par jour?

154. Sur un sol horizontal, un homme transporte, dans sa journée de
10 heures, 200 brouettées de 60 Kg, 8 me de terre, à 30m. Quelle doit être
la densité de cette terre pour qu'il puisse faire ce travail?

155. Les bouchers considèrent généralement qu'ils doivent avoir pour
bénéfice brut : le suif, la peau et les issues. Cela admis, combien devra-t-on
vendre un bœuf gras de qualité ordinaire et pesant en vie 610 Kg? La
viande étant estimée en moyenne 1f,50 le Kg, et les bœufs de qualité ordinaire rendant à peu près 50 0/0 en viande.

156. Lorsqu'on fait moudre du blé, on laisse pour la mouture $\frac{1}{20}$ du blé
au meunier, ou l'on paye 1f,40 pour 100 Kg de blé. Le double décalitre qui
pèse 15 Kg, se vend 4f,50. Un propriétaire qui fait moudre 60 doubles décalitres paye en blé a-t-il gagné ou perdu? Combien?

157. Un bloc de pierre a 1m,80 de long, sur 1m,10 de large et 0m,80 de
haut. La densité de cette pierre est 2,4. Le mètre cube coûte 20 fr., pris à
la carrière; on paye 5 fr. par cheval, et un cheval peut traîner 950 Kg,
poids utile, sur la route à parcourir. On demande ce que cette pierre coûtera rendue à pied d'œuvre.

158. Combien pourra-t-on faire de kilogrammes de pain avec un sac
de blé de 160 litres? Le poids de ce blé n'est que les $\frac{3}{4}$ du poids d'un même
volume d'eau; il perd les 0,28 de son poids par la mouture, et 3 Kg de
farine donnent 4 Kg de pain. Quelle sera la valeur de ce pain, à raison
de 0f,325 le Kg?

159. L'air pèse environ 773 fois moins que l'eau. La densité du mercure par rapport à l'eau est 13,596. Calculer le nombre de litres d'air qu'il
faut pour peser autant qu'un litre de mercure.

160. La densité moyenne de la houille est 1,3, tandis que la houille en
morceaux ne pèse environ que 82 Kg l'hectolitre ras. Combien d'hectolitres de houille pourrait-on obtenir d'un bloc de houille ayant 2m,10 de
long sur 2m,40 de large, et 1m,60 de hauteur?

161. Une machine à vapeur de la force de 12 chevaux (*) consomme par
force de cheval et par heure 5 Kg de houille, elle a marché dans ces conditions pendant 220 jours. Quelle a été la dépense en combustible, si l'on
paye 31 fr. les 1000 Kg de houille rendus?

162. Il y a dans un clos rectangulaire une couche de neige dont l'épaisseur moyenne est 0m,68. On demande de calculer le poids et le volume de
'eau qui en résultera lorsqu'elle sera fondue, sachant que le clos a 120 m.
sur 78 m., et que la densité de cette couche de neige peut être évaluée
à 0,30 (**).

163. Un négociant a depuis quelque temps en magasin 820 hl. de blé
qui lui a coûté 4 fr. le double décalitre, et pèse en moyenne 75 Kg l'hec-

(*) On adopte pour *unité de travail* le kilogrammètre (*Kgm*). On appelle *kilogrammètre* le
travail nécessaire pour élever un kilogramme à 1 mètre de hauteur.
   Dans l'évaluation du travail des machines puissantes, on prend pour unité le *cheval-vapeur :* la
force d'un cheval-vapeur correspond à 75 *Kgm* par seconde. Par exemple, une machine de
10 chevaux produit en une seconde un travail de 75 × 10, ou 750 Kgm.
   Pour évaluer en *Kgm* le travail produit par seconde, on multiplie le poids élevé, ou l'effort
moyen exercé, par la vitesse par seconde.
   (**) La densité de la neige est très-variable.

tolitre. Il vend son blé à un boulanger à raison de 31 fr. le sac de 100 Kg. Quel est son gain brut, sachant qu'il a trouvé 0,005 de déchet?

164. Quelle est la capacité d'un vase qui a été rempli avec de l'eau distillée et de l'eau-de-vie, sachant que le poids de l'eau et de l'eau-de-vie est égal au $\frac{19}{20}$ de l'eau distillée que pourrait contenir le vase, et qu'enfin le poids du liquide contenu dans ce vase est de 3^{kg},5?

165. Immédiatement après le battage, un fermier vend la plus grande partie de sa récolte en blé pour 6583^f,50, à raison de 28 fr. les 100 Kg. On demande, en hectares, ares et centiares, la surface du terrain qui a produit cette quantité de froment, sachant qu'un hectare de terre a donné 20 hl. et que l'hectolitre pèse 75 Kg.

166. 800 Kg de bois ordinaire ne produisent pas plus de chaleur que 300 Kg de houille. Dans une maison où l'on brûle 20 stères de bois par an, quelle économie pourrait-on faire en brûlant de la houille à 3^f,50 les 100 Kg, au lieu de bois à 12 fr. le stère du poids de 380 Kg?

167. Un tonneau plein d'eau pèse 232 Kg; rempli de vin de Bourgogne, dont la densité est 0,991, il pèse 230^{kg},2. Trouver le poids et la capacité du tonneau.

168. Une machine à vapeur dépense 50 400 Kg de houille en 70 jours. Une amélioration apportée à la machine réduit la dépense à 23 040 Kg en 40 jours. On demande l'économie brute due chaque année à l'amélioration? On suppose que la machine fonctionne pendant 302 jours de l'année, et que les 100 Kg de houille coûtent 3^f,20.

169. En laissant évaporer à l'air libre l'eau des marais salants, l'extraction de 1000 Kg de sel coûte, d'après M. Payen, au maximum, 25 fr. L'eau de mer, dont la densité est 1,026, contient en poids environ 0,025 de sel marin. On demande combien, dans ces conditions, il faudrait d'hectolitres d'eau de mer pour obtenir 12 530 000 Kg de sel, et à quelle somme s'élèverait la dépense?

170. Une récolte en froment a été vendue à raison de 24 fr. les 100 Kg et a produit 3 978 fr. On avait ensemencé 8 ha 50 a. Quel est, en hectolitres, le rendement par hectare, le poids de l'hectolitre étant de 78 Kg?

171. Un tonneau vide pèse 25^{kg},300, rempli de vin de Bourgogne, dont la densité est 0,99, il pèse 253 Kg. Le vin a été acheté à raison de 35 fr. l'hectolitre; les frais de transport et autres se sont élevés à 8 fr. par hectolitre. On demande la somme due au vendeur et à combien revient le tonneau rendu en cave.

172. Sur 100 Kg de viande de bœuf crue et reçue, on trouve : os, 22 Kg; graisse, 2^{kg},5; déchets et perte par cuisson, 29^{kg},25; viande cuite, parée et distribuable, 46^{kg},25. Dans un établissement où il faut 16 Kg de viande de bœuf par repas, quel poids de viande distribuable et d'os doit-on trouver après la cuisson?

173. Le veau rend en viande cuite et désossée 48,5 0/0 de viande crue. Quelle quantité de viande crue faut-il acheter pour avoir 5 Kg de viande cuite désossée?

174. Le veau de très-bonne qualité rend en viande, à 2 mois, 65 0/0 de son poids en vie. Lorsqu'on fait cuire cette viande, il ne reste plus, après l'avoir désossée, que les 0,485 de son poids avant la cuisson. Quelle quantité de viande cuite et désossée doit-on retirer d'un veau qui pèse 102 Kg en vie?

175. Dans un grand établissement de Paris, on a trouvé que la viande de mouton consommée dans quatre années a donné les résultats suivants :

Os...................................... 502^{kg},50

Graisse................................. 90

Perte pour la cuisson et les déchets......... 684 ,05

Viande cuite, parée, distribuable........... 1153 ,45

On demande d'établir, d'après ces chiffres, le rendement pour 100 de la viande de mouton, en os, graisse, viande cuite, et la perte par la cuisson et les déchets?

176. Dans les établissements d'instruction, on doit donner aux grands élèves environ 65 gr. de viande cuite désossée, par tête et par repas; aux moyens 55 gr., et aux petits 45 gr. Quelle quantité de viande faut-il acheter par repas pour les élèves, dans un établissement où l'on compte 50 grands élèves, 80 moyens et 120 petits; le rendement moyen de la viande crue étant 47 0/0 en vainde cuite?

177. Un boucher fournit une maison importante, sa note du mois se monte à 119^{kg},500 de viandes diverses, au prix de 1^f,40 le Kg. Les os trouvés par la cuisinière donnent un poids de 30^{kg},750. Combien le boucher a-t-il fait perdre à la maison, sachant qu'on aurait dû trouver au plus 23 0/0 d'os?

178. 100 Kg de houille coûtant 3^f,50 à pied d'œuvre, produisent 21^{mc},50 de gaz (*) rendus au bec. Combien, dans ces conditions, a coûté la houille qui a servi à fabriquer les 59 814 160 mc. de gaz brûlé dans une année à Paris?

179. Un vase rempli d'eau pèse 13^{kg},25, rempli d'huile d'olive, il pèse 12^{kg},40; la densité de l'huile d'olive est 0,915. Quel est le poids du vase vide et quelle en est la capacité?

180. Dans divers pays, 100 Kg de minerai brut rendent 70 Kg au lavage. D'ailleurs, 100 Kg de minerai lavé rendent, par la fusion, 38 Kg de fonte. Combien a-t-il fallu laver de minerai pour obtenir 10 000 Kg de fonte, et combien a coûté le minerai lavé à raison de 14 fr. le mètre cube du poids de 1600 Kg?

181. 100 litres de lait d'une vache normande donnent ordinairement 10 Kg de crème, avec laquelle on peut faire 4 Kg de beurre : quelle valeur représentera le beurre produit annuellement par une vache normande de grande taille et de 1er ordre dans le cas où elle donnera en moyenne 10 litres de lait par jour, et que le beurre sera vendu à raison de 1^f,80 le Kg? On ne tiendra pas compte des frais divers occasionnés par la nourriture, etc.

182. Une lampe modérateur dépense 28 gr. d'huile par heure, et donne une lumière égale à celle de 6 bougies environ. L'huile vaut 1^f,60 le Kg ; la mèche et l'entretien coûtent 0,004 par heure. 485 gr. de bougie donnent 50 heures d'éclairage et coûtent 1^f,40.

1° A-t-on avantage de se servir de la lampe modérateur? et de combien par heure?

2° Une personne qui n'a besoin que de la lumière donnée par une bougie perdrait-elle en faisant usage d'une lampe modérateur? et combien par heure?

183. Un fondeur a livré une cloche au prix de 3^f,80 le kilogramme. Il a employé pour la fondre : 1° 500 Kg de cuivre valant 2^f,10 le Kg; 2° 140 Kg d'étain se payant 3^f,60 le Kg. Il y a 6 0/0 de déchet à la fonte; les frais de

(*) Un rendement plus considérable a été obtenu par MM. Pauwels et Dubochet (Voir exercice 90).

main-d'œuvre et frais divers se sont élevés à 265 fr. On demande quel a. été le bénéfice du fondeur.

184. Sur 100 Kg de leur poide en vie, les bœufs en très-bon état donnent 60 Kg de viande ordinaire, 9 Kg de suif, 6 Kg de peau et 25 Kg d'issues. Un boucher a acheté 610 fr. un bœuf pesant en vie 650 Kg : quel sera son bénéfice brut ? Il retire en moyenne 1^f,50 du Kg de viande ; il vend le suif 1 fr. le Kg ; la peau, 0^f,75 le Kg, et les issues, 0^f,06 le Kg.

185. Les porcs anglais perdent le $\frac{1}{5}$ de leur poids en issues, et les porcs français, non améliorés, perdent les 0,35.

Un charcutier achète 205 fr. un porc anglais pesant en vie 250 Kg ; il achète aussi 160 fr. un porc français pesant en vie 230 Kg. Il a vendu la viande de chaque porc 1^f,10 le Kg ; les issues du porc anglais, à raison de 0^f,20 en moyenne le Kg, et les issues du porc français, 0^f,15 le Kg. 1° Quel a été son meilleur marché ? 2° Quel a été son gain brut sur l'un et l'autre porc ? 3° Quel a été son gain brut en tout ?

183. Une ferme a une superficie totale de 120 hectares dont les 0,80 en terres labourables, partagées en trois soles égales (blé, avoine, jachères). On suppose : 1° que la récolte est, par hectare, de 20 hectolitres de blé et de 4 000 Kg de paille ; 2° que l'avoine produit, par hectare, 38 hectolitres et 4 000 Kg de paille. Trouver la valeur de la récolte en blé et en avoine : les 100 Kg de blé se vendent 24 fr. ; les 100 Kg d'avoine, 18 fr. ; l'hectolitre de blé pèse 75 Kg ; l'hectolitre d'avoine, 45 Kg. Enfin, les 500 Kg de paille de blé se vendent 18 fr., et les 500 Kg de paille d'avoine, 15 fr.

187. De 100 Kg de houille servant à fabriquer le gaz de l'éclairage, on obtient 21^{mc},50 de gaz rendus au bec ; 54^{kg},02 de coke *tout-venant* (*), à 3 fr. les 100 Kg ; 6^{kg},73 de goudron à 5 fr. les 100 Kg ; 7^{kg},30 d'eaux ammoniacales à 0^f,50 les 100 Kg. Calculer le prix brut de revient du mètre cube de gaz, dans le cas où les 100 Kg de houille se payent 2^f,60 rendus à pied d'œuvre.

188. Le stère de bois de quartier, bois sec, pèse, pour le chêne, environ 375 Kg ; pour le hêtre, 380 Kg ; pour le charme, 320 Kg. On a 90 stères de ces bois mélangés également, à transporter à 4 250^m et à raison de 0^f,80 par tonne-kilométrique (**). Combien devra-t-on recevoir ?

189. Le stère de hêtre sec de bois de quartier pèse 380 Kg ; vert, il pèse 490. Si les 1 000 Kg de hêtre sec se vendent 34 fr., combien devra-t-on payer au plus 1 000 Kg de hêtre vert ?

190. La densité du hêtre vert est 1,15. Or, on a remarqué qu'un stère de bois continu, scié en bûches, empilées et non fendues, produit 1st,5. On demande le poids du stère vert formé de bûches non fendues.

191. Un stère de hêtre vert formé de bûches non fendues pèse 767 Kg ; mais si les bûches sont fendues (bois de quartier), le stère ne pèse plus que 490 Kg. Quel volume de bois de quartier peut-on obtenir avec un stère de ce bois formé de bûches non fendues ?

192. Les mesures de capacités sont fabriquées avec un alliage d'étain et de plomb : ordinairement, 82 parties d'étain et 18 de plomb. On demande la densité de cet alliage, sachant que celle de l'étain est 7,29 et celle du plomb 11,35.

193. Trouver la densité et le volume d'un corps pesant 35 Kg dans l'air et 30 Kg dans l'eau.

(*) Gros et menu.
(**) Par tonne et par kilomètre.

194. Un fermier a destiné 32 000 Kg de foin à la nourriture de 25 têtes de bétail pendant 160 jours d'hiver; après 45 jours de consommation, son bétail augmente de 4 têtes. Combien lui faudra-t-il acheter de foin, s'il ne veut pas diminuer la ration ?

195. Un vase vide pèse 950 gr.; rempli de benzine, il pèse 5^{kg},250. La densité de la benzine est les $\dfrac{17}{20}$ de celle de l'eau. Quelle est la capacité du vase ?

196. Un haut-fourneau a fait 953 charges dans un mois. Il a employé 2 040^{hl} de charbon de bois, 110 700 kilogrammes de coke et 175^{mc},440 de minerai. A pied d'œuvre, le mètre cube de charbon coûte 14^f,50; les 1000 Kg de coke, 34 fr., et le minerai, 14 fr. le mètre cube.

On demande : 1° la dépense brute par charge pour le combustible et le minerai ; 2° le rendement par charge en fonte, sachant que ce minerai rend un poids 42 0/0 et que le mètre cube pèse 1550 Kg.

197. Une forge qui a été en activité pendant 300 jours a consommé 1 005 910 Kg de houille. On demande ce que cette usine a dépensé par jour pour ce combustible, sachant qu'elle s'approvisionne à Altenwald, dont elle est distante de 318 Km, qu'elle paye par tonne 2^f,22 pour le chargement, le déchargement, les droits de gare, les droits de douane, l'enregistrement, etc.; que, pour le transport, elle paye 0^f,04 par tonne-kilométrique; enfin, qu'elle a acheté sur le carreau de la mine (*) à raison de 9^f,80 la tonne.

198. De 100 à 300 Km, on paye pour le transport de la houille 0^f,05 par tonne-kilométrique. Si l'usine dont il est question dans l'exercice précédent ne s'était trouvée qu'à 120 *Km* d'Altenwald, combien aurait-elle dépensé en moins par jour pour le combustible, les autres frais étant les mêmes?

199. On emploie dans une usine du minerai de plomb renfermant 19 0/0 de son poids en plomb; on perd dans l'opération les 0,13 de tout le plomb que le minerai renferme; le plomb vaut 55 fr. les 100 Kg. On demande combien il faudra traiter de quintaux de minerai pour obtenir pour 20 000 fr. de plomb.

200. Le blé de 1re qualité peut donner jusqu'à 0,75 de son poids de farine blutée (**). La farine absorbe 0,66 de son poids d'eau, et il s'en évapore 0,50 par la cuisson. On demande la quantité de pain qu'il est possible de faire avec 5 220 Kg de blé.

201. La mouture américaine consiste à écraser complétement le blé dans un seul passage entre les meules. Ce genre de mouture est surtout employé pour les blés durs et demi-durs. Le blé moulu ainsi produit 0,60 de son poids en farine à pain blanc; 0,14 en farine à pain demi-blanc; 0,24 de son gros et menu. On trouve 0,02 de déchet.

Si l'on emploie ce procédé pour moudre 3 650 Kg de blé, combien aura-t-on de farine à pain blanc, de farine à pain demi-blanc et de son? et quel sera le déchet?

202. Un boulanger qui fabrique en moyenne 375 Kg de pain par jour paye ses farines 46^f,50 les 100 Kg. Il dépense 7 fr. pour bois brûlé et autres frais. Il vend son pain à raison de 0^f,40 le Kg. Chaque jour, il retire 1^f,60

(*) Sur le lieu d'où s'extrait la houille ; on dit aussi la fosse.
(**) Le rendement en farine est très-variable; on comprend qu'il est d'autant moindre que la farine est meilleure. Le pain blanc vendu à Paris se fait avec de la farine blutée à 70 %, environ. Le procédé de M. Mège-Mouriès permet de fabriquer d'excellent pain avec de la farine blutée à 80 0/0 au moins. Le rendement de la farine en pain est également très-variable. D'après MM. Pe-louze et Frémy, 100 Kg de farine rendent depuis 120^{kg},5 jusqu'à 148^{kg},2 de pain.

pour la braise. Enfin, 100 Kg de farine lui donnent 133 Kg de pain. On demande ce que ce boulanger gagne par jour.

203. Le boulanger dont il est question dans l'exercice précédent aurait-il avantage d'acheter du blé au lieu de farine? Le blé lui coûterait 34 fr. les 100 Kg. Pour frais d'emmagasinage, déchet, etc., il doit compter 0^f,40 par 100 Kg. D'ailleurs, le meunier lui rendrait, par 100 Kg de blé, 70 Kg de farine et 27 Kg de son, qu'il pourrait vendre à raison de 12 fr. les 100 Kg. Le prix de la mouture est de 1^f,40 par 100 Kg de blé. Les autres données restent les mêmes que dans l'exercice précédent.

204. On fabrique le charbon, soit avec les *bois durs*, tels que le charme, le chêne, le hêtre, etc., soit avec les *bois tendres*, tels que le tremble, le saule, etc.

Or, on considère que les charbons ont d'autant plus de valeur qu'ils sont plus lourds à volume égal. Un industriel, peu soucieux de ses intérêts, a acheté du charbon mélangé qui ne pèse que 190 Kg le mètre cube, au lieu de peser 210 Kg. Il lui a fallu 6300^{mc} de charbon qu'il a payé 14 fr. le mètre cube. S'il avait acheté de bon charbon, à combien se serait élevée sa consommation? Combien aurait-il gagné?

205. Dans la plupart des moulins de la campagne, les meules sont établies de manière à pouvoir obtenir sur 100 Kg de blé : 66 Kg de farine blanche; 8^{kg},33 de farine bise; 10^{kg},82 de son gros et petit; 6^{kg},80 de recoupes; 5^{kg},70 de recoupettes; 2^{kg},35 de déchet et d'évaporation.

Quel produit doit-on obtenir d'après ce rendement avec 12 sacs de blé de 76 Kg chacun?

206. Le poids du bois de chauffage empilé en grosses bûches non fendues est les 0,67 de celui du bois continu, et le poids du bois de quartier empilé est les 0,65 de celui du bois non fendu. Le stère de chêne vert, bois de quartier, pèse 500 Kg : trouver le poids du stère vert bois continu.

207. Dans les moulins bien organisés, une paire de meules peut moudre environ 25 hectolitres de blé par 24 heures. Un moulin de commerce, ayant constamment 6 paires de meules en activité, doit expédier dans un bref délai 650 sacs de farine de 100 Kg chacun. Au bout de combien de jours pourra-t-il faire son envoi? On sait que le blé employé pèse 75 Kg l'hectolitre et qu'il rend les 0,72 de son poids de bonne farine.

208. Dans les usines des environs de Paris, on emploie des meules dont la paire ne moud guère que 15 hectolitres de blé par 24 heures, et qui produisent 0,63 du poids du blé en farine première. Un boulanger de Paris vend en moyenne chaque jour 800 Kg de pain de 1re qualité. On demande le temps qu'il faudra à 4 paires de meules pour moudre l'approvisionnement annuel de ce boulanger en farine de 1re qualité. On suppose que le blé moulu pèse 75 Kg l'hectolitre, que la farine absorbe 0,66 de son poids d'eau, et qu'il s'en évapore 0,50 par la cuisson.

209. Un Kg de bois ordinaire, renfermant 0,25 d'eau, produit en brûlant 3000 unités de chaleur(*), 1 Kg de houille produit 8000 unités de chaleur. Combien faudra-t-il de stères de bois ordinaire pesant chacun 370 Kg pour avoir la même puissance calorifique que 1000 Kg de houille?

210. Calculer la puissance calorifique d'un stère de bois de charme (bois sec), qui pèse 330 Kg, et qui se compose de bois de quartiers et de bois de rondins. On sait, d'après les expériences de M. Chevandier, que le stère de

_____

(*) On appelle *unité de chaleur* ou *calorie* la quantité de chaleur nécessaire pour élever de 0° à 1° la température d'un kilogramme d'eau.

charme sec, bois de quartiers, pèse 370 Kg et développe par la combustion 1 532 082 unités de chaleur, tandis qu'un stère du même bois de rondins pèse 298 Kg et développe 1 234 029 unités de chaleur.

211. Un propriétaire a fait rentrer dans sa cave un baril de vin de Bourgogne de 80 litres. Tout frais compris ce vin lui coûte 60 fr. Quelque temps après, il a de sérieuses raisons pour croire qu'il a été trompé. Il pèse alors le baril et trouve 94^{kg},800. Puis il soutire le vin et trouve que le baril vide pèse 15^{kg},500. Il sait de plus qu'il a acheté du vin dont la densité devait être 0,99 environ. Trouver, d'après ces données, la quantité probable d'eau qui a été substituée au vin, et quelle perte on lui a fait subir.

212. Un adulte consomme environ 750 grammes de pain par jour; en admettant 75 Kg pour le poids de l'hectolitre de blé, un rendement de 72 pour 100 en farine, et enfin un rendement de 133 pour 100 en convertissant la farine en pain, on demande, d'après ces données : 1° le nombre de litres de blé nécessaires à un adulte pour sa consommation annuelle en pain ; 2° quelle somme représente cette nourriture à raison de 0^f,32 le Kg de pain.

213. Une vache de grande race, laitière de 1er ordre, donne en moyenne 10 litres de lait par jour, et une vache de petite race, laitière de 1er ordre, donne en moyenne 4 litres de lait par jour. A la 1re, il faut environ l'équivalent de 27 Kg de foin par jour, et à la seconde 10 Kg. Le litre de lait se vend 0^f,20, et le foin vaut 25 fr. les 500 Kg. On demande : 1° d'établir pour l'une et l'autre vache le prix de revient du litre de lait; 2° la différence des produits pour un an. Il ne sera pas tenu compte de la différence de prix des deux animaux, ni de l'intérêt de l'argent, et l'on supposera que le fumier paye les soins donnés à chaque animal, ainsi que la dépense de la litière, etc.

214. En 24 heures une machine à vapeur consomme 2362 Kg de houille, qui coûte à pied d'œuvre 30^f,10 la tonne et dont la puissance calorifique est 8000. On peut faire usage de tourbe dont la puissance calorifique est 3750 et qui coûterait 3^f,30 la tonne prise au lieu d'extraction, plus 1^f,10 par tonne pour frais de chargement, déchargement et autres, et 0^f,25 de transport par tonne-kilométrique à une distance de 25 Km. On demande quel bénéfice on fera dans une année, en employant le combustible le plus économique, si la machine travaille 300 jours par an.

215. Dans 17 coupes, on a carbonisé 29561 stères de charbonnette qui ont donné 10212^{mc} de charbon ; dans 15 autres coupes on a carbonisé 16 250st de charbonnette qui ont donné 6105^{mc} de charbon. On demande d'établir le rendement moyen pour 100 en volume et en poids. On sait que le stère de bois employé pèse 340 Kg, et le mètre cube de charbon 210 Kg.

216. Le bois distillé en vase clos rend 28 (de 28 à 30) pour 100 de son poids en charbon, et divers produits volatils dont on peut retirer du goudron et de l'acide pyroligneux ou vinaigre de bois employé à divers usages et particulièrement à faire du vinaigre de table. Pour opérer la distillation des 100 Kg, il faut brûler 12^k,5 de bois, et la main-d'œuvre est plus considérable que pour la carbonisation en meules, mais en admettant, ce qui a lieu à peu près, que cet excès de dépense pour la main-d'œuvre soit payée par les produits volatils, combien gagnerait-on en distillant 2 000 stères de bois pesant chacun 350 Kg? On sait d'ailleurs que la carbonisation en meules ne donne souvent que 21 pour 100 en poids, que le mètre cube de charbon pèse 210 Kg et vaut 14 fr.

217. MM. Houzeau et Fauveau, en carbonisant incomplétement du bois dans des caisses en fonte chauffées par le gaz d'un haut-fourneau, ont obtenu un rendement en poids de 57 pour 100. D'ailleurs, 220 Kg de ce charbon brun foncé ont produit le même effet comme combustible que 117^{kg},7 de charbon ordinaire. A combien pour 100 le rendement *effectif* de ce charbon peut-il être porté (*)?

218. Un fermier a semé à la volée 14^{ha} 60^a d'épeautre, à raison de 400 litres de semence par hectare. Il a récolté 20 hectolitres par hectare. S'il avait fait l'ensemencement par semis en lignes, il lui aurait fallu $\frac{1}{4}$ en moins de semence; il aurait eu de meilleur grain et une récolte plus abondante : l'augmentation eût été de $\frac{1}{15}$, et son blé, au lieu de peser 75 Kg l'hectolitre, aurait pesé 77 Kg. Combien aurait-il gagné sur le blé (gain brut), en semant en lignes? Les 100 Kg de blé sont estimés 26 fr.

219. On a consommé dans un haut-fourneau 70 280^{hl} de charbon. Pour obtenir ce charbon, le maître de forge a acheté sur pied du bois de charbonnette à raison de 3^f,30 le stère. Il a obtenu un rendement de 35 p. 100 en volume. Il a payé pour la préparation des fauldes, abatage, etc., 1^f,10 par stère, et pour la cuisson 0^f,40 par mètre cube de charbon. Pour chargement dans les bannes, transport à sa halle, déchargement et faux frais, il a payé 3^f,40 par tonne. Combien lui a coûté tout son charbon, et à combien lui revient le mètre cube à sa halle? On sait que le mètre cube de charbon pèse 210 Kg.

220. Le minerai d'une usine à plomb contient 23 pour 100 de ce métal, et le plomb contient lui-même 0,003 d'argent; les procédés d'extraction permettent d'obtenir tout l'argent; mais sur le plomb, il y a une perte de 10 pour 100. Les deux métaux étant séparés, on vend le plomb 55 fr. les 100 Kg, et l'argent 222^f,22 le Kg., ce qui produit au bout de l'année 1 795 000 fr. On demande la quantité de minerai traitée dans l'usine, et la quantité de chaque métal résultant de l'exploitation.

221. On doit faire transporter 510^{mc} de terre à une distance de 840^m, et l'on emploie, à cet effet, un tombereau attelé d'un cheval. Un manœuvre auquel on donne 2^f,25 par jour, charge chaque tombereau pendant qu'un voiturier en conduit un autre. La charge d'un tombereau est d'environ 850 Kg. On sait que le cheval fait 4200^m par heure, que le temps nécessaire à chaque voyage, pour décharger la voiture et atteler le cheval, est de 8 minutes. Le retour s'effectue dans les $\frac{5}{6}$ du temps qu'il faut pour le transport d'un tombereau chargé. On sait enfin que le mètre cube de cette terre pèse 1500 Kg, et que le cheval et son conducteur sont payés 5 fr. par journée de 10 heures de travail. Combien, d'après ces données, doit coûter le transport des 510^{mc}?

222. Un cheval attelé à une voiture et allant au pas peut exercer pendant 10 heures une traction de 70 Kg, avec une vitesse de 0^m,90 à la seconde. On demande d'exprimer son travail en Kgm et de faire connaître la distance parcourue pendant le temps du travail? (Note de la page 130.)

223. Un cheval de force moyenne, attelé à une voiture et allant au pas, produit une traction de 70 Kg avec une vitesse de 0^m,90 par seconde. Un cheval ne peut d'ailleurs guère travailler au delà de 10 heures par jour. On

---

(*) En faisant passer sur du bois de la vapeur d'eau à 300° environ, M. Violette a obtenu un *charbon roux* qui convient parfaitement à la fabrication de la poudre de chasse superfine. Le rendement a été de 39 °/₀, presque le double que dans les conditions ordinaires. Les frais de fabrication sont d'ailleurs peu élevés.

demande le nombre de chevaux qu'il faudrait pour produire la même quantité de travail qu'une machine de 120 chevaux, marchant 24 heures par
jour.

224. Un homme montant une rampe douce, ou un escalier, en élevant
seulement son propre poids, qui est en moyenne de 65 Kg, peut avoir une
vitesse verticale de $0^m,15$ par seconde, et marcher 8 heures par jour sans
trop se fatiguer. Quelle quantité de travail produit-il?

225. Un homme portant 65 Kg sur son dos en suivant une pente douce,
ou en montant un escalier, ne peut travailler que 6 heures par jour, avec
une vitesse de $0^m,04$ seulement. Quelle quantité de travail a-t-il produit en
tenant compte de celui qu'il a développé en même temps pour soulever son
propre poids?

226. Un manœuvre agissant sur une manivelle peut exercer un effort
moyen de 8 Kg pendant 8 heures par jour, et avec une vitesse de $0^m,75$ par
seconde. Cela étant connu, on demande combien il faudrait de manœuvres
pour épuiser, au moyen d'un treuil à manivelle et en enlevant 3000 litres
d'eau par heure, un puisard qui se trouve à $21^m,6$ de profondeur?

227. Sur une route en *très-bon état et très-roulante*, avec une voiture
ordinaire, le tirage est 0,033 de la charge totale (voiture comprise); on sait
d'ailleurs que pendant 10 heures, et avec une vitesse de $0^m,90$ par seconde,
un cheval peut exercer une traction de 70 Kg. On demande de quel poids
une voiture pourra être chargée pour qu'un cheval puisse la traîner sur
une route ordinaire pendant 10 heures avec une vitesse de $0^m,90$. On suppose que le poids de la voiture est $\frac{1}{4}$ de la charge totale (Le poids de la
voiture varie ordinairement entre $\frac{1}{3}$ et $\frac{1}{4}$ de la charge).

228. Sur une route à l'état d'entretien ordinaire, la charge totale d'un
cheval ne doit point dépasser 875 Kg, lorsqu'il doit traîner cette charge
pendant 10 heures, avec une vitesse de $0^m,90$ à la seconde. On sait d'ailleurs qu'un cheval peut, pendant le même temps et avec la même vitesse,
exercer une traction de 70 Kg. On demande par quelle fraction de la
charge totale est représenté le tirage sur une route à l'état d'entretien
ordinaire?

229. Sur les chemins de fer à ornières saillantes, et en bon état d'entretien,
le tirage n'est que les 0,007 de la charge totale. Quelle traction exprimée
en Kg faudrait-il pour traîner, dans ces conditions, un poids de 5000 Kg?

230. Sur une route à l'état d'entretien ordinaire, le tirage est 0,08 de la
charge totale, et un cheval peut traîner 875 Kg, voiture comprise. Combien le même cheval pourrait-il traîner lorsque le tirage est 0,25 de la
charge totale, comme cela a lieu sur un terrain naturel, non battu et argileux, mais sec.

231. Combien pèsent 10850 fr., 1° en or; 2° en argent; 3° en bronze?

232. 1° Combien valent $1^{kg},6255$ d'or monnayé? 2° $4^{kg},630$ d'argent monnayé? 3° $5^{kg},800$ de monnaie de bronze?

233. 1° Combien d'argent pur dans 1250 pièces de 5 fr.? 2° Quelle
somme en monnaie divisionnaire pourrait-on faire avec cet argent?

234. Un vase vide est placé sur un des plateaux d'une balance; on lu
fait équilibre avec 3 pièces de 2 fr. et 8 pièces de 10 centimes. On le rem-
plit d'eau pure, et, pour rétablir l'équilibre, il faut ajouter $6^f,75$ en monnaie
de bronze. On demande le poids et la capacité du vase.

235. La monnaie d'or vaut, à poids égal, $15\frac{1}{2}$ fois celle d'argent; d'après cela, on demande le nombre de pièces de 20 fr. en or nécessaire pour former le poids de 1 Kg; faire connaître aussi le poids d'une pièce.

236. L'État donne $1^f,50$ pour la fabrication de 1 Kg d'argent au titre 0,900, et $6^f,70$ par Kg d'or au même titre. Combien a-t-il dû payer pour la fabrication de 30545 pièces de 5 fr. en argent et 12800 pièces de 20 fr.?

237. 1° Combien peut-on faire de pièces de 5 fr. au titre 0,900 avec un lingot d'argent fin pesant $1^{kg},260$? 2° Quel serait le poids du cuivre qu'il faudrait ajouter à ce lingot?

238. Une somme de $4\,468^f,50$ se compose de poids égaux de monnaie de bronze, d'argent et d'or. On demande pour quelle valeur chacune de ces monnaies entre dans la somme proposée.

239. Un sac qui pèse net $293^{gr},50$ contient le plus grand nombre possible de pièces de 5 fr., puis de 2 fr., de 1 fr., de $0^f,50$ et de $0^f,20$. Quel est le nombre de pièces de chaque espèce?

240. Pour envoyer de l'argent au moyen d'un mandat sur la poste, on paye (pour les sommes au-dessus de 10 fr.) un droit fixe de $0^f,25$, plus un droit de 2 0/0 sur la somme à payer au destinataire. On a payé à la poste $138^f,20$ pour l'affranchissement ordinaire d'une lettre, pour le mandat et pour tous les frais. On demande le montant du mandat.

241. Les droits proportionnels d'enregistrement se perçoivent sur le prix énoncé dans l'acte de 20 fr. en 20 fr. sans fraction, c'est-à-dire qu'on paye autant pour 21 que pour 40 fr.

Les droits d'enregistrement sur les ventes d'immeubles sont de $5^f,50$ pour 100, plus le double décime par franc du droit principal.

Cela posé, combien doit-on à l'enregistrement pour une vente dont le prix est de 2650 fr.?

242. Sur une vente d'immeuble, on a payé à l'enregistrement $175^f,56$. Quelle était, au maximum, la somme soumise au droit?

243. Une personne a reçu $132^f,30$ d'un orfévre pour un vase d'argent pesant 750 gr. A quel titre était ce vase, le Kg d'argent pur valant $220^f,56$?

244. Quelle serait la valeur au change d'un objet d'or du poids de 428 gr. et au titre 0,920? On sait que le kilogramme d'or pur vaut au change 3437 fr. La valeur du cuivre faisant partie de l'alliage sera considérée comme nulle.

245. Quelle serait la valeur au change de $2^{kg},350$ de vaisselle d'argent? On sait que la vaisselle d'argent est au titre 0,950, et que le Kg d'argent pur vaut au change $220^f,56$. La valeur du cuivre entrant dans l'alliage sera considérée comme nulle.

246. Quelle serait la valeur réelle d'un lingot d'or du poids de 322 gr. et au titre 0,840? On sait que la *valeur réelle* du Kg d'or pur est de $3444^f,44$. La valeur du cuivre faisant partie de cet alliage sera considérée comme nulle.

247. On possède $1^{kg},550$ de couverts hors d'usage et au titre 0,800. Quelle est leur *valeur réelle*? Le Kg d'argent pur vaut $222^f,22$. On fera abstraction du cuivre renfermé dans l'alliage.

248. On revend une timbale en or de 220 gr. et 6 couverts d'argent pesant chacun 148 grammes. Combien devra-t-on recevoir en tout? la timbale étant au 1er titre, les couverts au 2e; le Kg d'or pur valant 3 437 fr., et le Kg d'argent pur $220^f,56$?

249. On a échangé une timbale en or, au titre 0,920, contre une coupe en argent au titre 0,800 et de même valeur que la timbale. On demande le poids de la coupe sachant que la timbale pèse 280 grammes, et que le Kg d'or pur vaut au change 3437 fr. et le Kg d'argent pur 220^f,56, Il ne sera pas tenu compte de la valeur du cuivre.

250. Un orfévre vend 1450 fr. un vase en or, au 2e titre, et pesant 340 gr. Combien a-t-il payé pour le poinçonnage? A quelle somme se trouvent portés les frais de fabrication et autres, ainsi que son bénéfice? On sait d'ailleurs que le kilogramme d'or pur vaut 3437 fr.

251. Quelle est la valeur en monnaie française du ducat d'or des Pays-Bas? Cette pièce pèse 3^g,494 et son titre est 0,983.

252. On a 1^{kg},350 de monnaie d'argent au titre 0,925 (monnaie anglaise). Quelle somme recevra-t-on au change pour cette monnaie?

253. Borda a trouvé que la longueur du pendule simple qui bat les secondes à Paris est de 440^l,5593. Exprimer cette longueur en mètres.

254. Un terrain de 60 arpents de Paris a été payé à raison de 3000 livres tournois l'arpent, avant l'établissement du système métrique; sa valeur a doublé depuis cette époque. On demande quelle est en francs sa valeur actuelle et ce que vaut l'hectare de ce terrain, sachant :

1° Que 80 fr. valent 81 livres tournois;

2° Que l'arpent de Paris vaut 100 perches carrées de 18 pieds de côté;

3° Que la toise vaut 6 pieds;

4° Enfin que 10 millions de mètres valent 5 130 740 toises.

255. On sait que les trois angles d'un triangle quelconque valent 180°. Si deux d'entre eux ont pour valeur respective 35° 42′ 54″ et 64° 57′ 36″, que vaudra le 3e?

256. Dans un triangle isocèle, l'angle du sommet vaut 53° 19′ 38″. Quelle est la valeur d'un angle de la base?

257. Dans une circonférence, un arc de 193° 25′ 14″ a 2^m,50. Quelle est la longueur de la circonférence?

258. Sur un certain cercle, un arc de 18° 34′ 52″ équivaut à 4^m. Calculer la longueur du mètre en degrés, minutes et secondes.

259. Le grand cercle d'un globe géographique a 0^m,60. La distance de deux villes détermine sur ce globe un arc de grand cercle dont la longueur est de 0^m,032. Calculer la distance de ces deux villes en lieues de 4 Km.

260. On a fait avancer de 9^{mm},5 une vis dont l'écrou est fixe et dont le pas (intervalle de deux spires consécutives) a 0^{mm},7. Combien la vis a-t-elle fait de tours?

Evaluer en degrés, minutes et secondes la fraction de tour.

261. Un mobile parcourt une circonférence d'un mouvement uniforme et décrit chaque heure un arc de 8° 13′ 27″ : on demande de calculer en heures, minutes et secondes la durée d'une révolution complète.

LIVRE V

PUISSANCES ET RACINES

CHAPITRE I

CARRÉ ET RACINE CARRÉE D'UN NOMBRE ENTIER

—

300. Carré. — On appelle *carré* d'un nombre, ou 2ᵉ puissance, le produit de ce nombre par lui-même.

Ainsi le carré de 4 est 4×4 ou 16.

301. Racine carrée. — On appelle *racine carrée* d'un nombre un second nombre dont le carré reproduit le premier. Ainsi 4 est la racine carrée de 16, parce que $4^2 = 16$.

302. Radical. — Pour indiquer la racine carrée d'un nombre, on le place sous le signe $\sqrt{\ }$ appelé *radical*. Par exemple, $\sqrt{36}$ représente la racine carrée de 36.

303. — Voici les carrés des 9 premiers nombres.

      Nombres : 1 2 3 4 5 6 7 8 9.
      Carrés : 1 4 9 16 25 36 49 64 81.

La seule inspection de ce tableau donne lieu aux deux remarques suivantes :

Remarque I. — Tous les nombres entiers ne sont pas des carrés parfaits. Ainsi, les carrés de 3 et de 4 étant respectivement 9 et 16, il y a 6 nombres entre 9 et 16 qui ne sont pas des carrés parfaits.

Quand un nombre n'est pas un carré parfait, sa racine, *à une unité près*, ou simplement sa racine est la racine du plus grand carré contenu dans ce nombre. Par exemple, 21 étant compris entre 16 et 25, le plus grand carré qui soit contenu dans 21 est 16, dont la racine est 4. La différence entre le nombre proposé et le plus grand carré qu'il contient est ce qu'on appelle le *reste* : le reste est, dans ce cas, $21 - 16$ ou 5.

Remarque II. — Les carrés des 9 premiers nombres étant terminés par les seuls chiffres 1, 4, 9, 6, 5, il en résulte qu'un carré parfait ne peut jamais être terminé par d'autres chiffres significatifs ; car, comme il est facile de s'en assurer, le carré d'un nombre est toujours terminé par le chiffre provenant du carré de ses unités. Ainsi, le carré de 68 sera terminé par le même chiffre que le carré de 8 ou par 4.

304. Théorème I. — *Lorsqu'un nombre entier quelconque est terminé par des zéros, son carré l'est par un nombre double de zéros.*

En effet, on a, par exemple :
$$100^2 = 100 \times 100 = 10000.$$
De même, $2500^2 = 2500 \times 2500 = 25 \times 100 \times 25 \times 100$
$$= 25 \times 25 \times 10000 = 6250000.$$

Corollaire. — *Le carré d'un nombre de dizaines est un nombre exact de centaines.*

305. Théorème II. — *Le carré de la somme de deux nombres se compose de 3 parties, qui sont : 1° le carré du 1er nombre ; 2° deux fois le produit du 1er par le second ; 3° le carré du second.*

Ainsi, on aura, par exemple,
$$(8+5)^2 = 8^2 + 2 \times (8 \times 5) + 5^2.$$

En effet, pour élever au carré $8+5$, il faut multiplier $8+5$ par $8+5$, ce qui se fera en multipliant d'abord $8+5$ par 8, ensuite par 5, et en ajoutant les produits : on aura

$$8 + 5$$
$$8 + 5$$

Produit par 8. . . . $\overline{ 8^2 + 8 \times 5}$
Produit par 5. . . . $ + 8 \times 5 + 5^2$

Produit total. . . . $\overline{ 8^2 + 2 \times (8 \times 5) + 5^2}$

Ce résultat est bien conforme à l'énoncé du théorème.

Corollaire 1. — *Le carré d'un nombre entier plus grand que 10, contient 3 parties : 1° le carré des dizaines ; 2° 2 fois le produit des dizaines par les unités ; 3° le carré des unités.*

En effet, tout nombre entier plus grand que 10 peut être considéré comme la somme de deux nombres entiers : dizaines et unités. Ainsi, par exemple,

$$65 = 60 + 5 = 6 \text{ diz.} + 5 \text{ unités, et, par conséquent,}$$
$$(60 + 5)^2 = 60^2 + 2 \times 60 \times 5 + 5^2 (*).$$

Corollaire II. — *La différence du carré de deux nombres entiers consécutifs est égale à 2 fois le plus petit nombre, plus 1.*

Par exemple, on a, pour les carrés de 15 et de 16 ou de $15 + 1$:

1° $\quad 15^2$

2° $\quad (15 + 1)^2 = 15^2 + 2 \times 15 \times 1 + 1$

ou $\quad (15 + 1)^2 = 15^2 + 2$ fois $15 + 1$.

(*) Si on divise la seconde partie par le double des dizaines, on trouve pour quotient le chiffre des unités ; car
$$\frac{2 \times 60 \times 5}{2 \times 60} = 5.$$

RACINE CARRÉE D'UN NOMBRE ENTIER

306. 1er Cas. — *Le nombre donné est moindre que* 100.

Exemple. — Soit à extraire la racine carrée de 52.

Ce nombre étant moindre que 100, sa racine sera moindre que 10. Et comme on sait de mémoire les carrés des 9 premiers nombres, on trouve de suite que la racine carrée de 52 est 7, à moins d'une unité près. Car 52 étant compris entre 49 et 64, sa racine est comprise entre 7 et 8; elle est, par conséquent, 7, à moins d'une unité près; le reste est 52 — 49 ou 3.

307. 2° Cas. — *Le nombre donné est plus grand que* 100.

Exemple I. — Soit à extraire la racine carrée de 5874.

Ce nombre étant plus grand que 100, sa racine sera plus grande que 10. Or, il est évident que si l'on connaissait cette racine, en formant son carré et en y ajoutant le reste, s'il y en a un, on retrouverait 5874. On peut donc regarder ce nombre comme composé des 4 parties suivantes :

1° *Le carré des dizaines ;*
2° *2 fois le produit des dizaines par les unités;*
3° *Le carré des unités;*
4° *Le reste, s'il y en a un.*

La 1re partie, *le carré des dizaines*, étant un nombre exact de centaines (304 Corol.), ne peut se trouver que dans les 58 centaines du nombre proposé. Séparant ces centaines par un point, et extrayant la racine du plus grand carré contenu dans 58, on aura le chiffre des dizaines de la racine.

En effet, ce chiffre ne peut être trop *faible*, car 58 centaines peuvent contenir, outre le carré des dizaines, quelques centaines provenant des deux autres parties du carré et du reste, s'il y en a un. Il ne sera pas non plus trop *fort*, car alors la racine carrée de 58 centaines ou 5 800 serait plus grande que celle de 5 874, ce qui ne peut avoir lieu. Le chiffre des dizaines ne pouvant être ni trop faible ni trop fort, sera exact.

$$
\begin{array}{c|c}
58.74 & 76 \\
49 & \overline{146} \\
\hline
9\,7.4 & 6 \\
8\,76 & \overline{876} \\
\hline
98 &
\end{array}
$$

Le plus grand carré contenu dans 58 est 49 dont la racine est 7.

On connaît les dizaines de la racine. Si du nombre proposé on retranche 4 900, carré des dizaines, le reste 974 ne renfermera plus que trois parties, savoir :

2 fois le produit des dizaines par les unités,
Le carré des unités.
Le reste s'il y en a un.

La 1ʳᵉ de ces 3 parties (2 *fois le produit des dizaines par les unités*), étant le produit d'un nombre exact de dizaines par des unités, donne un nombre exact de dizaines, et par suite, doit être contenu dans les 97 dizaines du reste 974. Ces dizaines peuvent être séparées par un point.

Mais dans ces 97 dizaines, il peut encore se trouver des dizaines provenant du carré des unités et du reste, s'il y en a un. Donc, en divisant 97 dizaines par le double des dizaines, c'est-à-dire par 14 dizaines, ou, ce qui revient au même, 97 par 14, on aura (page 142, note) le chiffre des unités, ou un chiffre trop fort. La division donne 7 pour quotient.

On s'assure si 7 est trop fort en l'essayant; pour cela deux méthodes se présentent : on peut faire le carré de 77 et voir si ce carré peut se retrancher de 5 874; ou mieux profiter des calculs déjà faits, et retrancher successivement de 5 874 les parties dont se compose le carré de 77. Or,

$$77^2 = (70 + 7)^2 = 70^2 + 2 \times 70 \times 7 + 7^2,$$

et comme on a déjà retranché 70² de 5 874, il suffit de vérifier si l'on peut retrancher de 974 la somme des deux autres parties.

Mais cette somme

ou $2 \times 70 \times 7 + 7^2 = (2 \times 70 + 7) \times 7 = (140 + 7) \times 7 = 147 \times 7.$

Pour l'obtenir, on peut, par conséquent, écrire 7 à côté de 14 (2 fois les 7 diz.), et multiplier le nombre 147 ainsi formé par 7. Comme le produit 1029 ne peut se retrancher de 974, on en conclut que le chiffre 7 est trop fort. On essaye alors 6 de la même manière; la somme des 2 parties étant 876 peut se retrancher de 974; et 6 est le chiffre des unités.

Ainsi la racine du plus grand carré contenu dans 5 874 est 76, et il reste 98.

EXEMPLE II. — Soit à extraire la racine carrée de 550 186 368.

5.50.18.63.68	23456
4	
	43 × 3
15.0	464 × 4
12 9	4685 × 5
	46906 × 6
211.8	
185 6	
26 26.3	
23 42 5	
28386.8	
28143 6	
2432	

Le carré des dizaines est contenu dans les centaines de 550 186 368. Séparant ces centaines par un point, et extrayant la racine du plus grand carré contenu dans 5 501 863, on aura exactement les dizaines de la racine cherchée(*). On le prouve comme plus haut.

Le nombre 5 501 863, étant d'ailleurs plus grand que 100, aura une racine plus grande que 10. Elle se composera, par conséquent, de dizaines et d'unités. Le carré de ces nouvelles dizaines sera contenu dans les centaines de 55 018 63. Séparant ces centaines par un point, on aura à extraire la racine de 55 018. Un raisonnement analogue conduit enfin à extraire la racine de 550, opération que l'on connaît.

La racine carrée de 550 est 23.

Ce sont les dizaines de la racine du nombre 55 018, et le nombre 2 118 ne contient plus que les deux autres parties du carré, et le reste, s'il y en a un.

En cherchant par le procédé connu le chiffre des unités de cette racine, on trouve 4, et alors la racine carrée de 55 018 est 234. Mais on peut considérer le nombre 234 comme représentant les dizaines de la racine du nombre 5 501 863.

Le chiffre des unités étant 5, le nombre 2 345 représente les dizaines de la racine du nombre proposé. Il ne reste plus qu'à chercher, toujours de la même manière, le chiffre des unités. Ce chiffre étant 6, la racine carrée du nombre proposé est 23 456 et le reste 2 432.

De tout ce qui précède, on peut conclure la règle suivante :

Règle. *Pour extraire la racine carrée d'un nombre entier, on le partage en tranches de 2 chiffres à partir de la droite, sauf à n'avoir qu'un chiffre dans la dernière tranche à gauche. On extrait (1ᵉʳ cas) la racine de cette tranche, ce qui donne le chiffre des plus hautes unités de la racine cherchée.*

On fait le carré de ce chiffre et on le soustrait de la dernière tranche à gauche.

A la droite du reste, on abaisse la tranche suivante. On sépare le 1ᵉʳ chiffre à droite du nombre obtenu, et on divise la partie à gauche par le double du chiffre déjà trouvé à la racine. Le quotient est le 2ᵉ chiffre de la racine, ou un chiffre trop fort.

On essaye ce chiffre en l'écrivant à la droite du double de la racine; multipliant, le nombre ainsi formé, par ce chiffre, on obtient un produit qui doit pouvoir être retranché du nombre formé par le 1ᵉʳ reste et la 2ᵉ tranche. Si la soustraction est possible, le chiffre essayé est bon, si elle ne l'est pas, le chiffre est trop fort; on essaye alors le chiffre inférieur d'une unité.

Quand on a trouvé le second chiffre de la racine, on abaisse à côté du 2ᵉ reste la 3ᵉ tranche. On sépare le 1ᵉʳ chiffre à droite du nombre ainsi

---

(*) On peut dire, d'une manière générale, que si a représente les dizaines de la racine du plus grand carré contenu dans les centaines du nombre proposé, ce nombre contient a^2 centaines, ou le carré de a dizaines ; mais il ne contient pas $(a + 1)^2$ centaines, ou le carré de $(a + 1)$ dizaines. La racine cherchée contient donc plus de a dizaines, mais moins de $(a + 1)$ dizaines, puisque cette racine peut être *au plus* a dizaines, plus 9 unités.

10

obtenu, et on divise la partie à gauche par le double du nombre déjà trouvé à la racine. Le quotient, après vérification, représente le 3ᵉ chiffre de la racine cherchée.

On continue ainsi jusqu'à ce qu'on ait abaissé et employé toutes les tranches.

Remarque I. — Il y a évidemment autant de chiffres à la racine qu'il y a de tranches de deux chiffres dans le nombre proposé.

Remarque II. — Dans le cas où l'une des divisions indiquées dans la règle précédente donne *zéro* pour quotient, c'est une preuve que la racine n'a pas d'unité de l'ordre correspondant. On met alors un zéro à la racine, et on abaisse une nouvelle tranche à côté du dernier reste, puis on continue l'opération à l'ordinaire.

Remarque III. — La crainte d'avoir à faire trop de tâtonnements en essayant le quotient, comme le prescrit la règle, peut conduire à placer à la racine et à essayer un chiffre trop faible : on verra qu'il est trop faible, lorsque le reste dépassera le double de la racine trouvée.

En effet, si l'on avait par exemple 32 pour racine et au moins $2 \times 32 + 1$ pour reste, la racine serait trop faible d'une unité. Car (305 *coroll.*)

$$33^2 = 32^2 + 2 \times 32 + 1.$$

Remarque IV. — Dans la pratique, on effectue en même temps les multiplications et les soustractions comme dans la division. L'opération se réduit alors aux calculs ci-dessous :

5.50.18.63.68	23456
15.0	
211.8	43×3
3626.3	464×4
28386.8	4685×5
2432	46906×6

308. Preuve. — Pour faire la preuve de l'opération on fait le carré de la racine trouvée, à ce carré on ajoute le reste, on doit évidemment trouver pour somme le nombre proposé.

CARRÉ ET RACINE CARRÉE D'UNE FRACTION

309. Règle. — *On obtient le carré d'une fraction, en élevant chacun de ses termes au carré.*

Ainsi, par exemple, le carré de $\frac{4}{5}$ est $\frac{4^2}{5^2}$ ou $\frac{16}{25}$.

En effet, on a

$$\left(\frac{4}{5}\right)^2 = \frac{4}{5} \times \frac{4}{5} = \frac{4 \times 4}{5 \times 5} = \frac{16}{25}.$$

Remarque I. — On verrait de même que pour élever une fraction à une puissance quelconque, il suffit d'y élever ses deux termes.

Remarque II. — Pour élever au carré un nombre fractionnaire, on le met sous forme de fraction. Ainsi on a

$$\left(5\,\frac{2}{3}\right)^2 = \left(\frac{17}{3}\right)^2 = \frac{289}{9}.$$

310. Théorème I. — *Toute fraction irréductible a pour carré une autre fraction irréductible.*

Ainsi $\frac{4}{5}$ étant irréductible, son carré $\frac{16}{25}$ l'est aussi.

En effet, puisque la fraction $\frac{4}{5}$ est irréductible, les nombres 4 et 5 sont premiers entre eux, de même que toutes leurs puissances (118, *Coroll. II*).

311. Théorème II. — *Un nombre entier ne peut être le carré d'un nombre fractionnaire.*

En effet, un nombre fractionnaire quelconque peut toujours être mis sous la forme d'une fraction irréductible, et l'on vient de voir que toute fraction irréductible a pour carré une autre fraction irréductible.

312. Théorème III. — *Lorsque les 2 termes d'une fraction irréductible ne sont pas des carrés parfaits, cette fraction n'est le carré ni d'un nombre entier ni d'un nombre fractionnaire.*

En effet, elle n'est pas le carré d'un nombre entier, puisque le carré d'un nombre entier est un autre nombre entier.

Elle n'est pas non plus le carré d'un nombre fractionnaire, car ce nombre fractionnaire pourrait être mis sous la forme d'une fraction irréductible et son carré serait alors une autre fraction irréductible dont les 2 termes seraient des carrés parfaits; cette fraction ne serait donc pas la proposée; donc, etc.

313. Théorème IV. — *La racine carrée, à moins d'une unité près, d'un nombre entier plus une fraction est la même que celle de la partie entière de ce nombre.*

Ainsi, par exemple, la racine carrée de 46,725, à moins d'une unité près, est la même que celle de 46, c'est-à-dire 6.

En effet, on a :

$$6^2 = 36 < 46,725,$$
$$7^2 = 49 > 46,725.$$

La racine carrée de 46,725 est, par conséquent, plus grande que 6 et plus petite que 7 : donc elle est 6 à moins d'une unité près *par défaut*, et 7 à moins d'une unité près *par excès*.

De même la racine carrée de $\dfrac{347}{11} = 31, \dfrac{6}{11}$ est à moins d'une unité près celle de 31, c'est-à-dire 5.

En effet, on a $\qquad 5^2 = 25 < 31 \dfrac{6}{11}$

et $\qquad\qquad\qquad 6^2 = 36 > 31 \dfrac{6}{11}.$

La racine est donc > 5 et < 6 : donc elle est 5 à moins d'une unité par défaut, et 6 à moins d'une unité par excès.

EXTRACTION DE LA RACINE CARRÉE D'UNE FRACTION

314. Règle. — *Pour extraire la racine carrée d'une fraction, on fait en sorte que son dénominateur soit un carré parfait ; puis on extrait la racine carrée de chaque terme de la fraction transformée.*

Cette règle est évidente, puisqu'on obtient le carré d'une fraction en élevant au carré chacun de ses termes.

EXEMPLE I. — *Les 2 termes de la fraction proposée sont des carrés parfaits.*

Soit la fraction $\dfrac{25}{36}$, on a

$$\sqrt{\dfrac{25}{36}} = \dfrac{\sqrt{25}}{\sqrt{36}} = \dfrac{5}{6} \, ; \text{ car } \left(\dfrac{5}{6}\right)^2 = \dfrac{25}{36}.$$

EXEMPLE II. — *Le dénominateur seul est un carré parfait.*

Soit la fraction $\dfrac{28}{49}$.

La racine carrée de 28 étant comprise entre 5 et 6, et celle de 49 étant 7, la racine carrée de $\dfrac{28}{49}$ est comprise entre $\dfrac{5}{7}$ et $\dfrac{6}{7}$, elle est donc $\dfrac{5}{7}$ à moins de $\dfrac{1}{7}$ près, par défaut, ou $\dfrac{6}{7}$ à moins de $\dfrac{1}{7}$ près, par excès.

EXEMPLE III. — *Le dénominateur n'est pas un carré parfait.*

Soit la fraction $\dfrac{14}{19}$. Il est évident qu'on peut rendre le dénominateur un carré parfait, en multipliant les 2 termes de la fraction proposée par son dénominateur lui-même.

Ainsi, on a :

$$\dfrac{14}{19} = \dfrac{14 \times 19}{19 \times 19} = \dfrac{266}{19^2} \, ;$$

d'où
$$\sqrt{\frac{14}{19}} = \sqrt{\frac{266}{19^2}} = \frac{17}{19} \text{ à } \frac{1}{19} \text{ près.}$$

De même
$$\sqrt{\frac{16}{45}} = \sqrt{\frac{16 \times 45}{45^2}} = \frac{\sqrt{720}}{45} = \frac{26}{45} \text{ à } \frac{1}{45} \text{ près.}$$

Remarque I. — Pour ramener le dénominateur à être un carré parfait, on peut encore le décomposer en ses facteurs premiers, et l'on voit alors aisément par quels facteurs il faut multiplier les 2 termes de la fraction pour que tous les exposants des facteurs du dénominateur soient pairs.

Par exemple, on a :
$$\frac{16}{45} = \frac{16}{3^2 \times 5} = \frac{16 \times 5}{3^2 \times 5^2} : \text{d'où} \sqrt{\frac{16}{45}} = \sqrt{\frac{16 \times 5}{3^2 \times 5^2}} = \frac{\sqrt{80}}{3 \times 5} = \frac{8}{16},$$

à $\frac{1}{15}$ près (*).

En procédant de cette manière, les calculs sont moins longs qu'en multipliant les 2 termes de la fraction proposée par son dénominateur; mais, par contre, on a aussi le désavantage d'obtenir une racine avec une approximation moins *grande*. Car, par le premier procédé, on a obtenu la racine de $\frac{16}{45}$ à $\frac{1}{45}$ près, et par le second à $\frac{1}{15}$ près seulement.

Remarque II. — Avant d'extraire la racine carrée d'une fraction, on doit toujours rendre son dénominateur un carré parfait. Si l'on appliquait à une fraction telle que $\frac{28}{59}$ la règle donnée plus haut, on aurait
$$\sqrt{\frac{28}{59}} = \frac{\sqrt{28}}{\sqrt{59}} = \frac{5}{7}.$$

La fraction $\frac{5}{7}$ est bien une valeur approchée de la racine demandée; mais quel est le degré d'approximation? On l'ignore, car le dénominateur 7, n'étant qu'*approché*, n'indique plus que l'unité est divisée en un nombre *déterminé* de parties égales.

315. Nombre fractionnaire. — Pour extraire la racine carrée d'un nombre fractionnaire, on le met sous forme de fraction, et l'on applique la règle générale.

Ainsi, par exemple,
$$\sqrt{4\frac{59}{64}} = \sqrt{\frac{316}{64}} = \frac{17}{8}, \text{ à } \frac{1}{8} \text{ près.}$$

(*) 3×5 est bien la racine carrée de $3^2 \times 5^2$; car (62) on a $(3 \times 5)^2 = 3^2 \times 5^2$.

CARRÉ ET RACINE CARRÉE D'UN NOMBRE DÉCIMAL

316. — Il n'existe aucune difficulté pour élever au carré un nombre décimal. Nous ferons remarquer seulement que le carré d'un nombre décimal contient toujours un nombre double de chiffres décimaux que le nombre proposé; car le carré d'un nombre terminé par un chiffre significatif n'est jamais terminé par un zéro (303, *Rem. II*) : donc un nombre décimal terminé par un zéro, ou contenant un nombre impair de chiffres décimaux, ne peut être un carré parfait.

RACINE CARRÉE DES NOMBRES DÉCIMAUX

317. Règle. — *Pour extraire la racine carrée d'un nombre décimal, on rend pair le nombre de ses chiffres décimaux en ajoutant un zéro à sa droite; on supprime la virgule et l'on extrait, à moins d'une unité, la racine du nombre entier ainsi obtenu; puis on sépare sur la droite de la racine deux fois moins de chiffres décimaux que n'en avait le nombre proposé complété par un zéro, et l'on a ainsi la racine à moins d'une unité du dernier ordre.*

En effet, soit le nombre décimal 29,4568.

On a $29,4568 = \dfrac{294568}{10000} = \dfrac{294568}{100^2}$,

d'où $\sqrt{29,4568} = \sqrt{\dfrac{294568}{100^2}} = \dfrac{542}{100} = 5,42$, à moins de 0,01 près.

Soit, pour second exemple, le nombre décimal 29,456. On a

$$29,456 = 29,4560 = \dfrac{294560}{100^2};$$

d'où $\sqrt{29,4560} = \dfrac{\sqrt{294560}}{100} = \dfrac{542}{100} = 5,42$, à moins de 0,01 près.

Ces deux exemples justifient la règle.

RACINE CARRÉE PAR APPROXIMATION

318. Définition. — On appelle racine carrée, d'un nombre quelconque, à moins de 0,1, 0,01..... $\dfrac{1}{7}$, $\dfrac{1}{20}$..... près par défaut, le plus grand nombre de dixièmes, de centièmes..... de septièmes, de vingtièmes..... dont le carré soit contenu dans le nombre proposé.

Ainsi la racine de 2, à 0,01 près par défaut, est 1,41; et elle est 1,42, à 0,01 près par excès; car, on a

$$(1,41)^2 = 1,9881 < 2,$$
$$(1,42)^2 = 2,0164 > 2.$$

De même la racine de $\dfrac{28}{49}$ est $\dfrac{5}{7}$ à $\dfrac{1}{7}$ par défaut, et $\dfrac{6}{7}$ à $\dfrac{1}{7}$ près par excès; car, on a

$$\left(\frac{5}{7}\right)^2 = \frac{25}{49} < \frac{28}{49},$$
$$\left(\frac{6}{7}\right)^2 = \frac{36}{49} > \frac{28}{49}.$$

319. Règle. — *Pour trouver la racine carrée d'un nombre donné quelconque, entier ou fractionnaire, à un degré d'approximation marqué par une fraction ayant l'unité pour numérateur, on multiplie le nombre donné par le carré du dénominateur de cette fraction, on extrait la racine du produit à moins d'une unité près, et enfin on divise le résultat par ce même dénominateur.*

En effet, soit à trouver $\sqrt{347}$, à moins de $\dfrac{1}{100}$ près. On a

$$347 = \frac{347 \times 100^2}{100^2} = \frac{3470000}{100^2};$$

d'où $\sqrt{347} = \dfrac{\sqrt{3470000}}{100} = \dfrac{1862}{100} = 1,862$ à moins de $\dfrac{1}{100}$ près.

Cette opération et les suivantes justifient la règle.

Soit, pour second exemple, à extraire à moins de $\dfrac{1}{1000}$ près la racine de 8,41870235. On a $8,41870235 = \dfrac{8418702,35}{1000^2}$. La racine carrée du numérateur est, à moins d'une unité près, la même (313) que celle de 8418702, c'est-à-dire 2901, à moins d'une unité près : donc

$$\sqrt{\frac{8418702,35}{1000^2}} = \frac{2901}{1000} = 2,901,\text{ à moins de } \frac{1}{1000} \text{ près.}$$

Soit encore, pour troisième exemple, à trouver $\sqrt{4\dfrac{3}{7}}$, à moins de $\dfrac{1}{100}$ près : on a

$$4 + \frac{3}{7} = \frac{31}{7} = \frac{\frac{31}{7} \times 100^2}{100^2} = \frac{44285 + \frac{5}{7}}{100^2}.$$

Or, la racine de $44285 + \dfrac{5}{7}$ est 210, à moins d'une unité près.

Donc, on a $\sqrt{\dfrac{44285 + \dfrac{5}{7}}{100^2}} = \dfrac{210}{100} = 2,10$, à moins de $\dfrac{1}{100}$ près.

Soit enfin, pour quatrième et dernier exemple, à trouver $\sqrt{3\,\dfrac{2}{7}}$, à moins de $\dfrac{1}{30}$ près : on a

$$3 + \frac{2}{7} = \frac{23}{7} = \frac{\dfrac{23}{7} \times 30^2}{30^2} = \frac{2957 + \dfrac{1}{7}}{30^2}.$$

Or, $\sqrt{2957 + \dfrac{1}{7}} = 54$, à moins d'une unité près :

donc $\sqrt{\dfrac{2957 + \dfrac{1}{7}}{30^2}} = \dfrac{54}{30}$, à moins de $\dfrac{1}{30}$ près.

Remarque. — Dans la pratique, on demande le plus ordinairement la racine à moins de $\dfrac{1}{10}, \dfrac{1}{100}, \dfrac{1}{1000}$.....

La règle précédente peut alors se modifier ainsi.

Règle. — *Pour extraire à moins de* $\dfrac{1}{10}, \dfrac{1}{100}, \dfrac{1}{1000}$..... *la racine carrée d'un nombre quelconque, on évalue ce nombre en décimales et l'on calcule un nombre de chiffres décimaux double de celui qu'on veut avoir à la racine; on extrait la racine carrée de ce nombre décimal comme s'il était entier; puis on sépare, sur la droite de cette racine, le nombre de chiffres décimaux indiqués par l'approximation.*

320. Racine carrée incommensurable. — On appelle ainsi la racine carrée d'un nombre qui n'est pas un carré parfait.

321. Théorème. — *Une racine carrée incommensurable est la limite commune vers laquelle convergent d'un côté ses valeurs approchées par défaut, et de l'autre ses valeurs approchées par excès, à moins de* 0,1, 0,01, 0,001..... *près.*

Ainsi on peut considérer $\sqrt{3}$ comme la limite des valeurs

1,7   1,73   1,732.....

approchées *par défaut*, à moins de 0,1, 0,01, 0,001..... près, et des valeurs

1,8, 1,74, 1,733.....

approchées *par excès*, également à moins de 0,1, 0,01, 0,001 près.

Ces deux séries de nombres convergent bien, en effet, vers la même limite, puisque ceux de la première ligne vont en augmentant et tous ceux de la seconde en diminuant. D'ailleurs, tout nombre de la première série étant moindre que son correspondant de la seconde, la différence de ces deux nombres peut devenir aussi petite que l'on veut : donc, enfin, la limite commune de ces deux séries ne peut être que $\sqrt{3}$.

ERREURS RELATIVES DANS LA RACINE CARRÉE

322. — Le carré d'un nombre étant le produit de deux facteurs égaux à ce nombre, on en conclut que :

1° *L'erreur relative du carré d'un nombre approché est sensiblement double de l'erreur relative de ce nombre.*

2° *Réciproquement, l'erreur relative de la racine carrée d'un nombre approché est sensiblement moitié de l'erreur relative de ce nombre.*

323. Règle. — *Pour obtenir à la racine carrée d'un nombre un certain nombre de chiffres exacts, il suffit d'en connaître un de plus au nombre proposé s'il commence par un chiffre inférieur à 5, et autant qu'on en veut avoir à la racine s'il commence par 5 ou par un chiffre supérieur à 5.*

Par exemple, le nombre 45,7283.... ayant six chiffres exacts, sa racine carrée en aura 5, parce que son premier chiffre 4 est inférieur à 5.

En effet, l'erreur relative du nombre proposé est moindre que $\dfrac{1}{400000}$. L'erreur relative de sa racine étant moitié de cette erreur sera moindre que $\dfrac{1}{800000}$, et *a fortiori* moindre que $\dfrac{1}{100000}$; donc elle peut être obtenue avec 5 chiffres exacts.

Il est évident que pour avoir les 5 chiffres exacts, on devra remplacer les chiffres inconnus par des zéros et continuer l'opération à l'ordinaire.

Soit en second lieu le nombre 75,7283.

Le premier chiffre à gauche étant 7, chiffre supérieur à 5, la racine de ce nombre aura six chiffres exacts.

En effet, l'erreur relative du nombre proposé est moindre que $\dfrac{1}{700000}$, et par suite l'erreur relative de sa racine sera moindre $\dfrac{1}{1400000}$, et *a fortiori* moindre que $\dfrac{1}{1000000}$: donc cette racine aura six chiffres exacts.

EXERCICES

SUR LA RACINE CARREE

262. Extraire les racines carrées des nombres :
$$1369, \ 2916, \ 3721, \ 9216.$$
263. Extraire les racines carrées des nombres :
$$15129, \ 274576, \ 813604.$$

264. Extraire, à une unité près, les racines carrées des nombres :

5 359 255, 64 064 032.

265. Trouver, à une unité près, la racine carrée de 8 663 514 095.

266. Calculer, à 0,0001 près : $\sqrt{2}$, $\sqrt{3}$, $\sqrt{5}$.

267. Calculer, à $\dfrac{1}{15}$ près : $\sqrt{\dfrac{47}{75}}$.

268. Calculer, à $\dfrac{1}{7}$ près : $\sqrt{\dfrac{2}{5}}$.

269. Trouver les côtés des carrés dont les surfaces sont :

29ᵃ21ᶜᵃ et 163ᵃ84ᶜᵃ.

270. Trouver les dimensions d'un rectangle quatre fois plus long que large, et dont la surface est 68ᵃ89ᶜᵃ.

271. Trouver le côté d'un carré équivalent à un triangle ayant 86ᵐ,20 de base et 68ᵐ,80 de hauteur.

272. Trouver le côté d'un carré équivalent à un trapèze dont les bases ont 47ᵐ,40, 36ᵐ,80 et la hauteur 22ᵐ,10.

273. Trouver un nombre dont le $\dfrac{1}{3}$ multiplié par les $\dfrac{2}{5}$ donne pour produit 1470.

274. La différence des carrés de 2 nombres consécutifs est 25 : trouver ces nombres.

275. Si l'on fait les carrés des nombres entiers 1, 2, 3, 4, 5..., les différences successives

$$1^2 - 0^2;\ 2^2 - 1^2;\ 3^2 - 2^2;\ 4^2 - 3^2;\ 5^2 - 4^2\ldots\ldots$$

représenteront la suite naturelle des nombres impairs.

276. Un propriétaire veut planter des arbres en carré. En en mettant un certain nombre par ligne, il lui en manque 12 ; il en met alors un de moins par ligne, mais il lui en reste 23. Combien ce propriétaire a-t-il d'arbres à planter ?

277. Démontrer que le carré de la différence de deux nombres est égal à la somme des carrés de ces nombres diminuée du double de leur produit.

278. La différence de 2 nombres est 13, leur produit est 2610. On demande ces 2 nombres.

279. La somme des carrés de 2 nombres est 313, la différence des carrés de ces mêmes nombres est 25. On demande ces 2 nombres.

280. La différence de 2 nombres est 9, la différence de leurs carrés est 153. On demande ces nombres.

281. Un carré a 50ᵐ de côté, trouver un rectangle de même périmètre et dont la surface soit les $\dfrac{16}{25}$ de celle du carré.

282. Le carré d'un nombre impair divisé par 8 donne 1 pour reste.

283. La différence des carrés de deux nombres impairs est toujours divisible par 8.

284. Un carré parfait admet un nombre impair de diviseurs, et tout nombre qui n'est pas un carré parfait en admet un nombre pair.

285. Tout carré est un multiple de 4, ou un multiple de 4 augmenté de 1.

286. Un nombre terminé par le chiffre 5 ne saurait être un carré parfait, si le chiffre des dizaines n'est pas 2.

287. Le carré d'un nombre entier quelconque est un multiple de 5, ou n multiple de 5 augmenté ou diminué de 1.

288. Selon que le reste auquel on s'arrête dans l'extraction d'une racine st plus grand ou plus petit que la racine trouvée, la racine est fautive de *lus* ou de *moins* d'une demi-unité.

CHAPITRE II

CUBE ET RACINE CUBIQUE D'UN NOMBRE ENTIER

324. Cube. — On appelle *cube* d'un nombre, ou troisième puissance, le produit de 3 facteurs égaux à ce nombre. Ainsi le cube de 4 est $4 \times 4 \times 4 = 64$.

325. Racine cubique. — On appelle *racine cubique* d'un nombre un second nombre dont le cube reproduit le premier. Ainsi 4 est la racine cubique de 64, parce que $4^3 = 64$. On écrit $\sqrt[3]{64} = 4$.

326. — Voici les cubes des 9 premiers nombres.

Nombres :	1	2	3	4	5	6	7	8	9.
Cubes :	1	8	27	64	125	216	343	512	729.

La seule inspection de ce tableau donne lieu aux deux remarques suivantes.

Remarque I. — Tous les nombres entiers ne sont pas des cubes parfaits. Ainsi les cubes de 3 et de 4 étant respectivement 27 et 64, il y a 36 nombres entre 27 et 64 qui ne sont pas des cubes parfaits.

Quand un nombre n'est pas un cube parfait, sa racine *à une unité près*, ou simplement sa racine, est la racine du plus grand cube contenu dans ce nombre.

Ainsi 36 étant compris entre 27 et 64, le plus grand cube qui soit contenu dans 36 est 27, dont la racine est 3. La différence entre le nombre proposé et le plus grand cube qu'il contient est ce qu'on appelle *le reste;* le reste est dans ce cas 36-27 ou 9.

Remarque II. — Un cube parfait peut être terminé par l'un quelconque des 9 chiffres.

327. Théorème I. — *Lorsqu'un nombre entier quelconque est terminé par des zéros, son cube est un nombre triple de zéros.*

En effet, on a, par exemple,
$$100^3 = 100 \times 100 \times 100 = 1000000.$$

De même
$$(2500)^3 = 2500 \times 2500 \times 2500 = 25 \times 100 \times 25 \times 100 \times 25 \times 100$$
$$= 25 \times 25 \times 25 \times 1000000 = 15625000000.$$

Corollaire. — *Le cube d'un nombre de dizaines est un nombre exact de mille.*

328. Théorème II. — *Le cube de la somme de deux nombres se compose de 4 parties, qui sont : 1° le cube du premier nombre; 2° trois fois le carré du premier nombre multiplié par le second; 3° trois fois le premier multiplié par le carré du second; 4° le cube du second.*

Ainsi, on aura, par exemple,

$$(8+5)^3 = 8^3 + 3 \times (8^2 \times 5) + 3 \times (8 \times 5^2) + 5^3.$$

En effet, pour élever au cube $8+5$, il faut multiplier le carré de $(8+5)$ ou $8^2 + 2 \times 8 \times 5 + 5^2$, par $8+5$, ce qui se fera en multipliant d'abord ce carré par 8, ensuite par 5 et, ajoutant les produits, on aura :

$$8^2 + 2 \times 8 \times 5 + 5^2$$
$$8 + 5.$$

Produit par 8. . . $8^3 + 2 \times 8^2 \times 5 + 8 \times 5^2$.

Produit par 5. . . $\qquad 8^2 \times 5 + 2 \times 8 \times 5^2 + 5^3$.

Produit total . . . $8^3 + 3 \times (8^2 \times 5) + 3 \times (8 \times 5^2) + 5^3$.

Ce résultat justifie l'énoncé du théorème.

Corollaire I. — *Le cube d'un nombre entier plus grand que 10 contient quatre parties : 1° le cube des dizaines; 2° trois fois le carré des dizaines multiplié par les unités; 3° trois fois les dizaines multipliées par le carré des unités; 4° le cube des unités.*

En effet, tout nombre entier, plus grand que 10, peut être considéré comme la somme de deux nombres entiers : dizaines et unités. Ainsi, $65 = 60 + 5 = 6$ dizaines $+ 5$ unités, et, par conséquent,

$$(60+5)^3 = 60^3 + 3 \times 60^2 \times 5 + 3 \times 60 \times 5^2 + 5^3 \, (^*).$$

Corollaire II. — *La différence des cubes de deux nombres entiers consécutifs est égale à trois fois le carré du plus petit nombre, plus trois fois ce nombre plus 1.*

Ainsi, on a pour les cubes de 15 et de 16 ou $15+1$,

1° 15^3

2° $(15+1)^3 = 15^3 + 3(15^2 \times 1) + 3(15 \times 1^2) + 1^3$
$$= 15^3 + 3 \times 15^2 + 3 \times 15 + 1^3.$$

Donc la différence entre le cube de 15 et de 16 est

$$3 \times 15^2 + 3 \times 15 + 1,$$

ou la différence annoncée.

_____

$(^*)$ Si l'on divise la seconde partie par 3 fois le carré des dizaines, on trouve pour quotient le chiffre des unités :

$$\frac{3 \times 60^2 \times 5}{3 \times 60^2} = 5.$$

RACINE CUBIQUE D'UN NOMBRE ENTIER

329. 1er Cas. — *Le nombre donné est moindre que* 1000.

Exemple. — Soit à extraire la racine cubique de 372.

Ce nombre étant moindre que 1000, sa racine sera moindre que 10, comme on doit savoir de mémoire les cubes des 9 premiers nombres, 1 trouve de suite que la racine cubique de 372 est 7, à moins d'une lité près, car 372 étant compris entre 343 et 512, sa racine est com-ise entre 7 et 8, elle est par conséquent 7, à moins d'une unité près : reste est 372 — 343 = 29.

330. 2e Cas. — *Le nombre donné est plus grand que* 1000.

Exemple I. — Soit à extraire la racine cubique de 84947.

Ce nombre étant plus grand que 1000, sa racine sera plus grande le 10. Or, il est évident que si l'on connaissait cette racine, en fai-nt le cube et ajoutant le reste, s'il y en a un, on retrouverait 84947. On peut donc regarder ce nombre comme composé des cinq parties livantes :

1° *Le cube des dizaines ;*
2° *Trois fois le carré des dizaines multiplié par les unités ;*
3° *Trois fois les dizaines multipliées par le carré des unités ;*
4° *Le cube des unités ;*
5° *Le reste, s'il y en a un.*

La première partie, *le cube des dizaines,* étant un nombre exact de lille, ne peut se trouver que dans les 84 mille du nombre proposé. éparant ces mille par un point, et extrayant la racine du plus grand abe contenu dans 84, on aura le chiffre des dizaines de la racine. En effet, ce chiffre ne peut être trop *faible,* car 84 mille peuvent ontenir, outre le cube des dizaines, quelques mille provenant des autres parties du cube et du reste, s'il y en a un. Il ne sera pas non lus trop *fort,* car alors la racine cubique de 84 mille, ou 84000, se-ait plus grande que celle de 84947, ce qui ne peut avoir lieu. Le hiffre des dizaines ne pouvant être ni trop fort ni trop faible sera xact.

$$
\begin{array}{r|l}
84.9\,47 & 43 \\
64 & \overline{} \\
\hline
209.47 & 3 \times 4^2 = 48 \\
155\,07 & 3 \times 40^2 = \ldots \quad 4800 \\
\hline
54\,40 & 3 \times 40 \times 3 = \ldots \quad 360 \\
& 3 \times 3 = \ldots \ldots \quad 9 \\
& \overline{} \\
& 5169 \\
& \times 3 \\
& \overline{} \\
& 15507
\end{array}
$$

Le plus grand cube contenu dans 84 est 64, dont la racine est 4.

On connaît les dizaines de la racine. Si du nombre proposé on retranche 64000, cube des dizaines, le reste ne renfermera plus que quatre parties, savoir :

Trois fois le carré des dizaines multiplié par les unités;
Trois fois les dizaines multipliées par le carré des unités;
Le cube des unités;
Le reste, s'il y en a un.

La première de ces trois parties (*trois fois le carré des dizaines multiplié par les unités*), étant le produit d'un nombre exact de centaines par des unités, donne un nombre exact de centaines, et, par suite, doit être contenu dans les 209 centaines du reste 20947, lesquelles peuvent être séparées par un point.

Mais dans ces 209 centaines, il peut encore se trouver des centaines provenant des autres parties qui viennent d'être indiquées : donc, en divisant 209 centaines par 3 fois le carré des dizaines, c'est-à-dire par 48 centaines, ou, ce qui revient au même, 209 par 48, on aura (page 156, note) le chiffre des unités, ou un chiffre trop fort. La division donne 4 pour quotient.

On voit si 4 est trop fort en l'essayant; pour cela deux méthodes se présentent : on peut faire le cube de 44 et voir si ce cube peut se retrancher de 84947, ou mieux profiter des calculs déjà faits et retrancher successivement de 84947 les parties dont se compose le cube de 44. Or

$$44^3 = (40+4)^3 = 40^3 + 3 \times 40^2 \times 4 + 3 \times 40 \times 4^2 + 4^3,$$

et comme on a déjà retranché 40^3 de 84949, il suffit de vérifier si l'on peut retrancher de 20947 la somme des trois autres parties.

Mais cette somme est

$$3 \times 40^2 \times 4 + 3 \times 40 \times 4^2 + 4^3 = (3 \times 40^2 + 3 \times 40 \times 4 + 4^2) \times 4.$$

Pour l'obtenir, on peut, par conséquent, ajouter : trois fois le carré des dizaines = 48 centaines = 4800, trois fois le produit des dizaines multiplié par les unités = 48 dizaines = 480 et le carré des unités ou 16, enfin multiplier cette somme par 4. Comme le produit 21184 ne peut se retrancher de 20947, on en conclut que le chiffre 4 est trop fort.

On essaye alors 3 de la même manière; la somme des trois parties étant 15507 peut se retrancher de 20947, et 3 est le chiffre des unités.

Ainsi, la racine du plus grand cube contenu dans 84947 est 43, et il reste 5440.

EXEMPLE II. — Soit à extraire la racine cubique de 597 160 714 912.

97.160.714.912	8421		
12	$3 \times 8^2 = 192$	$3 \times 84^2 = 21168\,(^*)$	$3 \times 842^2 = 2126892$
85 1.60			
80 7 04	$3 \times 80^2 = 19200$	$3 \times 840^2 = 2116800$	$3 \times 8420^2 = 212689200$
4 4 567.14	$3 \times 80 \times 4 = 960$	$3 \times 840 \times 2 = 5040$	$3 \times 8420 = 25260$
4 2 436 88	$4^2 = 16$	$2^2 = 4$	$1^2 = 1$
2 130 269.12	20176	2121844	212714461
2 127 144 61	$\times\ 4$	$\times\ 2$	$\times\ 1$
3 124 51	80704	4243688	212714461

Le cube des dizaines est contenu dans les mille de 597 160 714 912. Séparant ces mille par un point et extrayant la racine du plus grand cube contenu dans 597 160 714, on aura exactement les dizaines de la racine. On le prouve comme plus haut.

Le nombre 597 160 714 étant d'ailleurs plus grand que 1000 aura une racine plus grande que 10. Elle se composera par conséquent de dizaines et d'unités.

Le cube de ces nouvelles dizaines sera contenu dans les mille de 597 160 714. Séparant ces mille par un point, on aura à extraire la racine de 597160, opération que l'on connaît.

La racine cubique de 597160 est 84. Ce sont les dizaines de la racine de 597 160 714, et le nombre 4456713 ne contient plus que les trois parties du cube, et le reste, s'il y en a un.

En cherchant par le procédé connu le chiffre des unités de cette racine, on trouve 2 ; et alors la racine cubique de 597 160 714 est 842. Mais on peut considérer le nombre 842 comme représentant les dizaines de la racine du nombre 597 160 714 912.

Il ne reste plus qu'à chercher, toujours de la même manière, le chiffre des unités. Ce chiffre étant 1, la racine cubique du nombre proposé est 8421, et il reste 312451.

De tout ce qui précède, on peut conclure la règle suivante :

Règle. — *Pour extraire la racine cubique d'un nombre entier, on le partage en tranches de 3 chiffres, à partir de la droite, sauf à n'avoir qu'un ou deux chiffres dans la dernière tranche à gauche. On extrait (1er Cas) la racine de cette dernière tranche, ce qui donne le chiffre des plus hautes unités de la racine cherchée. On fait le cube de ce chiffre et on le soustrait de la dernière tranche à gauche.*

A la droite du reste on abaisse la tranche suivante, on sépare les deux premiers chiffres à droite du nombre ainsi obtenu et on divise la partie à gauche par trois fois le carré du chiffre déjà trouvé à la racine. Le quotient est le deuxième chiffre de la racine ou un chiffre trop fort. On essaye ce chiffre en formant les trois autres parties du cube, et la somme doit pouvoir être retranchée du nombre formé par le premier reste et

(*) Pour obtenir le produit de 3×84^2, on fera bien de multiplier d'abord 3 par 84, et non par 84^2, et ensuite le résultat par 84. Cette manière d'opérer a son avantage, puisque 3×84 se trouve dans le produit suivant : $3 \times 84 \times 2$.

la deuxième tranche. Si la soustraction est possible, le chiffre essayé est bon, si elle ne l'est pas, le chiffre est trop fort. On essaye alors le chiffre inférieur d'une unité.

Quand on a trouvé le second chiffre de la racine, on abaisse, à côté du deuxième reste, la troisième tranche. On sépare les deux premiers chiffres à droite du nombre ainsi obtenu, et on divise la partie à gauche par trois fois le carré du nombre déjà trouvé à la racine. Le quotient, après vérification, représente le troisième chiffre de la racine cherchée. On continue ainsi jusqu'à ce qu'on ait abaissé et employé toutes les tranches.

Remarque I. — Il y a évidemment autant de chiffres à la racine qu'il y a de tranches dans le nombre proposé.

Remarque II. — Dans le cas où l'une des divisions indiquées dans la règle précédente donne zéro pour quotient, c'est une preuve que la racine n'a pas d'unité de l'ordre correspondant. On met alors un zéro à la racine, et on abaisse une nouvelle tranche à côté du dernier reste, puis on continue l'opération à l'ordinaire.

Remarque III. — La crainte d'avoir à faire trop de tâtonnements en essayant le quotient, comme le prescrit la règle, peut conduire à placer à la racine et à essayer un chiffre trop faible : on verra qu'il est trop faible, lorsque le reste dépassera 3 fois le carré de la racine trouvée, plus 3 fois cette même racine.

En effet, si l'on avait, par exemple, 32 pour racine, et au moins $3 \times 32^2 + 3 \times 32 + 1$ pour reste, la racine serait trop faible d'une unité au moins; car (328, *Coroll. II*)

$$33^3 = 32^3 + 3 \times 32^2 + 3 \times 32 + 1.$$

Remarque IV. — Dans la pratique, on effectue en même temps les multiplications et les soustractions, comme dans la division.

331. Preuve. — Pour faire la preuve de l'opération, on fait le cube de la racine trouvée, à ce cube on ajoute le reste : on doit évidemment retrouver pour somme le nombre proposé.

CUBE ET RACINE CUBIQUE D'UNE FRACTION

332. Règle. — *On obtient le cube d'une fraction en élevant chacun de ses termes au cube.*

Ainsi, par exemple, le cube de

$$\frac{4}{5} = \frac{4^3}{5^3} = \frac{64}{125}.$$

En effet, on a

$$\left(\frac{4}{5}\right)^3 = \frac{4}{5} \times \frac{4}{5} \times \frac{4}{5} = \frac{4 \times 4 \times 4}{5 \times 5 \times 5} = \frac{64}{125}.$$

Remarque. — Pour élever au cube un nombre fractionnaire, on le met sous forme de fraction, et l'on applique la règle précédente.

333. Théorème I. — *Toute fraction irréductible a pour cube une autre fraction irréductible.*

Même démonstration qu'au n° 310.

334. Théorème II. — *Un nombre entier ne peut être le cube d'un nombre fractionnaire.*

Même démonstration qu'au n° 311.

335. Théorème III. — *Lorsque les deux termes d'une fraction irréductible ne sont pas des cubes parfaits, cette fraction n'est ni le cube d'un nombre entier ni celui d'un nombre fractionnaire.*

Même démonstration qu'au n° 312.

336. Théorème IV. — *La racine cubique, à moins d'une unité près, d'un nombre entier plus une fraction, est la même que celle de la partie entière de ce nombre.*

Ainsi, par exemple, la racine cubique de 86,725 à moins d'une unité près est la même que celle de 86, c'est-à-dire 4.

En effet, on a

$$4^3 = 64 < 86{,}725,$$

et $$5^3 = 125 > 86{,}725.$$

La racine cubique de 86,725 est, par conséquent, > 4 et < 5 ; donc elle est 4, à moins d'une unité près *par défaut*, et 5, à moins d'une unité près *par excès*.

De même la racine cubique de $\dfrac{347}{11} = 31 \dfrac{6}{11}$ est à moins d'une unité près celle de 31, c'est-à-dire 3.

En effet,

$$3^3 = 27 < 31 \frac{6}{11}$$

et $$4^3 = 64 > 31 \frac{6}{11}.$$

La racine est donc 3, à moins d'une unité près par défaut, et 4 à moins d'une unité, par excès.

EXTRACTION DE LA RACINE CUBIQUE D'UNE FRACTION

337. Règle. — *Pour extraire la racine cubique d'une fraction, on commence par rendre le dénominateur un cube parfait ; puis on extrait la racine cubique de chaque terme de la nouvelle fraction transformée.*

Cette règle est évidente puisqu'on obtient le cube d'une fraction en élevant au cube chacun de ses termes.

Exemple I. — *Les deux termes de la fraction proposée sont des cubes parfaits.*

Soit la fraction $\dfrac{64}{125}$.

$$\sqrt[3]{\frac{64}{125}} = \frac{\sqrt[3]{64}}{\sqrt[3]{125}} = \frac{4}{5}; \text{ car } \left(\frac{4}{5}\right)^3 = \frac{64}{125}.$$

EXEMPLE II. — *Le dénominateur seul est un cube parfait.*

Soit la fraction $\frac{180}{343}$;

La racine de 180 étant comprise entre 5 et 6, et celle de 343 étant 7, la racine cubique de $\frac{180}{343}$ est comprise entre $\frac{5}{7}$ et $\frac{6}{7}$; elle est donc $\frac{5}{7}$, à moins de $\frac{1}{7}$ près par défaut, et $\frac{6}{7}$, à moins de $\frac{1}{7}$ près par excès.

EXEMPLE III. — *Le dénominateur n'est pas un cube parfait.*

Soit la fraction $\frac{3}{5}$.

Il est évident qu'on peut rendre le dénominateur un cube parfait, en multipliant les deux termes de la fraction proposée par le carré du dénominateur lui-même.

Ainsi, on a :

$$\frac{3}{5} = \frac{3 \times 5^2}{5 \times 5^2} = \frac{75}{5^3},$$

d'où

$$\sqrt[3]{\frac{3}{5}} = \sqrt[3]{\frac{75}{5^3}} = \frac{4}{5}, \text{ à } \frac{1}{5} \text{ près.}$$

De même

$$\sqrt[3]{\frac{11}{24}} = \sqrt[3]{\frac{11 \times 24^2}{24^3}} = \frac{18}{24} = \frac{3}{4}, \text{ à } \frac{1}{24} \text{ près.}$$

Remarque I. — Pour ramener le dénominateur à être un cube parfait, on peut encore le décomposer en ses facteurs premiers; et l'on voit aisément par quels facteurs il faut multiplier les deux termes de la fraction pour que tous les exposants des facteurs premiers du dénominateur soient divisibles par 3.

Par exemple, on a :

$$\frac{11}{24} = \frac{11}{2^3 \times 3} = \frac{11 \times 3^2}{2^3 \times 3^3} = \frac{99}{2^3 \times 3^3},$$

d'où

$$\sqrt[3]{\frac{11}{24}} = \frac{\sqrt[3]{99}}{2 \times 3} = \frac{4}{6} = \frac{2}{3}, \text{ à } \frac{1}{6} \text{ près (*).}$$

En procédant ainsi, les calculs sont moins longs qu'en multipliant les deux termes de la fraction proposée par le carré de son dénominateur, mais on obtient une racine avec une approximation moins

_____

(*) 2×3 est bien la racine cubique de $2^2 \times 3^3$, car (62), on a $(2 \times 3)^3 = 2^3 \times 3^3$.

grande. Car, par le premier procédé, on a obtenu la racine de $\frac{11}{24}$

à $\frac{1}{24}$ près, et par le second à $\frac{1}{6}$ près seulement.

Remarque II. — Avant d'extraire la racine cubique d'une fraction, on doit toujours rendre le dénominateur un cube parfait.
Même démonstration qu'au n° 314.

338. Nombre fractionnaire. — Pour extraire la racine cubique d'un nombre fractionnaire, on le met sous forme de fraction, et l'on applique la règle générale.

CUBE ET RACINE CUBIQUE D'UN NOMBRE DÉCIMAL

339. — Il n'existe aucune difficulté pour élever au cube un nombre décimal. Nous ferons remarquer seulement que le cube d'un nombre décimal contient toujours un nombre triple de chiffres décimaux que le nombre proposé; car le cube d'un nombre terminé par un chiffre significatif n'est jamais terminé par un zéro (326) : donc un nombre décimal terminé par un ou deux zéros, ou contenant un nombre de chiffres décimaux qui n'est pas divisible par 3, ne peut être un cube parfait.

RACINE CUBIQUE D'UN NOMBRE DÉCIMAL

340. Règle. — *Pour extraire la racine cubique d'un nombre décimal, on ajoute un ou deux zéros à droite, afin de rendre le nombre de ses chiffres décimaux divisibles par 3; on supprime la virgule, et l'on extrait, à moins d'une unité, la racine du nombre entier ainsi obtenu; puis on sépare, sur la droite de la racine, trois fois moins de chiffres décimaux que n'en avait le nombre proposé complété par un ou deux zéros, et l'on a ainsi la racine à moins d'une unité du dernier ordre.*

En effet, soit le nombre décimal 596,947578, on a :

$$596{,}947578 = \frac{596947578}{1\,000\,000} = \frac{596947578}{100^3} \; ;$$

d'où $\sqrt[3]{596{,}947578} = \sqrt[3]{\dfrac{596947578}{100^3}} = \dfrac{841}{100} = 8{,}41$ à moins de $\dfrac{1}{100}$

près.

Cette opération justifie la règle.

Soit, pour second exemple, le nombre décimal 596,9475, on a :

$$596{,}9475 = 596{,}947500 = \frac{596947500}{100^3} \; ;$$

d'où $\sqrt[3]{596,9475} = \sqrt[3]{\dfrac{596947500}{100^3}} = \dfrac{841}{100} = 8,41$ à moins de $\dfrac{1}{100}$ près.

RACINE CUBIQUE PAR APPROXIMATION

341. Définition. — On appelle racine cubique d'un nombre quelconque à moins de $0,1$ $0,01\ldots \dfrac{1}{7},\ \dfrac{1}{20}\ \ldots$ par défaut, le plus grand nombre de dixièmes, de centièmes.... de septièmes, de vingtièmes..... dont le cube soit contenu dans le nombre proposé.

Ainsi la racine cubique de 2 à 0,01 près par défaut est 1,25, et 1,26 par excès; car, on a :

$$(1,25)^3 = 1,953125 < 2,$$
$$(1,26)^3 = 2,000376 > 2.$$

De même la racine cubique de $\dfrac{41}{125}$ est $\dfrac{3}{5}$, à $\dfrac{1}{5}$ près par défaut, et $\dfrac{4}{5}$ à $\dfrac{1}{5}$ près par excès; car on a :

$$\left(\dfrac{3}{5}\right)^3 = \dfrac{27}{125} < \dfrac{41}{125},$$
$$\left(\dfrac{4}{5}\right)^3 = \dfrac{64}{125} > \dfrac{41}{125}.$$

342. Règle. — *Pour trouver la racine cubique d'un nombre donné quelconque, entier ou fractionnaire, à un degré d'approximation marqué par une fraction ayant l'unité pour numérateur, on multiplie le nombre donné par le cube du dénominateur de cette fraction; on extrait la racine du produit à moins d'une unité près, et enfin on divise le résultat par ce même dénominateur.*

En effet, soit à trouver $\sqrt[3]{7}$ à moins de $\dfrac{1}{1000}$ près. On a :

$$7 = \dfrac{7 \times 1000^3}{1000^3} = \dfrac{7000000000}{1000^3},$$

d'où $\sqrt[3]{7} = \sqrt[3]{\dfrac{7000000000}{1000^3}} = \dfrac{1912}{1000} = 1,912$ à moins de $\dfrac{1}{1000}$ près.

La règle se trouve justifiée par ces calculs.

Soit, pour second exemple, à extraire à moins de $\dfrac{1}{100}$ près la racine de 74,87567832; on a :

$$74,87567832 = \dfrac{74875678,32}{100^3}.$$

La racine cubique (336) du numérateur est, à moins d'une·unité près, la même que celle de 74875678, c'est-à-dire 421, à moins d'une unité près; donc

$$\sqrt[3]{\frac{74875678}{100^3}} = \frac{421}{100} = 4,21, \text{ à moins de } \frac{1}{100} \text{ près.}$$

Soit, pour troisième exemple, à trouver $\sqrt[3]{8 + \frac{4}{23}}$, à moins de $\frac{1}{1000}$ près; on a :

$$8 + \frac{4}{23} = \frac{188}{23} = \frac{\frac{188}{23} \times 1000^3}{1000^3} = \frac{8173913043 + \frac{11}{23}}{1000^3}.$$

Or, la racine de $8173913043\frac{11}{23}$, à moins d'une unité près, est 2014; donc on a :

$$\sqrt[3]{\frac{8173913043 + \frac{11}{23}}{1000^3}} = \frac{2014}{1000} = 2,014, \text{ à moins de } \frac{1}{1000} \text{ près.}$$

Soit, pour dernier exemple, à trouver $\sqrt[3]{3\frac{2}{7}}$ à moins de $\frac{1}{30}$ près; on a :

$$3\frac{2}{7} = \frac{23}{7} = \frac{\frac{23}{7} \times 30^3}{30^3} = \frac{88714 + \frac{2}{7}}{30^3}.$$

Or, $\sqrt[3]{88714 + \frac{2}{7}} = 44$, à moins d'une unité près,

donc $\sqrt[3]{\frac{88714 + \frac{2}{7}}{30^3}} = \frac{44}{30}$, à moins de $\frac{1}{30}$ près.

Remarque. — Dans la pratique on demande le plus ordinairement la racine à moins de $\frac{1}{10}, \frac{1}{100}, \frac{1}{1000}$..... près.

La règle précédente peut alors se modifier ainsi :

Règle. — *Pour extraire à moins de* $\frac{1}{10}, \frac{1}{100}, \frac{1}{1000}$..... *la racine cubique d'un nombre quelconque, on évalue ce nombre en décimales, en ayant soin de lui donner un nombre de chiffres décimaux triple de celui qu'on veut avoir à la racine; on extrait la racine cubique du nombre décimal comme s'il était entier; puis on sépare, sur la droite de cette racine, le nombre de chiffres indiqués par l'approximation.*

343. Racine cubique incommensurable. — On appelle ainsi la racine cubique d'un nombre qui n'est pas un cube parfait.

344. Théorème. — *Une racine cubique incommensurable est la limite commune vers laquelle convergent d'un côté ses valeurs approchées par défaut et de l'autre ses valeurs appochées par excès à moins de 0,1, 0,01, 0,001..... près.*

Ainsi, on peut considérer $\sqrt[3]{3}$ comme la limite des valeurs

$$1,4,\ 1,44,\ 1,442.....$$

approchées par défaut à moins de

$$0,1\ \ 0,01,\ \ 0,001\ \text{près.}$$

et des valeurs

$$1,5,\ 1,45,\ 1,443.....$$

approchées par excès, également à moins de 0,1, 0,01, 0,001 près.

Démonstration analogue à celle du n° 321.

ERREURS RELATIVES DANS LA RACINE CUBIQUE

345. — Par analogie à ce qui a été dit sur la racine carrée :

1° *L'erreur relative du cube d'un nombre approché est sensiblement le triple de l'erreur relative de ce nombre.*

2° *Réciproquement, l'erreur relative de la racine cubique d'un nombre approché est sensiblement le tiers de l'erreur relative de ce nombre.*

346. Règle. — *Pour obtenir à la racine cubique d'un nombre un certain nombre de chiffres exacts, il suffit d'en connaître un de plus au nombre proposé, s'il commence par un chiffre inférieur à 4, et autant qu'on en veut avoir à la racine, s'il commence par 4 ou un chiffre supérieur à 4.*

Ainsi, la racine cubique de 3,14159... aura 5 chiffres exacts.

Même démonstration que pour la racine carrée.

EXERCICES

SUR LA RACINE CUBIQUE

289. Extraire les racines cubiques des nombres :
50 653, 157 464, 226 981.

290. Extraire les racines cubiques des nombres :
884 736, 1 860 867.

291. Extraire les racines cubiques des nombres :
143 877 824, 733 870 808.

292. Trouver, à une unité près, les racines cubiques des nombres :

$$51\,276\,838\,501,\ 12\,406\,605\,504.$$

293. Trouver, à une unité près, la racine cubique de $61\,758\,564\,934\,450$.

294. Calculer, à 0,0001 près : $\sqrt[3]{2},\ \sqrt[3]{3}.$

295. Calculer, à 0,0001 près : $\sqrt[3]{4},\ \sqrt[3]{5}.$

296. Calculer, à $\dfrac{1}{15}$ près : $\sqrt[3]{\dfrac{7}{25}}.$

297. Calculer, à $\dfrac{1}{9}$ près : $\sqrt[3]{\dfrac{2}{5}}.$

298. Trouver les arêtes des cubes dont les volumes sont

$$0^{mc},091125,\ 0^{mc},000003375.$$

299. Trouver un nombre tel que son carré, multiplié par le cinquième de ce nombre, produise 675.

300. La différence entre les cubes de deux nombres entiers consécutifs est 4219. On demande ces nombres.

301. La différence entre deux cubes consécutifs est un multiple de 6 augmenté de 1.

302. Un cube terminé par 5 a pour chiffre des dizaines 2 ou 7.

303. Quelles sont les dimensions du double décalitre, sa hauteur étant égale à son diamètre ?

CHAPITRE III

NOMBRES INCOMMENSURABLES

CALCUL DES RADICAUX

347. — On sait que, pour mesurer une grandeur, il faut chercher une commune mesure entre cette grandeur et l'unité. Par exemple, si la commune mesure est contenue 12 fois dans l'unité et 5 fois dans la grandeur à mesurer. Cette grandeur égalant 5 fois le douzième de l'unité sera représentée par $\dfrac{5}{12}$.

Or, il arrive bien souvent qu'il n'existe aucune grandeur, si petite qu'on puisse la supposer, qui soit contenue exactement dans la grandeur à mesurer et l'unité : on dit alors que la grandeur et l'unité n'ont pas de commune mesure, ou que la grandeur est *incommensurable*; et comme il est impossible de mesurer exactement de pareilles grandeurs, on les évalue avec une approximation plus ou moins grande, selon les besoins.

Si l'on suppose, par exemple, l'unité partagée en 1000 parties égales, et que la grandeur à mesurer contienne 825 de ces parties avec un reste plus petit que l'une des parties, la grandeur sera plus grande que $\dfrac{825}{1000}$ et plus petite que $\dfrac{826}{1000}$. Donc l'une ou l'autre de ces fractions représente la grandeur avec une erreur moindre que 1 millième.

Il est évident qu'on obtiendrait la valeur de la grandeur avec une erreur d'autant moindre que l'unité serait partagée en un plus grand nombre de parties égales.

On appelle *nombre incommensurable* le nombre fractionnaire qui représente une grandeur incommensurable, avec une approximation aussi grande que l'on veut.

On trouve en géométrie plusieurs exemples de grandeurs incommensurables. Ainsi, en représentant par 1 le côté d'un carré, la diagonale est représentée par $\sqrt{2}$. De même, le rayon d'un cercle étant 1, le côté du triangle équilatéral inscrit est $\sqrt{3}$.

OPÉRATIONS SUR LES NOMBRES INCOMMENSURABLES

348. — Les nombres incommensurables, étant des nombres fractionnaires approchés, les opérations s'effectuent comme sur les nombres fractionnaires, et, par suite, ne présentent aucune difficulté. D'ailleurs ces nombres fractionnaires, pouvant approcher, autant qu'on le veut, des grandeurs qu'ils mesurent, les résultats des opérations pourront eux-mêmes approcher, autant qu'on le voudra, des véritables résultats.

Calcul des radicaux.

349. Racine. — On appelle en général *racine* 2e, ou 3e, ou 4e,.... d'un nombre un second nombre *commensurable* ou *incommensurable* qui, élevé à la 2e, ou à la 3e, ou à la 4e,..... puissance, reproduit le nombre proposé.

350. Indice. — On appelle *indice* du radical le chiffre qui indique le degré de la racine à extraire.

Ainsi le symbole $\sqrt[6]{542}$ indique qu'on doit extraire la racine 6e de 542. Le chiffre 6 est l'indice de la racine. On sait déjà que l'indice s'omet pour la racine carrée.

351. Radicaux semblables. — On appelle ainsi les radicaux qui contiennent les mêmes facteurs sous le radical. Les radicaux semblables ne peuvent donc différer que par leurs signes et par leurs coefficients(*). Ainsi $4\sqrt{2}$ et $3\sqrt{2}$ sont des radicaux semblables.

Il en est de même de $6\sqrt[3]{4}$ et de $\frac{1}{3}\sqrt[3]{4}$. Mais $3\sqrt{5}$ et $3\sqrt{2}$ ne sont pas des radicaux semblables.

Addition et Soustraction.

352. — Ces deux opérations ne peuvent que s'indiquer, si les radicaux ne sont pas semblables. Si les radicaux sont semblables, elles donnent lieu à des réductions, et par suite à des simplifications de calcul.

353. — **Addition.** — Exemple I. Ajouter $\sqrt{2}$ et $\sqrt{5}$: la somme est $\sqrt{2} + \sqrt{5}$.

(*) Le coefficient d'une quantité est le multiplicateur de cette quantité : ainsi, dans $4\sqrt{2}$, le chiffre 4 est le coefficient de $\sqrt{2}$.

La somme approchée ne pourrait donc s'obtenir qu'en calculant d'abord la racine carrée de 2 et ensuite celle de 5.

Ex. II. Ajouter $3\sqrt{5}$ et $\sqrt{5}$.

La somme est $3\sqrt{5} + \sqrt{5} = 4\sqrt{5}$.

354. Soustraction. — Exemple I. Soustraire $\sqrt{2}$ de $\sqrt{5}$.

La différence est $\sqrt{5} - \sqrt{2}$.

Ex. II. Soustraire $\dfrac{3}{4}\sqrt{5}$ de $\sqrt{5}$.

La différence est $\sqrt{5} - \dfrac{3}{4}\sqrt{5} = \dfrac{1}{4}\sqrt{5}$.

355. Multiplication. — *Le produit de plusieurs radicaux de même indice est égal à la racine du produit des quantités placées sous les radicaux.*

Ainsi on aura $\sqrt[4]{7} \times \sqrt[4]{3} \times \sqrt[4]{2} = \sqrt[4]{7 \times 3 \times 2}$.

En effet, si l'on élève chaque membre à la 4e puissance, on a (62) :

$$\left(\sqrt[4]{7}\right)^4 \times \left(\sqrt[4]{3}\right)^4 \times \left(\sqrt[4]{2}\right)^4 = \left(\sqrt[4]{7 \times 3 \times 2}\right)^4$$

Ou (*) $\qquad\qquad 7 \times 3 \times 2 = 7 \times 3 \times 2$

L'égalité a lieu après cette opération donc elle existait avant.

Remarque. — On peut *faire sortir un facteur du radical,* ou l'inverse, *faire passer un facteur sous le radical,* ou encore réduire plusieurs extractions de racines à une seule, et par là obtenir le résultat plus promptement et plus exactement.

Ex. I. $\sqrt{48} = \sqrt{16 \times 3} = \sqrt{16} \times \sqrt{3} = 4\sqrt{3}$.

Ex. II. $\sqrt[3]{54} = \sqrt[3]{27 \times 2} = \sqrt[3]{27} \times \sqrt[3]{2} = 3\sqrt[3]{2}$.

Ex. III. $\sqrt{27} \times \sqrt{3} = \sqrt{81} = 9$.

Ex. IV. $\sqrt{8} \times \sqrt{5} = \sqrt{40}$.

Ex. V. $\sqrt{24} + \sqrt{54} = 2\sqrt{6} + 3\sqrt{6} = 5\sqrt{6} = \sqrt{150}$.

Avant d'extraire une racine, il est utile de faire passer un facteur sous le radical pour ne pas multiplier par un facteur extérieur l'erreur commise dans l'extraction de la racine. Ainsi, dans l'exemple V, les deux racines à extraire équivalent à $5\sqrt{6}$, expression qui n'exige plus qu'une racine ; mais l'erreur commise sur $\sqrt{6}$ devant être répétée 5 fois, si l'on voulait obtenir $5\sqrt{6}$ à moins de 0,001 près, il faudrait calculer $\sqrt{6}$ avec 4 décimales, tandis que si l'on calcule $\sqrt{150}$ avec 3 décimales seulement, on aura le résultat à 0,001 près.

356. Division. — *Le quotient de la division de 2 racines est égal à la racine du quotient des quantités qui sont sous les radicaux.*

Ainsi, par exemple,

$$\frac{\sqrt[3]{30}}{\sqrt[3]{87}} = \sqrt[3]{\frac{30}{87}}$$

Cette égalité existe, puisque, pour extraire une racine d'une fraction, on extrait la racine de chacun de ses termes : de sorte que

$$\sqrt[3]{\frac{30}{87}} = \frac{\sqrt[3]{30}}{\sqrt[3]{87}}$$

(*) La 4e puissance de $\sqrt[4]{7}$ est bien 7, puisque la racine 4e de 7 est $\sqrt[4]{7}$.

Remarque. — Ce qui vient d'être dit sur la division des radicaux permet de faire diverses transformations qui abrègent les calculs.

Ainsi, par exemple,

$$\frac{\sqrt{5}}{\sqrt{7}} = \sqrt{\frac{5}{7}} \text{, ou encore } \frac{\sqrt{5}}{\sqrt{7}} = \frac{\sqrt{5} \times \sqrt{7}}{\sqrt{7} \times \sqrt{7}} = \frac{\sqrt{35}}{7}.$$

Les transformations analogues aux précédentes présentent deux avantages : Le premier, c'est de remplacer deux extractions de racine par une seule. Dans l'exemple ci-dessus, on a remplacé $\frac{\sqrt{5}}{\sqrt{7}}$ par $\sqrt{\frac{5}{7}}$ ou encore par $\frac{\sqrt{35}}{7}$.

Le second avantage, bien plus important, c'est qu'on a substitué à un diviseur $\sqrt{7}$ incommensurable un diviseur 7 commensurable, et que, par conséquent, la division, dans le premier cas, peut être plus ou moins longue, selon le degré d'approximation que l'on désire, tandis qu'elle sera toujours facile dans le second.

$$\text{Ex. I. } \frac{12}{\sqrt{5}} = \frac{12\sqrt{5}}{\sqrt{5} \times \sqrt{5}} = \frac{\sqrt{144 \times 5}}{5} = \frac{\sqrt{720}}{5}$$

$$\text{Ex. II. } \frac{2}{\sqrt[3]{3}} = \frac{2\sqrt[3]{9}}{\sqrt[3]{3} \times \sqrt[3]{9}} = \frac{\sqrt[3]{8 \times 9}}{3} = \frac{\sqrt[3]{72}}{3}.$$

$$\text{Ex. III. } \frac{5}{3 - \sqrt{2}} = \frac{5 \times (3 + \sqrt{2})}{(3 - \sqrt{2}) \times (3 + \sqrt{2})} = \frac{15 + 5\sqrt{2}}{9 - 2} = \frac{15 + \sqrt{50}}{7}.$$

RACINES QUI PEUVENT SE RAMENER A DES EXTRACTIONS SUCCESSIVES DE RACINES CARRÉES

357. — Lorsque l'indice d'une racine est une puissance de 2, on peut obtenir cette racine à l'aide d'une suite d'extractions de racines carrées.

Ainsi, par exemple, la racine 4e de 5832 peut s'obtenir à l'aide de deux extractions successives de racines carrées, parce que $4 = 2^2$.

En effet, on a bien

$$\sqrt[4]{5832} = \sqrt{\sqrt{5832}}.$$

Car, si on élève le second membre à la 4e puissance, on retrouve le nombre proposé 5832. On élève d'abord à la 2e, puis le résultat à la 2e. Or

$$\left(\sqrt{\sqrt{5832}}\right)^2 = \sqrt{5832}$$

et $\qquad \left(\sqrt{5832}\right)^2 = 5832.$

Donc enfin $\sqrt{\sqrt{5832}}$ exprime la racine 4e de 5832.

On prouverait de même que

$$\sqrt[8]{826545} = \sqrt{\sqrt{\sqrt{826545}}}.$$

RACINES QUI PEUVENT SE RAMENER A DES EXTRACTIONS SUCCESSIVES DE RACINES CUBIQUES

358. — Lorsque l'indice d'une racine est une puissance de 3, on peut obtenir cette racine à l'aide d'une suite d'extractions de racines cubiques.

Ainsi, par exemple, la racine 9ᵉ d'un nombre peut s'obtenir à l'aide de deux extractions successives de racines cubiques, parce que $9 = 3^2$.

Démonstration analogue à celle qui vient d'être donnée pour la racine carrée.

RACINES QUI PEUVENT S'EXTRAIRE A L'AIDE DE LA RACINE CARRÉE ET CUBIQUE

359. — Lorsque l'indice d'une racine ne contient que les facteurs premiers 2 et 3, on peut extraire la racine à l'aide de racines carrées et cubiques.

Ainsi, par exemple, la racine 6ᵉ d'un nombre s'obtiendra en extrayant d'abord la racine carrée du nombre proposé, et ensuite la racine cubique du résultat.

La démonstration est analogue à celle du n° 357.

Ces procédés étant d'ailleurs très-longs, ne sont presque jamais employés ; on leur préfère l'emploi des logarithmes.

EXERCICES

SUR LES NOMBRES INCOMMENSURABLES

304. Faire le carré de $3 + \sqrt{5}$, de $4 - \sqrt{7}$, de $5 - 3\sqrt{11}$.

305. On sait que $\sqrt{2} = 1,414$: on demande d'en déduire $\sqrt{450}$.

306. Simplifier l'expression $\sqrt{48} + \sqrt{75} + \sqrt{363}$.

307. Simplifier l'expression $\sqrt{50} + \sqrt{72} + 5\sqrt{18}$.

308. Simplifier l'expression $\frac{2}{3}\sqrt{20} + \frac{3}{4}\sqrt{45} - \frac{7}{12}\sqrt{5}$.

309. Calculer la racine 4ᵉ de 256.

310. Faire le cube de $2 + \sqrt{3}$ et de $1 + \sqrt{5}$.

311. Faire le cube de l'expression $\sqrt{2} + \sqrt{5}$.

312. Démontrer l'égalité des expressions $1 + \sqrt{2}$ et $\dfrac{\sqrt{2}}{2 - \sqrt{2}}$.

313. Extraire la racine carrée de $7 + 4\sqrt{3}$.

314. Extraire la racine carrée de $7 + 2\sqrt{10}$.

315. Calculer, à moins de 0,01 près, la valeur de la fraction $\dfrac{3}{\sqrt{5}}$.

316. Calculer, à moins de 0,01 près, la valeur de $\dfrac{\sqrt{2}}{\sqrt{5} - \sqrt{3}}$.

LIVRE VI

CHAPITRE I

RAPPORTS

360. Rapport de deux grandeurs. — *On appelle rapport de deux grandeurs de même espèce le nombre qui exprime comment la première est composée avec la seconde*(*).

Dire, par exemple, que le rapport de deux grandeurs est 5, c'est dire que la 1ʳᵉ est composée de 5 fois la seconde, ou, en d'autres termes, qu'elle est 5 fois plus grande. De même, dire que le rapport de deux grandeurs est $\frac{7}{8}$, c'est dire que la première est composée de 7 fois le $\frac{1}{8}$ de la seconde, ou qu'elle vaut les 7 huitièmes de la seconde.

361. — *Pour obtenir le rapport de deux grandeurs mesurées avec la même unité, il suffit de diviser l'un par l'autre les résultats des deux mesures.*

Soient deux longueurs AB, CD : la première ayant 4ᵐ et la seconde 7ᵐ, le rapport de ces deux longueurs sera $\frac{4}{7}$.

En effet, puisque la seconde longueur vaut 7 mètres, le mètre en est la 7ᵉ partie, et comme la première contient 4 mètres, elle sera composée de quatre fois le $\frac{1}{7}$ et vaudra, par conséquent, les $\frac{4}{7}$ de la seconde. Donc le rapport des deux longueurs est bien $\frac{4}{7}$.

Au lieu de mesurer les deux grandeurs avec le mètre, on aurait pu

---

(*) En général, on appelle rapport le résultat de la comparaison de deux grandeurs de la même espèce. Or, quand on compare deux grandeurs quelconques, c'est pour savoir de combien l'une surpasse l'autre, ou combien l'une contient l'autre. Dans le 1ᵉʳ cas, on a un rapport par *différence* ou *arithmétique;* dans le second, un rapport par *quotient* ou *géométrique*, ou plus simplement encore un *rapport.* Ainsi, le rapport par différence de 12 à 4 est $12 - 4 = 8$, et le *rapport* des deux mêmes nombres est $\frac{12}{4}$, ou 3. Vu le peu d'applications des rapports par différence, on ne traite en arithmétique que des rapports proprement dits.

rendre une unité quelconque, le décimètre, par exemple; on aurait trouvé 40^{dm} pour la première longueur et 70 pour la seconde : de sorte que le rapport des deux longueurs eût été $\frac{40}{70}$, ou encore $\frac{4}{7}$.

Le choix de l'unité étant arbitraire, on peut prendre la seconde grandeur proposée pour unité. Voilà pourquoi *on appelle encore rapport de deux grandeurs de même espèce le nombre qui exprime la mesure de la première lorsqu'on prend la seconde pour unité.*

Si, par exemple, la première grandeur contient trois fois la seconde, le rapport est 3.

Remarque. — On a supposé, dans tout ce qui précède, que les grandeurs proposées ont une commune mesure, et on sait qu'il existe des grandeurs incommensurables entre elles (347); dans ce cas, le rapport des grandeurs n'est qu'approché; mais le degré d'approximation pourra être poussé aussi loin qu'on voudra. De sorte que *le rapport de deux grandeurs incommensurables est la limite du rapport de deux grandeurs commensurables entre elles, et approchées autant qu'on le veut des deux proposées.*

362. **Rapport de deux nombres.** — Par analogie au rapport de deux grandeurs quelconques de même espèce, *on appelle rapport de deux nombres le quotient évalué en nombre, de la division du premier par le second.*

Pour indiquer le rapport de deux nombres, il suffit donc de les séparer par le signe de la division. Ainsi les rapports de 3 à 4, de $\frac{3}{5}$ à $7\frac{2}{3}$, de 1 à $\sqrt{3}$ s'écrivent :

$$3 : 4 ; 6\frac{3}{5} : 7\frac{2}{3} ; 1 : \sqrt{3},$$

ou plus généralement :

$$\frac{3}{4} \quad ; \quad \frac{6\frac{3}{5}}{7\frac{2}{3}} \quad ; \quad \frac{1}{\sqrt{3}}.$$

Les nombres qui composent un rapport en sont les *termes.*

363. **Rapports inverses.** — Deux rapports sont *inverses* ou *réciproques* lorsqu'ils ont les mêmes termes, mais écrits dans un ordre différent : $\frac{3}{4}$ et $\frac{4}{3}$ sont des rapports inverses. Le produit de deux rapports inverses est égal à l'unité, car on a $\frac{3}{4} \times \frac{4}{3} = \frac{3 \times 4}{4 \times 3} = 1.$

PROPRIÉTÉS DES RAPPORTS

364. — Les rapports se présentent sous forme de fractions, mais les numérateurs et les dénominateurs de ces fractions ne sont pas tou-

jours, comme dans les fractions ordinaires, des nombres entiers : ils peuvent être fractionnaires ou incommensurables.

Il y a donc lieu de démontrer que ces rapports jouissent bien des mêmes propriétés que les fractions ordinaires.

365. Théorème. — *La valeur d'un rapport ne change pas, lorsqu'on multiplie ou divise ses deux termes par un même nombre entier ou fractionnaire.*

Soit le rapport $\dfrac{\frac{4}{5}}{\frac{6}{7}}$. Il s'agit de démontrer, par exemple, que

$$\frac{\frac{4}{5}}{\frac{6}{7}} = \frac{\frac{4}{5} \times \frac{2}{3}}{\frac{6}{7} \times \frac{2}{3}}.$$

En effet, si l'on effectue la division indiquée dans le premier membre, on a (166) :

$$\frac{\frac{4}{5}}{\frac{6}{7}} = \frac{4}{5} \times \frac{7}{6} = \frac{4 \times 7}{5 \times 6}.$$

De même, le second membre donne

$$\frac{\frac{4}{5} \times \frac{2}{3}}{\frac{6}{7} \times \frac{2}{3}} = \frac{\frac{4 \times 2}{5 \times 3}}{\frac{6 \times 2}{7 \times 3}} = \frac{4 \times 2}{5 \times 3} \times \frac{7 \times 3}{6 \times 2} = \frac{4 \times 2 \times 7 \times 3}{5 \times 3 \times 6 \times 2} = \frac{4 \times 7}{5 \times 6}.$$

Les deux membres ont donc l'un et l'autre pour valeur $\dfrac{4 \times 7}{5 \times 6}$, donc ils sont égaux, et le théorème est démontré.

La démonstration eût été la même si, au lieu de multiplier, on avait divisé les deux termes du rapport proposé par un même nombre.

Corollaire I. — *On peut simplifier un rapport comme on simplifie une fraction et, par suite, supprimer les facteurs communs à son numérateur et à son dénominateur.*

Corollaire II. — *On peut réduire plusieurs rapports au même dénominateur en suivant la marche indiquée (149) pour les fractions ordinaires,* puisque la réduction des fractions ordinaires au même dénominateur repose sur le théorème qui vient d'être démontré.

366. Addition des rapports. Règle. — *On réduit d'abord les rapports au même dénominateur. On fait la somme des numérateurs et on lui donne pour dénominateur le dénominateur commun.*

On aura, par exemple :

$$\frac{\dfrac{3,5}{6}}{\dfrac{7}{8}} + \frac{\dfrac{0,5}{4}}{\dfrac{7}{8}} = \frac{\dfrac{3,5}{6} + \dfrac{0,5}{4}}{\dfrac{7}{8}}$$

En effet, le premier membre donne successivement (166):

$$\frac{\dfrac{3,5}{6}}{\dfrac{7}{8}} + \frac{\dfrac{0,5}{4}}{\dfrac{7}{8}} = \frac{3,5 \times 8}{6 \times 7} + \frac{0,5 \times 8}{4 \times 7} = \frac{3,5 \times 8 \times 4}{6 \times 7 \times 4} + \frac{0,5 \times 8 \times 6}{4 \times 7 \times 6}$$

$$= \frac{3,5 \times 8 \times 4 + 0,5 \times 8 \times 6}{6 \times 7 \times 4}$$

Le second membre donne :

$$\frac{\dfrac{3,5}{6} + \dfrac{0,5}{4}}{\dfrac{7}{8}} = \frac{\dfrac{3,5 \times 4}{6 \times 4} + \dfrac{0,5 \times 6}{6 \times 4}}{\dfrac{7}{8}} = \frac{\dfrac{3,5 \times 4 + 0,5 \times 6}{6 \times 4}}{\dfrac{7}{8}}$$

$$= \frac{3,5 \times 4 + 0,5 \times 6}{6 \times 4} \times \frac{8}{7} = \frac{3,5 \times 4 \times 8 + 0,5 \times 6 \times 8}{\times 4 \times 7}.$$

Les deux membres ont donc l'un et l'autre la même valeur, donc ils sont égaux.

367. Soustraction des rapports. Règle. — *On réduit d'abord les deux rapports au même dénominateur, puis on prend la différence des numérateurs, et enfin on donne au résultat pour dénominateur le dénominateur commun.*

Même démonstration que pour l'addition.

368. Multiplication des rapports. Règle. — *On multiplie les numérateurs entre eux et les dénominateurs entre eux.*

On aura, par exemple :

$$\frac{\dfrac{3}{5}}{\dfrac{2}{7}} \times \frac{\dfrac{4}{9}}{\dfrac{6}{11}} = \frac{\dfrac{3}{5} \times \dfrac{4}{9}}{\dfrac{2}{7} \times \dfrac{6}{11}}$$

En effet, le premier membre donne successivement :

$$\frac{\dfrac{3}{5}}{\dfrac{2}{7}} \times \frac{\dfrac{4}{9}}{\dfrac{6}{11}} = \frac{3}{5} \times \frac{7}{2} \times \frac{4}{9} \times \frac{11}{6} = \frac{3 \times 7 \times 4 \times 11}{5 \times 2 \times 9 \times 6}.$$

Le second membre donne :

$$\frac{\dfrac{3}{5} \times \dfrac{4}{9}}{\dfrac{2}{7} \times \dfrac{6}{11}} = \frac{\dfrac{3 \times 4}{5 \times 9}}{\dfrac{2 \times 6}{7 \times 11}} = \frac{3 \times 4}{5 \times 9} \times \frac{7 \times 11}{2 \times 6} = \frac{3 \times 4 \times 7 \times 11}{5 \times 9 \times 2 \times 6}.$$

Les deux membres ont donc l'un et l'autre la même valeur, donc ils sont égaux.

La démonstration eût été la même si, au lieu de deux rapports, on en avait pris un plus grand nombre.

369. Division des rapports. Règle. — *On multiplie le premier par le second renversé.*

On aura par exemple :

$$\frac{\dfrac{3}{4}}{\dfrac{5}{9}} : \frac{\dfrac{2}{7}}{\dfrac{8}{9}} = \frac{\dfrac{3}{4}}{\dfrac{5}{6}} \cdot \frac{\dfrac{8}{9}}{\dfrac{2}{7}}.$$

En effet, le premier membre donne successivement :

$$\frac{\dfrac{3}{4}}{\dfrac{5}{6}} : \frac{\dfrac{2}{7}}{\dfrac{8}{9}} = \frac{3 \times 6}{4 \times 5} : \frac{2 \times 9}{7 \times 8} = \frac{3 \times 6 \times 7 \times 8}{4 \times 5 \times 2 \times 9}.$$

Le second membre donne :

$$\frac{\dfrac{3}{4}}{\dfrac{5}{6}} \times \frac{\dfrac{8}{9}}{\dfrac{2}{7}} = \frac{3 \times 6}{4 \times 5} \times \frac{8 \times 7}{9 \times 2} = \frac{3 \times 6 \times 8 \times 7}{4 \times 5 \times 9 \times 2}.$$

Les deux membres ont donc l'un et l'autre la même valeur, donc ils sont égaux.

Remarque. — Les principes qui précèdent s'étendent aussi aux rapports dont les termes sont des nombres incommensurables. On remplace les nombres incommensurables par des valeurs commensurables aussi approchées que l'on veut.

CHAPITRE II

PROPORTIONS

DÉFINITIONS.

370. — *On appelle proportion l'égalité de 2 rapports.*

Ainsi, les rapports égaux $\frac{12}{8}$ et $\frac{6}{4}$ constituent la proportion

$$\frac{12}{8} = \frac{6}{4},$$

qui s'énonce *12 est à 8 comme 6 est à 4*, ou mieux *12 sur 8 égale 6 sur 4* (*).

Les deux termes 12 et 4 sont les *extrêmes* de la proportion ; les deux termes 8 et 6 en sont les *moyens*. Les termes 12 et 6 sont encore quelquefois désignés sous le nom d'*antécédent*, et les termes 8 et 4 sous celui de *conséquent*.

371. 4ᵉ proportionnelle. — On appelle 4ᵉ *proportionnelle* à 3 nombres, un 4ᵉ nombre qui peut former une proportion avec les 3 nombres donnés. Ainsi, dans la proportion $\frac{12}{8} = \frac{6}{4}$, un nombre quelconque, 8, par exemple, est une 4ᵉ proportionnelle aux 3 autres.

372. Moyen proportionnel. — On nomme *moyen proportionnel* à 2 nombres un 3ᵉ nombre qui forme les 2 moyens d'une proportion dans laquelle les nombres donnés forment les 2 extrêmes. Ainsi, dans la proportion $\frac{8}{4} = \frac{4}{2}$, le nombre 4 est un moyen proportionnel entre 8 et 2.

373. 3ᵉ proportionnelle. — On appelle 3ᵉ *proportionnelle*, le 4ᵉ terme d'une proportion dans laquelle les moyens sont égaux. Ainsi, dans la proportion précédente, 2 est 3ᵉ proportionnelle aux nombres 8 et 4.

Remarque. — Une proportion dans laquelle les moyens sont égaux porte quelquefois le nom de *proportion continue*.

374. Théorème fondamental I. — *Dans toute proportion, le produit des extrêmes est égal à celui des moyens.*

(*) Une proportion s'écrivait autrefois 12 : 8 :: 6 : 4.

Soit la proportion $\frac{12}{8} = \frac{6}{4}$, on aura

$$12 \times 4 = 6 \times 8.$$

En effet, si l'on multiplie les 2 termes du 1er rapport par 4, et les 2 termes du second par 8, on obtiendra (365) les deux rapports égaux

$$\frac{12 \times 4}{8 \times 4} = \frac{6 \times 8}{4 \times 8}.$$

Mais, dans ces rapports, les dénominateurs sont égaux; donc les numérateurs le sont aussi, et l'on a $12 \times 4 = 6 \times 8$.

375. Théorème réciproque II. — *Lorsque 4 nombres sont tels que le produit de deux d'entre eux égale le produit des deux autres, ces 4 nombres forment une proportion.*

En effet, soient les nombres 12, 8, 6, 4, et tels que

$$12 \times 4 = 8 \times 6.$$

Si l'on divise les deux membres de cette égalité par le même nombre 8×4, on obtient la nouvelle égalité

$$\frac{12 \times 4}{8 \times 4} = \frac{8 \times 6}{8 \times 4},$$

en simplifiant, on obtient la proportion

$$\frac{12}{8} = \frac{6}{4}.$$

Corollaire I. — *On peut, sans troubler une proportion, disposer de 8 manières les 4 nombres qui la composent.*

On a, par exemple,

$$\frac{12}{8} = \frac{6}{4}; \; \frac{12}{6} = \frac{8}{4}; \; \frac{8}{12} = \frac{4}{6}; \; \frac{6}{4} = \frac{12}{8};$$

$$\frac{6}{12} = \frac{4}{8}; \; \frac{8}{4} = \frac{12}{6}; \; \frac{4}{6} = \frac{8}{12}; \; \frac{4}{8} = \frac{6}{12}.$$

On voit que toutes ces transformations n'ont pas altéré les produits des extrêmes et des moyens : donc les quatre nombres n'ont pas cessé de former une proportion.

Corollaire II. — *On peut calculer le 4e terme d'une proportion lorsqu'on connaît les 3 autres.*

Soient 12, 8 et 6 les 3 premiers termes d'une proportion. Si l'on représente par x le 4e terme, on a

$$\frac{12}{8} = \frac{6}{x}.$$

Mais (374)

$$12 \times x = 8 \times 6.$$

Si l'on divise les deux membres par 12, il vient

$$x = \frac{8 \times 6}{12} = 4.$$

1° *Si le terme inconnu est un extrême, on l'obtient en divisant le produit des moyens par l'extrême connu.*

2° *Si le terme inconnu est un moyen, on l'obtient en divisant le produit des extrêmes par le moyen connu.*

Corollaire III. — *La moyenne proportionnelle entre deux nombres est égale à la racine carrée de leur produit.*

Car, s'il s'agit de trouver la moyenne proportionnelle entre deux nombres quelconques, 27 et 3, on posera

$$\frac{27}{x} = \frac{x}{3},$$

ce qui donne

$$x \times x = x^2 = 27 \times 3,$$

d'où

$$x = \sqrt{27 \times 3} = \sqrt{81} = 9.$$

376. Théorème III. — *On peut multiplier plusieurs proportions terme à terme sans qu'il cesse d'y avoir proportion.*

Soient les proportions

$$\frac{5}{6} = \frac{10}{12}$$

$$\frac{2}{3} = \frac{4}{6}$$

$$\frac{5}{7} = \frac{15}{21}.$$

Il est évident que si l'on multiplie ces égalités membre à membre, il y aura encore égalité, donc :

$$\frac{5}{6} \times \frac{2}{3} \times \frac{5}{7} = \frac{10}{12} \times \frac{4}{6} \times \frac{15}{21}; \text{ ou } \frac{5 \times 2 \times 5}{6 \times 3 \times 7} = \frac{10 \times 4 \times 15}{12 \times 6 \times 21}.$$

377. Théorème IV. — *Dans toute proportion, on peut élever les 4 termes d'une même puissance sans qu'il cesse d'y avoir proportion.*

En effet, de

$$\frac{4}{5} = \frac{16}{20}$$

on tire évidemment

$$\left(\frac{4}{5}\right)^3 = \left(\frac{16}{20}\right)^3.$$

Mais

$$\left(\frac{4}{5}\right)^3 = \frac{4^3}{5^3}, \text{ et } \left(\frac{16}{20}\right)^3 = \frac{16^3}{20^3},$$

donc

$$\frac{4^3}{5^3} = \frac{16^3}{20^3}.$$

378. Théorème réciproque V. — *Dans toute proportion, on peut extraire une même racine des quatre termes sans qu'il cesse d'y avoir proportion.*

En effet, de

$$\frac{4}{5} = \frac{16}{20},$$

on déduit évidemment

$$\sqrt[\bullet]{\frac{4}{5}} = \sqrt[\bullet]{\frac{16}{20}}.$$

Mais $\qquad \sqrt[\bullet]{\frac{4}{5}} = \frac{\sqrt[\bullet]{4}}{\sqrt[\bullet]{5}}$, et $\sqrt[\bullet]{\frac{16}{20}} = \frac{\sqrt[\bullet]{16}}{\sqrt[\bullet]{20}}$,

donc $\qquad\qquad \dfrac{\sqrt[\bullet]{4}}{\sqrt[\bullet]{5}} = \dfrac{\sqrt[\bullet]{16}}{\sqrt[\bullet]{20}}.$

379. Théorème VI. — *Dans toute proportion, la somme ou la différence des deux premiers termes est au second comme la somme ou la différence des deux derniers est au 4ᵉ.*

En effet, soit la proportion

$$\frac{18}{6} = \frac{12}{4}.$$

Si à chacun des membres de cette égalité on ajoute ou l'on retranche l'unité, il vient

$$\frac{18}{6} \pm 1 = \frac{12}{4} \pm 1.$$

Réduisant 1 en fraction, on obtient

$$\frac{18}{6} \pm \frac{6}{6} = \frac{12}{4} \pm \frac{4}{4},$$

ou $\qquad\qquad \dfrac{18 \pm 6}{6} = \dfrac{12 \pm 4}{4}.$ C. q. f. d.

Corollaire I. — *Dans toute proportion, la somme ou la différence des deux premiers termes est à la somme ou à la différence des deux derniers comme le 2ᵉ est au 4ᵉ, ou le 1ᵉʳ au 3ᵉ.*

Car, la proportion

$$\frac{18}{6} = \frac{12}{4}$$

donne $\qquad\qquad \dfrac{18 \pm 6}{6} = \dfrac{12 \pm 4}{4}:$

d'où (375, coroll. I)

$$\frac{18}{12 \pm 4} = \frac{6}{4} = \frac{18}{12}.$$

Corollaire II. — *Dans toute proportion, la somme des deux pre-miers termes est à leur différence comme la somme des deux derniers est à leur différence.*

Car, de la proportion précédente, on déduit les deux suivantes :

$$\frac{18+6}{12+4} = \frac{6}{4},$$

$$\frac{18-6}{12-4} = \frac{6}{4};$$

d'où l'on tire, à cause du rapport commun,

$$\frac{18+6}{12+4} = \frac{18-6}{12-4}.$$

Enfin, si l'on change les moyens de place, on obtient

$$\frac{18+6}{18-6} = \frac{12+4}{12-4}.$$

Corollaire III. — *Dans toute proportion, la somme ou la diffé-rence des deux premiers termes est au 1er comme la somme ou la diffé-rence des deux derniers est au 3e.*

Car, de la proportion

$$\frac{5}{8} = \frac{10}{16}$$

on déduit la suivante (375)

$$\frac{8}{5} = \frac{16}{10},$$

et cette dernière donne, en vertu du théorème,

$$\frac{8 \pm 5}{5} = \frac{16 \pm 10}{10}.$$

Corollaire IV. — *Dans toute proportion, la somme ou la diffé-rence des numérateurs est à la somme ou à la différence des dénomina-teurs comme un numérateur est à son dénominateur.*

En effet, la proportion

$$\frac{18}{6} = \frac{12}{4}$$

donne

$$\frac{18}{12} = \frac{6}{4},$$

d'où l'on déduit (coroll. I)

$$\frac{18 \pm 12}{6 \pm 4} = \frac{12}{4} = \frac{18}{6}.$$

Corollaire V. — *Dans toute proportion, la somme des numéra-teurs est à leur différence comme la somme des dénominateurs est à leur différence.*

Car de la proportion précédente on obtient les 2 suivantes :

$$\frac{18 + 12}{6 + 4} = \frac{12}{4},$$

$$\frac{18 - 12}{6 - 4} = \frac{12}{4},$$

d'où l'on tire, à cause du rapport commun,

$$\frac{18 + 12}{6 + 4} = \frac{18 - 12}{6 - 4}.$$

Enfin, si l'on change les moyens de place,

$$\frac{18 + 12}{18 - 12} = \frac{6 + 4}{6 - 4}.$$

380. Théorème VII. — *Dans une suite de rapports égaux, la somme des numérateurs est à la somme des dénominateurs comme un numérateur quelconque est à son dénominateur.*

Ainsi, par exemple, la suite des rapports égaux

$$\frac{18}{27} = \frac{16}{24} = \frac{12}{18} = \frac{4}{6} = \ldots\ldots = \frac{2}{3}$$

donnera

$$\frac{18 + 16 + 12 + 4}{27 + 24 + 18 + 6} = \frac{4}{6}.$$

En effet, chacun des rapports proposés étant égal à la fraction $\frac{2}{3}$, on a

$$\frac{18}{27} = \frac{2}{3}; \frac{16}{24} = \frac{2}{3}; \frac{12}{18} = \frac{2}{3}; \frac{4}{6} = \frac{2}{3}.$$

Si, dans ces égalités, on chasse les dénominateurs des premiers membres, il vient

$$18 = \frac{2}{3} \times 27$$

$$16 = \frac{2}{3} \times 24$$

$$12 = \frac{2}{3} \times 18$$

$$4 = \frac{2}{3} \times 6$$

Additionnant ces égalités membre à membre, on obtient

$$18 + 16 + 12 + 4 = \frac{2}{3} \times (27 + 24 + 18 + 6);$$

divisant ensuite les 2 membres de cette égalité par le multiplicateur de $\frac{2}{3}$, on a

$$\frac{18 + 16 + 12 + 4}{27 + 24 + 18 + 6} = \frac{2}{3}.$$

Mais

$$\frac{2}{3} = \frac{4}{6} = \frac{12}{10} \dots \dots :$$

donc

$$\frac{18 + 16 + 12 + 4}{27 + 24 + 18 + 6} = \frac{4}{6}.$$

Corollaire. — *Dans une suite de rapports égaux, la racine carrée de la somme des carrés des numérateurs est à la racine carrée de la somme des carrés des dénominateurs comme un numérateur quelconque est à son dénominateur.*

En effet, les carrés des rapports égaux

$$\frac{18}{27} = \frac{16}{24} = \frac{12}{18} = \frac{4}{6}$$

sont aussi des rapports égaux (377), et l'on a

$$\frac{18^2}{27^2} = \frac{16^2}{24^2} = \frac{12^2}{18^2} = \frac{4^2}{6^2}.$$

Appliquant le théorème à ces derniers rapports, il vient

$$\frac{18^2 + 16^2 + 12^2 + 4^2}{27^2 + 24^2 + 18^2 + 6^2} = \frac{4^2}{6^2},$$

d'où (378)

$$\frac{\sqrt{18^2 + 16^2 + 12^2 + 4^2}}{\sqrt{27^2 + 24^2 + 18^2 + 6^2}} = \frac{\sqrt{4^2}}{\sqrt{6^2}} = \frac{4}{6}.$$

Remarque. — Il est évident que ce corollaire s'applique à une racine quelconque, et la démonstration serait la même.

381. Théorème VIII. — *Dans une suite de rapports inégaux, le rapport de la somme des numérateurs à la somme des dénominateurs est plus grand que le plus petit et moindre que le plus grand des rapports donnés.*

Ainsi, la suite des rapports inégaux

$$\frac{2}{5} < \frac{3}{4} < \frac{7}{8} < \frac{11}{12}$$

donnera

$$\frac{2 + 3 + 7 + 11}{5 + 4 + 8 + 12} > \frac{2}{5}.$$

En effet, puisque $\frac{2}{5}$ est le plus petit des rapports donnés, on a

$$\frac{3}{4} > \frac{2}{5},$$

et, par suite,

$$3 > \frac{2}{5} \times 4,$$

on a de même:

$$7 > \frac{2}{5} \times 8$$

$$11 > \frac{2}{5} \times 12,$$

D'ailleurs, le rapport $\frac{2}{5}$ donne

$$2 = \frac{2}{5} \times 5.$$

Ajoutant membre à membre, il vient

$$3 + 7 + 11 + 2 > \frac{2}{5}(4 + 8 + 12 + 5),$$

d'où l'on déduit :

$$\frac{2 + 3 + 7 + 11}{5 + 4 + 8 + 12} > \frac{2}{5}.$$

On démontrerait de même la seconde partie du théorème.

CHAPITRE III

APPLICATIONS DES THÉORIES PRÉCÉDENTES AUX QUESTIONS USUELLES

DES GRANDEURS PROPORTIONNELLES

382. — On dit que deux grandeurs variables sont *proportionnelles* ou sont dans le *même rapport* quand l'une devenant un certain nombre de *fois plus grande* ou *plus petite*, l'autre devient le même nombre de fois *plus grande* ou *plus petite*.

EXEMPLE I. — 3 mètres de drap ont coûté 36 francs.

On comprend qu'en général 2, 3, 4.... fois plus de mètres coûteront 2, 3, 4.... fois plus. Le prix des mètres varie donc dans le même rapport que le nombre de ces mètres. Le nombre de mètres et leurs prix sont alors deux quantités directement proportionnelles.

Ex. II. — Le travail fait par un ouvrier est proportionnel à la durée du temps employé.

Ex. III. — Le combustible consommé par une machine est proportionnel au temps pendant lequel elle a fonctionné.

Ex. IV. — L'ouvrage fait par des ouvriers est proportionnel à leur nombre.

Ex. V. — Le prix d'une substance qui se vend au poids est proportionnel au poids.

Remarque I. — Ces exemples de proportionnalité, et beaucoup d'autres que l'on pourrait citer, sont admis en arithmétique, sans démonstration.

Dans les usages de la vie, il ne convient pas toujours de considérer ces rapports comme rigoureusement exacts.

Ainsi, par exemple, si l'on achetait 1000 Kg de marchandise, on ne payerait pas 1000 fois plus que si l'on n'achetait qu'un seul Kg; parce qu'en général il y a avantage d'acheter *en gros*, on paye moins cher qu'au *détail* (*).

Remarque II. — Une grandeur dépend souvent de plusieurs autres.

Par exemple, la quantité de pierres nécessaire à la construction d'un mur dépend non-seulement de la longueur du mur, mais encore de sa hauteur et de son épaisseur. La quantité de pierres sera donc proportionnelle à la longueur du mur, la hauteur et l'épaisseur ne changeant pas, et proportionnelle à ces 3 dimensions, si elles peuvent varier toutes les trois.

Le poids d'une barre de fer sera aussi proportionnel à sa longueur, à sa largeur et à son épaisseur.

Remarque III. — Les sciences fournissent de nombreux exemples de quantités proportionnelles. On démontre que la longueur d'une circonférence est proportionnelle à son rayon; que les lignes homologues, dans les figures semblables, sont proportionnelles, et que les aires, dans les mêmes figures, sont proportionnelles aux carrés des lignes homologues.

On démontre également que l'espace parcouru par un corps animé d'un mouvement uniforme est proportionnel au temps employé à le parcourir, etc., etc.

(*) De même, l'organisation ou la *division du travail*, qui consiste à donner constamment au même ouvrier la même partie d'un ouvrage, enlève toute proportionnalité entre l'ouvrage et le nombre des ouvriers.

Ainsi, un seul ouvrier pourrait à peine terminer 2 cartes à jouer par jour, s'il travaillait seul, et 30 ouvriers travaillant ensemble pourraient en fabriquer plus de 15000 par jour, c'est-à-dire au moins 500 cartes par chaque ouvrier.

Mais alors, en prenant le nombre 30 pour unité, un nombre 2 fois, 3 fois.... plus grand produirait, par jour, 2 fois, 3 fois.... 15000 cartes.

Une épingle passe par les mains de 14 ouvriers avant d'être terminée, et une aiguille entre les mains de plus de 120. Si chaque ouvrier travaillait séparément, il produirait tellement peu que le prix de ces objets serait inabordable.

DES GRANDEURS INVERSEMENT PROPORTIONNELLES

383. — On dit que deux grandeurs sont *inversement proportionnelles* ou sont dans un *rapport inverse*, quand l'une devenant un certain nombre de fois *plus grande* ou *plus petite*, l'autre devient le même nombre de fois *plus petite* ou *plus grande*.

EXEMPLE I. — Le temps employé à faire un certain ouvrage est er rapport inverse du nombre d'ouvriers qui y travaillent. Car si l'on emploie 2, 3, 4..... fois plus d'ouvriers, il faudra 2, 3, 4..... fois moins de temps.

EXEMPLE II. — La durée des vivres est inversement proportionnelle au nombre des consommateurs.

EXEMPLE III. — Le temps employé à parcourir un espace donné par un corps animé d'un mouvement uniforme est inversement proportionnel à la vitesse.

Remarque I. — Une même grandeur peut être en même temps proportionnelle à certaines grandeurs et inversement proportionnelle à d'autres.

Ainsi la longueur d'une pièce de drap sera proportionnelle à la quantité de laine employée à sa fabrication, et inversement proportionnelle à sa largeur pour la même quantité.

Remarque II. — La démonstration de la proportionnalité de deux grandeurs n'appartient pas à l'arithmétique, elle est dans chaque cas du domaine de la science, qui traite des grandeurs que l'on considère.

Mais il y a des grandeurs, telles sont, par exemple, la plupart de celles qui viennent d'être citées, qu'on ne peut attribuer à aucune science en particulier.

Les deux théorèmes suivants permettent d'établir, dans la plupart des cas, la proportionnalité de deux grandeurs.

384. Théorème I. — *Deux grandeurs variables sont directement proportionnelles toutes les fois que l'une d'elles devenant 2, 3, 4..... fois plus grande ou plus petite, l'autre devient 2, 3, 4..... fois plus grande ou plus petite.*

Soit A un certain nombre de mètres d'étoffe, et B leur prix. Le rapport du nombre de mètres à leur prix est $\frac{A}{B}$. Il s'agit de démontrer que si l'on achète un nombre de mètres qui soit, par exemple, les $\frac{4}{7}$ de A, leur prix sera les $\frac{4}{7}$ de B, ou que le nouveau rapport sera égal à $\frac{A}{B}$.

En effet, si l'on achète d'abord un nombre de mètres 4 fois plus rand que A ou 4A, leur prix sera évidemment 4 fois plus grand que B ou 4B ; et si ensuite on achète un nombre de mètres 7 fois moindre que 4A ou $\dfrac{4A}{7}$ leur prix sera aussi 7 fois moindre que 4B ou $\dfrac{4B}{7}$.

Le *rapport* entre le nouveau nombre de mètres et leur prix sera donc

$$\frac{\dfrac{4A}{7}}{\dfrac{4B}{7}} = \frac{4A}{7} \times \frac{7}{4B} = \frac{A}{B}.$$

385. Théorème II. — *Deux grandeurs variables sont inversement proportionnelles toutes les fois que l'une d'elles devenant 2, 3, 4.... fois plus grande ou plus petite, l'autre devient 2, 3, 4..... fois plus petite ou plus grande.*

Soit A un certain nombre d'ouvriers, et B le nombre de jours employés par eux pour faire un ouvrage. Le rapport du nombre d'ouvriers au nombre de jours qu'ils ont travaillé est $\dfrac{A}{B}$. Il s'agit de démontrer que si l'on emploie un nombre d'ouvriers qui soit, par exemple, les $\dfrac{7}{9}$ de A, le nombre de jours qu'ils mettront à faire le même ouvrage sera $\dfrac{9}{7}$ de B, c'est-à-dire que le nouveau rapport sera inverse du premier.

En effet, si l'on emploie d'abord un nombre d'ouvriers 7 fois plus grand que A ou 7A, ils mettront évidemment 7 fois moins de jours ou $\dfrac{B}{7}$; et si l'on emploie un nombre d'ouvriers 9 fois moindre, ou $\dfrac{7A}{9}$, ils mettront 9 fois plus de jours ou $\dfrac{9B}{7}$.

Lorsque le nombre d'ouvriers est devenu $\dfrac{7}{9}$ A, c'est-à-dire les $\dfrac{7}{9}$ de ce qu'il était d'abord, le nombre de jours employés par eux devient $\dfrac{9}{7}$ B, c'est-à-dire les $\dfrac{9}{7}$ de ce qu'il était d'abord. Or, le rapport $\dfrac{9}{7}$ est bien l'inverse du rapport $\dfrac{7}{9}$.

RÈGLE DE TROIS

386. — On appelle *règle de trois* un problème dans lequel les données et l'inconnue forment deux séries de quantités qui sont de même espèce deux à deux, et telles que l'une quelconque de la première série variant, la donnée qui correspond à l'inconnue varie dans le même rapport ou dans un rapport inverse.

387. — La règle de trois est *simple* si elle ne contient que trois données. Elle est *directe* si les deux espèces de grandeurs qui y entrent sont directement proportionnelles. Dans le cas contraire elle est *inverse*.

Enfin, on dit qu'une règle de trois est *composée*, lorsqu'elle contient plus de trois données.

388. — Les règles de trois se résolvent généralement par la *méthode de réduction à l'unité*. Cette méthode consiste, dans l'analyse du problème, à calculer d'abord ce que deviendrait l'inconnue si toutes les données se réduisaient à l'unité ; puis à passer de cette hypothèse aux données de la question.

389. Problème I. — *24 mètres d'étoffe ont coûté 264 fr.; combien coûteront, dans les mêmes conditions, 57 mètres de cette étoffe ?*

Soit x le prix demandé.

Disposition des données.   *Solution.*

$$24^m \qquad 264^f$$
$$57^m \qquad x$$

$$x = \frac{264 \times 57}{24} = 627^f.$$

Si 24 mètres coûtent 264 fr.,

1 mètre coûtera 24 fois moins ou $\dfrac{264}{24}$,

et   57 mètres coûteront 57 fois plus ou $\dfrac{264 \times 57}{24}$.

En effectuant les calculs, on trouve 627 fr. pour le prix demandé : de sorte que l'on a $x = \dfrac{264 \times 57}{24} = 627^f.$

390. Problème II. — *Un fût contient 260 bouteilles de 82 centilitres, combien contiendra-t-il de bouteilles de 78 centilitres ?*

$$82 \text{ centil.} \qquad 260 \text{ bout.}$$
$$78 \ — \qquad\qquad x$$

$$x = \frac{260 \times 82}{78} = 273.$$

Si la bouteille ne contenait que 1 centilitre, il y en aurait dans le fût 82 fois plus ou 260×82 ; mais la bouteille étant de 78 centil., il y en aura 78 fois moins ou $\dfrac{260 \times 82}{78}$.

Effectuant, on trouve 273 bouteilles.

De ces deux solutions, on déduit la règle suivante :

391. Règle. — *Pour calculer l'inconnue dans une règle de trois, on pose x, le signe d'égalité (=) à droite, on tire un trait horizontal au-dessus duquel on écrit la quantité correspondante à l'inconnue. Toutes*

*es fois que, en raisonnant sur un des nombres donnés, on est conduit à
dire* TANT DE FOIS PLUS, *on le met au numérateur ; quand on est conduit
à dire* TANT DE FOIS MOINS, *on le met au contraire au dénominateur.*

L'exemple suivant prouve que cette règle est générale.

392. Problème III. — 15 *ouvriers, travaillant* 9 *heures par jour,
ont mis* 12 *jours pour faire un mur de* 150^m *de long,* 2^m,40 *de haut et
1^m,50 d'épaisseur. Combien* 18 *ouvriers, travaillant* 10 *heures par jour,
mettront-ils de jours pour faire un autre mur ayant* 200^m *de long,* 2^m,50
le haut et 0^m,60 *d'épaisseur ?*

	Ouvriers.	Heures.	Jours.	Longueur.	Hauteur.	Épaisseur.
(1)	15	9	12	150^m	2^m,40	0^m,50
(2)	18	10	x	200^m	2^m,50	0^m,60

$$(3) \quad x = \frac{12 \times 15 \times 9 \times 200 \times 25 \times 6}{150 \times 24 \times 5 \times 18 \times 10} = 15 \text{ jours.}$$

Si, au lieu de 15 ouvriers, il n'y en avait que 1, il mettrait 15 fois
plus de temps (en disant cela on écrit 15 au numérateur de x). Si cet
ouvrier, au lieu de travailler 9 heures, ne travaillait que 1^h, il mettrait
encore 9 fois plus de jours (on écrit 9 au numérateur de x). Si, au
lieu de 150^m de long, le mur n'avait que 1^m, l'ouvrier mettrait 150 fois
moins de jours (on écrit 150 au dénominateur). Si, au lieu de 24^{dm} (*)
de haut, le mur n'avait que 1^{dm}, l'ouvrier emploierait 24 fois moins de
jours (on écrit 24 au dénominateur). Enfin, si au lieu de 5^{dm} d'épaisseur, le mur n'avait que 1^{dm}, l'ouvrier mettrait 5 fois moins de jours
(on écrit 5 au dénominateur).

La ligne (1) étant épuisée, on passe à la ligne (2) en disant : 18 ouvriers (au lieu de 1) mettront 18 fois moins de jours (on écrit 18 au
dénominateur). Si ces ouvriers travaillent 10^h (au lieu de 1^h) ils mettront 10 fois moins de jours (on écrit 10 au dénominateur). S'ils font
un mur de 200^m de long (au lieu de 1^m), ils mettront 200 fois plus de
jours (on écrit 200 au numérateur). Si le mur a 25^{dm} de haut (au lieu
de 1^{dm}), ils mettront 25 fois plus de jours. Enfin, si le mur a 6^{dm} d'é-
paisseur (au lieu de 1^{dm}), ils mettront 6 fois plus de jours.

La ligne (2) étant épuisée, il n'y a plus qu'à effectuer les calculs
indiqués, ce qui donne 15 pour le nombre de jours que les 18 ouvriers
mettront pour faire le mur ayant 200^m de long, etc.

Remarque I. — La solution du problème III n'a été donnée que
comme exercice. On conçoit, en effet, qu'un ouvrier ne fait guère plus
d'ouvrage en 12 heures qu'en 10 ; car, au bout de 10 heures de travail,
ses forces sont à peu près épuisées. De même, lorsque l'épaisseur d'un
mur devient double, le temps est loin de se doubler, puisque le pare-
ment demande beaucoup plus de travail que l'intérieur.

(*) On a réduit les hauteurs et les épaisseurs en décimètres, afin de pouvoir dire 24 fois moins,
5 fois plus, etc.

Remarque II. — On peut souvent modifier l'expression de manière à abréger les calculs. On divise pour cela ses deux termes par les facteurs communs dont on peut connaître l'existence.

On a trouvé pour le premier problème $x = \dfrac{264 \times 57}{24}$, 264 et 24 étant divisibles par 4, on tire un trait sur chacun de ces nombres, et on écrit *au-dessus* de 264 son quotient par 4, c'est-à-dire 66, et *au-dessous* de 24 son quotient par 4, c'est-à-dire 6. 66 et 6 étant divisibles par 6, on tire un trait sur chacun de ces nombres et on écrit au-dessus de 66 son quotient par 6, c'est-à-dire 11. Pour trouver la valeur de x, on n'a plus qu'à multiplier 11 par 57.

Les simplifications auxquelles peuvent donner lieu les expressions analogues à celles qu'on a trouvées dans les deux autres questions se découvrent aisément, elles ne doivent jamais être négligées.

Remarque III. — Les quantités correspondantes doivent être ramenées à représenter la même unité. S'il y a des années, des mois et des jours, on convertit le tout en jours. Enfin, on réduit au même dénominateur les fractions ou nombres fractionnaires qui se correspondent et on supprime le dénominateur commun.

393. Problème IV. — *6ᵐ de toile à 3/4 de large ont coûté* 10ᶠ,80. *Combien coûteront* 9ᵐ *de toile de même qualité ayant* 4/5 *de large?*

Longueur.	Largeur.	Prix.	Longueur.	Largeur.	Prix.
6ᵐ	$\dfrac{3}{4}$	10ᶠ,80	6ᵐ	$\dfrac{15}{20}$	10ᶠ,80
9ᵐ	$\dfrac{4}{5}$	x	9ᵐ	$\dfrac{16}{20}$	x

$$x = \frac{10,80 \times 9 \times 10}{6 \times 15}$$

On commence par réduire les fractions au même dénominateur, ce qui donne 15/20 et 16/20.

Si, au lieu de 6ᵐ, on avait acheté 1ᵐ, on aurait payé 6 fois moins (6 au dénominateur). Si, au lieu de $\dfrac{15}{20}$ de large, cette toile avait eu $\dfrac{1}{20}$ on aurait payé 15 fois moins. Si on avait acheté 9ᵐ au lieu de 1, on aurait payé 9 fois plus. Enfin, si cette toile avait eu $\dfrac{16}{20}$ au lieu de $\dfrac{1}{20}$, on aurait payé 16 fois plus. On effectue les calculs pour trouver la valeur de x. Le dénominateur 20 ne figure pas dans la valeur de x; elle ne contient que les numérateurs 15 et 16. Il en est toujours ainsi, et cela doit être; car le rapport de $\dfrac{15}{20}$ à $\dfrac{16}{20}$ est le même que celui de 15 à 16.

Emploi des rapports pour la solution des règles de trois.

Nous allons résoudre, par cette méthode, les 3 premiers problèmes énoncés plus haut.

394. Problème I. — *Solution.* Soit x le prix demandé. Le nombre de mètres étant directement proportionnel au prix, on a la proportion

$$\frac{x}{264} = \frac{57}{24} :$$

d'où

$$x = \frac{264 \times 57}{24} = 627^t.$$

395. Problème II. — *Solution.* Soit x la quantité de bouteilles de 78 centil. que peut contenir le fût.

Le nombre de bouteilles étant inversement proportionnel à leur grandeur (*plus de grandeur, moins de bouteilles il faudra*); on a l'égalité de rapports

$$\frac{x}{260} = \frac{82}{78} :$$

d'où

$$x = \frac{260 \times 82}{78} = 273.$$

396. Problème III. — *Solution.* On dispose encore les données sur 2 lignes horizontales.

Ouvriers.	Heures.	Jours.	Longueurs.	Hauteurs.	Épaisseurs.
15	9	12	150^m	$2^m,40$	$0^m,50.$
18	10	x	200^m	$2^m,50$	$0^m,60.$

Si l'on prend pour point de départ les diverses hypothèses figurant dans la 1re ligne, et qu'on change successivement les nombres 15, 9, 12... $0^m,50$ en leurs correspondants de la seconde ligne, il est évident qu'à chacun de ces changements répond un nombre de jours différent.

On supposera en 1er lieu que le nombre des ouvriers varie seul, et de 15 devienne 18. On cherchera, dans cette hypothèse, ce que doit être le nombre de jours de travail. On fera ensuite varier le nombre d'heures, et l'on cherchera le nombre de jours qui correspond à ce nouveau changement. On agira de même pour toutes les autres données. De sorte qu'en désignant par x_1, x_2, x_3, x_4 et x les divers nombres de jours correspondants aux divers changements des données, on a le tableau suivant:

Ouvriers.	Heures.	Jours.	Longueurs.	Hauteurs.	Épaisseurs.
15	9	12	150^m	$2^m,40$	$0^m,50$
18	9	x_1	150^m	$2^m,40$	$0^m,50$
18	10	x_2	150^m	$2^m,40$	$0^m,50$
18	10	x_3	200^m	$2^m,40$	$0^m,50$
18	10	x_4	200	$2^m,50$	$0^m,50$
18	10	x	200	2, 50	$0^m,60$

De ce tableau on déduit aisément les proportions suivantes .

$$\frac{x_1}{12} = \frac{15}{18}$$

$$\frac{x_2}{x_1} = \frac{9}{10}$$

$$\frac{x_3}{x_2} = \frac{200}{150}$$

$$\frac{x_4}{x_3} = \frac{2,50}{2,40}$$

$$\frac{x}{x_4} = \frac{0,60}{0,50}$$

Multipliant ces divers rapports terme à terme (376), et supprimant dans le premier membre les facteurs communs au numérateur et au dénominateur, il vient :

$$\frac{x}{12} = \frac{15 \times 9 \times 200 \times 2,50 \times 0,60}{18 \times 10 \times 150 \times 2,40 \times 0,50} ;$$

d'où

$$x = \frac{12 \times 15 \times 9 \times 200 \times 2,50 \times 0,60}{18 \times 10 \times 150 \times 2,40 \times 0,50} = 15 \text{ jours.}$$

397. Remarque. — Comme l'égalité précédente peut être remplacée par celle-ci :

$$x = 12 \times \frac{15}{18} \times \frac{9}{10} \times \frac{200}{150} \times \frac{2,50}{2,40} \times \frac{0,60}{0,50},$$

on en conclut la règle suivante :

Règle. — *On fait l'inconnue égale à la quantité connue de même espèce qu'elle. On multiplie cette quantité par le produit des divers rapports des autres quantités de même espèce, en prenant le numérateur de chacun de ces rapports sur la ligne de* x, *ou dans l'autre, suivant qu'il s'agit d'une quantité directement ou inversement proportionnelle à celle de même espèce que l'inconnue. Enfin on simplifie, s'il y a lieu, puis on effectue les calculs indiqués.*

EXERCICES

RAPPORTS—PROPORTIONS—RÈGLES DE TROIS

---

317. Le rapport de deux longueurs est 2,4 ; la première vaut 4^m,50 : que vaut la seconde ?

318. Le rapport de deux longueurs est $4\frac{5}{9}$; la seconde vaut 45^m,60 : que vaut la 1re ?

319. Le rapport de deux grandeurs est $\frac{3}{4}$; la 1re vaut $\frac{9}{11}$: que vaut la seconde ?

320. Démontrer que si une fraction a un même nombre de chiffres à son numérateur et à son dénominateur, on peut écrire un certain nombre de fois de suite le numérateur, et autant de fois le dénominateur, la fraction qui en résulte a même valeur que la précédente.

Ainsi $\frac{21}{56} = \frac{2121}{5656} = \frac{212121}{565656} = \ldots\ldots$

321. Trouver une 4e proportionnelle aux nombres 9, 8 et 45.

322. Trouver une 4e proportionnelle aux nombres $\frac{3}{4}$, $\frac{5}{6}$ et $\frac{2}{7}$.

323. Trouver une moyenne proportionnelle entre les nombres 16 et 25.

324. Démontrer qu'une proportion quelconque, telle que $\frac{5}{7} = \frac{15}{21}$, donne

$$\frac{5 \times 7}{15 \times 21} = \frac{(5 + 7)^2}{(15 + 21)^2}.$$

325. Une ligne AB a 120 mètres, on prend le milieu O de cette ligne et l'on marque ensuite sur cette ligne un point X, de telle sorte qu'on a

$$\frac{AX}{BX} = \frac{BX}{XO}.$$

On demande de déterminer BX, et, par suite, la position du point X.

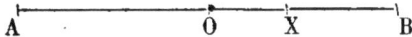

326. Les profondeurs de trois puits artésiens sont respectivement A = 220^m; B = 395^m; C = 543^m. Les températures des eaux sont, pour A, 19°,75; pour B, 25°,33, et pour C, 30°,50 : On demande si, pour ces 3 puits, il est exact de dire que l'accroissement de température soit proportionnel à l'accroissement de profondeur. Quelle serait la température de l'eau fournie par C, si la loi précédente était exacte?

327. *Les espaces parcourus par un corps qui tombe librement sont proportionnels aux carrés des temps employés à les parcourir.*

Connaissant cette loi de la chute des corps, on demande combien de secondes mettrait une pierre pour arriver au fond d'un puits de mine qui a 180^m? On sait d'ailleurs qu'un corps qui tombe librement parcourt 4^m,9044 dans la 1re seconde.

328. Connaissant la loi énoncée dans l'exercice précédent, et l'espace parcouru, 4^m,9044, dans la 1re seconde de la chute d'un corps qui tombe librement; sachant, en outre, que le son parcourt 340^m par seconde, on demande au bout de combien de temps un observateur a entendu le bruit d'une pierre qu'il a laissée tomber du haut d'une tour ayant 120^m de hauteur.

329. La valeur d'un diamant est proportionnelle au carré de son poids. Sachant que 1 karat de diamant brut vaut 48 fr., on demande la valeur d'un diamant brut du poids de 8^g,5. (Le karat vaut 205,5 millig.)

330. Le diamant brut perd moitié à la taille; mais un diamant de 1 karat vaut 250 fr. au lieu de 48 fr., lorsqu'il est de belle eau et sans défaut : combien le diamant de l'exercice précédent aura-t-il gagné à la taille?

331. Un joaillier casse par accident un diamant brut de 12 karats en deux fragments, l'un de 4 karats et l'autre de 8. Combien ce joaillier perd-il par suite de cet accident? On sait d'ailleurs qu'un diamant brut de 1 karat vaut 48 fr., et que la valeur d'un diamant est proportionnelle au carré de son poids.

332. *Les carrés des temps des révolutions des planètes autour du soleil sont entre eux comme le cube de leur distance moyenne à cet astre* (Loi de Képler).

La distance moyenne de la planète Mars au Soleil est 1,52369, en prenant pour unité la distance de la terre au soleil. Trouver en jours la durée de la révolution de cette planète, sachant que la terre effectue sa révolution sidérale en 365^j,256.

333. *La durée des oscillations d'un pendule est proportionnelle à la racine carrée de la longueur de ce pendule.*

Le pendule qui bat la seconde à Paris a 0^m,99384. On demande quelle longueur on devrait donner à un pendule pour que la durée d'une oscillation fût de $\frac{1}{4}$ de seconde.

13

334. Il y a, dans une place forte, 9 000 hommes qui ont encore des vivres pour 64 jours. La ville est sur le point de subir un siége qui peut durer 150 jours. Combien doit-on faire sortir d'hommes pour qu'en diminuant la ration de $\frac{1}{5}$ les vivres puissent être suffisants pour ce temps?

335. 40 ouvriers ont fait en 15 jours, travaillant 10 heures par jour, 300ᵐ d'un certain ouvrage. Combien faudrait-il d'ouvriers, travaillant 9 heures par jour, pour faire en 20 jours 180ᵐ du même ouvrage?

336. Deux convois se mettent en marche sur une ligne de chemin de fer avec des vitesses proportionnelles aux nombres 6 et 5. Le 1ᵉʳ parcourt 240ᵏᵐ en 6 heures : combien le 2ᵉ en parcourra-t-il en 7 heures?

337. 400 soldats renfermés dans un fort ont des vivres pour 180 jours, à raison de 750 gr. par homme et par jour; cette garnison augmente de 100 hommes et ne recevra plus de vivres avant 240 jours. Quelle devra être la ration d'un homme par jour pour que les vivres puissent suffire? Combien, en outre, y a-t-il de Kg de vivres?

338. Il a fallu à une institution 2 600 hectolitres de blé pesant 75 Kg pour nourrir ses élèves pendant les dix mois de l'année scolaire. L'année suivante, le blé pèse 78 Kg et le nombre des élèves a augmenté de $\frac{1}{5}$. Combien l'établissement doit-il acheter d'hectolitres de blé pour son approvisionnement de 10 mois?

339. On emploie 24 ouvriers pour creuser une tranchée; ces ouvriers, travaillant 10 heures par jour ont enlevé, en 18 jours, 6 400ᵐᶜ de terre. On a encore 12 800 mètres cubes de terrassement à faire; mais on ne peut plus avoir que 16 ouvriers. En combien de jours la tranchée sera-t-elle terminée, s'ils travaillent 9ʰ par jour, dans un terrain $\frac{1}{6}$ plus difficile que le 1ᵉʳ?

340. Une machine à vapeur, fonctionnant 12 heures par jour, a consommé, en 24 jours, 9 600 Kg de houille. Combien doit-on dépenser en combustible, si elle fonctionne 11 heures par jour pendant 300 jours, et si les 1000 Kg de houille coûtent 28 fr. rendus à pied d'œuvre.

341. 640 terrassiers, travaillant 10 heures par jour, ont mis 80 jours pour creuser un canal de 2 000ᵐ de longueur sur 8ᵐ de largeur et 4 de profondeur. En combien de jours 800 ouvriers, travaillant 9ʰ par jour, creuseront-ils un autre canal ayant 3 000ᵐ de longueur sur 9ᵐ de largeur et 4 de profondeur, dans un terrain $\frac{1}{4}$ moins difficile que l'autre?

RÈGLE D'INTÉRÊT

398. — On appelle *intérêt* le bénéfice que l'on retire d'une somme prêtée; l'intérêt est donc le loyer de l'argent.

399. — On nomme *capital* la somme prêtée.

400. — Le *taux* est l'intérêt que, d'après les conventions, un capital de 100 francs doit rapporter dans un an.

Le taux s'indique ainsi : 4 0/0, 5 0/0; lisez 4 pour 100, 5 pour 100

401. — L'intérêt est *simple* lorsque le capital reste le même pendant toute la durée du prêt. L'intérêt est *composé* lorsqu'il s'ajoute à la fin de chaque année au capital pour produire lui-même intérêt. On ne traitera d'abord que de l'intérêt simple.

402. Il y a quatre quantités à considérer dans les questions d'intérêt :

1° *Le capital;*
2° *Le taux;*
3° *L'intérêt;*
4° *Le temps du placement.*

Ce qui donne lieu à quatre problèmes différents, selon que l'on prend pour inconnue l'une quelconque de ces quatre quantités, les trois autres étant connues.

403. — Le taux étant déterminé, le calcul de l'intérêt est basé sur les deux principes suivants :

1° *L'intérêt est proportionnel au capital pour un même temps de placement;*

2° *L'intérêt est proportionnel au temps du placement pour un même capital.*

Les questions sur l'intérêt simple ne sont donc que des règles de trois.

404. — On appelle *rente* l'intérêt annuel d'un capital. La rente ne dépend par conséquent que du capital et du taux.

405. — Dans tous les calculs d'intérêt et d'escompte, le Commerce et la Banque attribuent à chaque mois la durée qu'il a d'après le calendrier grégorien; mais, pour plus de facilité, le jour est considéré comme $\frac{1}{360}$ de l'année et non $\frac{1}{365}$. D'ailleurs, il est d'usage de tenir compte du jour du placement et de négliger celui de l'échéance.

CALCUL DE LA RENTE

406. Problème. — *Quelle est la rente à* $4\frac{1}{2}$ *0/0 d'un capital de* 2753^f,20?

L'énoncé donne :

$$100^f \qquad 4,50$$
$$2753,20 \qquad x \qquad x = \frac{4,50 \times 2753,20}{100} = 123^f,89.$$

$$100^f \text{ rapportent} \qquad 4,50,$$

$$1 \qquad - \qquad 100 \text{ fois moins ou } \frac{4,50}{100},$$

$$2753,20 \text{ rapportent } 2753,20 \text{ fois plus, ou } \frac{4,50 \times 2753,20}{100}.$$

En effectuant, on trouve $x = 123^f,89$ ou mieux $123^f,90$.

Autre solution. — En appliquant la règle du n° 397, on trouve immédiatement

$$x = 4,5 \times \frac{2753,20}{100} = 123^f,89.$$

Règle. — *Pour obtenir la rente d'un capital, on le multiplie par le taux et on divise le produit par 100 (*).*

CALCUL DE L'INTÉRÊT

407. Problème. — *Quel est l'intérêt de 4237^f, placés pendant trois ans à 5 0/0?*

L'énoncé donne :

$$
\begin{array}{ccc}
100^f & 5^f & 1 \text{ an} \\
4237 & x & 3
\end{array}
\qquad
x = \frac{5 \times 4237 \times 3}{100} = 635^f,55.
$$

100^f rapportent en 1 an. . . . . . . 5^f

1^f — — 100 fois moins ou $\dfrac{5}{100}$

4237^f — — 4237 fois plus ou $\dfrac{5 \times 4237}{100}$

4237^f — 3 ans 3 fois plus . . $\dfrac{5 \times 4237 \times 3}{100}$

Effectuant, on trouve $x = 635^f,55$.

Autre solution. — En appliquant la règle du n° 397, on trouve immédiatement

$$x = 5 \times \frac{4237}{100} \times \frac{3}{1} = 635^f,55.$$

Autre solution. — Si 100 fr. rapportent 5 fr., autant il y a de fois 100 dans 4237, autant on aura de fois 5^f d'intérêt; or, on trouvera les centaines contenues dans 4237 en divisant ce nombre par 100, ce qui donne 42,37.

L'intérêt pour un an sera $42^f,37 \times 5$, et pour trois ans $42,37 \times 5 \times 3 = 635^f,55$.

408. Problème. — *Quel serait l'intérêt de 6 320 fr. placés à 5 0/0 pendant 112 jours?*

L'énoncé donne :

$$
\begin{array}{ccc}
100^f & 5^f & 360j \\
6320 & x & 112
\end{array}
\qquad
x = \frac{5 \times 6320 \times 112}{100 \times 360} = 98^f,31.
$$

(*) Si le taux est 5 °/₀, l'intérêt étant évidemment le vingtième du capital, on prend moitié du capital et on divise par 10.

100^f rapportent en 360 jours. . . . . 5 fr.

1 rapporterait en 360 jours 100 fois moins ou $\dfrac{5}{100}$

$\quad$ 1 $\quad$ — $\quad\quad$ 1 $\quad$ 360 fois moins ou $\dfrac{5}{100 \times 360}$

6320 $\quad$ — $\quad$ 1 $\quad$ 6320 fois plus ou $\dfrac{5 \times 6320}{100 \times 360}$

6320^f rapporteront en 112 jours 112 fois plus ou $\dfrac{5 \times 6320 \times 112}{100 \times 360}$

En effectuant, on trouve $x = 98^f,31$.

Si l'on appliquait la règle du n° 397, on trouverait immédiatement

$$x = 5 \times \frac{6320}{100} \times \frac{112}{360}.$$

De ces deux exemples on conclut la règle suivante :

409. Règle. — *Pour trouver l'intérêt d'une somme placée pendant un certain temps, on multiplie le capital par le taux, puis par le temps en prenant l'année pour unité, et enfin on divise le produit par 100.*

410. — Dans les calculs d'intérêt et d'escompte, on a souvent besoin de connaître le nombre de jours compris entre deux dates, on fait alors usage du tableau suivant :

TABLEAU permettant de calculer le nombre de jours compris entre deux dates.

Du 1er janvier	au 1er février.	au 1er mars.	au 1er avril.	au 1er mai.	au 1er juin.	au 1er juillet.	au 1er août.	au 1er septembre.	au 1er octobre.	au 1er novembre.	au 1er décembre.	au 1er janvier.	Pour les années bissextiles, on augmente de 1 jour, à partir de mars.
0	31	59	90	120	151	181	212	243	273	304	334	365	

Si du 1er janvier au 1er février, il y a 31 jours, il est évident qu'il y a aussi 31 jours du 5 janvier au 5 février. De même, s'il y a 90 jours du 1er janvier au 1er avril, il y aura aussi 90 jours du 8 janvier au 8 avril. Ce tableau donne donc immédiatement le nombre de jours écoulés depuis une date de janvier jusqu'à la même date d'un autre mois de l'année.

USAGE DU TABLEAU

EXEMPLE I. — Combien de jours du 11 mars au 11 juillet? Le même nombre que du 1er mars au 1er juillet, 181 — 59 = 122 jours.

EXEMPLE II. — Combien de jours du 11 mars au 29 juillet? Il y a 122 jours du 11 mars au 11 juillet, et du 11 au 29 juillet, il y en a 29 — 11 = 18 : donc, 122 + 18 = 140 jours.

EXEMPLE III. Combien de jours du 29 mars au 11 juillet? Il y a 122 jours du 11 mars au 11 juillet; du 11 mars au 29, 29 — 11 = 18 : il y a donc 122 — 18 = 104 jours.

EXEMPLE IV. — Combien de jours du 22 juin d'une année au 12 février de l'année suivante?

Du 22 juin au 1er janvier, il y a 365 — 151 — 22 = 192; du 1er janvier au 12 février 31 jours + 12 = 43. En tout 192 + 43 = 235 jours.

SIMPLIFICATIONS DANS LES CALCULS D'INTÉRÊT

Méthode des nombres et des diviseurs.

411. — En procédant comme l'indique la règle du n° 409, on remarque que toutes les fois qu'il s'agit de calculer des intérêts pour un certain nombre de jours, on trouve une expression qui a *toujours* pour dénominateur le *seul* produit 100 × 360 ou 36000. Ce produit, possédant un grand nombre de diviseurs, permet des simplifications.

Ainsi, n° 408, on a x ou *intérêt* $= \dfrac{5 \times 6320 \times 112}{36000} = \dfrac{6320 \times 112}{7200}$

Au lieu du taux 5 si l'on prenait le taux 6, on aurait :

$$\text{Intérêt} = \frac{6 \times 6320 \times 112}{36000} = \frac{6320 \times 112}{6000}.$$

On peut donc conclure la règle suivante :

412. Règle. — *Pour obtenir l'intérêt, on multiplie le capital par le nombre de jours et on divise le produit par le diviseur correspondant au taux.*

Pour les taux :

$$1 \qquad 2 \qquad 2\frac{1}{2} \qquad 3 \qquad 4 \qquad 4\frac{1}{2} \qquad 5 \qquad 6,$$

on a les diviseurs

36000 18000 14400 12000 9000 8000 7200 6000.

413. — On appelle *nombre* le produit du capital par le nombre de jours. On a donc :

$$\text{Intérêt} = \frac{Nombre}{Diviseur}$$

Il est utile, dans la pratique, de connaître les diviseurs de mémoire. Cette manière de calculer les intérêts, très-employée par le Commerce et la Banque, est connue sous le nom de *Méthode des nombres et des diviseurs.*

EXEMPLE. — *Calculer l'intérêt de 6 540 fr. du 25 mars au 12 juillet, à raison de 5 0/0 par an.*

Le tableau du n° 410 donne 109 pour le nombre de jours du 25 mars au 12 juillet.

Le *nombre* sera donc $6\,540 \times 109 = 712\,860$.

Le diviseur correspondant au taux 5 est 7 200; on a donc :

$$Intérêt = \frac{712\,860}{7\,200} = \frac{7\,128,6}{72} = 99 \text{ fr. environ.}$$

Méthode des parties aliquotes.

414. — La méthode des parties aliquotes se déduit de la remarque suivante :
Un capital quelconque étant placé aux taux

$$6 \quad 5 \quad 4\frac{1}{2} \quad 4 \quad 3 \quad 2$$

pendant $\quad\quad$ 60 $\quad$ 72 $\quad$ 80 $\quad\quad$ 90 $\quad$ 120 $\quad$ 180 *jours,*
l'intérêt est dans chacun de ces cas égal au centième du capital.

Ex. I. — L'intérêt de 6 760 à 6 0/0 pendant 60 jours est 67 fr. 60.

Ex. II. — L'intérêt de 53 845 fr. à $4\frac{1}{2}$ 0/0 pendant 80 jours est 538 fr. 45.

415. — Les quotients 60, 72.... que l'on obtient en divisant 360 par les taux respectifs 6, 5.... sont les *bases* du calcul de l'intérêt pour chacun de ces taux.

416 Règle. — *Pour opérer par la méthode des parties aliquotes, on décompose le nombre de jours donnés en parties qui soient multiples ou sous-multiples de la base, et on cherche pour chacune de ces parties les intérêts correspondants, puis on déduit de ces résultats, par voie d'addition ou de soustraction, l'intérêt demandé.*

Ex. I.		Ex. II.	
Intérêt à 6 0/0 de 8 920 fr. pendant 142 jours.		*Intérêt à $4\frac{1}{2}$ 0/0 de 6 749 f,50 pendant 265 jours.*	
60 jours, le $\frac{1}{100}$ de 8 920 ou..	89f,20	80 jours, le $\frac{1}{100}$ de 6 749,50.	67f,49
60 —	89,20	160 — 2 fois 67,49	134,98
20 — le $\frac{1}{3}$ de 89,20.....	29,73	20 — le $\frac{1}{4}$ de 67,49.....	16,87
2 — le $\frac{1}{10}$ de 29,73....	2,97	5 — le $\frac{1}{4}$ de 16,87	4,22
142 jours à 6 0/0	211f,10	265 jours à $4\frac{1}{2}$ 0/0	223f,56
Soit 211f,10.		Soit 223f,55.	

417. Remarque. — On abrége encore la méthode des parties aliquotes en déduisant de l'intérêt à 6 0/0 l'intérêt à un taux quelconque.

S'il s'agit, par exemple, de calculer pour 230 jours et au taux de $3\frac{1}{4}$ 0/0 l'intérêt.

d'une somme donnée, on calcule l'intérêt de cette somme à 6 0/0, puis, on prend le $\frac{1}{6}$, ce qui donne l'intérêt à 1 0/0; enfin, on multiplie le $\frac{1}{6}$ par 3 $\frac{1}{4}$ ou 3,25.

Il est évident que cette méthode est générale et qu'elle peut être employée pour un taux quelconque. Mais comme on a 6 = 1 × 6 = 1,5 × 4 = 2 × 3 = ..., on peut procéder encore comme il suit :

Pour 1 0/0, on calcule l'intérêt à 6 0/0 et on prend le 1/6 du résultat.

— 1 $\frac{1}{2}$ — — le $\frac{1}{4}$ —

— 2 — — le $\frac{1}{3}$ —

— 2 $\frac{1}{2}$ — — le $\frac{1}{3}$. On ajoute à ce tiers son $\frac{1}{4}$.

Pour 3 0/0, on calcule l'intérêt à 6 0/0 et on prend la $\frac{1}{2}$ du résultat.

La difficulté n'est pas plus grande pour les taux 3 $\frac{1}{2}$, 4, etc.

La méthode des parties aliquotes est adoptée par la plupart des comptables, à cause de la rapidité avec laquelle on peut arriver au résultat, lorsqu'on a acquis une certaine habitude de ce procédé.

Méthode des multiplicateurs fixes.

418. Pour calculer les intérêts par cette méthode, on détermine aux différents taux 1, 1 $\frac{1}{2}$, 2..... l'intérêt de 1 fr. pour 1 jour. Cet intérêt est le *multiplicateur fixe*.

EXEMPLE. — *Calculer au taux de* 4 $\frac{1}{2}$ *0/0 l'intérêt de 5320 fr. pour 46 jours.*

100 fr. pendant 360 jours produisent 4f,50.

$$1 \quad — \quad 360 \quad — \quad \frac{4,50}{100}.$$

$$1 \quad — \quad 1 \quad — \quad \frac{4,5}{100 \times 360} = \frac{1}{8000} = 0,000125.$$

L'intérêt de 5320 fr. pendant 46 jours sera donc $5320^f \times 46 \times \frac{1}{8000}$, ou

$$5320^f \times 46 \times 0,000125.$$

$$\begin{array}{r} 5320 \\ 46 \\ \hline 3192 \\ 2128 \\ \hline 244720 \end{array} \times \frac{1}{8000} = \frac{1}{8} \times 244,72 = 30^f,59,$$

soit 30f,60.

De cet exemple on peut déduire la règle suivante :

419. Règle. — *Pour calculer l'intérêt pendant un nombre quelconque de jours, et à n'importe quel taux, il faut multiplier le capital par le nombre de jours et ensuite par le multiplicateur fixe correspondant, exprimé par une fraction ordinaire ou une fraction décimale.*

Remarque. — Pour employer avec fruit cette méthode, il est évident qu'il faut avoir à sa disposition un tableau des multiplicateurs fixes.

Formule des intérêts simples.

420. — D'après la règle du n° 409, si l'on désigne l'intérêt par I, e capital par a, le taux par R et le temps par t, on aura :

$$I = \frac{a \times R \times t}{100},$$

ou plus simplement (*)

$$I = \frac{a R t}{100}. \qquad [1]$$

Cette formule permet de calculer l'une quelconque des quatre quantités I, a, R, t, les trois autres étant connues. On sait déjà trouver la valeur de I.

421. — **Calcul de a.** — Si l'on multiplie par 100 les deux membres de l'égalité

$$I = \frac{a R t}{100},$$

on obtient

$$100\, I = a R t.$$

Si l'on divise maintenant les deux membres par $R\, t$, on trouve

$$a = \frac{100\, I}{R\, t}. \qquad [2]$$

Règle. — *Pour trouver le capital, on multiplie l'intérêt par 100 et on divise le produit par le taux multiplié par le temps.*

EXEMPLE. *Trouver le capital qui, placé à 5 0/0, a rapporté 600 fr. en trois ans.*

Si, dans la formule [2], on remplace les lettres par leurs valeurs respectives ($I = 600$, $R = 5$, $t = 3$), on a

$$a = \frac{100 \times 600}{5 \times 3} = 4\,000 \text{ fr.}$$

422. Calcul de R. — Si on multiplie par 100 les deux membres de l'égalité [1] et qu'on les divise ensuite par $a\, t$, on trouve

$$R = \frac{100\, I}{a\, t}. \qquad [3]$$

D'où la règle suivante :

(*) Lorsque les facteurs qui concourent à former un produit sont des *lettres*, on se dispense de les séparer par le signe de la multiplication ; alors on les écrit les uns à côté des autres, sans les séparer par aucun signe.

Disons aussi que, pour bien traiter une égalité, il suffit de ne jamais oublier qu'on peut ajouter ou retrancher la même quantité à chaque membre, sans qu'il cesse d'y avoir égalité ; et qu'on peut aussi, sans troubler une égalité, multiplier ou diviser chaque membre par la même quantité.

Règle. — *Pour trouver le taux, on multiplie l'intérêt par 100, et on divise le produit par le capital multiplié par le temps.*

EXEMPLE. *Trouver le taux auquel était placée une somme de 4 000 fr. qui a rapporté 600 fr. d'intérêt en trois ans.*

Si, dans la formule [3], on remplace les lettres par leurs valeurs respectives ($I = 600$, $a = 4\,000$, $t = 3$), on a

$$R = \frac{100 \times 600}{4000 \times 3} = 5^f.$$

423. Calcul de *t*. — Si on multiplie par 100 les deux membres de l'égalité [1] et qu'on les divise ensuite par $a\,R$, on trouve

$$t = \frac{100\,I}{a\,R}. \qquad [4]$$

D'où la règle suivante :

Règle. — *Pour trouver le temps, on multiplie l'intérêt par 100 et on divise le produit par le capital multiplié par le taux.*

EXEMPLE. *Trouver le temps pendant lequel il faut placer 500 fr. pour rapporter 78^f,50 d'intérêt.*

Si, dans la formule [4], on remplace les lettres par leurs valeurs, ($I = 78,5$, $a = 500$, $R = 6$), on a

$$t = \frac{100 \times 78,5}{500 \times 6} = \frac{78,5}{30} \text{ d'année} = 2 \text{ ans } 7\text{m } 12\text{j.}$$

Questions d'intérêt dans le cas où les intérêts sont joints au capital

424. — Si au capital a on ajoute ses intérêts (420) $\dfrac{aRt}{100}$, et qu'on fasse cette somme égale à A, on aura

$$A = a + \frac{aRt}{100}.$$

Cette formule permet de calculer l'une quelconque des 4 quantités A, a, R, t, connaissant les 3 autres.

Avant de l'employer, on peut encore la simplifier, si l'on fait $\dfrac{R}{100} = r$. La quantité r représentera l'intérêt de 1 fr. pour un an; c'est ce qu'on appelle *le taux pour franc.*

Remplaçant $\dfrac{R}{100}$ par r, on a

$$A = a + art,$$

ou (*) $$A = a \times (1 + rt). \qquad [1]$$

(*) Quand une quantité doit être répétée plusieurs fois, dans une expression quelconque, on fait la somme des multiplicateurs, que l'on place entre parenthèses, et l'on écrit en dehors la quantité à répéter. On met ce qu'on appelle *en facteur commun.*

On déduit de cette formule les 3 suivantes :

$$a = \frac{A}{1 + rt} \qquad [2]$$

$$r = \frac{A - a}{at} \qquad [3]$$

$$t = \frac{A - a}{ar} \qquad [4]$$

EXEMPLE I. — *Quel capital faut-il placer à 5 0/0 pour retirer, après 3 ans, 4600 francs, tant capital qu'intérêts?*

La formule [2] donne immédiatement

$$a = \frac{4600}{1 + 0,05 \times 3} = \frac{4600}{1,15} = 4000 \text{ francs.}$$

EXEMPLE II. — *Un capital de 4000 fr. est devenu 4600 fr. au bout de 3 ans: à quel taux était-il placé?*

La formule [3] donne

$$r = \frac{4600 - 4000}{4000 \times 3} = \frac{600}{12000} = \frac{1}{20} = 0,05.$$

Le taux pour franc était 0,05 ; le taux pour 100 était donc 5 fr.

INTÉRÊT COMPOSÉ

425. Problème. — *On a placé* 800 *fr. à intérêt composé à 5 0/0. Quelle somme devra-t-on retirer au bout de trois ans?*

Puisqu'il ne s'agit plus ici d'intérêt simple, l'intérêt doit (401), à la fin de chaque année, s'ajouter au capital pour porter lui-même intérêt pendant l'année suivante.

Le capital placé est ici.	800 fr.
Son intérêt à 5 0/0 est.	40 fr.
Pendant la deuxième année le capital sera donc. . .	840 fr.
et produira d'intérêts.	42 fr.
Au commencement de la troisième année le capital sera	882 fr.
et rapportera d'intérêts.	44 fr. 10
de sorte qu'à la fin de cette troisième année ce capital sera de.	926 fr., 10

Ainsi l'intérêt composé s'élève à 126 fr. 10, tandis que l'intérêt simple n'eût été que 120 fr.

De cet exemple concluons la règle suivante.

426. Règle. — *Pour trouver ce que devient un capital placé à intérêt composé, on en calcule d'abord la rente, puis on l'ajoute au capital, ce qui en donne un nouveau, dont on cherche la rente; on ajoute celle-ci au nouveau capital, ce qui en donne un troisième, sur lequel on opère comme sur les deux premiers; on continue ainsi jusqu'à ce qu'on* *ait épuisé le nombre d'années.* (Voir une autre méthode à la fin du cours.)

Remarque I. — Si ces 800 fr. restaient placés pendant 3 ans 68 jours, nous chercherions, comme nous venons de le faire, leur valeur au bout de 3 ans, savoir 926 fr. 10, puis nous supposerions ces 926 fr. 10 placés à intérêt simple pendant 68 jours.

Remarque II. — Il est facile à l'aide de la table suivante de résoudre les questions relatives à l'intérêt composé. Ainsi, on voit que 1 fr. placé à 5 0/0 et à intérêt composé vaut, au bout de 3 ans, 1,157625 ; une somme de 800 fr. vaudra, par conséquent,

$$1,157625 \times 800 = 926 \text{ fr, } 10.$$

TABLE donnant, à la fin d'un nombre d'années, la valeur de 1 franc placé à intérêt composé.

ANNÉES	TAUX DE L'INTÉRÊT					
	3	3 1/2	4	4 1/2	5	6
	fr	fr	fr	fr	fr	fr
1	1,030 000	1,035 000	1,040 000	1,045 000	1,050 000	1,060 000
2	1,060 900	1,071 225	1,081 600	1,092 025	1,102 500	1,123 600
3	1,092 727	1,108 718	1,124 864	1,141 166	1,157 625	1,191 016
4	1,125 509	1,147 523	1,169 859	1,192 519	1,215 506	1,262 477
5	1,159 274	1,187 686	1,216 653	1,246 182	1,276 282	1,338 226
6	1,194 052	1,229 255	1,265 319	1,302 260	1,340 096	1,418 519
7	1,229 874	1,272 279	1,315 932	1,360 862	1,407 100	1,503 630
8	1,266 770	1,316 809	1,368 569	1,422 101	1,477 455	1,593 848
9	1,304 773	1,362 897	1,423 312	1,486 095	1,551 328	1,689 479
10	1,343 916	1,410 599	1,480 244	1,552 969	1,628 895	1,790 848
11	1,384 234	1,459 970	1,539 454	1,622 853	1,710 339	1,898 299
12	1,425 761	1,511 069	1,601 032	1,695 881	1,795 856	2,012 196
13	1,468 534	1,563 956	1,665 074	1,772 196	1,885 649	2,132 928
14	1,512 590	1,618 695	1,731 676	1,851 945	1,979 932	2,260 904
15	1,557 967	1,675 349	1,800 944	1,935 282	2,078 928	2,396 558
16	1,604 706	1,733 986	1,872 981	2,022 370	2,182 875	2,540 352
17	1,652 848	1,794 676	1,947 900	2,113 377	2,292 018	2,692 773
18	1,702 433	1,857 489	2,025 817	2,208 479	2,406 619	2,854 339
19	1,753 506	1,922 501	2,106 849	2,307 860	2,526 950	3,025 600
20	1,806 111	1,989 789	2,191 123	2,411 714	2,653 298	3,207 135
21	1,860 295	2,059 431	2,278 768	2,520 241	2,785 963	3,399 564
22	1,916 103	2,131 512	2,369 919	2,633 652	2,925 261	3,603 537
23	1,973 587	2,206 114	2,464 716	2,752 166	3,071 524	3,819 750
24	2,032 794	2,283 328	2,563 304	2,876 014	3,225 100	4,048 935
25	2,093 778	2,363 245	2,665 836	3,005 434	3,386 355	4,291 871
26	2,156 591	2,445 959	2,772 470	3,140 679	3,555 673	4,549 383
27	2,221 289	2,531 567	2,883 369	3,282 010	3,733 456	4,822 346
28	2,287 928	2,620 172	2,998 703	3,429 700	3,920 129	5,111 687
29	2,356 566	2,711 878	3,118 651	3,584 036	4,116 186	5,418 388
30	2,427 262	2,806 794	3,243 398	3,745 318	4,321 942	5,743 491

PUISSANCE DE L'INTÉRÊT COMPOSÉ

427. — Voici quelques résultats remarquables de ce que l'on appelle souvent *la puissance de l'intérêt composé*, résultats qui méritent bien de fixer l'attention, puisque c'est réellement l'intérêt composé que donnent les caisses d'épargne, la caisse des dépôts et consignation (*), etc.

Pour doubler un capital il faut beaucoup moins de temps à intérêt composé qu'à intérêt simple, et cela suivant ce tableau qu'il est inutile d'expliquer.

TAUX.	6	5 1/2	5	4 1/2	4	3 1/2	3	%
Intérêt composé : moins de....	12	13	15	16	18	21	24	ans.
Intérêt simple : plus de.......	16	18	20	22	25	27	33	

C'est encore sur les intérêts composés, combinés avec les *chances de mortalité*, que sont fondées les opérations des *compagnies d'assurances sur la vie* et celles de la *Caisse de retraites pour la vieillesse*.

RÈGLE D'ESCOMPTE

428. — On appelle *escompte* la retenue que le banquier fait sur le montant d'un *billet* qu'il échange contre de l'argent comptant avant l'*échéance*, c'est-à-dire avant l'époque convenue et obligatoire du payement.

429. — On nomme *montant* ou *valeur nominale* d'un billet la somme portée sur ce billet.

430. — *La valeur au comptant* est la somme donnée par le banquier.

Le banquier calcule au taux déterminé l'intérêt que rapporterait, jusqu'à l'échéance, le montant du billet. Il retient cet intérêt, qui n'est autre que l'escompte et donne le reste au porteur.

D'après ce qui précède, le calcul de l'escompte n'est qu'un calcul d'intérêt; seulement, on dit escompte au lieu d'intérêt, et *taux d'escompte* au lieu de taux d'intérêt.

(*) Cette caisse sert à 4 1/2 % l'intérêt des sommes placées par les sociétés de secours mutuels, à 4 % celui des sommes versées par les caisses d'épargne. Pour les autre dépôts, elle ne donne habituellement que 3 %, comme pour les cautionnements de tous les agents des finances (trésoriers-payeurs généraux, receveurs particuliers, percepteurs, receveurs des domaines, etc.).

431. — Dans toutes les questions d'escompte, il y a donc aussi quatre quantités à considérer.

1° *Le montant du billet.*

2° *L'escompte.*

3° *Le taux de l'escompte.*

4° *Le temps qui doit s'écouler jusqu'au jour de l'échéance*(*).

Ce qui donne lieu à quatre problèmes différents, selon que l'on prend pour inconnue l'une quelconque de ces quatre quantités, les trois autres étant connues.

432. — Le taux étant déterminé, le calcul de l'escompte est basé sur les deux principes suivants.

1° *L'escompte est proportionnel au montant du billet, pour un même temps avant l'échéance.*

2° *L'escompte est proportionnel au temps à courir avant l'échéance, pour un même billet.*

433. — Les questions relatives à l'escompte, étant identiques aux questions d'intérêts simples, se résolvent de la même manière, soit par le raisonnement, soit à l'aide de la formule $I = \dfrac{a\,R\,t}{100}$, dans laquelle on substitue à la lettre I la lettre E qui représente l'escompte. La formule de l'escompte est donc

$$E = \frac{a\,R\,t}{100}.$$

Il est d'ailleurs évident qu'on peut employer, dans les questions d'escompte, les méthodes abrégées qui ont servi dans les calculs des intérêts simples (*Méthode des nombres et des diviseurs*, *Méthode des parties aliquotes*, *Méthode des multiplicateurs fixes*).

Les quatre principaux problèmes relatifs à l'escompte, étant analogues aux quatre principaux problèmes des intérêts simples, on ne traitera qu'une seule question d'escompte, laissant au lecteur le soin de résoudre les trois autres.

434. Problème. *Le* 19 *juin, on présente à un banquier un billet de* 900 *fr., payable fin septembre suivant : on demande la valeur au comptant, le taux d'escompte étant* 6.

On cherche d'abord combien il y a de jours du 19 juin au 19 septembre; on trouve 243 — 151 = 92 jours; du 19 septembre au 30 il y a 11 jours. 92 + 11 = 103 jours en tout (**).

Il ne s'agit donc plus que de calculer l'intérêt de 900 pour 103 jours

---

(*) Les banquiers escomptent très-rarement des billets ayant plus de 90 jours d'échéance ; mais ils n'escomptent jamais ceux qui sont à plus de 120 jours d'échéance.

(**) En se servant du tableau (410), le 19 juin se trouve exclu et le 30 novembre se trouve compté. On a opéré comme on le devait; car la plupart des banquiers ne comptent que l'un de ces jours (405). Il y a cependant des escompteurs qui comptent le jour de la présentation et celui de l'échéance.

Si l'on fait usage de la méthode des nombres et des diviseurs, le nombre sera égal à $103 \times 900 = 92700$, et l'escompte étant à 6 0/0, le diviseur sera 6000. On aura donc

$$E = \frac{92700}{6000} = 15^f,45.$$

Si, dans la formule

$$E = \frac{aRt}{100},$$

on substitue aux lettres leurs valeurs, on a

$$E = \frac{900 \times 6}{100} = \frac{103}{360} = 15^f,45.$$

L'escompte étant $15^f,45$, le porteur recevra 900 fr.—$15^f,45 = 884^f,55$.

Bordereau d'escompte (*).

Valeur au 30 septembre.	900 fr.
164 jours à 6 0/0.	$15^f,45$
Net à payer.	$884^f,55$

435. — Commission, change de place, etc. — Outre l'escompte proprement dit, le banquier fait encore, sous le nom de *commission*(**), etc., des retenues qui peuvent élever *considérablement* le taux réel de l'escompte, d'autant plus que, pour un même montant, ces retenues sont les mêmes, quelle que soit l'échéance.

EXEMPLE. *Escompter le 5 juillet à 6 0/0 un billet de 800 fr. payable le 2 octobre; la commission de banque est de* $\frac{1}{2}$ *0/0 et le change de place* $\frac{1}{4}$ *0/0.*

Bordereau.

Valeur au 2 octobre.		800 fr.
90 jours à 6 0/0.	12	
Commission $\frac{1}{2}$ 0/0.	4	18
Change de place $\frac{1}{4}$ 0/0.	2	
Net à payer.		782 fr.

Ainsi, par suite de ces intérêts additionnels, le banquier retient 18 fr. au lieu de 12 fr. Pour connaître le taux réel de l'escompte, on

---

(*) Détail de sommes partielles qui font partie d'un compte.
(**) *Commission*: c'est la rémunération du travail du banquier. —*Change de place.* On appelle *change de place* une opération de banque qui consiste à faire remettre de l'argent de place en place, c'est-à-dire d'une ville de commerce à une autre. — Définissons encore les mots : *souscripteur, bénéficiaire.* Le souscripteur est celui qui a souscrit le billet, qui a pris l'engagement d'en payer le montant, et le bénéficiaire est celui en faveur de qui le billet a été souscrit.

doit avoir égard au temps pour tous les intérêts. Or 90 jours, c'est le $\frac{1}{4}$ de l'année de 360 jours : donc $\frac{1}{2}$ 0/0 pour 90 jours, c'est 4 fois 1/2 pour l'année ou 2 fr. De même 1/4 0/0 pour 90 jours, c'est 4 fois $\frac{1}{4}$ pour l'année ou 1 f. L'escompte réel est donc $6 + 2 + 1 = 9$ fr.

ESCOMPTE D'UNE FACTURE

436. — On nomme aussi escompte la remise de tant 0/0 que, dans la plupart des circonstances, les commerçants font sur le montant d'une facture, soit parce que l'acheteur paye comptant ou à bref délai, soit pour tout autre motif.

437. Règle. — *Pour calculer l'escompte d'une facture, on multiplie le montant par le tant pour 100, et on divise par 100.*

Pour avoir le net à payer, on retranche ce produit du total.

Remarque. — *Quand le tant 0/0 est un nombre d'un seul chiffre, au-dessous du montant, on écrit son produit par ce chiffre en l'avançant de deux rangs, et on fait la soustraction.*

Modèle de facture avec escompte de 3 %

Bordeaux, le

Doit M

à

		fr.	c.
15m.50	Drap à 14f,75.	228	62
6m,25	Velours à 21f,50.	134	37
19m	Taffetas à 6f,25.	118	75
28m,50	Mérinos à 4.	114	
1/2 douze	paires de bas à 25 fr. la douzaine. . .	12	50
5 paires	Gants à 27f la douzaine.	11	25
		619	49
	Escompte 3 0/0.	18	60
	Net à payer	600	89

Soit 600 fr. 90.

438. — Dans le commerce, le payement des marchandises livrées ou vendues ne se fait pas en général en numéraire et au comptant, mais en *effets de commerce* dont l'échéance varie ordinairement de 1 à 6 mois.

439. — On appelle *billet à ordre* une reconnaissance souscrite par l'acheteur *lui-même* au profit du vendeur. Le billet à ordre est donc créé par l'acheteur. Si, au contraire, c'est le vendeur qui crée lui-même l'effet de commerce, cet effet prend le nom de *lettre de change*, *traite* ou *mandat*.

440. — L'effet de commerce, quelle que soit sa nature, doit être sur *papier timbré* dont le prix dépend de la somme énoncée (*).

441. Modèle de billet à ordre.

Paris, le 20 mars 1873. B. P. F. 525,60

Au vingt juin prochain, je payerai à M. Varin, ou à son ordre, la somme de cinq cent vingt-cinq francs soixante centimes, valeur reçue en marchandises.

P. *Charles, rue Racine,* 12.

442. Modèle de traite.

Paris, le 1er mai 1873. B. P. F. 250

Au quinze juin prochain, veuillez payer à mon ordre la somme de deux cent cinquante francs, valeur en marchandises, que passerez suivant l'avis de

D. *Louis, rue Lamartine,* 18.

A M. *Pierre, négociant,*
à *Lille,*
rue *Neuve,* 29.

443. — Le propriétaire d'un effet de commerce (billet à ordre ou lettre de change) peut, après l'avoir *endossé*, le céder à un tiers. Endosser un effet, c'est donner au souscripteur l'ordre de le payer à un tiers avec lequel on est en relation d'affaires. L'ordre de payer à un tiers se met au dos de l'effet. Celui qui le donne s'appelle *endosseur*.

Si, par exemple, M. D. Louis cède son effet à M. Gaspard, il écrira au dos du billet :

Payez à l'ordre de M. Gaspard,
valeur reçue comptant.
Paris, le 3 juin 1873.

D. LOUIS.

M. Gaspard à son tour pourra, par un second endos, passer cet effet à l'ordre de M. Dubout, etc. ; si au jour de l'échéance M. Dubout est porteur, c'est-à-dire propriétaire de cet effet, il mettra à la suite des endos son *acquit* :

Pour acquit,
DUBOUT

et fera présenter l'effet à M. Pierre, pour en toucher le montant.

ESCOMPTE EN DEDANS

444. — L'escompte, dont il a été question plus haut, est appelé *escompte commercial* ou *escompte en dehors* ; c'est le seul pratiqué en France.

445. — Un autre escompte, nommé *escompte en dedans*, est en usage dans quelques pays étrangers. Voici la différence qui existe entre ces deux escomptes :
Dans l'escompte en dehors, l'escompteur retient l'intérêt de toute la somme portée sur le billet, et donne le reste ; il reçoit donc l'intérêt d'une somme plus grande que celle qu'il donne. Dans l'escompte en dedans, il garde juste l'intérêt de la somme qu'il donne.

(*) Échelle de progression du timbre pour les effets. (Loi du 23 août 1871.)

de 0 à 100ᶠ	100 à 200ᶠ	200 à 300ᶠ	300 à 400ᶠ	400 à 500ᶠ	500 à 1000ᶠ	1000 à 2000ᶠ
0ᶠ,10	0ᶠ,20	0ᶠ,30	0ᶠ,40	0ᶠ,50	1ᶠ	2ᶠ

446. Règle de l'escompte en dedans. — *Pour avoir la somme à verser au porteur, on divise le montant du billet par l'unité, augmentée du taux pour franc multiplié par le temps à écouler jusqu'au jour de l'échéance.*

On voit que cette règle n'est que la traduction en langage ordinaire de la formule

$$a = \frac{A}{1 + rt}.$$

447. Problème. — *Le 19 juin, on présente à un banquier un billet de 900 francs payable fin septembre suivant : on demande sa valeur au comptant, le taux d'escompte étant 6.*

On doit calculer cet escompte pour 103 jours (434) au taux de 6 0/0.
L'intérêt de 1 fr. pour 103 jours est 0,01717. On peut donc dire :
Pour un billet de 1f,01717 payable dans 103 jours, le porteur reçoit   1f.

$$— \qquad 1^f \qquad\qquad — \quad — \quad — \quad \frac{1}{1,01717}.$$

$$— \qquad 900^f \qquad\qquad — \quad — \quad — \quad \frac{1 \times 900}{1,01717}$$

$= 884^f,80$ environ.

Ce raisonnement justifie la règle.
Si l'on faisait usage de la formule, on aurait immédiatement

$$a = \frac{900}{1 + 0,06 \times \dfrac{103}{360}} = \frac{900}{1 + 0,01717} = 884^f,80.$$

L'escompte sera 900 — 884,80 = 15f,20.
La différence entre les deux escomptes est égale à 15f,45 — 15f,20 = 0f,25. Cette différence est l'intérêt à 6 0/0 de 15f,20 pour le temps à écouler, c'est-à-dire pour 103 jours.
Les 15f,45, retenus par l'escompteur, se composent donc de 15f,20, intérêt de la valeur actuelle du billet, plus de l'intérêt de cet intérêt.

EXERCICES

INTÉRÊT — ESCOMPTE

342. Quel est le capital qui à 4f,50 0/0 peut donner 1 620 fr. de rente?
343. Au moment de son départ, un voyageur prête 3 400 fr. à 5 0/0 et à intérêts simples. Il revient au bout de 4 ans. Combien doit-on lui remettre?
344. Combien un capital doit-il rester de temps placé à intérêts simples t à 4 0/0, pour qu'il augmente de son cinquième?
345. Un père de famille donne ce qu'il possède à ses quatre enfants, moins une rente de 2 400 fr. à 4 0/0 qu'il conserve, et dont le capital représente le $\frac{1}{4}$ de sa fortune. 1° Quelle était la fortune de ce père de famille?
2° combien chacun de ses enfants a-t-il reçu?

346. Quelle somme faut-il placer à 4 0/0, pour avoir dans 2 ans 3 mois 5 450 fr., capital et intérêts simples?

347. Trouver le temps que mettront 3 052^f,50, placés à 6 0/0, pour rapporter 40^f,70 d'intérêt.

348. Calculer, par la méthode des parties aliquotes, l'intérêt à 6 0/0 de 3 732 fr. pendant 48 jours.

349. Calculer, par la méthode des parties aliquotes, l'intérêt à 5 0/0 de 3 425 fr. pendant 159 jours.

350. Une somme de 3 200 fr. est restée placée à 4 1/2 0/0, depuis le 15 juin jusqu'au 5 novembre de la même année. Quel intérêt doit-on?

351. Un capital a été placé à 4 0/0 le 17 mars, et il a été retiré le 8 février de l'année suivante. On demande ce capital, sachant qu'on a reçu 49^f,20 d'intérêts.

352. Une personne place 5 720 fr. à intérêts simples, et au taux 4 : au bout de combien de temps aura-t-elle 7 396 fr., capital et intérêts?

353. Déterminer le capital qui, placé à 4, 5 0/0 pendant 7 mois 9 jours et ensuite pendant 1 an 5 mois 12 jours à 5^f,40 0/0, a rapporté en tout 126^f,81 d'intérêt.

354. Un propriétaire a acheté un pré qui lui coûte, tous frais compris, 7 500 fr. Il paye chaque année 22 fr. d'impôts et loue son pré 300 fr. A quel taux son argent se trouve-t-il placé?

355. Un propriétaire trouvait à placer 6 000 fr. pour deux ans, à raison de 4 0/0, il a voulu attendre, pensant faire un meilleur placement; il trouve, en effet, 9 mois après, à placer son argent pour un an trois mois à raison de 5 0/0. A-t-il gagné d'attendre?

356. Un propriétaire a acheté une maison qui lui coûte 30 000 fr., tous frais payés. Il estime qu'il aura à donner chaque année 450 francs, tant pour les impôts que pour les réparations. Louée à divers locataires, aujourd'hui sa maison lui rapporte 1500 fr. par an; mais il prévoit que pour les pièces qui pourront rester inoccupées, ainsi que pour les pertes que des locataires insolvables lui feront éprouver, il doit réduire cette somme d'au moins $\frac{1}{10}$. A quel taux son argent est-il placé?

357. Un rentier prête 3 650 francs à 5 0/0 pour 8 mois 24 jours. Dire le montant du billet à faire, sachant qu'il doit se composer du capital et de ses intérêts.

358. On a deux billets, l'un de 200 fr., payable dans 6 mois; l'autre de 400 fr., payable dans 4 mois; on veut réunir ces deux billets en un seul, payable dans 10 mois : quel sera le montant du billet, le taux étant 6 0/0?

359. Un rentier a 8 930 fr. de placés chez un particulier, et 5 740 fr. chez un autre et au même taux. La différence des intérêts est de 127^f,60. On demande le taux.

360. Une personne a placé un capital au taux 4 0/0. Au bout de quatre ans elle retire ce capital; elle y joint une somme égale aux intérêts simples qu'il a produits pendant ce temps, et elle place le tout à 5 0/0. Alors il se trouve qu'elle a 1 160 fr. de revenu. On demande le capital primitif.

361. Une personne a 12 630 fr. chez un banquier qui paye l'intérêt à 4 0/0. Au bout de trois mois, cette personne a retiré 4 520 fr. On demande d'établir le compte de fin d'année.

362. Un fermier, qui a emprunté 14 000 fr. à 5 0/0, s'est engagé à payer moitié des intérêts tous les six mois. De combien le taux de son emprunt se trouve-t-il élevé?

363. Une somme placée pendant cinq mois est devenue 477^f,75; la même somme placée pendant treize mois est devenue 493^f,35, capital et intérêts simples. Trouver cette somme et le taux d'intérêt.

364. Une personne a placé les $\frac{4}{5}$ de ses fonds à 4 0/0, et le reste à 5 0/0; elle retire en tout 2 940 fr. d'intérêt annuel. Quelle est sa fortune, et quelle somme a-t-elle placée à chaque taux?

365. Un cultivateur achète avant l'hiver 220 moutons à 25 fr. l'un. Il doit payer le vendeur dans six mois. Quatre mois après son acquisition, il trouve à les revendre au comptant à raison de 33 fr. pièce. Il estime que le fumier peut payer ses soins, et que chaque mouton lui coûte 6 fr. pour la nourriture des quatre mois. Combien a-t-il gagné p. 100, sachant qu'il a perdu six moutons au bout de trois mois, et qu'on doit tenir compte de l'intérêt de son argent à 5 0/0 jusqu'au moment où il payera le vendeur?

366. Les capitaux 36 420 fr. et 28 750 fr. rapportent ensemble 32 58,50 d'intérêt annuel; la différence de leurs intérêts est 383,50 : on demande à quel taux ils sont placés.

367. Une personne place une partie de sa fortune à 5 0/0 et l'autre partie à 4 0/0; elle a ainsi 1 240 fr. de revenu. Si la somme qui est placée à 4 0/0 l'était à 5, et réciproquement, son revenu augmenterait de 40 fr. On demande la somme placée à 5 0/0, et la somme placée à 4 0/0.

368. Un négociant a acheté au comptant 5 000^{kg} de blé à 26 fr. les 100^{kg}; et le même jour 2 000^{kg} à 5 0/0 plus cher que le premier; dix-sept jours après il a revendu le tout à des particuliers qui l'ont payé comptant à 4^f,50 le double décalitre. Combien a-t-il gagné pour 100, sachant que le double décalitre de ce blé pesait 15^{kg},5, que les frais d'emmagasinage s'élèvent à 8 fr.; que l'intérêt de son argent doit être calculé à 6 0/0, enfin qu'il y a sur le blé 0,005 de déchet?

369. Un rentier a 24 000 fr. de placés, dont une partie à 4^f,50 0/0 et l'autre partie à 6 0/0 : il retire le même intérêt que si toute la somme était placée à 5 0/0. Combien ce rentier a-t-il de placé à 4^f,50 et combien à 6 0/0?

370. Une personne avait placé les $\frac{5}{6}$ de son capital à 3 0/0, et l'autre sixième à 5 0/0. Après avoir prélevé 2 800 fr. pour le payement de quelques dettes, elle place ce qui lui reste à 4 0/0, et elle se trouve ainsi avoir augmenté son revenu de 208 fr. Quel était son capital primitif?

371. Une personne a placé les $\frac{5}{8}$ de ses fonds à 4 0/0 et le reste à 5 0/0; elle retire ainsi une rente de 2 800 fr. On demande son capital.

372. Le blé se vendait 26 fr. les 100^{kg} au comptant; une personne n'ayant pas son argent achète trois mois après, à raison de 29 fr. les 100^{kg}. Quelle perte pour 100 a-t-elle faite, sachant qu'elle aurait pu emprunter à raison de 5 0/0 pour acheter son blé?

373. Un oncle donne 9 975 fr. à ses trois neveux âgés de 5, 9 et 11 ans. Il leur partage cette somme de manière que si l'on plaçait immédiatement, à intérêts simples, la part de chaque enfant, tous les trois recevraient la même somme à leur majorité. Comment le partage a-t-il été effectué?

374. On doit une somme de 1 200 fr. On voudrait s'acquitter à l'aide de trois billets égaux : le premier dans quatre mois, le deuxième dans huit mois et le troisième dans un an. Quel doit être le montant de chaque billet si l'on tient compte de l'intérêt à 6 0/0 ?

375. Calculer ce que deviendront après sept ans 12 000 fr. placés à intérêts composés à 5 0/0 .

376. Combien 9 000 fr. placés à intérêts composés à 4 0/0 rapporteront-ils pendant douze ans deux mois ?

377. Quel capital faut-il placer à intérêts composés au taux 4 1/2 0/0, pour recevoir après huit ans capital et intérêts 7 110^f,50 ?

378. Quel est l'escompte à 6 0/0 d'un billet de 3 060 fr. à échéance de fin novembre, et présenté le 9 septembre ?

379. L'escompte d'un billet, à quarante jours d'échéance, et à 6 0/0, a été de 22 fr. On demande le montant du billet.

380. On a escompté le 4 juin un billet de 3 600 fr., payable le 10 août : le taux d'escompte a été de 6 0/0 , la commission de 1/2 0/0 et le change de place de 1/4 0/0. On demande le bordereau d'escompte.

381. Pour un billet de 4 500 fr. payable dans 16 jours, l'escompte a été de 12 fr. On demande le taux d'escompte.

382. On reçoit 6 731^f,25 pour un billet de 6 750 fr. payable dans 20 jours. A quel taux a-t-il été escompté ?

383. Quel est le montant d'un billet payable dans 42 jours, escompté à 6 0/0 et pour lequel on reçoit 3 177^f,60 ?

384. Quelle est la valeur réelle d'un billet de 1 000 fr. payable dans 3 mois, l'escompte étant à 6 0/0 par an ?

385. Un billet de 940 fr. à échéance de fin juin a été remis en payement le 10 avril à une personne. Pour combien celle-ci doit-elle l'accepter, si l'on calcule l'escompte à raison de 6 0/0 par an ?

386. On veut payer 850 fr. avec un billet de 810 fr., payable dans 30 jours. Combien devra-t-on ajouter à ce billet pour parfaire la somme, si l'on calcule l'escompte à 6 0/0 ?

387. Un billet de 4 200 fr., payable dans 25 jours, a été escompté à 6 0/0 : on a pris 1/2 0/0 de commission et 1/4 0/0 de change de place. On demande : 1° la somme qui a été donnée au porteur, 2° le taux réel de l'escompte.

388. Un banquier prélève 15^f,20 sur un billet de 1 520 fr. payable dans 15 jours. A quel taux se trouve porté l'escompte pour 100 par an par suite des frais de commission et de change de place ?

389. Un commerçant a souscrit en faveur d'un banquier un billet de 1 500 fr., payable à 90 jours. L'escompte a été de 6 0/0, la commission de 1/3 0/0, le timbre (440) de 2 fr. Combien ce commerçant a-t-il reçu ?

390. Un commerçant a reçu d'un banquier 1 500 fr. : quelle est à 90 jours la valeur nominale du billet souscrit par le commerçant ? Le taux d'escompte est 6 0/0, la commission 1/3, le timbre coûte 2 fr.

391. Un commerçant emprunte à un banquier ; comme celui-ci ne prête pas au delà de 90 jours, le commerçant est obligé de renouveler son billet de trois mois en trois mois et de payer à chaque fois l'escompte, la commission et le timbre. On demande le taux réel pour 100 par an auquel le commerçant a emprunté. On sait qu'il a souscrit un billet de 1 200 fr., d'ailleurs le taux d'escompte a été de 6 0/0 et la commission 1/3 0/0. Il y a, en outre, le timbre de 2 fr. à payer. On supposera que les sommes avancées par ce commerçant, pour renouveler le billet tous les trois mois portent intérêt à 6 0/0.

392. On achète des marchandises pour 842^f,50; on paye comptant en profitant d'un escompte de 4 0/0. Combien doit-on payer?

393. Un commerçant paye au comptant 1150 fr. des marchandises qu'il a achetées. Combien aurait-il dû payer, s'il n'avait pas profité d'un escompte de 8 0/0?

394. Un commerçant achète des marchandises pour 840 fr.; comme il paye comptant, on lui fait remise de 50^f,40. Quel a été le taux d'escompte?

395. Une personne fait diverses acquisitions qu'elle paye au comptant; on lui fait alors une remise de 4 0/0 sur le montant de sa facture ce qui lui procure ainsi un bénéfice de 32^f,50. Combien aurait-elle eu à payer sans cet escompte, et combien a-t-elle payé en réalité?

396. On achète pour 2880 fr. de marchandises payables dans trois mois et sans escompte, ou avec escompte de 2 0/0 en payant comptant. Quel parti doit-on prendre, sachant que l'argent dont on dispose peut rapporter 8 0/0 par an?

397. On a acheté des marchandises pour 1850 fr., en profitant d'un escompte de 2 0/0. Lorsqu'on les a revendues, les frais d'emmagasinage et autres, ainsi que l'intérêt de l'argent, s'élevaient déjà à 82 fr., on a cependant fait un bénéfice net de 8 0/0 : combien les marchandises ont-elles été revendues?

398. Un commerçant a acheté des marchandises pour 1780 fr., il paye au comptant et profite d'un escompte de 3 0/0; quatre mois après il vend, à deux mois de crédit, les mêmes marchandises pour 1980 fr.; les frais d'emmagasinage et autres qu'il a payés le jour où il a revendu ses marchandises, se sont élevés à 20 fr. Combien a-t-il gagné pour 100 en tenant compte de l'intérêt de son argent à 6 0/0?

399. Un commerçant a acheté 120^{kg} de chocolat à raison de 2^f,40 le kilog. et avec remise de 1 0/0; l'emballage a coûté 10 fr., les frais de transport se sont élevés à 8^f,80. Ce commerçant revend au détail 1^f,50 le 1/2 kil. On demande son gain brut pour 100.

400. Un commissionnaire vend pour son correspondant : 108 mètres de drap à 15 fr. le mètre; 85 mètres d'une autre qualité à 18 fr. le mètre; 220^m de toile à 1^f,80 le mètre et 360 mètres de calicot à 1^f,20 le mètre. Combien le commissionnaire doit-il à son correspondant, sachant qu'il prélève 4 0/0 pour sa commission?

401. Un libraire de province reçoit d'un éditeur de Paris 78 volumes à 2^f,50 l'un, et il paye 3 fr. pour le port; mais il a 13 pour 12 (on dit mieux, *treize douze*, et on écrit 13/12) et 25 0/0 de remise en payant à trois mois. Un mois après l'envoi de l'éditeur, le libraire vend ses volumes à divers clients à raison de 2 fr. le volume, et il n'est payé que quatre mois après cette vente. Combien ce libraire à-t-il gagné pour 100, si l'on tient compte de l'intérêt de son argent à 6 0/0?

402. Un billet de 2507^{f}50 est payable dans dix-huit jours. Quel sera l'escompte en dedans à 6 0/0?

403. Un banquier a pris 13^f,50 d'escompte sur un certain billet payable dans cinquante-quatre jours et escompté en dedans à 6 0/0. Quel était le montant du billet?

404. L'escompte en dedans d'un billet de 1510^f,50, payable dans quarante-deux jours, a été de 10^f,50. On demande le taux d'escompte.

405. L'escompte à 6 0/0, et en dedans, d'un billet de 4030 fr. a été de 30 fr. Trouver le temps avant l'échéance du billet.

406. Quelle somme doit donner au porteur un banquier qui escompte en dedans, et à 6 0/0, un billet de 1 513f,50, payable dans cinquante-quatre jours?

407. Un billet escompté en dedans à 5 0/0 à quatre-vingt-dix jours vaut au comptant 1240 fr. Quelle est sa valeur nominale ?

PARTAGES PROPORTIONNELS

448. Définition. — Des nombres sont dits proportionnels à d'autres, lorsque les nombres qui se correspondent dans les deux séries forment une suite de rapports égaux.

Ainsi les nombres. . . . 15, 10, 35

sont proportionnels à. 3, 2, 7

parce qu'on a. . . . . $\dfrac{15}{3} = \dfrac{10}{2} = \dfrac{35}{7}$.

449. Problème I. — *Partager* 360 *fr. entre trois personnes proportionnellement à* 3, 4 *et* 5.

La somme des nombres proportionnels est égal à $3 + 4 + 5 = 12$. Si l'on avait 12 fr. à partager, la première personne aurait 3 fr., le deuxième 4 fr. et la troisième 5 fr. Si l'on avait seulement 1 fr. à partager, chaque personne aurait 12 fois moins : la première aurait donc $\dfrac{3^f}{12}$; la deuxième, $\dfrac{4^f}{12}$; et la troisième, $\dfrac{5^f}{12}$. Mais comme on a 360 fr., c'est-à-dire 360 fois plus que 1 fr., la première aura $\dfrac{3 \times 360}{12}$; la deuxième, $\dfrac{4 \times 360}{12}$; et la troisième, $\dfrac{5 \times 360}{12}$. En effectuant les calculs, on trouve que les trois parts sont : 90 fr., 120 fr. et 150 fr.

450. — D'où la règle suivante : *Pour calculer l'une des parts, on multiplie la quantité à partager par le nombre qui lui est proportionnel, et on divise le produit par la somme des nombres proportionnels aux parts.*

451. Remarque I. — L'emploi des proportions conduit à la même règle.

Soient x, y et z les trois parts demandées, on a, d'après l'énoncé :

$$\frac{x}{3} = \frac{y}{4} = \frac{z}{5}.$$

Ces égalités donnent (380) :

$$\frac{x + y + z}{3 + 4 + 5} = \frac{360}{12} = \frac{x}{3} = \frac{y}{4} = \frac{z}{5},$$

donc
$$\frac{x}{3} = \frac{360}{12}, \text{ d'où } x = \frac{360 \times 3}{12} = 90,$$

$$\frac{y}{4} = \frac{360}{12}, \text{ d'où } y = \frac{360 \times 4}{12} = 120,$$

$$\frac{z}{5} = \frac{360}{12}, \text{ d'où } z = \frac{360 \times 5}{12} = 150.$$

$$\text{Total égal. . . . . } \overline{360.}$$

452. Remarque II. — On peut multiplier ou diviser une série de nombres proportionnels sans altérer la proportionnalité. Cela revient, en effet, à multiplier ou à diviser une suite de rapports égaux par un même nombre ; ce qu'on peut faire (365).

Ainsi, les nombres proportionnels à

$$\frac{5}{20}, \frac{7}{20} \text{ et } \frac{18}{20},$$

le sont évidemment aussi à

$$5, 7 \text{ et } 18.$$

453. Problème II. — *Partager 840 fr. entre trois personnes en parties réciproquement proportionnelles aux nombres 3, 5, 6.*

Les nombres réciproques à 3, 5 et 6 sont $\frac{1}{3}, \frac{1}{5}$ et $\frac{1}{6}$ (363). Il s'agit maintenant de faire le partage en parties proportionnelles à ces trois fractions. Réduisons-les d'abord au même dénominateur, ce qui nous donnera $\frac{10}{30}, \frac{6}{30}, \frac{5}{30}$; supprimant les dénominateurs, nous n'aurons qu'à partager 840 en parties proportionnelles aux nombres 10, 6 et 5.

La première part sera $\frac{10 \times 840}{21} = 400$; la deuxième, $\frac{6 \times 840}{21} = 240$; la troisième, $\frac{5 \times 840}{21} = 200$.

454. Problème III. — *Partager le nombre 205 en trois parties, de manière que la première soit à la deuxième comme 2 est à 5, et la deuxième à la troisième comme 3 est à 4.*

Puisque la deuxième partie est à la troisième comme 3 est à 4 ; si la troisième est 1, la deuxième sera $\frac{3}{4}$; d'ailleurs la première, étant les $\frac{2}{5}$ de la deuxième, sera les $\frac{2}{5}$ de $\frac{3}{4}$ ou $\frac{6}{20}$. Il ne s'agit donc plus que de partager 205 proportionnellement aux nombres $\frac{6}{20}, \frac{3}{4}$ et 1, ou aux nombres 6, 15 et 20.

Le partage effectué, selon la règle, on trouve :

$$1^{re} \text{ partie} = 30,$$
$$2^e \quad — \quad = 75,$$
$$3^e \quad — \quad = 100.$$
$$\overline{205.}$$

La première partie est bien à la deuxième comme 2 est à 5, et la deuxième à la troisième comme 3 est à 4.

Autre solution. — L'énoncé donne : $\dfrac{1^{re}}{2^e} = \dfrac{2}{5}$, et $\dfrac{2^e}{3^e} = \dfrac{3}{4}$. La 2e partie est représentée par 5 et par 3 : pour la ramener à être représentée par le même nombre, on voit aisément qu'il suffit de multiplier les deux termes du 1er rapport par 3, et les deux termes du second par 5, et on aura $\dfrac{1^{re}}{2^e} = \dfrac{6}{15}$, et $\dfrac{2^e}{3^e} = \dfrac{15}{20}$.

Les nombres sont alors, comme plus haut, 6, 15 et 20.

RÈGLE DE SOCIÉTÉ

455. — La règle de société est ainsi nommée parce qu'elle a pour but de partager entre plusieurs associés le bénéfice ou la perte qui résulte de leur entreprise commune. Il est de toute évidence que : 1° *Pour un même temps, les bénéfices sont proportionnels aux mises;* 2° *Pour une même mise, les bénéfices sont proportionnels au temps.*

456. Problème I. — *3 négociants ont mis dans une entreprise, le 1er 15 600 fr.; le 2e 16 400 fr. et le 3e 20 000 fr.; ils ont gagné 6 500 fr. On demande la part de chaque associé.*

Les bénéfices devant être proportionnels aux mises, il suffit de partager 6 500, d'après la règle du n° 449, en parties proportionnelles aux nombres 15 600, 16 400 et 20 000.

On trouve ainsi 1 750 fr. pour le bénéfice du 1er associé, 2 050 pour celui du 2e et 2 500 pour celui du 3e.

vérification : $1\,750 + 2\,050 + 2\,500 = 6\,500$.

457. Problème II. — *3 négociants ont gagné 15 000 fr. dans une entreprise qui a duré 3 ans; le 1er a mis 16 000 fr. au commencement de l'entreprise; 5 mois après, le 2e a mis 18 000 fr., et 7 mois encore après, le 3e a mis 22 000 fr. On demande le bénéfice de chaque associé.*

Cherchons le temps que chaque mise est restée dans la Société : ce temps est pour la 1re 3 ans, ou 36 mois; pour la 2e 5 mois de moins, ou 31 mois; pour la 3e encore 7 mois de moins, ou 24 mois. Nous dirons ensuite : 16 000 fr. pendant 36 mois produisent autant qu'une somme 36 fois plus grande, ou $16\,000 \times 36$ pendant un mois; de même 18 000 fr. pendant 31 mois produisent autant que $18\,000 \times 31$ pendant 1 mois; et enfin 24 000 fr. pendant 24 mois autant que $24\,000 \times 24$ pendant 1 mois.

La question est donc ramenée à partager 15 000 fr., d'après la règle du n° 450, proportionnellement aux produits $16\,000 \times 36$, $18\,000 \times 31$ et $24\,000 \times 24$. En effectuant les calculs, on trouve $5\,052^f,63$ pour le bénéfice du 1er associé, $4\,894^f,73$ pour celui du 2e et $5\,052^f,63$ pour celui du 3e.

458. Remarque. — Les questions analogues à celles que nous venons de traiter, et surtout à la seconde, ne se présentent que très-rarement. On comprend, en effet, qu'au début d'une entreprise les chances de perte ou de gain sont d'une appréciation bien moins facile qu'au bout d'un certain temps. Mais, dans d'autres circonstances, on a des partages proportionnels à effectuer en toute rigueur. Par exemple : la *contribution foncière* est partagée dans chaque commune entre les divers propriétaires proportionnellement à leurs revenus fonciers indiqués au *cadastre*.

459. Problème III. — *Dans une commune où le revenu foncier est de 1 132 711^f,05, la contribution foncière fixée par le Conseil d'arrondissement est de 19 357^f,95. On demande quelle est la contribution afférente à 1 fr. de revenu.*

Pour résoudre la question, nous aurons évidemment à diviser la contribution totale par le revenu total. Mais, comme pour trouver la somme à payer par chaque contribuable, nous devrons multiplier ce quotient par son revenu, il est clair qu'il faudra calculer le quotient avec un assez grand nombre de décimales au lieu de se borner aux centimes.

Par exemple, nous prendrons : $0^f,01709$.

Ce quotient est appelé : le *centime le franc* (*).

Si, pour fixer les idées, nous voulons calculer la contribution foncière pour une propriété ou parcelle dont le revenu est porté sur le cadastre à 382^f,25, nous multiplierons le centime le franc par 382,25.

Le produit est 6,53..... c'est la contribution cherchée.

EXERCICES

PARTAGES PROPORTIONNELS — RÈGLE DE SOCIÉTÉ

---

408. Partager une droite de 26 mètres en trois parties proportionnelles aux nombres 2, $\frac{3}{4}$, $\frac{1}{2}$.

409. Partager 88° 40′ 18″ en parties proportionnelles à **2, 5 ; 3, 2** et **4**.

(*) Le centime le franc une fois connu, on n'a plus qu'une seule multiplication à faire, pour trouver à combien doit être imposée chaque propriété. Il faudrait, au contraire, deux opérations une multiplication et une division, si ce calcul préparatoire n'avait pas été fait.

410. Partager $620^m,40$ en parties proportionnelles aux arcs 12° 23′ 42″, 19° 16′ 18″ et 23° 17′ 15″.

411. Partager une longeur de 257 mètres en trois parties, dont les carrés soient proportionnels aux nombres 3, 5, 7. On évaluera chacune des trois parties demandées à un millième près.

412. Trois ouvriers de même force ont reçu 120 fr. pour un terrassement fait en commun ; le premier a travaillé douze jours et dix heures par jour; le deuxième quinze jours et neuf heures par jour ; le troisième dix jours et huit heures par jour. Combien revient-il à chacun?

413. Trois compagnies d'ouvriers ont entrepris un travail qui a duré quinze jours et qui a été payé 1 350 fr. La 1re compagnie a fourni six hommes; la 2e, dix hommes, et la 3e, 14 hommes. On demande ce qui revient à chaque compagnie.

414. Trois ouvriers de même force ont reçu 85 fr. pour empierrer un chemin : le 1er a travaillé 8 jours $\frac{3}{4}$; le 2e, 10 jours $\frac{1}{6}$, et le 3e, 9 jours $\frac{1}{2}$. Combien chaque ouvrier a-t-il reçu? Quel est le prix d'une journée d'ouvrier?

415. Un ouvrage de terrassement, évalué 3 110 fr., a été exécuté par trois entrepreneurs qui ont fait travailler simultanément leurs ouvriers. Le 1er a fait travailler pendant 20 jours 6 ouvriers; le 2e, pendant 24 jours 10 ouvriers ; enfin, le dernier avait 20 ouvriers qui ont travaillé pendant 15 jours. On suppose ces ouvriers également habiles. On demande le bénéfice brut de chaque entrepreneur, les ouvriers étant payés à raison de 3 fr. par jour.

416. Trois personnes se sont associées pour une entreprise et ont mis chacune la même somme. La mise de la 1re personne est restée 2 ans dans la société; celle de la 2e 18 mois, et celle de la 3e 15 mois. Le bénéfice a été de 12 800 fr. Quelle somme revient-il à chaque personne, la 1re prélevant 10 0/0 sur le bénéfice pour gestion de l'entreprise?

417. Partager 6 000 fr. entre trois personnes, de manière que la 1re ait $\frac{1}{5}$ de plus que la 2e, et la 3e $\frac{5}{12}$ de plus que la 2e.

418. Tous frais déduits, un débiteur ne peut donner que 70 0/0 à ses créanciers : le 1er a reçu 12600fr., le 2e 10 500 fr., et le 3e 8 400 fr. Combien chaque créancier a-t-il perdu?

419. Un débiteur a trois créanciers, il doit 15 000 fr. au 1er; 11 400 fr. au 2e, et 12 000 fr. au 3e; il ne peut leur donner que 15 360 fr. Combien chaque créancier recevra-t-il? Combien pour 100 ?

420. Trouver le rapport des temps pendant lesquels trois mises sont restées placées. On sait que la 1re mise est double de la 2e, et la 3e le triple de la 2e. Le 1er associé a eu 1 000 fr. de bénéfice; le 2e, 800 fr., et le 3e, 3 300 fr.

421. Un négociant commence une entreprise avec une somme de 12 000 f.; 3 mois plus tard, un associé verse dans son entreprise une somme de 18 600 fr.; 14 mois après encore, un associé s'intéresse pour une somme de 30 000 fr. L'entreprise, après avoir duré 6 ans, a produit un bénéfice de 48 000 fr. Le premier associé doit percevoir une prime de 6 0/0 sur le bénéfice, pour rémunération de la gestion dont il a été chargé. Quelle est la part de chaque associé dans le bénéfice?

422. Trois négociants se sont associés et ont apporté : le 1er, 12 000 fr,; le 2e, 18 000 fr , ; le 3e 15 000 fr. La société a duré 5 ans. Au jour de la liquidation, on trouve, tous frais déduits, que la maison de commerce vaut 175 000 fr. On demande ce qui revient à chaque associé, sachant que le premier doit prélever pour la gestion de la société 6 0/0 sur les bénéfices.

423. Une personne laisse 134 000 fr. à partager entre quatre héritiers. La part du 1er est à celle du 2e comme 2 est à 3 ; celle du 2e au 3e, comme 5 est à 6 ; et enfin celle du 3e au 4e comme 3 est à 4. Quelle est la part de chaque héritier? On sait que les divers frais s'élèvent à 6 0/0 de la valeur de l'héritage.

424. Un oncle laisse 40 000 fr. à trois neveux, qui doivent se partager cette somme en parties réciproquement proportionnelles aux impôts payés par chacun d'eux : le 1er paye 140 fr.; le 2e 170 fr., et le 3e 220 fr. Combien revient-il à chaque neveu, sachant qu'il y a à payer divers frais qui s'élèvent à 7 0/0 de la succession?

425. Une commune dont le revenu foncier est de 1 142 840f,60, paye 20 650 fr. de contribution foncière : on demande de calculer la contribution de quatre parcelles dont le revenu est porté sur le cadastre à 524f,30, 428f,10, 316f,40, 112f,45.

RÈGLE DE MÉLANGE

460. — *La règle de mélange présente deux cas ; elle a pour but de trouver :* 1° *la valeur moyenne de plusieurs matières mélangées, connaissant le prix et la quantité de chacune;* 2° *dans quelle proportion doit se faire un mélange pour obtenir un prix moyen donné.*

461. 1er Cas. Problème I. — *On a mélangé 8 sacs de farine de première qualité à 47 fr. le sac, 3 à 46 fr., et 5 à 46f,50. Quel est le prix du sac de mélange?*

$$
\begin{array}{lll}
\text{8 sacs à } 47^f & \text{valent} & 376^f, \\
3 \ — \ 46^f & — & 138^f, \\
5 \ — \ 46^f,50 & — & 232^f,50 \\
\hline
\text{16 sacs valent. . . .} & & 746^f,50.
\end{array}
$$

1 sac vaut 16 fois moins, ou $\dfrac{746,50}{16} = 46^f,66,$

ou, suivant l'usage du commerce, 46f,65.

462. Problème II. — Mouillage des vins (*). *Un marchand a acheté 3 fûts de vin de 230 litres chacun, à raison de 22f,50 l'hectolitre,*

(*) Opération qui consiste à faire un mélange d'eau et de vin.

pris sur place, et 4 fûts de même contenance, à raison de 21 fr. l'hecto-
litre. Les frais de transport et autres s'élèvent à 8 fr. par hectolitre,
rendu en cave. Ce marchand ayant ajouté $\frac{1}{5}$ d'eau, on demande ce qu'il
doit revendre l'hectolitre pour gagner 20 0/0.

3 fûts à 230¹ l'un $= 230 \times 3 = 690^l = 6^{hl},90$
4 fûts à 230¹ l'un $= 230 \times 4 = 920^l = 9^{hl},20$
$6^{hl},90$ ont coûté, pris sur place, $22^f,5 \times 6,9 = 155^f,25$
$9^{hl},20$ — $21^f, \times 9,2 = 193^f,20$
Frais de transport et autres, pour $16^{hl},10 = 8^f \times 16,10 = 128^f,80$

Prix de revient, rendu en cave. . . . . $477^f,25$
Bénéfice : 20 0/0, sur $477^f,25$. . . . . $95^f,45$

Le vin devra être vendu. . . . . $572^f,70$
Après le mouillage, on a

$$16^{hl},10 + \frac{16,10}{5} = 16^{hl},10 + 3^{hl},22 = 19^{hl},32.$$

$19^{hl},32$ devront être vendus $572^f,70$.

Le prix de vente d'en hectolitre sera

$$\frac{572,70}{19,32} = 29^f,65 \text{ environ.}$$

463. 2ᵉ Cas. Problème III. — *On mélange des vins à 35 fr. et*
à 28 fr. l'hectolitre, de manière que l'hectolitre du mélange revient
à 30 fr. Dans quel rapport est fait le mélange?

Solution. *Disposition du calcul.*

35	2		2^{hl} à 35^f
	30	Proportion	
28	5		5^{hl} à 28^f

On prend la différence entre le prix moyen 30 fr. et chacun des
prix donnés. La différence entre 30 et 35 est 5, on écrit 5 vis-à-vis
de 28. La différence entre 30 et 28 est 2, on écrit 2 vis-à-vis de 35.
Les nombres 2 et 5 sont proportionnels aux nombres d'hectolitres
qu'il faut prendre des deux vins; en d'autres termes, il faut mélanger
ces vins dans le rapport de 2 à 5. En effet, sur 1^{hl} de vin à 35 fr.,
vendu 30 fr., on perdrait 5 fr., sur 2^{hl} on perdrait $5^f \times 2$. Sur 1^{hl} de
vin à 28 fr., vendu 30 fr., on gagnerait 2 fr., sur 5^{hl} on gagnerait
$2^f \times 5$. D'un côté on perdrait $5^f \times 2$ et de l'autre on gagnerait $2^f \times 5$,
il y a donc compensation.

464. Problème IV. — *Un marchand possède 140 litres de vin*
à 25 c. le litre, qu'il voudrait mélanger avec du vin à 40 c. le litre, de
manière que le litre du mélange revînt à 35 c. Combien doit-il mettre de
litres à 40 c.?

On déterminera d'abord, par la méthode précédente, dans quelle proportion le mélange doit avoir lieu.

$$25 \qquad 5^l \text{ à } 25^c$$
$$35$$
$$40 \qquad 10^l \text{ à } 40^c$$

On dit ensuite :

Pour 5 litres à 25 c., on prend 10 litres à 40 c.

$$1 \qquad — \qquad \text{on prendra 5 fois moins, ou } \frac{10^l}{5}$$

$$\text{pour } 140 \qquad — \qquad — \qquad 140 \text{ fois plus, ou } \frac{10 \times 140}{2} = 280^l.$$

465. Problème V. — *Dans un mélange de 200 litres de vin, qui revient à 40 c. le litre, il y a des vins à 35 c. et à 50 c. le litre. Combien y en a-t-il de chaque sorte?*

On commence d'abord par déterminer la proportion dans laquelle le mélange a dû se faire.

$$35 \qquad 10 \qquad\Big| \qquad\qquad 10^l \text{ à } 35^c$$
$$40 \qquad\qquad\Big|\ Proportion$$
$$50 \qquad 5 \qquad\Big| \qquad\qquad 5^l \text{ à } 50^c$$

On a donc à partager 200 proportionnellement à 10 et à 5, ce qui donne $\dfrac{200 \times 10}{15} = 133^l,33$ pour le premier vin, et $\dfrac{200 \times 5}{15} = 66^l,66$ pour le deuxième.

466. Problème VI. — *On a mélangé des vins à 75 c., 78 c., 84 c. et 90 c. le litre. Le mélange revient à 82 c. le litre. Dans quelle proportion le mélange a-t-il été fait?*

Dans ce cas, et dans tous les cas analogues, on opère, comme au n° 463, sur le prix moyen et sur deux des prix donnés, l'un supérieur au prix moyen, et l'autre inférieur. On opère de même sur le prix moyen et sur deux des autres prix donnés, et ainsi de suite, en comparant toujours au prix moyen un prix inférieur et un prix supérieur.

$$75 \qquad 2 \qquad\Big| \qquad\qquad 78 \qquad 8$$
$$82 \qquad\qquad\Big| \qquad\qquad 82$$
$$84 \qquad 7 \qquad\Big| \qquad\qquad 90 \qquad 4$$

Proportion. — 1° 2 litres à 75 c. pour 7 à 84 c.; 8 à 78 c. pour 4 à 90 c. Il est facile de voir qu'il y a compensation de la perte et du gain : 1° entre le vin à 75 c. et à 84 c., car $7 \text{ c} \times 2 = 2 \text{ c} \times 7$; 2° entre le vin à 78 c. et à 90 c., car $8 \text{ c} \times 4 = 4 \text{ c} \times 8$.

Remarque I. — Ce problème admet une infinité de solutions (*), car la compensation aura encore lieu si on rend ces nombres de litres le même nombre de fois plus grands ou plus petits.

On pourra, par exemple, prendre 4 litres à 75 c. pour 14 litres à 84 c., et 16 litres à 78 c. pour 8 à 90 c.

_____

(*) Ce problème, et en général tous les problèmes qui admettent un plus ou moins grand nombre de solutions, sont dits *indéterminés.*

Remarque II. — Il est bien évident qu'on peut comparer autrement le prix moyen aux prix supérieurs et inférieurs.

90	7			78	2	
		82				82
75	8			84	4	

D'après cette nouvelle proportion, on prendrait 7 litres à 90 c. pour 8 à 75, et 2 à 78 c. pour 4 à 84 c.

467. Problème VII. — *On a des vins à 65 c., 68 c., 81 c., 88 c. et 92 c. On veut les mélanger de manière que le litre revienne à 75 c., et qu'il entre dans le mélange 84 litres à 65 c. Combien faudra-t-il prendre de chacune des autres sortes pour qu'on ait en tout 620 litres de mélange?*

On cherche d'abord dans quelle proportion le mélange doit avoir lieu, et pour cela on opère comme dans le cas précédent. Il y a plus de prix supérieurs au prix moyen que de prix inférieurs; on prend deux fois le même prix inférieur; on pourrait le prendre un plus grand nombre de fois, si cela était nécessaire.

65	6		68	13		68	17	
		75			75			75
81	10		88	7		92	7	

En ajoutant les deux nombres de litres à 68 c. (13 + 17 ou 30), on trouve qu'il y aura dans le mélange 6 litres à 65 c., 10 litres à 81 c., 30 litres à 68 c., 7 litres à 88 c. et 7 litres à 92 c.

On déterminera en second lieu combien il entrera de litres à 81 c. pour 84 litres à 65 c. que doit contenir le mélange.

Pour 6 litres à 65 c., on met 10 litres à 81 c.

$$— 1 \quad — \quad \frac{10}{6} \quad —$$
$$— 84 \quad — \quad \frac{10 \times 84}{6} = 140 \text{ litres.}$$

On mettra 140 litres à 81 c. pour 84 litres à 65 c.

Enfin on calculera en troisième lieu la quantité de litres qu'on doit mettre à 68 c., à 88 c. et à 92 c. Puisqu'il doit y avoir dans le mélange 84 litres à 65 c. et 140 à 81 c., si l'on retranche la somme 84 + 140 = 224 litres de 620, le reste exprime le nombre de litres à 68 c., à 88 c. et à 92 c. Comme on peut d'ailleurs mélanger ceux-ci en prenant 30 litres à 68 c., 7 à 88 c. et 7 à 92 c., il ne s'agit plus que de partager 396 proportionnellement aux nombres 30, 7 et 7.

Si l'on fait le partage, on trouve qu'il faudra prendre 270 litres à 68 c., 63 à 88 c., et 63 à 92 c.

VÉRIFICATION.

Gain.	*Perte.*
84 × 10 c. = 840 c.	140 × 6 c. = 840 c.
270 × 7 = 1890	63 × 13 = 819
Gain total. 2730 c.	63 × 17 = 1071
	Perte totale. 2730 c.

Le gain total est bien égal à la perte totale. D'ailleurs 84 + 140 + 270 + 63 + 63 = 620.

RÈGLE D'ALLIAGE

468. — Pour résoudre les problèmes relatifs aux alliages, on suit la même marche que pour la règle de mélange.

469. Problème I. — *On a fondu ensemble deux lingots d'argent :*

le premier au titre (273) 0,950 *et pesant* 4^{kg},200, *le deuxième au titre* 0,800, *pesant* 6^{kg},500. *On demande le titre du nouveau lingot.*

4^{kg},200 au titre 0,950 contiennent 4200 $\times$ 0950 = 3^{kg},990 d'argent pur.

6^{kg}.500 au titre 0,800 contiennent 6500 $\times$ 0800 = 5^{kg},200 d'argent pur.

10^{kg},700 de cet alliage contiennent   9^{kg},190 d'argent pur.

D'où il résulte que 1 kg d'alliage contient $\dfrac{9^{kg},190}{10,900}$ d'argent pur.

En effectuant, on trouve approximativement 0^{kg},859. Le titre du nouveau lingot est, par conséquent, 0,859 à 0,001 près.

470. Problème II. — *Dans quelle proportion faut-il allier de l'or au titre* 0,760 *et de l'or au titre* 0,915 *pour avoir un lingot au titre* 0,840?

Solution.		*Proportion.*
760	75	75 parties en poids au titre 0,760
	840	
915	80	pour 80 — 0,915.

On prend la différence entre le titre moyen 840 et chacun des titres donnés (abstraction faite de la virgule). On croise d'ailleurs les restes comme on l'a fait dans la règle de mélange.

Raisonnement. — Sur chaque kg, ou 1 000 gr., au titre 0,760, il y a, comparativement au titre demandé, un déficit de 80 gr.; et sur chaque kg au titre 0,915 un excédant de 75 gr. Sur 75 kg au titre 0,760 le déficit sera donc 80 gr. $\times$ 75 = 6 000 gr., et sur 80 kg au titre 0,915 l'excédant sera 75 gr. $\times$ 80 = 6 000; donc il y aura *compensation* entre l'*excédant* et le *déficit*, si on allie 75 kg du premier à 80 kg du second.

Remarque. — Si l'alliage avait dû avoir un poids déterminé, 6^{kg},30, par exemple, il aurait suffi de partager 6^{kg},30 proportionnellement aux nombres 75 et 80.

MOYENNES

471. Définition. — On appelle *moyenne* de plusieurs quantités de même espèce le quotient de leur somme par leur nombre.

472. — Dans les statistiques et les sciences d'observation, on fait un usage continuel des moyennes.

C'est journellement qu'on a à calculer le prix moyen d'une denrée quelconque, le produit moyen d'un hectare de terrain, etc.

On calcule une longueur moyenne, une surface moyenne, un volume moyen; la durée moyenne de la vie des individus dans un même pays; la durée moyenne de la vie en général; la moyenne des températures observées à la même heure, tous les jours d'une même semaine, d'un même mois, d'une même année; la moyenne des températures observées pendant plusieurs années; la quantité moyenne de pluie qui est tombée par jour pendant une certaine semaine, un certain mois, une certaine année, etc., etc. Toutes ces moyennes se calculent d'ailleurs en se basant sur la définition.

473. Problème I. — *Pendant 5 quinzaines* (*) *consécutives le pain s'est vendu* 0^f,28, 0^f,27, 0^f,30, 0^f,29, 0^f,26 *le kg. Quel a été le prix moyen pendant cette durée?*

$28 + 27 + 30 + 29 + 26 = 1,40$. 5 kg ayant coûté 1^f,40, il serait revenu au même de les payer tous à un prix 5 fois moindre, ou $\frac{1,40}{5} = 0^f,28$. C'est là le prix moyen du kg. de pain pendant les 5 quinzaines.

474. Problème II.—*Un propriétaire a vendu* 30 *hl de vin à* 17 *fr. l'un,* 17 *hl à* 20 *fr.,* 14 *hl à* 23 *fr. et* 15 *hl à* 25 *fr. Quel est le prix moyen de vente de l'hectolitre?*

$$
\begin{array}{llll}
30^{hl} \text{ à } 17 \text{ fr. ont produit} & 17^f \times 30 = & 510 \text{ fr.} \\
16 \text{ à } 20 \text{ fr.} \quad — & 20^f \times 16 = & 320 \text{ fr.} \\
14 \text{ à } 23 \text{ fr.} \quad — & 23^f \times 14 = & 322 \text{ fr.} \\
15 \text{ à } 25 \text{ fr.} \quad — & 25^f \times 15 = & 375 \text{ fr.} \\
\end{array}
$$

Totaux : 75^{hl} pour   1 527 fr.

Les 75 hl ayant produit 1 527 fr., on aurait eu la même recette si tous avaient été vendus à un prix 75 fois moindre, ou $\frac{1\,527}{75} = 20^f,36$. C'est là le prix moyen de l'hectolitre.

EXERCICES

MÉLANGES — ALLIAGES — MOYENNES

---

426. Combien faut-il mélanger de litres de vin à 45 c. et à 25 c. pour avoir un hectolitre à 30 c.?

427. On ajoute 6 lit. d'eau à 19 lit. de vin à 75 c. Que vaut un litre de mélange?

428. On mélange 60 lit. de vin à 50 c., 80 lit. à 45 c. avec 16 lit. d'eau. Quelle sera la valeur d'un litre de ce mélange?

429. On mélange des vins à 24 fr., à 23 fr. et à 21 fr. l'hectolitre. On

(*) Avant la liberté de la boulangerie, la *taxe* était fixée toutes les quinzaines ; c'était la *taxe officielle*. Aujourd'hui, sauf dans quelques communes qui ont conservé les anciens usages ou qui y sont revenues, il n'y a plus qu'une *taxe officieuse* (qui n'oblige personne).

veut que l'hectolitre de mélange revienne à 22 fr. Combien devra-t-on prendre d'hectolitres à 21 fr. si le mélange doit contenir 2 hectolitres à 24 fr. et 5 à 23 fr. ?

430. On demande la quantité d'eau qui a été ajoutée à 50 lit. de vin à 33 c. et à 60 lit. à 40 c. pour obtenir un mélange qui vaut 30 c. le litre ?

431. On a de l'eau-de-vie à 41° et à 65°. On prend 5 lit. de la 1ʳᵉ qu'on mélange avec une certaine quantité de la 2ᵉ, on a ainsi de l'eau-de-vie à 50°. Combien le mélange contient-il de litres ?

432. Un fermier a acheté 6 pièces de vin de 230 lit. à raison de 24 fr. l'hectolitre. Les frais de transport et autres se sont élevés à 6^f,20 par hectolitre. Quelle quantité d'eau doit-il ajouter à son acquisition s'il veut boire du vin qui ne lui revienne qu'à 20 c. le litre ? Combien aura-t-il d'hectolitres après le mélange ?

433. Un propriétaire a acheté 8 pièces de vin de 180 lit. à raison de 22^f,50 l'hectolitre. Les frais de transport et autres se sont élevés à 5^f,75 par hectolitre. Combien aura-t-il déboursé en tout ? S'il ajoute $\frac{1}{4}$ d'eau, à combien lui reviendra l'hectolitre ?

434. Un boulanger a deux espèces de farine : l'une qui lui revient à 46^f,50 les 100 kg et l'autre à 44 fr. ; il mélange ces farines dans la proportion de 3 à 2. 1° Combien doit-il prendre de farine de chaque espèce pour cuire 330 kg de pain ? On sait qu'on obtient 132 kg de pain avec 100 kg. de farine. 2° Combien la farine qui a servi à fabriquer les 330 kg. de pain lui coûtera-t-elle ?

435. On veut remplir un fût de 380 lit. avec du vin à 30 c. et à 40 c. le litre. On met 25 lit. à 40 c., puis, pour remplir le fût, on ajoute du vin à 30 c. et de l'eau ; le litre de boisson revient alors à 20 c. On demande le nombre de litres à 30 c. et la quantité d'eau qui a été ajoutée.

436. 80 kg d'un mélange de café à 3^f,20 et à 3^f,35 le kg. coûtent 263^f,50. Combien le mélange contient-il de kg de café de chaque qualité ?

437. Un commerçant a du riz de deux espèces : une espèce lui revient à 55 c. le kg et une autre à 45 c. ; il fait un mélange dans la proportion de 5 à 6 et vend à raison de 60 c. le kg. On demande son gain brut pour 100.

438. Un négociant a acheté 1500 kg de blé à 28 fr. le 100 ; 800 à 27^f,50 ; 500 à 26 fr. et 900 à 26^f,50. Quelques temps après, il revend à raison de 29^f,50 les 100 kg de mélange. On demande le gain brut pour 100 de ce commerçant. On sait d'ailleurs qu'il a trouvé un déchet de 0,003.

439. Un marchand a acheté des vins de 3 qualités différentes et qui lui coûtent pris sur place 20^f,50 l'hectolitre, 22^f,50 et 23^f. Il a payé 6 fr. de l'hectolitre pour le transport et autres frais. Il revend l'hectolitre à raison de 32 fr., et réalise ainsi un bénéfice brut de 20 p. 100. Quelle quantité d'eau a-t-il dû ajouter par hectolitre ?

440. On mélange des vins à 21 fr., à 18 fr. et à 23 fr. l'hectolitre. Comment doit-on faire, si l'on veut que l'hectolitre revienne à 20 fr. et qu'il entre dans le mélange 2 hl à 23 fr. ? Combien aura-t-on d'hectolitres en tout ?

441. Un commerçant a du vin qui lui revient à 90 c. le litre ; il revend à raison de 1 fr. le litre, tout en réalisant un bénéfice brut de 20 p. 100. Quelle quantité d'eau ajoute-t-il par hectolitre ?

442. On mélange du vin à 90 c. le litre avec du vin à 80 c., et la bouteille de 82 cl revient à 70 c. Comment s'est effectué le mélange ?

443. Un commerçant a du vin qu'il peut vendre 90ᶜ et 60ᶜ le litre.

Combien devra-t-il mêler de la seconde qualité à 5 hlt. de la première pour qu'en ajoutant 20 lit. d'eau par hectolitre il puisse vendre 55° la bouteille de 80 cl?

444. Un commerçant vend un mélange de café à raison de 4 fr. le kg; il fait ainsi un gain brut de 25 p. 100. Comment le mélange s'est-il fait? On sait que le commerçant gagne autant sur 10 kg de la 1re espèce que sur 16 de la 2e. Combien le commerçant a-t-il payé chaque espèce de café?

445. On a mélangé des vins à 75 c., 80 c., 82 c., 85 c. et 90 c. le litre. Dans quelle proportion le mélange a-t-il été fait si le litre de mélange revient à 85 c.?

446. On a des vins à 65 c., 70 c., 68 c., 75 c., 85 c. et 90 c. On veut les mélanger de manière que le litre revienne à 80 c. et qu'il entre dans le mélange 100 lit. à 65 c. Combien faudra-t-il prendre des autres sortes pour qu'on ait en tout 742 lit. de mélange?

447. Dans quel rapport faut-il allier un lingot d'or au titre 0,920 et un autre lingot au titre 0,750 pour avoir un lingot au titre 0,900?

448. On fond ensemble 312 gr,5 d'un lingot d'argent au titre 0,700 et 1 250 gr. d'un autre lingot au titre 0,950. Quel est le titre du nouveau lingot?

449. On fond ensemble 160 gr. d'un lingot d'or au titre 0,750 et 340 gr. d'or pur. Quel est le titre du nouveau lingot?

450. On a deux lingots d'argent : l'un au titre 0,950 et l'autre au titre 0,800. Combien doit-on prendre de chaque lingot pour avoir 3kg,600 au titre 0,900?

451. Deux lingots d'or : l'un au titre 0,920 et l'autre au titre 0,750 ont été alliés dans le rapport de 9 à 8. Quel est le titre du nouveau lingot?

452. Quel poids d'argent et de cuivre faut-il prendre pour faire 325 pièces de 5 fr.

453. On fond ensemble 200 gr. d'un lingot d'or au titre 0,750 et un lingot d'or pur; on obtient ainsi un lingot au titre 0,840. On demande le poids du lingot d'or pur et le poids du lingot au titre 0,840.

454. On fond ensemble trois lingots d'or : le 1er, au titre 0,920, pèse 420 gr.; le 2e, au titre 0,900, pèse 250 gr., et le 3e, au titre 0,750, pèse 380 gr. On demande le titre du nouveau lingot.

455. On a 5 lingots dont les titres sont 0,540, 0,600, 0,700, 0,850, 0,900. Dans quels rapports faut-il les allier pour avoir un lingot au titre 0,800?

456. On a 3 lingots d'argent : le 1er au titre 0,950, le 2e au titre 0,700 et le 3e au titre 0,920. En fondant ensemble ces trois lingots, on obtient 3kg,240 d'un nouveau lingot au titre 0,900. On demande comment l'alliage a été fait, sachant qu'on a d'abord pris 2kg,10 au titre 0,950.

457. On a fondu ensemble 2kg,750 d'un métal qui a coûté 10f,50 et 5kg,600 d'un second métal qui a coûté 28 fr. Quel sera le prix d'un kg de l'alliage, en supposant qu'il y ait 2 p. 100 de déchet et que la fabrication de cet alliage ait coûté 8f,50?

458. On a 3kg,60 d'un alliage de plomb et d'étain; ces métaux sont dans le rapport de 5 à 7. Quelle quantité de plomb faut-il ajouter à cette alliage pour avoir de la soudure des plombiers, c'est-à-dire pour que la quantité de plomb devienne double de celle de l'étain?

459. Un alliage de cuivre et d'étain pèse 120 kg. Les métaux sont dans le rapport de 7 à 5. Quel sera le nouveau rapport si l'on ajoute 15 kg d'étain à l'alliage?

460. On a un alliage de plomb et d'antimoine du poids de 315 kg; ce métaux sont dans le rapport de 4 à 11. Quelle quantité de plomb faut-il ajouter pour que le rapport devienne inverse?

461. On a fondu ensemble deux métaux : l'un valant 3^f,50 le kg et l'autre 4^f,80, dans la proportion de 2 à 3. On demande le prix de 20 kg de cet alliage. On sait d'ailleurs que, par suite de la fabrication, les métaux ont gagné en valeur 30 p. 100 et qu'il y a eu 2 p. 100 de déchet.

462. On a un lingot d'or pesant 400 gr. et au titre 0,850. 1° Combien devrait-on retrancher de cuivre pour obtenir un alliage au titre monétaire? 2° Quelle quantité d'or pur faudrait-il ajouter au même lingot pour avoir de l'or monnayé?

463. Le bronze des canons et des statues est formé de 90 parties de cuivre et de 10 parties d'étain; le métal des miroirs de télescope se compose de 67 parties de cuivre et de 33 parties d'étain. On a 300 kg de bronze de canons. Quelle quantité de cuivre et d'étain faut-il ajouter à cet alliage pour obtenir 540 kg de métal des miroirs à télescope?

464. Une cloche pèse 1 200 kg. On demande le poids du cuivre et celui de l'étain, ainsi que le volume de la cloche, en supposant que l'alliage n'ait occasionné ni contraction ni dilatation. On sait d'ailleurs que le métal des cloches est formé de 78 parties de cuivre et de 22 parties d'étain et que la densité du cuivre est 8,788 et celle de l'étain 7,291.

465. Dans cinq marchés composant la même région agricole, les prix moyens de 100 kg de blé ont été : 28^f,50, 27 fr., 27^f,60, 28 fr. et 28^f,80. On demande le prix moyen des 100 kg dans cette région.

466. Un capitaliste a 16 000 fr. de placés à 6 p. 100, 18 000 à 5 p. 100 et 20 000 à 4 p. 100. Quel est le taux moyen de son revenu annuel?

467. La température des jours d'une semaine du mois de novembre prise à 9 h. du matin a été : le 18 de + 7°, le 19 de + 3, le 20 de + 1, le 21 de 0°, le 22 de — 4, le 23 de — 2, le 24 de + 1. On demande la température moyenne.

468. La hauteur annuelle d'eau tombée dans une région, prise sur une moyenne de 4 années, a été de 872^{mm}; la 1re année, la hauteur moyenne s'est élevée à 855^{mm}, la 2e, à 861, la 3e, à 883. On demande la hauteur moyenne d'eau de la 4e année.

RÈGLE D'ÉCHÉANCE MOYENNE OU COMMUNE

475. Définition. — La règle d'*échéance commune* consiste à remplacer diverses valeurs par une seule à une seule échéance. Elle est usitée dans les banques, parce qu'elle permet de simplifier les calculs et les écritures.

476. Problème 1. — *Le 20 janvier, un propriétaire a vendu du vin à un marchand pour une somme de 2 800 fr., payable comme il suit : 400 fr. au 15 mars, 1 000 fr. au 31 mai et 1 400 fr. le 25 juillet de la même année. L'acheteur désire se libérer en un seul payement : quelle date doit porter le billet qu'il souscrit au vendeur?*

D'après les données, la première somme est payable dans 54 jours, la deuxième dans 131 jours, et la troisième dans 176 jours. Or, ces trois sommes porteraient intérêts entre les mains de l'acheteur. Le taux étant quelconque, par exemple 6 0/0, la somme des intérêts serait (413) :

$$\frac{400 \times 54}{6000} + \frac{1000 \times 131}{6000} + \frac{1400 \times 176}{6000}.$$

Le billet unique à faire doit être de 400 fr. + 1000 fr. + 1400 fr. ou de 2800 fr. Mais ce billet produirait pendant le temps cherché t, l'intérêt

$$\frac{2800 \times t}{6000}.$$

Or, pour qu'il y ait compensation, il faut que l'intérêt des trois sommes partielles soit égal à l'intérêt de la somme totale ; donc, on a :

$$\frac{2800 \times t}{6000} = \frac{400 \times 54}{6000} + \frac{1000 \times 131}{6000} + \frac{1400 \times 176}{6000}.$$

Multipliant les deux membres par 6000, il vient

$$2800 \times t = 400 \times 54 + 1000 \times 131 + 1400 \times 176.$$

Divisant les deux membres par 2800, on a :

$$t = \frac{400 \times 54 + 1000 \times 131 + 1400 \times 176}{2800} = 142j.$$

Le billet doit donc être soldé 142 jours après le 20 janvier, c'est-à-dire à la date du 11 juin.

En effectuant la division indiquée pour trouver t, on trouve $\frac{10}{28}$ pour reste. Lorsque la fraction négligée surpasse $\frac{1}{2}$, on porte un jour de plus.

La démonstration précédente étant indépendante du taux, on peut conclure la règle suivante :

477. Règle. — *Pour trouver l'échéance d'un billet qui doit remplacer la somme de plusieurs autres, on multiplie la valeur nominale de chaque billet par le nombre de jours à courir avant son échéance, et on divise la somme de ces produits par la somme des valeurs nominales ; le quotient exprime dans combien de jours on doit solder le billet unique.*

478. Problème. — *Calculer l'échéance moyenne des billets suivants : 600 fr. au 10 mai, 1500 fr. au 30 juin, 1000 fr. au 31 août et 1200 fr. au 5 octobre.*

Dans le problème précédent, les échéances ont été rapportées au 20 janvier ; mais comme ici aucune date n'est fixée, on peut prendre celle que l'on veut. Si, par exemple, on rapporte les échéances au 5 avril, la première somme sera payable dans 35 jours, la deuxième dans 86 jours, la troisième dans 148 jours et la quatrième dans 183 jours. Le billet unique devant, d'ailleurs, être de 600 + 1500 + 1200 ou de 4 300, on a, d'après ce qui précède :

$$4300\, t = 600 \times 35 + 1500 \times 86 + 1000 \times 148 + 1200 \times 183 :$$

d'où, en divisant les deux membres par 4300 :

$$t = \frac{600 \times 35 + 1500 \times 86 + 1000 \times 148 + 1200 \times 183}{4300} = 120\text{j}.$$

L'échéance moyenne aura donc lieu 120 jours après le 5 avril, c'est-à-dire le 3 août.

Deuxième solution. — Echéance rapportée au 10 mai. La première somme ne portant pas intérêt, on a :

$$4300 \times t = 600 \times 0 + 1500 \times 51 + 1000 \times 113 + 1200 \times 148;$$

d'où

$$t = \frac{1500 \times 51 + 1000 \times 113 \times 1200 \times 148}{4300} = 85\text{j}.$$

L'échéance moyenne aura lieu 85 jours après le 10 mai, c'est-à-dire le 3 août.

Remarque. — On devait bien trouver la même date, car $(120 - 85 = 35)$ la diminution de l'intérêt à 6 0/0, par exemple, sur les quatre billets pour 35 jours est $\dfrac{(600 + 1500 + 1000 + 1200) \times 35}{6000} = \dfrac{4300 \times 35}{6000}$.

Or, $\dfrac{4300 \times 35}{6000}$ est également la diminution de l'intérêt sur le billet unique pour 35 jours.

Il est donc préférable, dans les cas analogues, de rapporter les échéances à la date la plus rapprochée : les calculs sont moins longs.

EXERCICES

469. Le 10 mars, un négociant a vendu des farines pour 12 000 fr., payables comme il suit : 3 000ᶠ à 40 jours, 4 000ᶠ à 60 jours et 5 000ᶠ à 90 jours. On demande le terme moyen des trois effets que l'acheteur doit souscrire pour payer le vendeur.

470. On demande de déterminer l'échéance moyenne des effets suivants : 2 400 fr au 10 juin; 3 500 fr. au 15 juillet; 4 000 fr. au 25 août; 6 000 fr. au 5 septembre.

471. Une personne doit 3 500 fr. payables dans 15 mois. Elle donne immédiatement 500 fr., 6 mois après elle donne 1 500 fr., et enfin 2 mois après 500 fr. On demande le temps qu'elle pourra garder le reste de ce qu'elle doit sans rien perdre.

472. Une personne devait 6 000 fr. payables dans 6 mois. Elle donne

2 000 fr. au bout d'un certain temps; par suite de ce payement, elle peut garder le reste de la somme pendant 6 mois encore. On demande au bout de combien de temps ce payement a été effectué.

473. Un négociant n'offre à ses créanciers que 60 0/0, et ne paye que 15 0/0 à 6 mois, 20 0/0 à 9 mois, et le reste à 12 mois. Quelle est l'offre réelle du négociant, si l'on tient compte de l'intérêt de l'argent à 6 0/0 ?

474. Dans quelle proportion faut-il souscrire des effets payables au 15 juin et au 10 août pour remplacer un seul effet à échéance du 20 juillet ?

475. Un négociant demande à remplacer un effet de 8 600 fr. payable le 20 mai par deux effets, formant la même somme, payables, l'un le 15 mars et l'autre le 20 juillet. Trouver la valeur nominale de chaque billet.

DU TANT POUR CENT

479. — Dans un grand nombre de cas, les questions se résolvent en prenant le tant 0/0 (pour cent) ou le tant 0/00 (pour mille).

Ainsi les droits d'enregistrement sont perçus à tant 0/0 du prix de la chose vendue ou de la valeur de l'héritage, etc. Le tant 0/0 est d'ailleurs variable; ainsi, pour les immeubles, il est de 5,5 dans le cas de vente, de 1 dans celui de mutation par décès en ligne directe, etc. Au droit principal s'ajoute ce qu'on appelle le *double décime* par chaque franc du droit principal.

Les droits se perçoivent sur le prix énoncé dans l'acte, de 20 fr. en 20 fr., sans fraction; ainsi on paye autant pour 61 fr. que pour 80. La poste prend 1 0/0 du montant des *mandats* qu'elle délivre et aussi 1 0/0 d'une *valeur cotée*, c'est-à-dire de la *valeur* d'un objet précieux de petite dimension. Au-dessus de 10 fr., les *mandats* supportent en outre un droit de timbre de 0 fr. 25; c'est le *droit fixe*.

Les *Compagnies d'assurances* contre l'incendie, la grêle, etc., prennent tant 0/00 de la valeur déclarée des meubles ou immeubles assurés, et ce tant est variable suivant la nature des objets et surtout suivant l'*étendue du risque*. Le risque d'incendie, par exemple, augmente à mesure que l'on se rapproche d'une forge, d'une machine à vapeur, etc.

On emploie aussi l'expression *tant 0/0*, quand on veut indiquer dans quelles proportions un mélange ou un alliage contient ses éléments, ou ce qu'on peut, au moyen de diverses opérations, retirer d'un corps composé. Ainsi, on dira d'un bois qu'il contient 25 0/0 d'eau; l'herbe des prés, les pommes de terre et les récoltes vertes contiennent en moyenne 75 0/0 d'eau; la fécule en renferme 43 ou 44 0/0; dans le vin, il y a, suivant sa qualité, de 7 à 22 0/0 d'alcool.

Les farines des magasins militaires se sont successivement blutées à 8, 12 et 20 0/0. La farine rend en pain de 131 à 134 0/0.

L'imperfection des pompes leur fait ordinairement perdre de 25 à 30 0/0 de leur effet utile; c'est-à-dire qu'elles n'élèvent que 75 ou 80 hectolitres d'eau, lorsqu'elles devraient en élever 100, si l'on pouvait supprimer les causes de perte.

Le *rendement* s'exprime aussi en tant 0/0 : celui des pommes de terre en fécule est moyennement de 20 0/0. On pourrait dire que le rendement du moût en vin est de 80 0/0 (en volume), puisqu'on admet que 50 hectolitres de moût en donnent 40 de vin, ou que 100 en donnent 80, toujours en moyenne.

Pour le bois réduit en charbon, le rendement va de 30 à 35 0/0 en volume, de 18 à 23 0/0 en poids. Le vide laissé par les grains, les pommes de terre, les matériaux de construction s'évalue en 100es; ce vide va de 35 à 45 0/0: ainsi le blé pris grain à grain pèse plus que l'eau (puisqu'il tombe au fond), et cependant, à l'hectolitre, il pèse au plus 80 kg, tandis que l'eau en pèse 100. De même le mètre cube de houille en morceaux ne pèse guère que 800 kg, tandis que s'il était d'un seul bloc il pèserait jusqu'à 1200 kg.

On sait ce qu'on entend par gain *brut* de tant 0/0. Par exemple, dire qu'un marchand gagne brut 15 0/0 (et c'est là un minimum), c'est dire qu'il revend 115 fr. ce qu'il a acheté argent comptant 100 fr.

Si dans une faillite les créanciers reçoivent 45 0/0, cela signifie qu'ils reçoivent 45 fr. par chaque 100 fr. de créance ; la perte est alors de 55 0/0. A peu près dans e même sens on dit que par la dessiccation l'herbe perd 75 0/0 de son poids, puisque (voyez plus haut) le fanage fait disparaître les 0,75 du poids de l'herbe.

Dans l'agriculture, on évalue de 5 à 15 0/0 les frais d'entretien et le renouvellement des instruments aratoires. Si nous prenons 10 0/0, par exemple, cela signifie que telle portion du matériel qui vaut 1000 fr. au commencement de l'année ne vaudrait plus que 900 fr. à la fin, si on ne la réparait pas au fur et à mesure du besoin.

Si l'on dit que le mauvais état d'un chemin fait perdre au cheval 50 0/0 de sa *force*, on entend par là qu'il ne pourra traîner, poids utile, que 500 kg dans le cas où, sur un bon chemin, il en pourrait traîner 1000.

Expliquons encore le mot *fraction indivisible*.

Lorsqu'à la poste on déclare une valeur renfermée dans une lettre, on paye 20 centimes par fraction indivisible de 100 fr. ; cela signifie que pour 100 fr. on paye 20 centimes, mais qu'on en paye 40 de 100 à 200, 60 de 200 à 300, comme si la pièce de 20 centimes ne pouvait se fractionner, ou était la plus petite monnaie.

EXERCICES

476. Une personne a des fonds dans une entreprise et doit prélever 6 0/0 sur les bénéfices. La recette d'une année s'élève à 804510 fr., y compris les bénéfices qui ont été de 20 0/0. Combien doit-il revenir à la personne ?

477. Un marchand achète 150 m. de drap à 12 fr. l'un; comme il paye comptant, il lui est fait une remise de 5 0/0. Au bout de 3 mois, il cède la pièce entière à un autre commerçant qui paye comptant 13 fr. le mètre avec escompte de 3 0/0. Combien le 1er marchand a-t-il gagné? On tiendra compte de l'intérêt de son argent à 6 0/0.

478. Un fermier a obtenu 92 kg. d'huile de 21 doubles décalitres de navette d'hiver. L'hectolitre de navette d'hiver pesant 66 kg et la densité de cette huile étant 0,919, on demande le rendement 0/0 en poids et en volume de la navette d'hiver.

479. Le colza rend en poids 38 0/0 d'huile. Combien doit-on obtenir de litres d'huile de 12 doubles décalitres de colza, le colza pesant 68 kg l'hectolitre et la densité de cette huile étant 0,92?

480. La patraque jaune (ox-noble) est la pomme de terre qui donne le plus de tubercules pour une égale superficie de terrain, dans les sols sablonneux, et plus de fécule pour un poids égal de tubercules.

Un fermier a ensemencé 2ha,30 en patraques jaunes; il a récolté 52900 kg de pommes de terre. Ces tubercules, vendus à un industriel, ont produit 12167 kg de fécule. On demande : 1° le rendement par hectare en pommes de terre; 2° le rendement 0/0 en fécule.

481. Par le procédé de *lavage*, dit *procédé Martin*, la farine rend en poids 40 0/0 (de 40 à 42) d'amidon de 1re qualité et 18 0/0 (de 18 à 20) d'amidon de 2ᵉ qualité. Par le procédé de *fermentation*, dit *ancien procédé*, le rendement est de 28 0/0 (de 28 à 30) en amidon de 1ʳᵉ qualité et 13 0/0 (de 12 à 15) en amidon de 2ᵉ qualité. Quelle quantité d'amidon aura-t-on par l'un et l'autre procédé en traitant la farine provenant de 12 quintaux de blé, ce blé ayant rendu 72 0/0 en farine ?

482. La betterave *blanche,* ou betterave de Silésie, fournit le jus le plus riche et le plus facile à extraire. On offre au directeur d'une sucrerie des betteraves de Silésie à 18 fr. les 1 000 kg et des betteraves ordinaires à 16 fr. les 1 000 kg. On obtient facilement un rendement de 7 0/0 avec les betteraves de Silésie, tandis que le rendement n'est guère que 5 0/0 avec les betteraves ordinaires. Quel parti doit prendre le directeur de l'usine, en supposant que la dépense soit la même pour traiter 1 000 kg de l'une et l'autre espèce ?

483. On considère généralement l'azote comme la matière la plus importante des engrais. Le fumier ordinaire contient en poids environ 0,6 0/0 d'azote et le guano 14,8 0/0.

Un fermier a encore besoin de 80 000 kg de fumier pour ses terres. On lui offre du fumier à raison de 7 fr. le mètre cube du poids de 750 kg ou du guano à raison de 32 fr. l'hectolitre du poids de 95 kg. Quel parti doit-il prendre ?

484. Un haut-fourneau a produit dans une année 1 573 715 kg de fonte. Il a fallu pour cette production 2 293 hl d'un minerai pesant en moyenne 1 570 kg le mètre cube et 20 632 hl d'un autre minerai pesant en moyenne 1 560 kg le mètre cube. On demande le rendement 0/0 en poids du mélange.

485. On a deux minerais qui rendent en poids à la fusion 35 0/0 et 42 0/0 de fonte. On les mélange dans la proportion de 5 à 2. Quel doit être le rendement 0/0 du mélange (*) ?

486. On a du minerai qui rend en poids généralement 35 0/0. En mélangeant 5 parties de ce minerai à 3 parties d'un autre minerai, on obtient un rendement de 39 0/0. Quel doit être le rendement 0/0 du 2ᵉ minerai ?

487. On assure dans une ville une maison contre l'incendie 45 000 fr. au taux de 0ᶠ,75 0/00. Les compagnies perçoivent en outre au profit de l'État un droit de timbre qui est de 0ᶠ,04 0/00 et un impôt de 10 0/0 sur la prime proprement dite (le 10 0/0 ne se prend pas sur le timbre). En outre, la 1ʳᵉ année, l'assuré donne 2 fr. pour la *police*. On demande la somme à payer la 1ʳᵉ année par l'assuré.

488. A la campagne, on considère que les risques sont plus grands qu'à la ville; par suite, le taux de la prime est plus élevé.

Un propriétaire a assuré sa maison 15 000 fr. au taux de 1 0/00; son mobilier 10 000 à 1ᶠ,25 0/00. Combien, d'après l'exercice précédent, ce propriétaire aura-t-il à payer la 1ʳᵉ année ?

489. On paye à une compagnie, impôt et timbre compris, 25ᶠ,95 de prime annuelle pour un immeuble assuré 30 000 fr. contre l'incendie : on demande le taux de la prime.

490. Une personne paye 108 fr. de prime annuelle, impôt et timbre compris. A raison de sa profession, le taux par 0/00 est plus élevé que le taux ordinaire. On demande ce taux et le capital assuré. On sait d'ailleurs que le timbre n'entre dans la prime totale que pour la 45ᵉ partie.

(*) Par suite du mélange, la fusion est généralement plus facile et le rendement plus considérable.

RENTES VIAGÈRES (*)

DÉFINITIONS.

480. — Une personne fait un placement à *fonds perdus* lorsqu'on lui rembourse le capital qu'elle a prêté, ainsi que les intérêts, au moyen d'un certain nombre de payements effectués successivement, à des époques convenues, mais limitées à sa mort.

481. — On appelle rente viagère, chacun des payements ordinairement égaux et annuels qui se font au commencement de chaque année.

482. — *Tableau donnant la somme produite au bout de* n *années, par le placement à intérêt composé de* 1 *fr. au commencement de chaque année.*

ANNÉE	TAUX DE L'INTÉRÊT			
n.	3 1/2	4	4 1/2	5
	fr	fr	fr	fr
1	1,035 000	1,040 000	1,045 000	1,050 000
2	2,106 225	2,121 600	2,137 025	2,152 500
3	3,214 943	3,246 464	3,278 191	3,310 125
4	4,362 466	4,416 323	4,470 710	4,525 631
5	5,550 152	5,632 975	5,716 892	5,801 913
6	6,779 408	6,898 294	7,019 152	7,142 008
7	8,051 687	8,214 226	8,380 014	8,549 109
8	9,368 496	9,582 795	9,802 114	10,026 564
9	10,731 393	11,006 107	11,288 209	11,577 893
10	12,141 992	12,486 351	12,841 179	13,206 787
11	13,601 961	14,025 805	14,464 032	14,917 127
12	15,113 030	15,626 838	16,159 913	16,712 983
13	16,676 986	17,291 911	17,932 109	18,598 632
14	18,295 681	19,023 588	19,784 054	20,578 564
15	19,971 030	20,824 531	21,719 337	22,657 492
16	21,705 016	22,697 612	23,741 707	24,840 366
17	23,499 691	24,645 413	25,855 084	27,132 385
18	25,357 180	26,671 229	28,063 562	29,539 004
19	27,279 682	28,778 079	30,371 423	32,065 954
20	29,269 471	30,969 202	32,783 137	34,719 252
21	31,328 902	33,247 698	35,303 378	37,505 214
22	33,460 414	35,617 889	37,937 030	40,430 475
23	35,666 528	38,082 604	40,689 196	43,501 999
24	37,949 857	40,645 908	43,565 210	46,727 099
25	40,313 102	43,311 745	46,570 645	50,113 454
26	42,759 060	46,084 214	49,711 324	53,669 126
27	45,290 627	48,967 583	52,993 333	57,402 583
28	47,910 799	51,966 286	56,423 033	61,322 712
29	50,622 677	55,084 938	60,007 070	65,438 847
30	53,429 471	58,328 335	63,752 388	69,760 790

(*) Voir à la fin de l'ouvrage.

483. — Pour calculer le montant d'une rente viagère, il faut conaître, d'une part, la durée probable de l'existence du rentier et, de 'autre, la somme qu'il cède, en la supposant placée à intérêts comosés, jusqu'à l'époque probable de sa mort.

484. Problème. — *Une personne âgée de 50 ans place en rente iagère une somme de 20 000 fr. Quelle rente annuelle peut-elle toucher, si le taux du placement est 5 0/0?*

Suivant la table de mortalité de Deparcieux(*), la durée de la vie robable à 50 ans, est de 21 ans. Or, 1 fr. placé à intérêts composés 5 0/0 pendant 21 ans vaut (tableau n° 426)

$$2^f,785963.$$

La somme de 20 000 fr. vaudra

$$2^f,785963 \times 20\,000 = 55\,719^f,26.$$

L'emprunteur a donc à rembourser cette somme. Or (482), en verant seulement 1 fr. au commencement de chaque année pendant 1 ans, il rembourserait $37^f,505214$. Ainsi, pour amortir $37^f,505214$ n 21 ans, il suffirait de verser 1 fr. au commencement de chaque nnée; pour amortir $55\,719^f,26$, en 21 ans, il suffirait de donner au ommencement de chaque année une somme égale à

$$\frac{55\,719,26}{37,505214} = 1\,485^f,65 \text{ environ.}$$

Telle est la rente annuelle qu'il est possible de toucher.

ASSURANCES SUR LA VIE (*)

485. Problème I. — *Un père place 100 fr. sur la tête de son nfant au moment où il accomplit sa deuxième année. Quelle somme cet nfant recevra-t-il lorsqu'il aura atteint sa majorité?*

Après 19 ans, et à 4 0/0, cette somme, à intérêts composés (426), era devenue $2,106849 \times 100 = 210^f,68$ environ. Mais comme la Comagnie d'assurance n'a rien à payer aux familles des enfants décédés lans le courant des 19 ans, il est clair qu'elle doit faire bénéficier de outes les sommes restées libres les jeunes assurés qui arrivent à leur najorité. Nous admettons, en effet, qu'elle ne *compte* les intérêts qu'à 4 0/0, tandis qu'elle *fait valoir* à un taux plus élevé les sommes qui ui sont confiées, ce qui lui permet de rentrer dans ses frais et de aire un bénéfice nécessaire à la prospérité de toute entreprise finanière. Or, la *statistique* (*) prouve que, sur 1006 enfants qui accomplisent simultanément leur deuxième année, il en reste, en moyenne, oujours 806 au bout de 19 ans. Si donc 1006 pères de famille ont, le

(*) Voir à la fin de l'ouvrage.

même jour, placé 100 fr. chacun sur la tête de son enfant entrant dans sa troisième année, au bout de 19 ans, il n'y aura que 806 de ces assurés qui puissent venir réclamer à la Compagnie le résultat de l'opération commune aux 1 006 familles ; ils devront se partager également entre eux la somme totale, c'est-à-dire 1 006 fois 210^f,68 ou 211 944^f,08. La part de chacun s'obtiendra en divisant par 806, et sera 262^f,95.

486. Problème II. — *Un mari place sur la tête de sa femme, âgée de 30 ans accomplis, une somme de 100 fr. pour qu'elle en touche le produit à 60 ans, si elle vit à cette époque. Donner le résultat de l'opération.*

En 30 ans, ces 100 fr., à 4 0/0, seraient, par le seul fait de l'accumulation des intérêts, devenus 324^f,34. Mais comme sur 734 personnes atteignant en même temps 30 ans accomplis, il n'y en a que 463 qui arrivent à la fin de leur 60e année, on voit, comme tout à l'heure, que le capital revenant à chacun des assurés survivants s'obtient en multipliant 324,34 par 734, et divisant le produit par 463, ce qui donne 514^f,18. Telle est la somme que la prévoyance du mari aura assurée à sa femme.

487. Caisse de retraites. — Les tableaux annexés à la loi du 18 juin 1850 montrent que pour assurer, soit à un des siens, soit à soi-même, une rente viagère de 10^f,69, à partir de 60 ans accomplis, il suffit de verser une somme de 10 fr. au moment où l'assuré achève sa 20e année. D'après cela, cherchons quelle somme doit placer un mari sur la tête de sa femme, âgée de 20 ans, pour qu'elle touche, à partir de 60 ans, une rente de 250 fr.

La rente double, triple naturellement en même temps que le capital placé. Nous avons donc à résoudre la règle de trois suivante :

Capitaux.   Rentes.

$$10,69 \quad\quad 10$$
$$250 \quad\quad x$$

$$: \text{d'où } x = \frac{250 \times 10}{10,69} = 233^f,86, \text{ ou } 233^f,85.$$

CAISSES D'ÉPARGNE

488. — Les *caisses d'épargne* sont destinées à recevoir les économies des personnes prévoyantes.

Aucun versement ne peut dépasser 300 fr. ni comprendre de fraction de franc. On ne peut faire qu'un seul versement par semaine. Lorsque, en fin d'année, l'*actif* d'un dépositaire surpasse 1 000 fr., la caisse place d'office, et dès le 1er avril, cette somme en *rentes sur l'État*, à moins que, dans l'intervalle des 3 mois, un retrait de fonds n'ait abaissé cet actif au-dessous de 1 000 fr.

Fin décembre, les intérêts sont réglés et ajoutés au capital pour roduire eux-mêmes intérêt, pendant l'année suivante. Le taux peut

ller de $3\frac{1}{2}$ à $3\frac{3}{4}$. On calcule les intérêts à partir du dimanche qui

uit le versement, jusqu'à celui qui précède le remboursement.

Les demandes de remboursement, pour être obligatoires, doivent tre faites au moins huit jours à l'avance.

C'est généralement, et autant que possible, le dimanche que la caisse 'épargne est ouverte; mais il n'en est pas toujours ainsi pour les uccursales d'une caisse qui a son siége dans une localité plus imortante.

Chaque déposant a un livret *nominatif*, qui lui est remis à l'époque e son premier versement.

489. Comptabilité des caisses d'épargne. — La comptaïlité des caisses d'épargne est très-simple.

Pour qu'il soit possible de liquider facilement le compte d'un dépoint, dans le courant de l'année, s'il est nécessaire, et pour reconaître en peu de temps la situation de chaque déposant, à la fin de année, on procède de la manière suivante.

Aussitôt qu'un *versement* est reçu, on l'inscrit dans la colonne des *rsements* (voir le tableau); puis on en calcule l'intérêt depuis le imanche qui suit le jour où il a été effectué, jusqu'au dernier dianche de l'année courante. Cet intérêt s'inscrit dans la colonne des *térêts anticipés.*

Quand la caisse fait un *remboursement*, l'intérêt de la somme retirée esse de courir à partir du dimanche même où la demande de rempursement a été faite. Or, si cette somme n'avait pas été retirée, elle arait porté intérêt depuis le dimanche du remboursement jusqu'au ernier dimanche de l'année. On calcule cet intérêt et on l'inscrit ins la colonne des *intérêts rétrogrades.*

Il résulte de ce qui précède, que le compte de fin d'année de chaque éposant peut s'établir en un instant. En effet, la *caisse* doit au dépoint, d'une part, la colonne des *versements* et, de l'autre, la colonne es *intérêts anticipés*, en tout la *somme de ces deux colonnes*. De son té, le déposant doit à la caisse la colonne des *remboursements* et la olonne des *intérêts rétrogrades*, en tout *la somme de ces deux connes :* la différence entre ces deux sommes est évidemment la somme ie par la *caisse* au déposant.

Le compte d'un déposant se continue en inscrivant comme premier ersement, pour l'année suivante, tout ce qui lui est dû à la fin de année.

490. — Les intérêts ne se comptant que d'un dimanche à un autre, s caisses d'épargne ont adopté la semaine pour unité de temps. 'année est considérée comme composée exactement de 52 semaines.

491. — Comme il a été dit plus haut, l'intérêt est variable ; mais le lus généralement accordé étant le $3\frac{1}{2}$ 0/0, ce taux sera le seul em-

ployé ici. A ce taux, l'intérêt de 1 fr., pour l'année, est 0,035 ; pour une semaine, l'intérêt de 1 fr. sera égal à 0,035 : 52 = 0,0006730, quotient exact à moins de 0,0000001 près.

On pourra donc, sans erreur sensible, employer ce quotient, comme *multiplicateur fixe*, dans les calculs d'intérêts dont il s'agit.

492. Problème. — *Le compte de fin d'année établi, la caisse redoit à un ouvrier 240 fr.; 15 semaines plus tard, cet ouvrier dépose à la caisse 120 fr. et, 20 semaines plus tard, 170 fr.; mais, 2 semaines après ce dernier dépôt, il est obligé de retirer 50 fr. et, 3 semaines plus tard, 70 fr. On demande d'établir le compte de fin d'année.*

Les 240 fr. porteront intérêt pendant 52 semaines ; les 120 fr. pendant 52 semaines, moins 16 semaines, ou 36 semaines ; il y a perte d'une semaine, puisque l'intérêt ne doit courir qu'à partir du dimanche qui suit le versement ; les 170 fr. pendant 52 semaines, moins 15, moins 21, ou 16 semaines.

Les intérêts rétrogrades pour les 50 fr. retirés devront être comptés pendant 52 semaines, moins 15 semaines, moins 20 semaines, moins 1 semaine, ou 16 semaines, puisque la demande de remboursement doit se faire au moins 8 jours à l'avance. Enfin, les intérêts rétrogrades, pour les 70 fr. retirés, devront être comptés pendant 52 semaines, moins 15 semaines, moins 20, moins 2, moins 2 ou 13 semaines. Ces résultats figurent dans le tableau ci-dessous.

VERSEMENTS	Semaines à compter.	Intérêts anticipés.	REMBOURSEMENTS	Semaines à déduire.	Intérêts rétrogrades
240^f	52	8^f,40	50^f	16	0^f,54
120	36	2,91	70	13	0,61
170	16	1,72			
530		13,03	120		1,15

Le calcul des intérêts anticipés et des intérêts rétrogrades est facile à faire : 1 fr. rapporte en 1 semaine

$$0^f,000673$$

en 52 semaines les 240 fr. rapportent

$$0,000673 \times 52 \times 240 = 8^f,40.$$

Le calcul des autres intérêts anticipés et des intérêts rétrogrades se fait de même.

La caisse doit au déposant   530^f + 13^f,03 = 543^f,03.
Le déposant doit à la caisse   120^f + 1^f,15 = 121^f,15.

Différence en faveur du déposant . . . . . .   421^f,88.

EXERCICES

491. La durée probable de la vie à 60 ans est 14 ans. Une personne de cet âge place 12 000 fr. en rente viagère. Quelle somme peut-elle recevoir annuellement, le taux du placement est 5 0/0?

492. La durée probable de la vie à 63 ans est 12 ans. Une personne de cet âge veut augmenter son revenu annuel de 500 fr. Combien doit-elle placer à rente viagère et à 5 0/0 pour obtenir cette somme?

493. Un père place 500 fr. sur la tête de son enfant au moment où il accomplit sa 5e année. Quelle somme cet enfant pourra-t-il retirer lorsqu'il aura 30 ans révolus? On sait d'ailleurs que la compagnie d'assurance tient compte à 4 0/0 de l'intérêt composé de la somme, et que sur 930 enfants qui accomplissent leur 5e année, il n'en reste que 734 qui atteignent leur 30e année (*).

494. Un père de famille a un enfant qui vient d'avoir 3 ans. Quelle somme doit-il placer sur la tête de cet enfant pour qu'il touche 2 000 fr. à 25 ans? On sait d'ailleurs que la compagnie tient compte à 4 0/0 de l'intérêt composé de la somme, et que sur 970 enfants qui atteignent leur 3e année, il n'en reste que 774 qui atteignent leur 25e année.

495. A la fin d'une année, la caisse d'épargne redoit 380 fr. à un ouvrier; 6 semaines plus tard, cet ouvrier dépose 70 fr. à la caisse, et 15 semaines plus tard 230 fr.; mais 5 semaines après ce dernier dépôt, il est obligé de retirer 500 fr. Les intérêts seront calculés à $3\frac{1}{2}$ 0/0. On demande d'établir le compte de fin d'année. (Tableau analogue à celui du n° 492.)

FONDS PUBLICS

RENTES SUR L'ÉTAT

493. — On appelle *rentes sur l'État* la somme que le gouvernement paye pour l'intérêt des emprunts, non remboursables, qu'il a contractés à diverses époques.

Ces emprunts constituent la partie de *la dette publique* dite *consolidée;* leurs intérêts sont dits *consolidés.*

494. Différentes espèces de rentes. — Il y a en France trois espèces principales de rentes sur l'État : le 3, le $4\frac{1}{2}$ et le 5 0/0.

(*) Table de Deparcieux. Voir à la fin de l'ouvrage.

495. — On appelle rente 3 0/0 la somme que l'État pourrait rembourser en payant 100 fr. pour chaque 3 fr. de rente qu'il doit. De même pour le $4\frac{1}{2}$ et le 5 0/0.

496. Titre de rente. — Les rentes dues par l'État sont toutes inscrites sur le *Grand-Livre* de la dette publique, et chaque créancier de l'État possède un extrait d'inscription de rente ou *titre de rente*, constatant l'espèce de rente (c'est-à-dire, si la rente est du 3 0/0, etc.) et le chiffre de la rente auquel il a droit. Le titre n'énonce que l'intérêt annuel, sans faire mention du capital, qui varie selon les circonstances.

497. Différentes espèces de titres. — Les titres sont *nominatifs* ou au *porteur*, c'est-à-dire qu'ils contiennent ou ne contiennent pas le nom du propriétaire de la rente. Un titre nominatif peut être converti en un titre au porteur, et réciproquement.

498. Vente et achat de rentes. — Les titres *au porteur* se vendent comme toute autre marchandise (le blé, le vin, etc.) Pour les titres nominatifs, qui sont d'ailleurs de beaucoup les plus nombreux, le *transfert*, ou changement de nom de propriétaire, ne peut se faire qu'à la *Bourse*, au bureau des transferts et mutations, par l'intermédiaire d'un officier ministériel nommé *agent de change*. Cet agent peut seul régler la négociation et donner de l'authenticité au contrat de vente et d'achat des *fonds publics*.

Le transfert peut, à volonté, porter sur la totalité du titre, ou seulement sur une partie.

Le minimum d'une première inscription est 5 fr. de rente; mais une fois qu'on a été inscrit sur le *Grand-Livre*, on peut ajouter à son titre 1 fr. de rente seulement, ou détacher 1 fr. de rente d'un titre plus considérable.

Toute rente sur l'État se compose toujours d'un nombre entier de francs.

499. Cours de la Bourse. — Pour un même chiffre de rente, le prix d'achat ou de vente d'un titre est variable, suivant les circonstances, et subit quelquefois des changements considérables dans une même journée. Il est indiqué, jour par jour, et pour chaque espèce de rente, par le *cours de la Bourse*, qui se transmet télégraphiquement à tous les centres importants, et publié, d'ailleurs, chaque jour par les journaux.

Si, par exemple, le cours du 3 0/0 est 69, cela signifie qu'une rente de 3 fr., en 3 0/0, coûte 69 fr.; une rente de 6 fr., 138 fr., etc. De même pour le $4\frac{1}{2}$ 0/0; si le cours est 91 fr., cela veut dire qu'une rente de 4 fr. 50 coûte 91 fr., etc.

Selon que le cours pour une rente est égal, supérieur ou inférieur à 100 fr., on dit que cette rente est au *pair* ou au-aessus ou au-dessous du pair (*).

500. Diverses espèces de marchés. — Les fonds publics donnent généralement lieu à deux espèces de march és : les *marchés au comptant* et les *marchés à terme*.

Un marché est dit au comptant, lorsque la livraison des titres se fait immédiatement contre espèces. Cependant dans la pratique l'opé-ration ne se passe pas aussi vite, car les agents de change ont *cinq jours* pour livrer les titres qu'ils ont vendus pour le compte de leurs clients.

Il sera question plus loin des marchés à terme.

501. Cours moyen. — Le *cours moyen* est la moyenne arithmé-tique entre le cours le plus élevé du jour et le cours le plus bas. Ainsi pour le 3 0/0, la cote d'un jour étant 70,50, 69,50 et 69,30 : le cours moyen est égal à $\dfrac{70,50 + 69,30}{2} = 69,90$. Les opérations au comptant se font généralement au cours moyen.

502. Courtage et timbre. — L'agent de change prend, pour les opérations au comptant, à l'acheteur, ainsi qu'au vendeur, une *commission* ou courtage de $\dfrac{1}{8}$ 0/0 du capital; de telle sorte que son droit est réellement de $\dfrac{1}{4}$ 0/0 ; autrement dit il touche 1 fr. pour la négo-ciation d'un titre de rente qui au cours du jour vaut 400 fr., chacune des parties lui payant 0 fr. 50. De plus, il fournit à chacune d'elles un bordereau timbré à 0 fr. 50, lorsque la négociation porte sur une somme qui ne dépasse pas 10 000 fr., et à 1 fr. 50 au-dessus de 10 000 fr. Ce sont là, d'ailleurs, les seuls frais accessoires qu'on ait à supporter, puisque dans les villes où il n'y a pas de Bourse, le rece-veur général ou son représentant prête gratuitement son ministère.

503. Époques des payements. — La rente 3 0/0 se paye par trimestre, les 1er janvier, avril, juillet et octobre. La rente 4 $\frac{1}{2}$ se paye par semestre, les 22 mars et 22 septembre. La rente 5 0/0 se paye par trimestre, les 16 février, 16 mai, 16 août et 16 novembre.

504. Arrérages. Détachement du coupon. — On appelle *arrérages* les termes échus et qui, pour une cause quelconque, n'ont pas été touchés. Il y a prescription au bout de cinq ans pour les arrérages. Par exemple, le propriétaire d'un titre de rente 3 0/0 ne pourrait, au 1er juillet d'une année, réclamer que les 20 termes échus depuis le 1er juillet, cinq ans avant l'époque actuelle.

(*) La moindre variation du cours est de 2c 1/2. Le nombre de centimes est donc l'un des sui-vants : 0 ; 2 1/2 ; 5 ; 7 1/2.

Les arrérages ne se vendent pas ; autrement dit, avant de vendre un titre, on commence par toucher tous les termes échus; bien plus, quelques jours avant chaque époque de payement, on *détache le coupon*, ce qui veut dire que le plus prochain terme à échoir appartiendra encore au vendeur et non à l'acheteur. Pour celui qui consulte le cours de la Bourse, il n'y a jamais d'erreur possible, puisque pour le 3 0/0, par exemple, le cours du jour est accompagné de l'indication nette de l'époque à partir de laquelle court ou courra le droit de l'acheteur, c'est-à-dire son entrée en *jouissance*. Ainsi, en mars 1873 jusqu'au jour fixé pour détacher le coupon, on a mis les mots (*) *j.* 1er janv., à partir de ce jour, on a mis : *j.* 1er avril 1873.

505. Remarque. — Les inscriptions au Grand-Livre de la dette publique sont insaisissables. On ne peut mettre aucune opposition à la vente des titres ni au recouvrement des arrérages.

PROBLÈMES RELATIFS AUX RENTES SUR L'ÉTAT

VENTE AU COMPTANT

506. Problème I. — *Combien coûteront* 600 *fr. de rente* 3 0/0 *au cours de* 68^f,50 *(courtage et timbre compris)* ?

3 fr. de rente coûtent 68^f,50

$$1 \quad - \quad \frac{68,50}{3}$$

$$600 \quad - \quad \frac{68,50 \times 600}{3} = 13\,700 \text{ fr.}$$

Achat de 600 fr. de rente. . . . .   13 700 fr.

Courtage : $\frac{1}{8}$ 0/0 de 13 700. . . . . . .   17,15.

Timbre   —   —   . . . .   1,50.

Total. . . . .   13 718,615.

507. Règle. — *Pour trouver le prix d'achat d'un titre de rente, on multiplie la rente par le cours et on divise le produit par le taux. On ajoute à ce quotient le* $\frac{1}{8}$ *de son centième, puis le timbre; et enfin on fait le total.*

508. Problème II. — *Combien aura-t-on de rente* 4 $\frac{1}{2}$ 0/0 *au cours de* 90^f,50 *pour* 1 500 *fr.* (*courtage et timbre non compris*) ?

Pour   90^f,50 de capital on a 4^f,50 de rente.

— 1 — $\dfrac{4^f,50}{90,50}$.

— 1500 — $\dfrac{4,5 \times 1\,500}{90,5}$.

Opération.

$$
\begin{array}{r|l}
675\,000 & 905 \\
41\ 50 & \overline{745} \\
5\ 300 & \\
775 &
\end{array}
$$

On a dû s'arrêter au quotient entier, puisque les titres de rente expriment toujours un nombre entier de francs. Le montant de la rente achetée est donc de 745 fr. Si l'on cherche maintenant quel capital correspond à 745 fr. de rente, on trouve (507) :

$$\frac{745 \times 90,5}{4,5} = 14\,982^f,77.$$

Il reste donc disponible une somme de 15000^f — 14982,77 = 17^f,23, qui doit être reversée à l'acheteur par l'agent de change.

Pour obtenir la somme disponible, on peut procéder autrement.

Avant de diviser le capital 15000 par le cours, ce capital a été d'abord multiplié par 4,50, puis par 10 (par 10 immédiatement avant de faire la division), ou par 45 ; le reste, 775, a donc été lui-même multiplié par 45 ; la somme disponible sera donc 45 fois moindre que 775 ou $\dfrac{775}{45} = 17^f,23$.

509. Règle. — *Pour trouver le montant de la rente qu'on peut avoir pour une somme donnée, courtage et timbre non compris, on multiplie l'espèce de rente par la somme donnée, et on divise le produit par le cours, en s'arrêtant au nombre entier de francs.*

510. Problème III. — *Combien, pour 15000 fr., aura-t-on de rente 4$\frac{1}{2}$ 0/0 au cours de 90^f,50 (courtage et timbre compris)?*

Avant d'acheter la rente, il faut tenir compte des droits de timbre et de courtage. Le timbre de 1^f,50 réduit la somme à

$$15\,000 - 1,50 = 14\,998^f,50.$$

D'autre part, le courtage portant sur le capital employé pour acheter de la rente, il arrive que 4^f,50 de rente coûtent 90^f,50, plus le courtage, sur 90^f,50 = 90^f,50 $+ \dfrac{1}{8}$ de 0,905 = 90^f,50 + 0,113125 = 90,613125.

Le cours effectif est, par conséquent, 90^f,613125.

Pour 90^f,61 3125 on achète 4^f,50 de rente.

Pour 1   — $\dfrac{4,50}{90,61\,3125}$

et pour 14 998^f,50   — $\dfrac{4,5 \times 14\,998^f,5}{90,61\,3125}$.

$$\begin{array}{l|l}
67493250000 & 90613125 \\
406406250 & \overline{744}\text{-fr.} \\
439537500 & \\
77085000 & \\
\end{array}$$

Si l'on cherche, comme dans le problème précédent, ce qui reste de disponible, on trouve 17^f,12.

Le bordereau sera donc :

744 fr. de rente à 4 $\frac{1}{2}$ 0/0. . . . . .   14 962^f,66

Courtage : $\frac{1}{8}$ de 149,6266. . . . .   18^f,70

Timbre. . . . .   1^f,50

A reverser à l'acheteur. . . . . .   17^f,12

Total égal. . . . .   14 999$^.$,98

Autre solution. — La méthode que nous venons de suivre conduit à un résultat exact; mais comme elle est très-longue, on préfère généralement la remplacer par celle-ci, bien que n'étant pas tout à fait rigoureuse.

Diminution du timbre : 15 000 — 1,50 = 14 998,50

Courtage : $\frac{1}{8}$ de 149,985.   18,75

Différence. 14 979,75

14 979^f,75 est la somme que l'on emploie à acheter de la rente. Cette opération qu'on sait déjà faire donne :

$$\frac{4,5 \times 14\,979,75}{90,5}$$

$$\begin{array}{l|l}
674088\ 75 & 905 \\
4058 & \overline{744} \\
4388 & \\
768,75 & \\
\end{array}$$

Il reste disponible 17^f,08.

Le bordereau sera donc :

744 fr. de rente 4 $\frac{1}{2}$ 0/0 à 90^f,50. .   14 962^f,66

Courtage. . . . .   18^f,75

Timbre. . . . .   1^f,50

A reverser. . . . .   17^f,08

Total égal. . . . .   14 999^f,99

On trouve, comme on le voit, une très-faible différence. Il arrive cependant quelquefois qu'en suivant la dernière méthode on tombe sur un chiffre de rente trop fort ou trop faible de 1 fr.

La différence tient à ce qu'au lieu de prendre le courtage sur la somme destinée à acheter de la rente, on le prend sur cette somme augmentée du courtage; celui-ci est donc un peu trop fort.

511. Arbitrage. — L'*Arbitrage*, ou choix d'un placement, repose sur des considérations si nombreuses qu'il serait à peu près impossible de les énumérer : on peut se demander s'il est préférable, à un jour donné, d'acheter des rentes, ou des obligations, ou des actions, etc. (voir plus loin), ou encore telle ou telle rente plutôt que telle ou telle autre.

512. Problème. — *Le même jour le 3 0/0 est à 67^f,50, le 4 $\frac{1}{2}$ à 80^f,40 et le 5 0/0 à 103^f,50; quelle espèce de rente est préférable ce jour-là (courtage et timbre non compris)?*

Il est évident qu'il faut chercher quelle est la plus petite somme qui procure 1 fr. de rente.

Or, 3 fr. de rente coûtent 67,50

$$1 \text{ fr.} \quad - \quad - \quad \frac{67,50}{3} = 22^f,50.$$

De même :

$$1 \text{ fr. de rente } 4\frac{1}{2} \text{ coûte } \frac{80,40}{4,50} = 17^f,86.$$

$$1 \text{ fr.} \quad - \quad 5 \text{ 0/0 } - \quad \frac{103,50}{5} = 20,70.$$

C'est le 4 $\frac{1}{2}$ qui procure 1 fr. de rente pour la plus petite somme.

Remarque. — Si l'on avait voulu tenir compte du courtage, on aurait dit :

3 fr. de rente coûtent 67^f,50 plus le courtage 0,84375 ou 68,34375.

$$1 \text{ fr. de rente coûte } \frac{68,34375}{3}.$$

On aurait opéré de même pour le 4 $\frac{1}{2}$ et pour le 5 0/0, mais la différence entre ces résultats et les premiers eût été insignifiante. Il est donc plus simple de procéder comme nous l'avons fait, sans tenir compte du courtage.

513. Taux de placement. — *A quel taux place-t-on son argent en achetant du 4 $\frac{1}{2}$ au cours de 96^f,50 (courtage et timbre non compris)?*

96^f,50 rapportent 4^f,50; 1 fr. rapporte par conséquent $\frac{4,50}{96,50}$, et

$$100 \text{ fr. } \frac{4,50 \times 100}{96,50} = 4^f,66.$$

En ne tenant pas compte de la petite différence que produiraient le courtage et le timbre, on arrive à la règle suivante :

514. Règle. — *Pour déterminer à quel taux on place son argent en achetant des rentes sur l'État, on divise par le cours le nombre fixe* 300, *ou* 450, *ou* 500, *selon qu'il s'agit du* 3, *ou du* $4\frac{1}{2}$ *ou du* 5 0/0.

EXERCICES [*]

496. Combien coûteront 240 fr. de rente 3 0/0, au cours de 65^f,40?

497. Une personne veut acheter 1350 fr. de rente $4\frac{1}{2}$-0/0, au cours de 82^f,50. Combien aura-t-elle à débourser en tout?

498. Quelle est l'augmentation de capital que représente une hausse de 0^f,20, dans le cours du 5 0/0, pour 4500 fr. de rente?

499. Quelle est l'augmentation de capital que représente une hausse de 0^f,20, dans le cours du 3 0/0, pour 4500 fr. de rente?

500. Combien, pour 15 000 fr., aura-t-on de rente 3 0/0, au cours de 60 fr., courtage et timbre non compris?

501. Combien, pour 14 000 fr., aura-t-on de rente $4\frac{1}{2}$ 0/0, au cours de 78 fr., courtage et timbre non compris?

502. Combien, pour 16 000 fr., aura-t-on de rente 5 0/0, au cours de 92^f,50? On fera le bordereau.

503. 750 fr. de rente 3 0/0 ont coûté, courtage et timbre compris, 16 622^f,25: quel était le cours de la rente?

504. Une personne veut acheter pour 12 000 fr. de rente 3 0/0, au cours de 62^f,40: quel chiffre de rente aura-t-elle, tous les frais étant compris dans les 12 000 fr.? On fera le bordereau.

505. On veut employer 20 000 fr. à acheter de la rente $4\frac{1}{2}$ 0/0, au cours de 81^f,40; on paye tous les frais à part. Combien aura-t-on de rente, et quelle sera la somme totale qu'on devra débourser?

506. On doit payer 8980 fr. Pour être en mesure de solder cette somme, on se décide à vendre des rentes 5 0/0, au cours de 90^f,20. Pour combien doit-on en vendre?

507. On a payé 40 fr. de courtage à l'agent de change : quel chiffre de rente 5 0/0 a-t-on? Le cours était 96.

508. Le même jour, le 3 0/0 est à 65 fr. et le 5 0/0 à 95^f,5 : quelle espèce de rente doit-on préférer ce jour-là?

509. Le même jour, le 3 0/0 est à 64 fr. et le $4\frac{1}{2}$ à 84^f,30. On achète 600 fr. de rente de l'une et de l'autre espèce. Combien aurait-on déboursé

(*) Dans tous ces exercices, on tiendra compte du courtage et du timbre, à moins d'indications contraires.

en moins, si l'on avait acheté 1200 fr. de rente de celle qui était préférable ce jour-là? On tiendra compte du courtage et du timbre.

510. On vend au cours moyen 680 fr. de rente 3 0/0. Quelle somme pourra-t-on réaliser si la cote du jour est 65^f,40 et 65^f,70 pour les cours maximum et minimum?

511. Une personne achète 900 fr. de rente 3 0/0, au cours de 64^f,50; elle revend à 65 fr. : quel a été son bénéfice?

512. Un spéculateur, comptant sur la hausse, achète 1200 fr. de rente 3 0/0, au cours de 65^f,10; mais il est obligé de revendre au dernier cours du jour à 64^f,20. Combien a-t-il perdu 0/0?

513. Une personne a acheté 1500 fr. de rente 3 0/0, au cours de 68^f,40; la rente tombe à 66 fr. Dans l'espérance d'une hausse prochaine, elle achète à ce dernier prix la même quantité de rentes. Le cours s'élève à 67^f,30; elle revend alors le tout à ce prix. Quel a été le résultat de cette double opération?

514. Lorsque le 3 0/0 est à 58^f,50, à combien devrait être le 5 0/0 pour qu'on pût se procurer le même chiffre de rente pour la même somme?

515. A quel taux place-t-on son argent en achetant du $4 \frac{1}{2}$ 0/0 à 81 fr.?

Il ne sera pas tenu compte du courtage.

516. En achetant du 3 0/0, on a placé son argent à 5^f,50. Quel était le cours ce jour-là? Il ne sera pas tenu compte du courtage.

517. Pour avoir le même chiffre de rente, vaut-il mieux acheter du 5 0/0 au cours de 95^f,40, ou du 3 0/0 au cours de 55^f,80? Que gagnerait-on à choisir le cours le plus avantageux, s'il s'agissait de placer 30 000 fr. en rentes sur l'État?

518. Un spéculateur a acheté 850 fr. de rentes 5 0/0, au cours de 88^f,50. Il revend, 40 jours après, au cours de 90 fr. A quel taux a-t-il placé son argent?

519. Une personne qui veut placer 26 500 fr. hésite entre les trois partis suivants : 1° Acheter une maison qui lui rapportera $4 \frac{1}{2}$ 0/0 de sa valeur, mais pour laquelle il faudra faire tous les ans des réparations que l'on évalue à 10 0/0 du revenu; 2° acheter une terre qui rapportera 4 0/0 net de tous frais; 3° acheter de la rente 3 0/0, au cours de 68^f,40.

Calculer le revenu pour chacun de ces trois placements. Le courtage et le timbre ne se payant qu'une seule fois, il n'en sera pas tenu compte.

MARCHÉS A TERME

515. — Les *marchés à terme* sont appelés ainsi parce que la livraison des valeurs n'a jamais lieu qu'à une époque plus ou moins éloignée de celle du marché; mais toujours déterminée, ordinairement à la fin du mois courant ou à la fin du mois suivant, ce qu'on exprime par *fin courant* ou par *fin prochain*.

516. — Les opérations *au comptant* (500, 501...) sont sérieuses : elles obligent le vendeur et l'acheteur; il n'en est pas toujours ainsi des opérations à terme, qui ne sont très-souvent qu'une simple spéculation. On achète et on vend sans nulle intention de payer ou de livrer, mais simplement parce qu'on espère réaliser un bénéfice par suite de la fluctuation du cours.

Il y a deux sortes de marchés à terme : les *marchés fermes* et les *marchés à primes*.

517. Marché ferme. — Le marché ferme, de même que le marché au comptant, oblige le vendeur et l'acheteur.

518. Marché à prime. — Le vendeur seul est engagé dans le marché à prime. Au jour de l'échéance, l'acheteur est libre de remplir les conditions du marché; mais, en raison de cet avantage, il abandonne au vendeur, à titre de dédommagement, une certaine somme désignée sous le nom de *prime*. A l'échéance, l'acheteur doit faire connaître s'il *lève la prime*, ou s'il l'*abandonne*, c'est-à-dire s'il maintient ou non le marché. C'est ce qu'on nomme la *réponse des primes*.

519. Valeurs des primes. — Les primes sont très-variables. Il y a sur la rente les primes du lendemain, de fin courant et de fin prochain. Celles du lendemain varient de $0^f,05$ à $0^f,25$; celles de fin du mois de $0^f,25$ à 1^f, et celles de fin prochain de $0^f,50$ à 2^f.

Au même instant la rente peut donc avoir plusieurs cours : les cours du comptant, les cours du terme ferme, les cours du terme à prime du lendemain, à prime fin courant et à prime fin prochain.

La prime se désigne par ces mots : *dont 50, dont 1*, etc. S'il y a, par exemple, pour le 3 0/0, cette indication 71,40, *d*. 50, on lit 71,40, *dont* 50 centimes.

Les primes sont cotées à la Bourse.

520. Écart. — En général, l'acheteur paye plus cher la valeur qu'il achète à terme que celle qu'il achète au comptant : la différence des deux prix s'exprime par le mot *écart*.

Ainsi, par exemple, la rente 3 0/0, valant au comptant 67^f, peut se vendre $67^f,50$ fin courant ferme (écart $0^f,50$), et 68, *d*. 1, fin courant (écart 1^f.)

521. Chiffre de rente sur lequel on peut opérer. — Les opérations au comptant portent sur des sommes quelconques; mais il n'en est pas de même pour les opérations à terme, qui ne peuvent se faire, afin de simplifier les calculs, que sur des multiples de 1500^f de rente 3 0/0, 2250^f de rente $4\frac{1}{2}$ 0/0, 2500^f de rente 5 0/0.

Ainsi, on ne peut pas acheter à terme pour moins de 1500^f de rente 3 0/0, etc.

522. Courtage. — Pour les marchés à terme, les droits de courtage ne varient pas avec les cours.

Ainsi, l'agent de change prend toujours un droit fixe de 20^f par 1500^f de rente 3 0/0, par 2250^f de rente $4\frac{1}{2}$ 0/0 et par 2500^f de rente 5 0/0.

Le courtage ne porte que sur les marchés réalisés.

523. Couverture. — Dans les opérations à terme, l'agent de change exige de son client une *couverture*, c'est-à-dire une somme qui puisse répondre des différences provenant des fluctuations de la Bourse.

524. Escompte. — L'acheteur à terme, soit fin courant ou fin prochain, peut toujours, en payant le prix convenu, obliger le vendeur à lui livrer avant le terme les titres qui ont été l'objet du marché. Lorsque l'acheteur procède ainsi, on dit qu'il *escompte* son vendeur. Le mot escompte ne doit pas impliquer ici idée de déduction, car aucune remise n'est faite sur le prix.

525. Liquidation. — A l'époque de l'échéance, fin courant ou fin prochain, les agents de change règlent leur compte entre eux et avec leurs clients; cette opération se nomme *liquidation*.

526. Exécution. — Si, à l'époque de la liquidation, l'un des contractants, acheteur ou vendeur, ne peut tenir à ses engagements, il peut être *exécuté*. L'exécution du vendeur consiste à faire acheter à la Bourse, et pour son compte, les titres que lui-même n'est pas en mesure de livrer. S'ils sont plus chers qu'il les avait vendus *à découvert* (vendre à découvert, c'est vendre des effets qu'on ne possède pas), il est obligé de payer la différence. L'exécution de l'acheteur consiste à faire vendre les titres dont il devait prendre livraison ; s'ils sont vendus moins cher qu'il ne les avait achetés, il est obligé de payer la différence.

527. Report, Déport. — L'exécution est pour l'homme de bourse ce que la faillite est pour le commerçant. Aussi fait-il tout son possible pour l'éviter, et voici comment il procède. Si, par exemple, à l'époque de la liquidation, l'acheteur n'a pas l'argent nécessaire pour prendre livraison, il cherche un capitaliste qui lui prête jusqu'à la liquidation suivante la valeur des titres qu'il a achetés. Il donne ces titres en garantie à son prêteur. On dit alors qu'il a fait *reporter* son opération. Le taux du report est l'intérêt demandé par le prêteur. Ce taux est en rapport avec l'abondance du numéraire sur la place.

Si, au contraire, le vendeur n'a pas, à l'époque de la liquidation, les valeurs qu'il a vendues, il cherche un possesseur de titres qui les lui prête jusqu'à la liquidation suivante. Le prix qu'il donne à ce prêteur de titres porte le nom de *déport*.

On appelle aussi *report* l'excès du cours d'une valeur à terme sur son cours au comptant.

Par exemple, si le cours de $4\frac{1}{2}$ 0/0 au comptant est 88^f,50, et s'il est 89^f,50 à terme ferme, le report est de 1^f. Quand il y a report, on peut donc acheter au comptant et revendre à terme : on gagne le report.

On appelle aussi *déport* la différence entre le cours au comptant et le cours à terme, lorsque le premier est plus élevé que le second, comme il arrive quelquefois.

Par exemple, si le cours du 3 0/0 est 71^f au comptant et 70^f,80 à terme, il y a un déport de 0^f,20. Quand il y a déport, on peut donc vendre des titres au comptant et en acheter à terme : on gagne le déport.

528. Parquet, Coulisse. — Le *parquet* est le groupe des agents qui ont seuls le droit de faire les négociations des effets publics. Ils peuvent seuls leur donner un caractère d'authenticité.

Outre ces officiers ministériels, il y a à la Bourse une foule d'individus, nommés *coulissiers*, qui s'occupent encore de négociations pour le compte d'autrui. Leurs opérations ne se font qu'à terme et ne portent guère que sur la rente.

L'ensemble des coulissiers constitue ce qu'on appelle *la coulisse.*

529. Timbre. — Dans les opérations à terme, le timbre est assujetti au même tarif que pour le comptant.

Observation. — *Les opérations à terme demandent beaucoup de prudence, par suite des capitaux considérables qu'il faut engager, et de l'incertitude qui existe le plus souvent sur les résultats du marché.*

EXERCICES DIVERS SUR LES OPÉRATIONS A TERME

530. Problème I. — *Le 1er juin, on a acheté 4500 francs de rente 4 $\frac{1}{2}$, au cours de 89^f, livrables fin courant. Le 20 juin, le cours au comptant étant 89^f,50, on escompte le vendeur et on revend immédiatement. Quel bénéfice a-t-on réalisé (*) ?*

On a acheté à 89^f, et l'on revend à 89^f,50.

(*) On doit toujours tenir compte des divers frais : courtage et timbre.

Sur $4^f,50$ de rente, le bénéfice *brut* est $0^f,50$

— 1^f —   —   — $\dfrac{0^f,50}{4,50}$

— 4500^f —   —   — $\dfrac{0^f,50 \times 4500}{4,50}$,

ce qui donne. . . . . $500^f.$

A déduire courtage d'achat (522). . $20 \times 2 \quad = 40^f$

—   —   de vente . . . . $20 \times 2 \quad = 40$ $\Big\}$ **83**

—   timbres. . . . . $2 \times 1^f,50 = 3$

Bénéfice net. $\overline{417^f.}$

531. Problème II. — On a vendu à découvert 9000 fr. de rente 3 0/0 à 68f,60 livrable fin courant. Dans l'intervalle, le cours a monté. Quelle perte subira-t-on si l'on est escompté à 69f,80?

On a vendu à $68^f,60$ et l'on est obligé d'acheter à $69^f,80$, on perd donc par chaque 3^f de rente $69,80 - 68,60 = 1^f,20$.

La perte *brute* sera donc $\dfrac{1,2 \times 9000}{3}$ $=$ $3600^f.$

A joindre courtage de vente. . . . . $20 \times 6 \quad = 120^f$

—   —   d'achat . . . . . $20 \times 6 \quad = 120$ $\Big\}$ **243**

—   timbres . . . . $2 \times 1,50 = 3$

Perte totale. $\overline{3843^f.}$

532. Problème III. — Une personne vend à terme ferme, à découvert, 4500 fr. de rente 4 $\frac{1}{2}$ à 88f,50. Cette rente monte à 90f. Espérant que la hausse continuera, elle achète à terme ferme pour 6750f de rente à ce cours. A la liquidation, la rente est à 89f,20. Calculer le résultat des marchés.

A la liquidation, il est dû à cette personne :

4500^f de rente vendus à $88^f,50$, ou $\dfrac{4500 \times 88,50}{4,50} = 88500^f.$

A déduire courtage et timbre . . . . $41^f,50$

Il lui reste dû. . . . . $\overline{88458^f,50.}$

Elle a, en outre, à vendre :

2250^f de rente à $89^f,20$, ou $\dfrac{2250 \times 89,20}{4,50} = 44600^f.$

A déduire courtage et timbre . . . . $21^f,50$

$\overline{44578^f,50.}$

Elle a donc reçu en tout $88458^f,50 + 44578^f,50 = 133037^f.$

Elle doit pour les rentes achetées à 90^f $\dfrac{6750 \times 90}{4,50} = 135000^f.$

A joindre courtage et timbre. . . . . $61^f,50$

Total. $\overline{135061^f,50.}$

Cette personne a donc perdu $135061^f,50 - 133037^f = 2924^f,50.$

533. Problème IV. — Un spéculateur achète à prime 900 fr. de rente 3 0/0 à 69f d. 50, et il revend ferme à 68f,70. A la liquidation, le 3 0/0 est à 68f,10; il abandonne la prime et achète à 68f,10 pour livrer. Quel sera le bénéfice du spéculateur?

Acheté à $68^f,10$, vendu à $68^f,70$: bénéfice $0^f,60$

Perte de la prime . . . . $0^f,50$

Bénéfice brut sur 3^f de rente . . . . $\overline{0^f,10}$

Bénéfice brut sur 9000^f de rente $\dfrac{0,10 \times 9000}{3}$ $=$ 300^f.

A déduire courtage sur 2 opérations 20 $\times$ 6 $\times$ 2 $=$ 240^f } 243
—   timbres. . . . . 2 $\times$ 1^f,50 $=$ 3

Bénéfice net.   57$_f$.

534. Problème V. — *On a acheté 7500 fr. de rente 3 0/0, livrables fin courant à 68^f,75, et on revend à 69^f,50 d. 50. A la fin du mois, le cours est à 69^f,80. Que doit faire l'acheteur à prime? Quel est le résultat de l'opération pour l'acheteur et pour le vendeur?*

Opération concernant l'acheteur à prime.

Il a acheté à 69^f,50, il peut revendre à 69^f,80 : bénéfice 0^f,30.

Bénéfice brut sur 7500$_f$ de rente $\dfrac{0,30 \times 7500}{3}$ $=$ 750^f.

A déduire courtage sur 2 opérations: 20 $\times$ 5 $\times$ 2 $=$ 200^f } 203
—   timbres. . . . . 2 $\times$ 1^f,50 $=$ 3

Bénéfice net.   547^f.

L'acheteur doit donc lever la prime.

Opération concernant le vendeur.

Il a acheté à 68^f,75, il a revendu à 69^f,50 : bénéfice 0^f,75.

Bénéfice brut sur 7500$_f$ $\dfrac{0,75 \times 7500}{3}$ $=$ 1875$_f$
A déduire courtage et timbre. . . . . . 203^f

Bénéfice net.   1672$_f$

L'acheteur à prime, en levant la prime, gagne 547^f.
Le vendeur à prime gagne 1672^f.

EXERCICES

520. Le 1er mai, on achète 3000 fr. de rente 3 0/0, au cours de 65$_f$,40, livrable fin courant. Le 16 mai, le cours au comptant étant à 66 fr., on escompte le vendeur et on revend immédiatement. Quel bénéfice a-t-on réalisé?

521. On a vendu à découvert 4500 fr. de rente 4 $\frac{1}{2}$ 0/0 à 78^f,80, livrable fin courant; dans l'intervalle, le cours a monté. Quelle perte subira-t-on si l'on est escompté à 79^f,20?

522. Une personne vend à terme ferme, à découvert, 3000 fr. de rente 3 0/0 à 66^f,50; cette rente monte à 68 fr. Espérant que la hausse continuera, elle achète à terme ferme pour 4500 fr. de rente à ce cours. A la liquidation, la rente est à 67 fr. Calculer le résultat des opérations.

523. Un spéculateur achète à prime 4500 fr. de rente 4 $\frac{1}{2}$ 0/0 à 78^f,80   *d.*

50, et il revend ferme à 78^f,60. A la liquidation, le 4 $\frac{1}{2}$ est à 78 fr.; il abandonne la prime et achète à 78 fr. pour livrer. Quel a été le résultat de ces diverses opérations ?

524. On achète 7500 fr. de rente 5 0/0 à 88ᶠ,50, livrable fin courant, et on revend à 89ᶠ,75 *d.* 50. A la liquidation, le cours est à 90 fr. Que doit faire l'acheteur à prime ? Quel est le résultat de l'opération pour l'acheteur et pour le vendeur ?

525. Les fonds tendant *à la baisse*, un spéculateur vend à découvert, livrable fin courant, 7500 fr. de rente 5 0/0 à 90 fr.; quelques jours plus tard, le cours tombe à 89ᶠ,70 ; il achète alors pour fin courant à 89ᶠ,70 le 7500 fr. qu'il doit livrer à 90 fr. On demande le bénéfice de cette opération.

526. Les fonds sont *en hausse*. Un spéculateur achète le 12 juillet, livrable fin août, 6000 fr. de rente 3 0/0 à 67ᶠ,50. Les fonds continuant à monter, il escompte son vendeur le 15 août, et vend au comptant les 6000 fr. de rente à 68 fr. Calculer le bénéfice de cette opération.

527. On achète, le 15 mars, 6000 fr. de rente 3 0/0 au comptant à 66ᶠ,40 ; on revend immédiatement, livrable fin courant, à 67 fr. On demande le bénéfice de cette opération et le taux auquel on a placé son argent.

528. Les fonds sont à la baisse. Un spéculateur vend à découvert, livrable fin courant, 9000 fr. de rente 3 0/0, à 66ᶠ,50 ; mais ses prévisions ne se réalisent pas : une hausse survient, de sorte qu'à la liquidation il est obligé de se procurer des titres à 68 fr. On demande la perte du spéculateur.

529. Les fonds sont à la hausse. On achète, pour prendre livraison fin courant, 7500 fr. de rente 5 0/0, à 89ᶠ,50 ; une baisse survient et continue jusqu'à la liquidation. On est obligé de vendre les 7500 fr. à 88 fr. Combien a-t-on perdu dans cette opération ?

530. Un spéculateur achète 6000 fr. de rente 3 0/0, fin courant, au cours de 68ᶠ,50, espérant les revendre avec bénéfice. A la liquidation, le cours n'est plus qu'à 67 fr. Manquant de capital, il solde alors la différence et se fait *reporter*, en cédant les 6000 fr. à un capitaliste, qui les accepte au cours du jour, à 67 fr. Le spéculateur les rachète immédiatement avec 0ᶠ,50 de *report*. A la liquidation prochaine, il vend, au comptant les 6000 fr. de rente, à 70 fr. On demande le résultat de cette opération.

531. Une personne possède 3000 fr. de rente 3 0/0 ; le cours du comptant est 68ᶠ,50 avec un *déport* de 0ᶠ,30. Quel avantage aurait-elle de vendre ses titres pour les racheter fin prochain, et à quel taux placerait-elle son argent, s'il y a encore 20 jours avant la liquidation ?

ACTIONS — OBLIGATIONS

535. Actions. — Lorsqu'une société veut faire une grande entreprise industrielle, comme l'établissement d'une usine, la construction d'un chemin de fer, celle d'un canal, etc., elle divise ordinairement le capital dont elle a besoin en petites parts appelées *actions*. L'*actionnaire* est celui qui achète une ou plusieurs actions. L'action donne droit à un *dividende* variable, représentant une certaine fraction des bénéfices partageables. Quelquefois l'actionnaire reçoit un intérêt fixe et en outre le dividende.

Les actions sont *nominatives* ou au *porteur*.

Si l'actionnaire a droit, en proportion de sa mise de fonds, aux bénéfices de l'entreprise, il est aussi passible des pertes qu'elle peut faire; mais, dans ce cas, sa responsabilité ne s'étend pas au delà du capital qu'il a souscrit.

536. — Le *pair* est le taux d'émission. Par exemple, les actions du chemin de fer d'Orléans, émises à 500 fr., se vendent 860 fr. On les dirait au *pair*, si elles ne se vendaient que 500 fr.

La valeur *nominale* de ces actions est 500 fr., et leur valeur *vénale* est 860 fr.

La première valeur ne change pas, mais la seconde varie, comme le cours d'une rente, d'un jour à l'autre.

537. **Revenu d'une action**. — Pour calculer le revenu d'une action, on tient compte, d'une part, de l'intérêt servi aux actionnaires sur la valeur nominale; d'autre part, du dividende de l'année précédente et de la valeur vénale de l'action au moment où on la négocie.

538. **Obligations**. — Un État, une Ville, une Compagnie, présentant toutes les garanties désirables, peuvent emprunter en émettant des *obligations*.

L'obligation donne droit à un intérêt fixe et, en outre, elle doit être rachetée pour un capital *nominal*, indiqué sur le titre, lorsque son numéro tombera au sort dans un des tirages qui ont lieu tous les ans, pendant un temps déterminé à l'avance.

Les obligations sont émises à un prix inférieur à celui du remboursement.

Pour engager les souscripteurs, on offre encore le plus souvent des *primes* ou *lots* aux premiers numéros qui sortent à chaque tirage. Par exemple, une Ville émet des obligations au taux de 315 fr. donnant annuellement 15 fr. d'intérêt, et remboursables à 500 fr. en 75 ans, avec des lots s'élevant chaque année à 1500000 fr.

Les émissions d'obligations avec lots doivent être autorisées par une loi spéciale.

539. — Les obligations constituent un placement plus sûr que celui des actions, parce qu'elles ont pour garanties les propriétés, le matériel de l'entreprise et le *capital action* de la Société. Elles ne sont d'ailleurs pas solidaires des pertes, mais elles n'ont pas, comme les actions, l'avantage de prendre part au partage du dividende qui peut exister.

540. — De même que les rentes sur l'État, les actions et les obligations sont généralement négociables à la Bourse, par l'intermédiaire des agents de change.

541. — Le *pair* est le taux d'émission. Dans l'exemple précédent, une obligation serait au pair, si elle se vendait à la Bourse au prix de 315 fr.

542. — L'*intérêt* des actions et des obligations se paye par semestre.

543. Prix moyen. — Il arrive le plus souvent qu'une action ou une obligation a plusieurs prix pendant la même Bourse; le prix moyen se calcule comme pour la rente (501).

544. Courtage et timbre. — Le courtage est généralement $\frac{1}{8}$ 0/0 de la valeur cotée ou vénale de chaque action ou obligation.

On paye pour le timbre 0^f,50 ou 1^f,50 (502).

Quand le prix d'une action n'est pas entièrement soldé, l'acheteur paye au vendeur les sommes déjà versées et, en outre, la différence qui existe entre la valeur vénale et la valeur nominale; mais le droit de courtage porte sur toute la valeur vénale.

Par exemple, 200 fr. ont été déjà versés sur une action dont le taux d'émission est 500 fr. Il reste à payer 300 fr. Si le cours, au moment de la vente, est 550^f,25, l'acheteur doit payer 200 fr. plus 50^f,25 de plus-value sur le taux d'émission et le courtage sur 550^f,25. Il est évident qu'il aura encore à payer les 300 fr. à l'époque de leur échéance.

545. — Les opérations à terme ne peuvent se faire que sur 25 actions ou obligations, ou sur les multiples de ce chiffre.

546. Problème I. — *Une action émise à 1000 fr. a été achetée au cours de 1320 fr. L'année précédente, l'intérêt a été de 3 0/0 sur la valeur nominale, et le dividende de 80 fr. On demande le taux du placement.*

Les 1320 fr. rapportent :

1° Le dividende. . . . . 80 fr.
2° Un intérêt à 3 0/0 sur la valeur nominale ou. . . . 30 fr.

Les 1320 fr. rapportent en tout. . . . . , . . 110 fr.

$$100 \text{ fr.} \quad - \quad \frac{110 \times 100}{1320} = 8^f,33.$$

Tel est le taux du placement.

547. Problème II. — *On achète 5 actions émises à 500 fr. au cours de 527^f,50. 150 fr. par action avaient déjà été versés. Combien doit-on remettre à l'agent de change? Combien reste-t-il encore à payer?*

1° On doit payer par action 150 fr., plus la différence qui existe entre la valeur nominale de l'action et sa valeur vénale, c'est-à-dire 150 + 27,50 ou 177^f,50; pour 5 actions on payera 177,50 × 5 ou. . . . . 887^f,50

Courtage pour les 5 actions : $\frac{1}{8}$ de 5,275 × 5 ou. . . . 3^f,30

Timbre. . . . . 0^f,50

On doit donc remettre à l'agent. . . . . 891^f,30

2° Il reste à payer sur chaque action 500 — 150 ou 350 fr.,
et pour les 5 actions 350 × 5 = 1 750 fr.

548. Problème III. — *Une Compagnie émet des obligations
de 500 fr. avec intérêt à 3 0/0, payables par semestre, le 1ᵉʳ janvier et
le 1ᵉʳ juillet de chaque année. Le taux d'émission est 325 fr., payables,
25 fr. en souscrivant, 100 fr. au 10 juillet, 100 fr. au 1ᵉʳ octobre et
100 fr. au 1ᵉʳ décembre, avec faculté de libération par anticipation de
payement en profitant d'un escompte de 4 0/0 par an.*

*Calculer pour une obligation, et pour une souscription de 5 obliga-
tions : 1° La somme à verser en souscrivant, et le 10 juillet, si l'on complète le versement ; 2° le taux auquel on a ainsi placé son argent ; 3° le
revenu probable du placement, en ayant égard aux chances du tirage,
les obligations devant être remboursées en 20 années.*

1° Versement en souscrivant par obli-
gation. . . . . 25 fr.; pour 5   125 fr.
   Versement du 10 juillet. . . . . 100 fr.; pour 5   500 fr.
       Sommes versées sans escompte. . 125 fr.;   —   625 fr.

En soldant les versements le 10 juillet,
le payement est anticipé de : 80 jours
pour les 100 fr. échus le 1ᵉʳ octobre ;
140 jours pour les 100 fr. échus le
1ᵉʳ décembre, ce qui donne 220 jours
pour 100 fr. L'escompte à déduire à
4 0/0 par an est :

$$\frac{100 \times 4 \times 220}{100 \times 360} = \frac{22}{9} = 2^f,44.$$

La somme à payer au 10 juillet est,
par obligation :

200 — 2ᶠ,44 ou. . . . . . . 197ᶠ,66 ; pour 5   988ᶠ,30

Le souscripteur a donc versé, par
obligation. . . . . 322ᶠ,66 ;   —   1 613ᶠ,30.

2° Les obligations portent intérêt 3 0/0.
Le revenu annuel de chaque obligation est de. . . . . . 15 fr.
Les 7ᶠ,50 touchés à la fin du premier semestre rappor-

tent à 5 0/0, pendant le semestre suivant, $\frac{7,5 \times 5 \times 6}{100 \times 12} =$ 0ᶠ,187.

Le revenu annuel s'élève donc à. 15ᶠ,187

Comme on a versé 322ᶠ,66, le taux du placement est donc de

$$\frac{15,187 \times 100}{322,66} = 4^f,70.$$

3° Les obligations devant être remboursées dans 20 années, la
moitié sera remboursée en 10 ans : il peut donc arriver qu'on touche

en 10 ans, et même avant, 500 fr., c'est-à-dire $500^f - 322^f,66$ ou $177^f,44$ de plus qu'on a versé, ce qui donne, par an, une plus-value probable de $\frac{1}{10}$ de $177^f,44$ ou $17,75$. Si l'on admet le cas le plus défavorable, le cas où le remboursement n'aura lieu qu'au bout de 20 ans, la plus-value annuelle est évidemment de $\frac{1}{20}$ de la différence entre la valeur nominale et la somme des versements, ou la moitié du dixième, ou $\frac{17^f,75}{2} = 8^f,875$.

Le revenu annuel serait donc, d'une part, et pour le cas le plus défavorable. . . . . $8^f,875$.

On toucherait, de l'autre. . . . . $15^f,187$.

Total. . . . . $24^f,062$.

Les versements ayant été de $322^f,66$, le taux du placement peut être porté au *minimum* à $\dfrac{24,062 \times 100}{322,66} = 7^f,45$.

549. Problème IV. — *Des obligations de 500 fr. à 3 0/0 se vendent $350^f,50$. Combien coûteront 8 obligations, timbre et courtage compris? Il ne reste plus que 10 ans à courir avant le remboursement intégral. A quel taux le placement peut-il être estimé?*

8 obligations à $350^f,50$ l'une coûtent $350,5 \times 8 = 2\,804$ fr.

Courtage : le $\frac{1}{8}$ de 28, 04   —   —   3,50

Timbre   —   —   —   —   0,50

Prix des 8 obligations. . . . . . . $2\,808$ fr.

L'intérêt annuel par obligation, en y comprenant le bénéfice résultant du payement par semestre,
monte à. . . . . $15^f,187$; pour les 8 obligations $121^f,50$.

Valeur d'une obligation dans 10 ans. . . . 500^f

Valeur actuelle d'une obligation . . . . . . $350^f,50$

Accroissement de valeur par obligation en 10 ans. . . . . $149^f,50$

Accroissement par an, le dixième. . . . . $14,95$;   pour les 8 obligations $149^f,60$.

$241^f,10$

Le revenu annuel pour les 8 obligations peut donc être porté à $241^f,10$, pour un versement de $2\,808$ fr.; de sorte que le taux de placement peut être estimé

$$\frac{241,10 \times 100}{2808} = 8^f,58.$$

Ce taux est *minimum*, car on aurait pu supposer, en partageant les chances, que le remboursement ait lieu pendant les 5 premières années.

550. Souscription à un emprunt. — *Le gouvernement fait un emprunt le 15 avril. Il offre du 3 0/0 à 62^f,40 avec jouissance du 22 décembre précédent, et du 4$\frac{1}{2}$ 0/0 à 92^f,50 avec jouissance du 20 janvier de l'année courante, au choix du souscripteur. Un dixième de la somme est versé en souscrivant, le reste peut être versé en dix-huit payements égaux, de mois en mois, à partir du 15 juin avec escompte de 4 0/0 par an pour les versements anticipés.*

Calculer : 1° les payements à faire par un souscripteur qui a acheté 100 fr. de rente 3 0/0, et qui a complété le versement intégral le 15 août; 2° le revenu annuel et le taux du placement, en tenant compte des arrérages acquis au moment du versement et de l'avantage que présente le payement de la rente par semestre, le 22 juin et le 22 décembre?

1° Les 100 fr. de rente 3 0/0 à 62^f,40 coûtent $\dfrac{62,40 \times 100}{3} =$ 2 080 fr.

Le dixième à verser en souscrivant est de. . . . . 208 fr.

Il reste à verser, en dix-huit payements égaux. . . . . 1 872 fr.

Montant du premier versement, échu le 15 juin, ou $\dfrac{1}{18}$. . 104 fr.

Il reste à verser. . . . . 1 768 fr.
Deuxième versement, échu le 15 juillet. . . . · . . . . 104 fr.
Il reste à verser. . . . . 1 664 fr.
Troisième versement, échu le 15 août. . . . . 104 fr.
L'escompte doit porter sur. . . . . 1 560 fr.

L'anticipation de payement étant de un mois pour le premier versement,..... de quinze mois pour le quinzième; l'anticipation moyenne est de 7,50 mois. L'escompte de 1 560 fr.

pour 7,50 mois, à 4 0/0, est $\dfrac{1\,560 \times 4 \times 7,5}{100 \times 12} =$ . . . . . 39 fr.

Il reste à payer, pour solde de la souscription. . . . . 1 521 fr.
On a payé en souscrivant. . . . . 208 fr.
On a fait trois versements de chacun 104 fr. . . . . . . 312 fr.
Le payement total est donc de. . . . , ... 2 041 fr.

A l'époque de la souscription, 15 avril, les arrérages sont acquis à partir du 22 décembre précédent, il revient donc

pour les 3 mois 23 jours, ou 113 jours, les $\dfrac{113}{180}$ du semestre

de 50 fr. de rente, ou $\dfrac{50 \times 113}{180} =$ . . . . 31^f,38

Le versement total est, par conséquent, réduit à. . . . . $\overline{2\,009^f,62}$

17

2° Le revenu annuel est de. . . . . 100 fr.

A joindre l'intérêt du premier semestre, ou intérêt de

50 fr. pour 6 mois, à 5 0/0, $\dfrac{50 \times 5 \times 6}{100 \times 12} = $ . . . .   1^{f},25

Le revenu annuel peut donc être porté à. . . . . 101^{f},25

Ce revenu est acquis en versant 2 009^{f},62; le taux du placement est donc

$$\frac{101,25 \times 100}{2\,009,62} = 5^{f},03.$$

En prêtant à l'État dans les conditions précédentes, on a aussi l'avantage de ne point payer de courtage.

On peut faire les mêmes calculs pour la rente $4\frac{1}{2}$ 0/0.

EXERCICES

532. Les actions du chemin de fer d'Orléans se vendent 862^{f},50, au comptant. Le revenu de chaque action, dans la dernière répartition, a été de 56 fr. 1° Quelle somme doit donner en tout, à un agent de change, une personne qui veut acheter 12 actions? 2° A quel taux place-t-elle son argent?

533. Une action émise à 500 fr. a été achetée au cours de 865 fr. L'année précédente, l'intérêt a été de 3 0/0 sur la valeur nominale, et le dividende de 35 fr. On demande le taux de placement?

534. Les actions du chemin de fer de l'Ouest se vendent 520 fr. Le dividende du dernier exercice a été de 35 fr. Le 3 0/0 est à 68^{f},50. Vaut-il mieux, ce jour-là, acheter des rentes que des actions de la ligne de l'Ouest. (Il ne sera pas tenu compte de la petite différence qu'apporterait le courtage.)

535. On achète, au cours de 290 fr., des obligations du chemin de fer du Nord, émises à 500 fr., et rapportant 3 0/0 d'intérêt. A quel taux place-t-on son argent, courtage et timbre non compris?

536. Les obligations du chemin de fer de l'Est se vendent 455 fr. et rapportent 25 fr. d'intérêt. Quel revenu peut-on se faire avec 20 000 fr. employés à acheter des actions de cette ligne. Tous les frais seront pris sur les 20000 fr.

537. Les obligations *Paris à Lyon* se vendent 980 fr. et rapportent 50 fr. Quel devrait être le cours du 3 0/0, pour qu'il fût indifférent d'acheter de ces obligations ou du 3 0/0?

EXTINCTION DE LA DETTE PUBLIQUE

551. — L'État peut recourir à trois moyens pour éteindre la dette publique :

1° Le remboursement au pair ; 2° la réduction ou conversion de la rente ; 3° l'amortissement.

1° *Remboursement au pair.* On sait que l'État émet des titres de rente qu'il ne s'engage pas à rembourser, mais alors il est obligé de payer perpétuellement la rente au porteur de titres. Cependant, s'il veut racheter ces titres, il le peut, à la condition qu'il *remboursera au pair.* Ainsi, pour chaque coupon de rente 3 0/0, il aura à verser 100 fr. ; de même pour $4\frac{1}{2}$ 0/0 et le 5 0/0. Il est évident que si un Gouvernement remboursait au pair, il choisirait de préférence la rente $4\frac{1}{2}$ 0/0, ou la rente 5 0/0 à la rente 3 0/0.

2° *Conversion de la rente.* Ce moyen a déjà été employé plusieurs fois, notamment en 1852 et en 1862. En 1852, le Gouvernement a converti le 5 0/0 en $4\frac{1}{2}$ 0/0, c'est-à-dire qu'il décida qu'à l'avenir le possesseur d'un titre de 5 fr. de rente n'aurait plus droit qu'à un titre de $4^f,50$. En conséquence, le rentier avait le choix entre la réduction de l'intérêt et le remboursement au pair. En 1862, la majeure partie du $4\frac{1}{2}$ 0/0 a été convertie en rente 3 0/0. Il est évident que, en procédant ainsi, l'État a moins de rente à payer, et par suite la dette publique se trouve diminuée.

3° *Amortissement.* L'amortissement est un mode de liquidation par payements successifs.

L'État affecte ordinairement au rachat d'une dette 1 ou 2 0/0 de la dette contractée.

Soit, par exemple, à amortir un emprunt de 500 millions de francs, fait par le Gouvernement en rente 3 0/0, au cours de 60^f.

L'État doit pour cet emprunt une rente annuelle de

$$\frac{500\,000\,000 \times 3}{60} = 25\,000\,000^f.$$

Si chaque année il rachète une partie de cette rente, il arrive un moment où il sera en possession de tous les titres de rente de ses créanciers : il ne leur devra donc plus rien, et sera, par conséquent, libéré.

Supposons qu'il affecte chaque année à l'amortissement 1 0/0 de la somme empruntée : le 1 0/0 de 500 millions est 5 millions.

Le Gouvernement fait acheter, dans le courant de l'année, pour 5 millions de rente 3 0/0.

L'année suivante, il en fait acheter pour 5 millions, augmentés de la rente inscrite sur les titres rachetés.

La 3e année, il en fait acheter pour 5 millions, augmentés de la rente inscrite sur les titres rachetés les 2 années précédentes.

L'opération se continue ainsi jusqu'à ce que la totalité de la rente rachetée s'élève à $25\,000\,000^f$.

Remarque. — C'est une caisse spéciale, nommée *caisse d'amortissement*, qui fonctionne au lieu et place du Gouvernement.

Les rachats ne peuvent avoir lieu que quand le cours de la rente est au-dessous du pair.

Le rachat se faisant à des cours variables, les questions ayant trait à ce genre d'amortissement ne peuvent être résolues qu'autant qu'on connaît le cours auquel on a acheté chaque année, ou un cours moyen auquel les rachats doivent se faire. Connaissant le cours moyen, on peut calculer un intérêt moyen, et on rentre alors dans les questions d'amortissement traitées plus loin.

BONS DU TRÉSOR

552. — Les Bons du Trésor sont des effets créés par l'État pour le service des finances. Ces bons portent un intérêt qui varie avec les circonstances et les échéances. Le *Moniteur* fait connaître à quel taux le Trésor accepte l'argent des particuliers. Quant aux échéances, elles sont à 3 mois, à 6 mois et au delà; mais elles ne dépassent pas l'année.

Lorsqu'un particulier veut échanger de l'argent qui ne lui produit rien contre un bon, on ajoute immédiatement au capital versé les intérêts à courir jusqu'à l'échéance du bon. La somme ainsi obtenue constitue le montant du bon remis au particulier.

Si le porteur d'un bon le présente au remboursement après l'échéance, il n'a droit à aucune bonification; il reçoit seulement ce qu'il aurait reçu s'il s'était présenté le jour même de l'échéance.

Les bons du Trésor offrent un excellent placement pour les fonds improductifs, attendant un prochain emploi.

Si le porteur d'un bon a besoin de le réaliser avant l'échéance, il peut le négocier à la Bourse.

DES BANQUES EN GÉNÉRAL

553. — Une banque, en général, est un établissement commercial où l'on achète et vend des monnaies, des matières d'or et d'argent, des effets publics (rentes sur l'État, bons du Trésor, etc.), des actions ou obligations d'entreprises industrielles.

La banque reçoit des sommes en dépôt, gratuitement quelquefois; elle escompte des effets de commerce contre espèces ou contre d'autres valeurs; elle fait des avances sur des titres ou des objets précieux.

Les recouvrements et les payements pour le compte d'autrui, la soumission des emprunts ouverts par les États et les grandes industries sont encore des opérations de banque.

Les maisons de banque ne se chargent pas toutes de ces opérations: les unes se bornent à recevoir des dépôts et à escompter des effets de commerce; d'autres négocient les effets d'une place sur une autre, etc.

L'utilité des banques est incontestable. Elles suppléent à l'insuffisance du numéraire, et remédient à la difficulté de son transport par la circulation des valeurs en portefeuille, telles que billets à ordre, traites, mandats, etc.

Les droits perçus par les banquiers pour ces diverses opérations varient ordinairement de $\frac{1}{3}$ à $\frac{1}{2}$ 0/0 de la somme sur laquelle porte l'opération.

554. Banque de France. — Elle escompte les effets de commerce dont l'échéance n'excède pas 3 mois et qui sont timbrés et revêtus de 3 signatures de personnes notoirement solvables. Le taux d'escompte varie, selon les circonstances, de $2\frac{1}{2}$ à 6 0/0.

Elle se charge du recouvrement des effets de commerce. Elle prête aux particuliers sur dépôt de lingots d'or ou d'argent, sur fonds publics français, actions ou obligations.

Elle tient une caisse de dépôts volontaires de valeurs quelconques : titres, lingots, monnaies d'or et d'argent, moyennant un droit de garde s'élevant à $\frac{1}{4}$ 0/0 par an.

Elle reçoit en compte courant les sommes qui lui sont versées par les particuliers et les compagnies, et *paye à vue* (paye au moment même où l'effet est présenté) les sommes tirées sur elle jusqu'à concurrence de celles versées par le tireur.

La plupart des calculs de banque sont déjà connus du lecteur; ce sont des calculs d'escompte, d'intérêt, de commission, d'alliage, etc.

COMPTES COURANTS

555. — *M. Lautage, négociant de Paris, a un compte courant chez M. Ragot, banquier dans la même ville. Le compte a été arrêté le 31 décembre 1872, et à cette époque le négociant se trouvait créancier de 640f,30. Depuis lors, M. Lautage a reçu en espèces : le 10 janvier 1873, 820f,30; le 15 mars, 2500f; le 20 mai, 6000f.*

Il a été remis au banquier les valeurs suivantes : le 8 février, une traite sur Rouen, de 2000f, payable le 25 mars, même année; une sur Reims, de 5500f, à échéance du 20 juin, et une sur Orléans, de 4256f,75, payable le 31 août. On demande d'arrêter le compte au 30 juin 1873.

Le banquier prend $\frac{1}{4}$ 0/0 de commission. Le taux d'intérêt est 6 0/0.

Il est évident qu'on doit tenir compte au banquier des intérêts des sommes qu'il a versées, et au négociant des intérêts des sommes que ses valeurs ont fournies.

Pour établir ce compte, on emploie plus généralement la *méthode nouvelle* ou *rétrograde* (489), parce qu'elle permet de calculer les *nombres* (413), sans que l'on ait besoin de connaître l'époque du règlement de compte.

On prend pour point de départ la date du dernier règlement, ou l'échéance la plus ancienne, s'il n'y a pas eu de règlement. Ici, le 1er janvier 1873 est l'*époque*. Dans l'exemple donné, les intérêts seront donc calculés à partir du 1er janvier 1873 jusqu'au 30 juin.

Le compte du négociant est disposé comme il suit chez le banquier; à gauche se trouve le *débit*, et à droite le *crédit*.

Compte courant et d'intérêts de M. LAUTAGE, négociant à Paris, chez M. RAGOT, banquier à Paris.

Compte arrêté au 30 juin 1873. Intérêt 6 %, commission 1/4 %.

Doit.

Dates.	Sommes.		Échéances.	Jours.	Nombres.
Janvier 10	820 30	Ma remise espèces.	10 janv. 73	10	8 203
Mars 15	2500 »	»	15 mars »	74	185 000
Mai 20	6000 »	»	20 mai »	140	840 000
		Balance des capit. 3 076f,75.	30 juin »	181	556 891
		Bal. des nombres et intérêts.			552 795
	92 13	Commission de 1/4 %.			
	29 39				
	2 955 23	Solde en sa faveur.			
	12 397 05				2 142 890

Avoir.

Dates.	Sommes.		Échéances.	Jours.	Nombres.
Janvier 1er	640 30	Créancier à nouveau,	1er janv. 73	époque	»
Février 8	2000 »	Valeur sur Rouen.........	25 mars »	84	168 000
Mars 15	5500 »	Reims.........	20 juin »	171	940 500
Juin 2	4256 75	Orléans.........	31 août »	243	1 034 390
	12 397 05				2 142 890
	2 955 23	Créancier à nouveau,			

S. E. ou O. (*).

(*) S. E. ou O. : sauf erreur ou omission.

Comme il a été déjà dit plus haut, on doit, dans les calculs d'intérêts, attribuer à chaque mois la durée qu'il a réellement.

Le 10 janvier, le banquier a fait un 1er versement de 820f,30 ; il porte cette même somme au *Doit* du négociant, et c'est pour lui, banquier, un *Avoir*. Il a en outre droit aux intérêts de la même somme, depuis le 1er janvier jusqu'à l'époque du règlement, moins les intérêts de cette somme du 1er janvier au 10 inclusivement. Les 10 jours d'intérêt doivent donc figurer à l'*avoir* du correspondant.

On place cet *Avoir* dans la colonne des *Nombres* du *Débit*. Ces 10 jours d'intérêt s'expriment d'ailleurs (413) par le *nombre* 820,30 $\times$ 10 ou 8203, qui correspond à l'intérêt de 820f,30 pour 10 jours.

De même, en faisant remonter le versement des 2500 fr. du 15 mars au 1er janvier, le négociant perdrait l'intérêt de cette somme pendant 74 jours. Ces 74 jours d'intérêt s'expriment par le *nombre* 2500 $\times$ 74 ou 185000. Le banquier doit donc encore cet intérêt au négociant.

D'après ce raisonnement, il est évident que les intérêts représentés par tous les *nombres* du débit sont dus par le banquier.

Si l'on passe maintenant au nombre du crédit, on voit que la somme de 640f,30 se trouve être à échéance du 1er janvier.

Le 8 février, le négociant remet au banquier une traite de 2000 fr. qui sera payée le 25 mars ; le banquier porte cette somme à l'*avoir* de son correspondant. En comptant au profit de ce dernier les intérêts des 2000 fr. depuis le 1er janvier, il se ferait tort à lui, banquier, des intérêts de 2000f du 1er janvier au 25 mars. On place cet *avoir* du banquier dans la colonne des *Nombres* du *crédit*. Ces 84 jours d'intérêt s'expriment par le nombre 2000 $\times$ 84 ou 168000. On verrait de même que tous les autres *nombres* du crédit représentent des intérêts dus par le négociant.

Il est facile maintenant de régler le compte.

D'après ce qui précède, le banquier doit au négociant les intérêts de 640f,30 + 2000 + 5500 + 4256,75 ou en tout 12397f,05, depuis le 1er janvier jusqu'à l'époque du règlement au 30 juin, ou pendant 181 jours. De même le négociant doit au banquier les intérêts de 9320f,30 pendant 181 jours. Le banquier restera donc devoir l'intérêt de la différence, 3076,75, pendant le même temps, ou en *nombre* 3076,75 $\times$ 181, ou 556891. Ce nombre doit évidemment figurer à l'*avoir* du négociant, et s'ajouter, par conséquent, aux nombres du *débit* qui en font déjà partie.

La somme de ces nombres est 1590095.

On fait aussi la somme des *nombres* inscrits au *crédit* et qui sont l'*avoir* du banquier, cette somme est 2142890. La balance des *nombres* est 2142890 — 1590095 = 552795 en faveur du banquier. Comme au taux 6 0/0 le *Diviseur* est 6000, l'intérêt correspondant au *nombre* 552795 est 552795 : 6000 = 92f,13. Cet intérêt doit évidemment figurer à l'*avoir* du banquier.

La commission de $\frac{1}{4}$ 0/0 prélevée par le banquier doit porter sur les

11756^f,75 encaissés par lui depuis le dernier règlement : $\frac{1}{4}$ 0/0 de

11756^f,75 = 29^f,39. Cette somme doit être encore portée à l'*avoir* du banquier.

L'*avoir* total du négociant se monte à 12397^f,05 et son *doit* à 9441^f,82.

La balance donne 12397,05 — 9441,82 = 2955^f,23 en faveur du négociant. On les porte à son *avoir* : il est créancier à nouveau de cette somme au 30 juin.

Pour que la balance s'établisse des deux côtés, on a ajouté (au débit) la différence des nombres à la plus faible somme; on a également ajouté au débit le solde en faveur du négociant.

RÈGLE CONJOINTE

556. — La *règle conjointe* est une opération qui a pour but de déterminer le rapport qui existe entre deux quantités liées entre elles, au moyen de divers rapports intermédiaires.

557. Problème.— 5^m *de drap valent* 4^m *de mérinos ;* 3^m *de mérinos valent* 16^m *de toile ;* 11^m *de toile valent* 12^m *de popeline. Combien* 40^m *de popeline valent-ils de mètres de drap ?*

L'énoncé donne les égalités suivantes :

$$5^m \text{ de drap} = 4^m \text{ de mérinos.}$$
$$3^m \text{ de mérinos} = 16^m \text{ de toile.}$$
$$11^m \text{ de toile} = 12^m \text{ de popeline.}$$
$$40^m \text{ de popeline} = x^m \text{ de drap.}$$

Si l'on désigne par a, b, c, d, les valeurs intrinsèques de ces diverses espèces d'étoffe, on a

$$5\,a = 4\,b$$
$$3\,b = 16\,d$$
$$11\,d = 12\,c$$
$$40\,c = x\,a.$$

Multipliant membre à membre, il vient

$$5\,a \times 3\,b \times 11\,d \times 40\,c = 4\,b \times 16\,d \times 12\,c \times x\,a.$$

On a, après simplification,

$$5 \times 3 \times 11 \times 40 = 4 \times 16 \times 12 \times x.$$

Divisant les deux membres par $4 \times 16 \times 12$, on obtient

$$x = \frac{5 \times 3 \times 11 \times 40}{4 \times 16 \times 12} = 8^m,60 \text{ environ.}$$

Ainsi 40^m de popeline valent environ 8^m,60 de drap.

CHANGE

558. — On entend par *chānge* une opération qui a pour but de calculer en monnaies d'un pays ce que valent des monnaies, des effets de commerce, des matières précieuses, etc., d'un autre.

559. Problème. — *Combien vaut, à Paris, un effet de 1200 florins sur Amsterdam à 28 jours d'échéance?*

Sur la cote de Paris, on lit, par exemple :

Valeurs se négociant à 3 mois.

$$4 \ 0/0 - Amsterdam - 210 \ \frac{1}{4}$$

Cela signifie qu'une valeur de 100 florins sur Amsterdam, à 3 mois d'échéance, vaut à Paris $210^f,25$, et qu'à Amsterdam le taux d'escompte est 4 0/0.

Solution. — 100 florins à 90 jours valent $\qquad 210^f,25$

$$1 \ - \qquad - \quad - \qquad 2,1025$$

et 1200 — $\qquad$ — $\quad$ — $\qquad 2,1025 \times 1200 = 2523^f.$

Or, 2523^f sont le prix d'un effet qui n'est payable que dans 3 mois, tandis qu'on donne un effet payable dans 28 jours. Il vaut donc en plus l'intérêt, à 4 0/0, que rapporteront 2523^f pendant 62 jours.

Calcul de l'intérêt de 2 523 fr. pendant 62 jours.

Faisant usage de la méthode des *Nombres*, on a :

$$Nombre : 2523 \times 62 = 156426$$

$$Diviseur : 9000.$$

$$Intérêt = \frac{156426}{9000} = 17^f,38.$$

Les 1200 florins payables dans 28 jours valent donc $2523^f + 17^f,38$ ou $2540^f,38$, ou mieux $2540^f,40$.

LIVRE VII

PROGRESSIONS

CHAPITRE I

PROGRESSIONS ARITHMÉTIQUES (*)

DÉFINITIONS

560. — On appelle *progression arithmétique* une suite de nombres tels que chacun est égal au précédent augmenté ou diminué d'un nombre constant, que l'on nomme *raison*.

561. — Les progressions sont *croissantes* ou *décroissantes*, selon que les nombres qui les composent vont en augmentant ou en diminuant.

Ainsi :

$$\div 2 . 5 . 8 . 11 . 14 . 17 . 20 . 23. \ldots$$

est une progression croissante, dont la raison est 3 ; car *un nombre quelconque* de cette progression est égal au précédent *augmenté* de la raison 3.

Mais, si l'on écrit :

$$\div 23 . 20 . 17 . 14 . 11 . 8 . 5 . 2,$$

on a une progression décroissante dont la raison est encore 3 ; car *un nombre quelconque* de cette progression est égal au précédent *diminué* de la raison 3.

2 est à 5, comme 5 est à 8, comme 8 est à 11, etc.

On appelle *terme* chacun des nombres d'une progression.

(*) Pour étudier avec fruit le livre VII et le livre VIII, il est bon d'avoir quelques notions d'algèbre.

562. Théorème I. — *Dans une progression arithmétique, un terme quelconque est égal au* 1er *augmenté ou diminué d'autant de fois la raison qu'il y a de termes avant celui que l'on considère.*

1° Soit la progression arithmétique croissante

$$\div 2 \cdot 5 \cdot 8 \cdot 11 \cdot 14 \cdot 17 \cdot 20 \cdot 23. \ldots$$

dont la raison est 3.

Le second terme est égal au 1er *plus* la raison :

$$5 = 2 + 3.$$

On a de même

$$8 = 5 + 3,$$

et en remplaçant 5 par sa valeur, il vient

$$8 = 2 + 3 + 3 = 2 + 3 \times 2;$$

d'ailleurs

$$11 = 8 + 3,$$

et en remplaçant 8 par sa valeur, on obtient

$$11 = 2 + 3 \times 2 + 3 = 2 + 3 \times 3.$$

Le 4e terme 11 est égal au 1er 2, plus 3 fois la raison 3. Il en serait de même pour un terme quelconque.

2° Soit la progression décroissante

$$\div 23 \cdot 20 \cdot 17 \cdot 14 \cdot 11 \cdot 8 \cdot 5 \cdot 2.$$

Le second terme est égal au 1er *moins* la raison :

$$20 = 23 - 3.$$

On a de même

$$17 = 20 - 3,$$

et en remplaçant 20 par sa valeur, il vient

$$17 = 23 - 3 - 3 = 23 - 3 \times 2;$$

d'ailleurs

$$14 = 17 - 3,$$

et en remplaçant 17 par sa valeur, on obtient

$$14 = 23 - 3 \times 2 - 3 = 23 - 3 \times 3.$$

Le 4e terme 14 est égal au 1er, moins 3 fois la raison 3. Il en serait le même pour un terme quelconque. En conservant les mêmes nota-

Remarque. — Si l'on appelle a, b, c, d . . . j, k, l, les termes successifs d'une progression arithmétique croissante, on a

$$\div a \cdot b \cdot c \cdot d \cdot \ldots \cdot j \cdot k \cdot l.$$

Si d'ailleurs on représente par n le nombre des termes, et par r la raison, comme le terme l en a $n - 1$ avant lui, il viendra

$$l = a + (n - 1) \times r. \qquad (1)$$

On aura, par conséquent, pour les progressions arithmétiques décroissantes :

$$l = a - (n - 1) \times r. \qquad (2)$$

EXEMPLE I. — *Chercher le 60ᵉ terme de la progression*
$$÷\; 3\;.\;5\;.\;7\;.\;9\;.\;.\;.\;.$$

On fera usage de la formule (1), puisque la progression est croissante.

Dans l'exemple donné, on a
$$a = 3,\; n - 1 = 59,\; r = 2;$$

en remplaçant les lettres par leur valeur respective, on posera
$$l,\text{ ou } 60^e \text{ terme} = 3 + 59 \times 2 = 121.$$

EXEMPLE II. — *Trouver le 15ᵉ terme de la progression décroissante*
$$÷\; 124\;.\;119\;.\;114\;.\;.\;.\;.$$

On fera usage de la formule (2); et comme
$$a = 124,\; n - 1 = 14,\; r = 5,$$

on écrira
$$l,\text{ ou } 15^e \text{ terme} = 124 - 14 \times 5 = 54.$$

563. Insertion de moyens arithmétiques entre deux nombres. — Insérer des moyens arithmétiques entre 2 nombres, c'est former une progression arithmétique dont les 2 nombres donnés soient les extrêmes et les moyens insérés les termes intermédiaires.

564. — I. *Insérer 7 moyens arithmétiques entre 3 et 27.*

Si l'on avait la raison, il suffirait de l'ajouter au premier terme 3 pour avoir le second; en l'ajoutant au second, on aurait le 3ᵉ, et ainsi de suite. La raison est donc l'inconnue à déterminer. Or, on doit insérer 7 termes entre 3 et 27, la progression aura, par conséquent, en tout 9 termes; de plus, 3 est le 1ᵉʳ terme et 27 le dernier.

Si dans la formule
$$l = a + (n - 1) \times r,$$

on remplace les lettres par leurs valeurs, il vient
$$27 = 3 + (9 - 1) \times r.$$

Si l'on retranche 3 à chaque membre de cette égalité, on a
$$27 - 3 = 8 \times r,$$

et en divisant chaque membre par 8, on obtient
$$r = \frac{27 - 3}{8},$$

ou encore
$$r = \frac{27 - 3}{7 + 1} = 3.$$

La raison étant 3, la progression sera
$$÷\; 3\;.\;6\;.\;9\;.\;12\;.\;15\;.\;18\;.\;21\;.\;24\;.\;27.$$

565. — II. *Insérer 7 moyens arithmétiques entre 27 et 3.*

Dans ce cas, la progression est décroissante.

Si l'on fait usage de la formule

$$l = a - (n - 1) \times r,$$

et que, dans cette formule, on remplace les lettres par leurs valeurs, on a

$$3 = 27 - (9 - 1) \times r,$$
$$3 = 27 - 8r.$$

Si l'on **ajoute** $8r$ à chaque membre de cette égalité, il vient

$$8r + 3 = 27.$$

Si l'on retranche ensuite 3 à chaque membre, on obtient

$$8r = 27 - 3 :$$

d'où l'on tire

$$r = \frac{27 - 3}{8},$$

ou encore

$$r = \frac{27 - 3}{7 + 1} = 3.$$

La progression est donc

$$\div 27 \,.\, 24 \,.\, 21 \,..\, 18 \,.\, 15 \,.\, 12 \,.\, 9 \,.\, 6 \,.\, 3.$$

Remarque. — Si l'on avait à insérer m moyens différentiels entre a et b, la progression dans laquelle a figurerait comme 1er terme et b comme dernier, en contiendrait $m + 2$, puisqu'on devrait en insérer m entre a et b; donc b aurait $m + 1$ termes avant lui, de sorte qu'on pourrait écrire

$$b = a + (m + 1)\,r,$$

d'où

$$r = \frac{b - a}{m + 1}.$$

On peut donc conclure la règle suivante :

566. Règle. — *Pour trouver la raison de la progression, on prend la différence des deux nombres donnés, et on divise cette différence par le nombre des moyens à insérer plus 1.*

567. Théorème II. — *Si l'on insère le même nombre de moyens arithmétiques entre chaque terme d'une progression et le suivant, on forme une nouvelle progression arithmétique, dont la raison est égale à celle de la progression donnée divisée par le nombre des moyens à insérer plus un.*

Soit, en effet, à insérer 5 moyens arithmétiques entre chaque terme et le suivant dans la progression

$$\div 2 \,.\, 14 \,.\, 26 \,.\, 38 \,.\, 50 \,.\,.\,.\,.$$

Si l'on insère 5 moyens entre 2 et 14, 5 entre 14 et 26, etc., on obtient ainsi des progressions partielles dont les raisons sont égales à (566)

$$\frac{14 - 2}{5 + 1}, \quad \frac{26 - 14}{5 + 1}, \quad \frac{38 - 26}{5 + 1}, \text{ etc.}$$

Mais, si l'on représente par R la raison de la progression donnée, on a

$$14 - 2 = 26 - 14 = 38 - 26 = \dots R.$$

Donc toutes les progressions partielles ont même raison ; et comme le dernier terme 14 de la première est le 1er terme de la seconde, et le dernier terme 26 de la seconde le 1er de la 3e, et ainsi de suite, il en résulte qu'elles s'enchaînent toutes de manière à ne former qu'une seule et même progression. D'ailleurs, en désignant par r la raison de celle-ci, on a bien

$$r = \frac{R}{5 + 1}.$$ C. q. f. d

568. Théorème III. — *Dans une progression arithmétique, la somme de 2 termes pris à la même distance des extrêmes est égale à la somme des extrêmes.*

En effet, soit la progression arithmétique

$\div 3 . 5 . 7 . 9 . 11 . 13 . 15 . 17 . \dots 51 . 53 . 55 . 57 . 59,$

dont la raison est 2.

Si l'on prend les termes 7 et 55, qui sont à égale distance des extrêmes, on a (562)

(1) $7 = 3 + 2 \times 2.$

D'autre part, on a

(2) $55 = 57 - 2 ;$

mais

$57 = 59 - 2.$

Si l'on porte dans l'égalité (2) la valeur de 57, il vient

$55 = 59 - 2 - 2$ ou bien

(3) $55 = 59 - 2 \times 2.$

En ajoutant membre à membre les égalités (1) et (3), on obtient

$$7 + 55 = 3 + 2 \times 2 + 59 - 2 \times 2,$$

ou

$$7 + 55 = 3 + 59.$$

On prouverait de même que la somme de 2 termes quelconques, pris à égale distance des extrêmes, est égale à la somme des extrêmes. *Donc*, etc.

569. Théorème IV. — *Dans une progression arithmétique, la somme des termes est égale à la demi-somme des extrêmes multipliée par le nombre des termes.*

Soit, en effet, la progression

$$÷ 2 . 5 . 8 . 11 . 14 . 17 . 20.$$

On a, en désignant par S la somme des termes,

$$S = 2 + 5 + 8 + 11 + 14 + 17 + 20,$$

et en écrivant les termes de la progression dans un ordre inverse,

$$S = 20 + 17 + 14 + 11 + 8 + 5 + 2.$$

En additionnant ces égalités membre à membre, on a

$$2\,S = (2 + 20) + (5 + 17) + (8 + 14) + (11 + 11) + (14 + 8) + (17 + 5) + (20 + 2).$$

Toutes les sommes partielles $(2 + 20)$, $(5 + 17)$, etc., sont égales à la somme des extrêmes, puisqu'elles se composent de deux termes qui en sont à la même distance : si donc on remplace $(5 + 17)$, $(8 + 14)$, etc., par $(2 + 20)$, il vient

$$2\,S = (2 + 20) + (2 + 20 + (2 + 20). \ldots + (2 + 20).$$

Mais cette somme $(2 + 20)$ se trouve répétée autant de fois qu'il y a de termes dans la progression; et, comme il y a 7 termes, on a

$$2\,S = (2 + 20) \times 7,$$

donc

$$S = \left(\frac{2 + 20}{2}\right) \times 7:$$

ce qui justifie l'énoncé.

Remarque. — On prouverait de même que pour une progression arithmétique quelconque

$$÷ a . b . c . d . e \ldots j . k . l,$$

dont le 1er terme est a, le dernier l, et ayant n termes, on a

$$S = \frac{(a + l) \times n}{2}.$$

EXEMPLE I. — *Trouver la somme des 1000 premiers nombres de la série naturelle formant la progression*

$$÷ 1. 2. 3. \ldots 1000.$$

On a

$$a = 1,\ l = 1000\ \text{et}\ n = 1000;$$

par conséquent

$$S = \frac{(1 + 1000) \times 1000}{2} = \frac{1001 \times 1000}{2} = 500500.$$

EXEMPLE II. — *Trouver la somme des n premiers nombres impairs formant la progression*

$$÷ 1. 3. 5. 7. \ldots \ldots l.$$

Dans cette progression, dont la raison est 2,

$$l = 1 + (n - 1) \times 2$$
$$l = 1 + 2\,n - 2$$
$$l = 2\,n - 1;$$

et en remplaçant l par sa valeur, $2\,n - 1$, on a

$$\div 1.\ 3.\ 5.\ 7.\ \ldots \ldots \ldots 2\,n - 1.$$

Par conséquent, pour le cas donné,

$a = 1,\ l = 2\,n - 1$ et le nombre des termes est n; donc

$$S = \frac{(1 + 2\,n - 1) \times n}{2} = \frac{2\,n \times n}{2} = n^2.$$

D'où il résulte que *la somme des* n *premiers nombres impairs est égale au carré du nombre des termes.*

Ainsi, la somme des **7** premiers nombres impairs

$$1,\ 3,\ 5,\ 7,\ 9,\ 11,\ 13, \text{ est } 7 \times 7 \text{ ou } 49.$$

EXERCICES

538. Trouver la somme des 20 premiers termes d'une progression dont le 1er est 2 et la raison 3.

539. Trouver la somme des 180 premiers termes d'une progression décroissante dont le 1er terme est 6754 et la raison 5.

540. Le 1er terme d'une progression est 2, le dernier 197 et la raison 5. Combien cette progression contient-elle de termes?

541. La somme des termes d'une progression est 610, le 1er est 2 et le dernier 59. Trouver la raison de la progression.

542. Une progression a 30 termes, le dernier est 124 et la raison 3. On demande la somme des termes.

543. Trouver la somme des termes d'une progression dont le 1er est 3, le dernier 163 et la raison 4.

544. Un corps tombant à Paris, dans le vide, parcourt 4m, 9044 dans la 1re seconde de sa chute; 14m, 7132 dans la 2e seconde; 24m, 5220 dans la 3e seconde, c'est-à-dire dans chaque seconde 9m, 8088 de plus que dans la seconde précédente. On demande l'espace parcouru en 12 secondes.

545. Quelle dette a-t-on éteinte en payant pendant 12 ans, la 1re année 400 fr., la seconde 500 fr., et ainsi de suite, en augmentant de 100 fr. chaque année? On ne tiendra pas compte des intérêts.

546. Un domestique a gagné dans une maison 4050 fr. en 15 années. La 1re année, il a gagné 200 fr., et chacune des années successives il a été augmenté de la même somme : on demande l'augmentation annuelle.

547. Une terre était louée en 1780 pour 24 ans à raison de 875 fr. par an; en 1804 et pour le même temps 930 fr. par an. Si tous les 24 ans l'augmentation était constante, quel serait le prix de location en 1900?

548. Combien une pendule qui sonne les heures et les demies sonne-t-elle de coups en 24 heures?

549. Une horloge sonne les heures. En outre, elle sonne 2 coups au quart, 4 coups à la demie, 6 coups aux trois quart et 8 coups à l'heure. Combien sonne-t-elle de coups en 24 heures?

550. On prend 8 points sur la circonférence d'un cercle, et, de chacun d'eux, on mène des droites à tous les autres points. Combien a-t-on mené de droites distinctes en tout?

551. Un voiturier doit conduire 250^{mc} de pierre sur une route. La carrière est à 420^m du lieu où doit être déposé le 1er mètre cube, et chacun d'eux doit être espacé de 20 mètres. Le voiturier peut conduire 1^{mc} à chaque voyage. **On** demande le nombre de jours qu'il mettra à conduire cette pierre, sachant qu'il travaille 8 heures par jour, et que le temps de charger et de décharger ne lui permet pas de faire plus de 4^{km} à l'heure.

552. On veut faire sabler une allée de 72 mètres; le jardinier chargé d'exécuter le travail prend le sable à 20^m du commencement de l'allée et dépose la 1re brouettée à 1^m,50 dans l'allée; la 2e, 3^m plus loin, et ainsi de suite. 1° Quel chemin le jardinier aura-t-il parcouru lorsqu'il aura terminé l'ouvrage et sera revenu au point de départ? 2° Combien de temps aura-t-il mis, sachant qu'il parcourt 50^m par minute et qu'il met 5 minutes pour charger une brouette?

553. Une personne a prêté 600 fr. à 5 0/0, il y a 15 ans; depuis cette époque, elle n'a rien reçu. Quelle somme doit-elle réclamer en tout si l'on tient compte des intérêts simples de la rente à 5 0/0?

CHAPITRE II

PROGRESSIONS GÉOMÉTRIQUES

DÉFINITIONS.

570. — On appelle *progression géométrique* une suite de nombres tels que chacun est égal au précédent multiplié par un nombre constant, que l'on nomme *raison*.

571. — Une progression géométrique est *croissante* ou *décroissante* suivant que la raison est plus grande ou plus petite que l'unité.
Ainsi

$$\div 2 : 6 : 18 : 54 : 162 : 486 : \ldots$$

est une progression croissante dont la raison est 3; car *un nombre quelconque* de cette progression est égal au précédent *multiplié* par la raison 3.

Mais, si l'on écrit

$$\div 486 : 162 : 54 : 18 : 6 : 2,$$

on a une progression décroissante dont la raison est $\frac{1}{3}$; car un nombre *quelconque* de cette progression est égal au précédent *multiplié* par la raison 1/3.

Les progressions géométriques se lisent comme les progressions arithmétiques.

572. Théorème I. — *Dans toute progression, un terme quelconque est égal au 1ᵉʳ multiplié par la raison élevée à une puissance marquée par le nombre des termes qui précèdent celui que l'on considère.*

Soit la progression géométrique croissante

$$\div 2 : 6 : 18 : 54 : 162 : 486$$

dont la raison est 3.

Le second terme est égal au 1ᵉʳ multiplié par la raison

$$6 = 2 \times 3.$$

On a de même

$$18 = 6 \times 3,$$

et, en remplaçant 6 par sa valeur, il vient

$$18 = 2 \times 3 \times 3 = 2 \times 3^2;$$

mais

$$54 = 18 \times 3,$$

et, en remplaçant 18 par sa valeur, on obtient

$$54 = 2 \times 3^2 \times 3 = 2 \times 3^3.$$

Le 4ᵉ terme 54 est égal au 1ᵉʳ 2 multiplié par la raison élevée à la 3ᵉ puissance. Il en serait de même pour un terme quelconque.

Le théorème se démontrerait de la même manière pour une progression décroissante.

Remarque I. — Si l'on appelle a, b, c, d, ... j, k, l, les termes successifs d'une progression croissante ou décroissante, on a

$$\div a : b : c : d, \ldots . j : k : l.$$

Si, d'ailleurs, on représente par n le nombre des termes et par q la raison, comme le terme l en a $n-1$ avant lui, il viendra

$$l = aq^{n-1}.$$

Remarque II. — Pour démontrer ce théorème, il suffit simplement de remplacer dans la progression précédente les lettres b, c, d..., l par leur valeur respective; car alors la progression donnée devient la suivante

$$\div a : aq : aq^2 : aq^3 : aq^4 \ldots . aq^{n-3} : aq^{n-2} : aq^{n-1}.$$

EXEMPLE I. — *Calculez le 6ᵉ terme de la progression croissante*

$$\div 3 : 6 : 12. \ldots .$$

On pose

l ou 6° terme $= 3 \times 2^{6-1} = 3 \times 2^5 = 3 \times 32 = 96.$

EXEMPLE II. — *Trouver le* 7° *terme de la progression décroissante*

$$\div 96 : 48 : 24 \dots \dots$$

On pose

$$7° \text{ terme} = 96 \times \left(\frac{1}{2}\right)^{7-1} = 96 \times \left(\frac{1}{2}\right)^{6} = 96 \times \frac{1}{64} = \frac{3}{2}.$$

573. Insertion de moyens géométriques entre 2 nombres. — Insérer des moyens géométriques entre 2 nombres, c'est former une progression géométrique dont les 2 nombres donnés soient les extrêmes et les moyens insérés les termes intermédiaires.

574. — I. *Insérer 3 moyens géométriques entre 3 et 768.*

Si l'on avait la raison, en la multipliant par le 1er terme 3 on aurait le second, en la multipliant par celui-ci, on aurait le 3°, et ainsi de suite. La raison est donc l'inconnue à déterminer. Or, on doit insérer 3 termes entre 3 et 768. La progression aura, par conséquent, en tout 5 termes, et de plus 3 est le premier terme et 768 le dernier.

Si, dans la formule

$$l = aq^{n-1}$$

on remplace les lettres par leurs valeurs, il vient

$$768 = 3 \times q^{5-1}.$$

Si l'on divise les deux membres de cette égalité par 3, on a

$$\frac{768}{3} = q^4,$$

et, en extrayant la racine 4° de chaque membre, on obtient

$$q = \sqrt[4]{\frac{768}{3}},$$

ou encore

$$q = \sqrt[3+1]{\frac{768}{3}} = \sqrt{\sqrt{\frac{768}{3}}} = \sqrt{\sqrt{256}} = \sqrt{16} = 4.$$

La raison étant 4, la progression sera

$$\div 3 : 12 : 48 : 192 : 768.$$

575. — II. *Insérer 3 moyens géométriques entre 768 et 3.*

Dans ce cas, la progression est décroissante.
Si l'on fait usage de la formule

$$l = aq^{n-1}$$

et qu'on y remplace les lettres par leurs valeurs, on a

$$3 = 768 \times q^{5-1}$$
$$3 = 768 \times q^4.$$

Si l'on divise chaque membre de cette égalité par 768, il vient

$$\frac{3}{768} = q^4.$$

En extrayant la racine 4ᵉ de chaque membre, on a

$$q = \sqrt[4]{\frac{3}{768}},$$

ou encore

$$q = \sqrt[3+1]{\frac{3}{768}} = \sqrt{\sqrt{\frac{1}{256}}} = \sqrt{\frac{1}{16}} = \frac{1}{4}.$$

La progression est donc

$$\div\ 768 : 192 : 48 : 12 : 3.$$

Remarque. — Si l'on avait à insérer m moyens géométriques entre a et b, la progression dans laquelle a figurerait comme 1ᵉʳ terme et b comme dernier en contiendrait $m + 2$, puisqu'on devrait en insérer m entre a et b; donc b aurait $m + 1$ termes avant lui, de sorte qu'on pourrait écrire

$$b = aq^{m-1},$$

d'où

$$q^{m-1} = \frac{b}{a},$$

et

$$q = \sqrt[m+1]{\frac{b}{a}}.$$

On peut donc conclure la règle suivante.

576. Règle.—*Pour trouver la raison d'une progression géométrique, on divise le dernier terme par le 1ᵉʳ, et du quotient on extrait une racine ayant pour indice le nombre des moyens à insérer plus un.*

577. Théorème II. — *Si l'on insère le même nombre de moyens géométriques entre chaque terme d'une progression géométrique et le suivant, on forme une nouvelle progression géométrique, dont la raison s'obtient en extrayant de la raison primitive une racine ayant pour indice le nombre des moyens à insérer plus un.*

Soit, en effet, à insérer 3 moyens géométriques entre chaque terme et le suivant dans la progression

$$\div\ 3 : 48 : 768 : 12288 : \dots$$

Si l'on insère 3 moyens entre 3 et 48; 3 entre 48 et 768, etc., on obtient ainsi des progressions partielles dont les raisons sont égales à

$$\sqrt[3+1]{\frac{48}{3}}, \quad \sqrt[3+1]{\frac{768}{48}}, \quad \sqrt[3+1]{\frac{12288}{768}}, \text{ etc.}$$

Mais si l'on représente par Q la raison de la progression donnée, on a

$$\frac{48}{3} = \frac{768}{48} = \frac{12288}{768} = \ldots Q.$$

Donc toutes les progressions ont même raison ; et comme le dernier terme 48 de la première est le 1er terme de la seconde, et le dernier terme 768 de la seconde le 1er de la 3e, et ainsi de suite, il en résulte qu'elles s'enchaînent toutes de manière à ne former qu'une seule et même progression. D'ailleurs, en désignant par q la raison de celle-ci, on a bien

$$q = \sqrt[s+1]{Q}.$$

C. q. f. d.

578. Théorème III. — *Dans une progression géométrique, le produit de deux termes pris à la même distance des extrêmes est constant et égal au produit des extrêmes.*

En effet, soit la progression géométrique

$$:: 2 : 4 : 8 : 16 : 32 : 64 : 128 : 256 : 512 : 1024$$

dont la raison est 2.

Si l'on prend les termes 8 et 256 qui sont à égale distance des extrêmes, on a (572)

$$(1) \qquad 8 = 2 \times 2^2.$$

D'autre part, on a

$$(2) \qquad 256 = \frac{512}{2} = 512 \times \frac{1}{2};$$

mais

$$512 = \frac{1024}{2} = 1024 \times \frac{1}{2}.$$

Si l'on porte dans l'égalité (2) la valeur de 512, il vient

$$256 = 1024 \times \frac{1}{2} \times \frac{1}{2},$$

ou

$$(3) \qquad 256 = 1024 \times \frac{1}{2^2}.$$

En multipliant membre à membre les égalités (1) et (3), on obtient

$$8 \times 256 = 2 \times 2^2 \times 1024 \times \frac{1}{2^2},$$

ou, en simplifiant le second membre,

$$8 \times 256 = 2 \times 1024.$$

On prouverait de même que le produit de 2 termes quelconques pris à égale distance des extrêmes est égal au produit des extrêmes. *Donc*, etc.

579. Théorème IV. — *Si une progression géométrique est croissante, on peut la prolonger assez pour que ses termes dépassent toute quantité donnée.*

Soit la progression croissante :

$$\ddot{\div} \; a \; : \; b \; : \; c \; : \; d \; : \; \ldots \; . \; j \; : \; k \; : \; l$$

dont la raison q est supérieure à l'unité.

On a

$$l = k \times q$$
$$k = j \times q \, ;$$

d'où on déduit

$$l - k = k \times q - j \times q,$$

ou

$$l - k = (k - j) \times q.$$

Or, comme on a $q > 1$, il résulte qu'on a aussi $l - k > k - j$.

La différence d'un terme au précédent va donc sans cesse en croissant. Si l'on supposait cette différence constante, on pourrait, en l'ajoutant un nombre de fois suffisant au 1er terme a, atteindre telle quantité qu'on voudrait ; *a fortiori*, en sera-t-il de même si cette différence va sans cesse en augmentant ?

580. Théorème V. — *Si une progression géométrique est décroissante, on peut la prolonger assez pour que ses termes décroissent au-dessous de toute quantité donnée.*

Soit la progression décroissante :

$$\ddot{\div} \; a \; : \; b \; : \; c \; : \; d \; : \; \ldots \; . \; j \; : \; k \; : \; l$$

dont la raison q est inférieure à l'unité.

Les quantités

$$\frac{1}{a}, \; \frac{1}{b}, \; \frac{1}{c}, \; \frac{1}{d} \; : \; \ldots \; . \; \frac{1}{j}, \; \frac{1}{k}, \; \frac{1}{l}$$

peuvent former une progression croissante ayant $\dfrac{1}{q}$ pour raison ; car de la 1re progression on déduit les égalités

$$b = aq, \; c = bq, \; d = cq \; \ldots \ldots$$

lesquelles donnent lieu aux suivantes :

$$(1) \; \frac{1}{b} = \frac{1}{a} \times \frac{1}{q}; \quad (2) \; \frac{1}{c} = \frac{1}{b} \times \frac{1}{q}; \quad (3) \; \frac{1}{d} = \frac{1}{c} \times \frac{1}{q} \ldots$$

On voit que chaque quantité $\dfrac{1}{b}, \dfrac{1}{c} \ldots$ est égale à la précédente multipliée par $\dfrac{1}{q}$, donc on a bien la proportion croissante (car b est plus petit que a, etc.)

$$\ddot{\div} \; \frac{1}{a} \; : \; \frac{1}{b} \; : \; \frac{1}{c} \; : \; \frac{1}{d} \ldots \ldots$$

Si maintenant on retranche l'égalité (1) de l'égalité (2), il vient

$$\frac{1}{c} - \frac{1}{b} = \left(\frac{1}{b} - \frac{1}{a} \right) \times \frac{1}{q},$$

et comme $\dfrac{1}{q}$ est plus grand que l'unité, il en résulte qu'on a aussi

$$\frac{1}{c} - \frac{1}{b} > \frac{1}{b} - \frac{1}{a}.$$

En vertu du théorème précédent, les fractions

$$\frac{1}{b}, \; \frac{1}{c} \; \ldots \ldots \; \frac{1}{j}, \; \frac{1}{k}, \; \frac{1}{l}$$

peuvent donc dépasser en grandeur toute limite, et par suite leurs dénominateurs $a, b, c. \ldots j, k, l$, peuvent devenir moindres que toute quantité donnée : c'est ce qu'il s'agissait de démontrer, puisque les quantités $a, \ b, \ c \ldots . j, k, l$, sont les termes de la progression donnée.

581. Théorème VI. — *La somme des termes d'une progression géométrique croissante s'obtient en multipliant le dernier terme par la raison, retranchant le 1er terme et divisant la différence par la raison diminuée de l'unité.*

Soit la progression croissante

$$\div \ 2 : 6 : 18 : 54 : 162 : 486,$$

dont la raison est 3.

On a, en désignant par S la somme des termes,

$$S = 2 + 6 + 18 + 54 + 162 + 486.$$

En multipliant les deux membres de cette égalité par la raison **3**, il vient

$$S \times 3, \text{ ou } 3 \ S = 6 + 18 + 54 + 162 + 486 + 486 \times 3.$$

Si maintenant on retranche membre à membre la 1re égalité de la seconde, on a

$$3 \ S - S \text{ ou } (3 - 1) \ S = 6 + 18 + 54 + 162 + 486 + 486 \times 3$$
$$- 2 - 6 - 18 - 54 - 162 - 486.$$

Réduction faite, on a

$$(3 - 1) \ S = 486 \times 3 - 2 :$$

d'où, en divisant chaque membre par le multiplicateur de S,

$$S = \frac{486 \times 3 - 2}{3 - 1},$$

ce qui justifie l'énoncé.

Remarque. — On prouverait de même que pour une progression croissante quelconque

$$\div \ a : b : c : d : \ldots j : k : l,$$

dont le 1er terme est a, le dernier l, la raison q, et ayant n termes, on a

$$(1) \qquad S = \frac{lq - a}{q - 1}.$$

Si, dans cette formule, on substitue à l sa valeur (572), il vient

$$S = \frac{aq^{n-1} \times q - a}{q - 1} = \frac{aq^n - a}{q - 1},$$

ou encore

$$(2) \qquad S = \frac{a(q^n - 1)}{q - 1}.$$

EXEMPLE I. — *Trouver la somme des termes de la progression*

$$\div 2 : 6 : 18 : \ldots \ldots 486.$$

Dans cette progression,

$$l = 486, \quad q = 3, \quad a = 2.$$

En remplaçant dans la formule (1) les lettres par leurs valeurs, on a

$$S = \frac{486 \times 3 - 2}{3 - 1} = \frac{1456}{2} = 728.$$

EXEMPLE II. — *Trouver la somme des termes de la progression*

$$\div 3 : 6 : 12\ldots,$$

qu'on suppose composée de 10 termes, et dont la raison est 2.

Si l'on fait usage de la formule (2), on obtient

$$S = \frac{3\,(2^{10} - 1)}{2 - 1} = 3\,(1024 - 1) = 3 \times 1023 = 3069.$$

582. Théorème VII. — *La somme des termes d'une progression géométrique décroissante s'obtient en retranchant du 1ᵉʳ terme le dernier multiplié par la raison, et divisant la différence par l'unité diminuée de la raison.*

Soit la progression décroissante

$$\div 486 : 162 : 54 : 18 : 6 : 2,$$

dont la raison est $\frac{1}{3}$. En désignant la somme par S, on a

$$S = 486 + 162 + 54 + 18 + 6 + 2.$$

En multipliant les 2 membres de cette égalité par la raison $\frac{1}{3}$, il vient

$$S \times \frac{1}{3} = 162 + 54 + 18 + 2 + 2 \times \frac{1}{3}.$$

Si maintenant on retranche membre à membre la 2ᵉ égalité de la 1ʳᵉ, on a

$$S - S \times \frac{1}{3} = 486 - 2 \times \frac{1}{3};$$

mais

$$S - S \times \frac{1}{3} = S \left(1 - \frac{1}{3}\right):$$

donc

$$S \left(1 - \frac{1}{3}\right) = 486 - 2 \times \frac{1}{3},$$

et en divisant chaque membre par le multiplicateur de S, on obtient

$$S = \frac{486 - 2 \times \frac{1}{3}}{1 - \frac{1}{3}},$$

ce qui justifie l'énoncé.

Remarque I. — Pour une progression géométrique décroissante quelconque

$$\div a : b : c : d : \ldots \ldots j : k : l$$

on a de même

(1) $$S = \frac{a - lq}{1 - q}.$$

On voit que cette formule n'est autre que la formule (1) du n° 581, *Rem.*; seulement les soustractions indiquées au numérateur et au dénominateur de l'expression composant le second membre sont faites en sens inverse.

Remarque II. — De la formule

$$S = \frac{a - lq}{1 - q}$$

on déduit

$$S = \frac{a}{1 - q} - \frac{lq}{1 - q}.$$

Or, si le nombre des termes de la progression augmente indéfiniment, $\dfrac{a}{1 - q}$ conservera toujours la même valeur, tandis que $\dfrac{lq}{1 - q}$ pourra devenir moindre que toute quantité donnée, quelque petite qu'elle soit, à cause du facteur l qui décroît sans limite (580).

Donc, si l'on prolonge indéfiniment la progression, la somme des termes s'approche de plus en plus de la valeur constante $\dfrac{a}{1 - q}$, et, par conséquent, à la limite on a :

$$S = \frac{a}{1 - q}.$$

Donc, *la somme des termes d'une progression géométrique décroissante à l'infini a pour limite le 1er terme divisé par l'unité diminuée de la raison.*

EXEMPLE I. — *Trouver la somme des termes de la progression*

$$\div 2 : 1 : \frac{1}{2} : \frac{1}{4} : \frac{1}{8} \ldots$$

Si, dans la formule précédente, on remplace les lettres par leurs valeurs, on a :

$$S = \frac{2}{1 - \frac{1}{2}} = \frac{2}{\frac{1}{2}} = 4.$$

EXEMPLE II. — *Une fraction périodique n'étant autre chose qu'une progression géométrique décroissante composée d'une infinité de termes*, comme il est facile de le voir, on peut lui appliquer la formule précédente.

Par exemple, la fraction périodique

$$0,39393939$$

étant égale à

$$\frac{39}{100} + \frac{39}{10000} + \frac{39}{1000000} + \ldots$$

est une progression géométrique décroissante dont la raison est $\frac{1}{100}$.

La limite de la somme de ses termes est donc

$$\frac{\dfrac{39}{100}}{1 - \dfrac{1}{100}} = \frac{\dfrac{39}{100}}{\dfrac{99}{100}} = \frac{39}{99}.$$

C'est bien la valeur qui a été obtenue dans la théorie des fractions périodiques.

Remarque. — On peut toujours faire usage de la formule $S = \dfrac{a}{1-q}$, lorsque le nombre des termes de la progression devient considérable.

· **583. Théorème VIII**. — *Le produit des termes d'une progression géométrique est égal à la racine carrée du produit des extrêmes élevé à une puissance marquée par le nombre des termes de la progression.*

Soit la progression géométrique

$$\dotdiv\ 2\ :\ 4\ :\ 8\ :\ 16\ :\ 32\ :\ 64\ :\ 128\ :\ 256\ :\ 512\ :\ 1024.$$

En appelant P le produit des termes de cette progression, on a

$$P = 2 \times 4 \times 8 \times 16 \times \ldots 128 \times 256 \times 512 \times 1024.$$

En renversant les termes, on peut aussi poser :

$$P = 1024 \times 512 \times 256 \times 128 \times \ldots 16 \times 8 \times 4 \times 2.$$

Ces 2 égalités multipliées membre à membre donnent

$$P^2 = 2 \times 1024 \times 4 \times 512 \times 8 \times 256 \times 16 \times 128 \ldots$$
$$\times 128 \times 16 \times 256 \times 8 \times 512 \times 4 \times 1024 \times 2.$$

Mais chacun des produits partiels 2×1024, 4×512… se compose de 2 termes pris à égale distance des extrêmes, 2 et 1024, donc tous sont égaux à 2×1024 (578); par conséquent

$$P^2 = 2 \times 1024 \times 2 \times 1024 \times 2 \times 1024 \ldots$$

ou le produit 2×1024 élevé à une puissance marquée par le nombre des termes de la progression; et, comme la progression donnée a 10 termes, on a

$$P^2 = \overline{2 \times 1024}^{10},$$

d'où

$$P = \sqrt{\overline{2 \times 1024}^{10}}.$$

Remarque. — Pour une progression géométrique

$$\dotdiv\ a\ :\ b\ \dotdiv\ c\ :\ \ldots\ldots\ j\ :\ k\ :\ l,$$

composée de n termes, on aurait donc

$$(1) \qquad\qquad P = \sqrt{\overline{(al)}}^{\,n}.$$

La formule précédente peut se transformer en une autre plus commode dans la pratique. On sait (572, *Rem. I*) que

$$l = aq^{n-1}.$$

Cette valeur, portée dans l'expression de P^2, donnera

$$P^2 = (a \times aq^{n-1})^n = (a^2 \times q^{n-1})^n.$$

Si l'on élève séparément chaque facteur à la puissance n, il vient

$$P^2 = a^{2n} q^{(n-1)n}.$$

Mais, pour extraire une racine, on peut, quand la chose est possible, diviser l'exposant par l'indice de la racine (*); donc on aura

$$P = a^{\frac{2n}{2}} q^{\frac{(n-1)n}{2}}$$

ou
$$P = a^n q^{\frac{(n-1)n}{2}} \qquad (2)$$

Or $n-1$ et n, étant deux nombres consécutifs, sont l'un ou l'autre divisibles par 2, leur produit $(n-1)n$ le sera par conséquent.

EXEMPLE. — *Trouver le produit des termes de la progression numérique*

$$\div \; 2 \; : \; 4 \; : \; 8 \; : \; 16 \; : \; 32.$$

En remplaçant dans la formule (1) les lettres par leurs valeurs, on a :

$$P = \sqrt{(2 \times 32)^5}$$
$$P = \sqrt{64^5} = \sqrt{1073741824} = 32768.$$

La formule (2) donnerait :

$$P = 2^5 \times 2^{\frac{(5-1)5}{2}} = 2 \times 2^{\frac{4 \times 5}{2}} = 2^5 \times 2^{10} = 32 \times 1024 = 32768.$$

FORMULES DES PROGRESSIONS

584. — Comme il est utile de se rappeler les principales formules des progressions, nous les avons réunies dans le tableau suivant :

Progressions arithmétiques.

(1)
$$l = a + (n-1)\, r.$$

(2)
$$S = \frac{(a+l)n}{2}.$$

Progressions géométriques.

(3)
$$l = a q^{n-1}.$$

(4)
$$S = \frac{lq - a}{q - 1}, \text{ ou } S = \frac{a(q^n - 1)}{q - 1}.$$

(5)
$$S = \frac{a - lq}{1 - q}.$$

(6)
$$S = \frac{a}{1 - q}.$$

(7)
$$P = \sqrt{(al)^n}, \text{ ou } P = a^n q^{\frac{(n-1)n}{2}}.$$

(*) En effet, $\sqrt{a^4} = a^2 = a^{\frac{4}{2}} = a^2.$

EXERCICES

554. Trouver le 9e terme d'une progression dont le 1er terme est 1 et la raison 2.

555. Trouver le 8e terme d'une progression décroissante dont le 1er terme est 24 et la raison $\frac{1}{2}$.

556. Trouver la somme des termes d'une progression ayant 10 termes, dont le 1er est 2 et la raison de la progression 2.

557. Trouver la somme des termes d'une progression décroissante dont le 1er terme est 1024, le dernier 16 et la raison $\frac{1}{2}$.

558. Trouver la somme des termes d'une progression décroissante et indéfinie dont le 1er terme est 3 et la raison $\frac{1}{3}$.

559. Des ouvriers se présentent pour creuser un puits. Comme ils savent qu'ils seront obligés de creuser au moins à 15m de profondeur pour rencontrer l'eau, ils demandent 1 centime pour le 1er mètre de profondeur, 2 pour le 2e, 4 pour le 3e, 8 pour le 4e, et ainsi de suite. On accepte leur proposition. Combien coûtera le forage du puits, l'eau ayant été trouvée à 16m de profondeur?

LIVRE VIII

LOGARITHMES—CALCULS A L'AIDE DES LOGARITHMES— QUESTIONS USUELLES

CHAPITRE I

LOGARITHMES

DÉFINITIONS

585. — Si l'on considère deux progressions, l'une *géométrique,* commençant par l'*unité*, et l'autre *arithmétique*, commençant par *zéro*, chaque terme de la progression arithmétique est dit le *logarithme* du terme correspondant de la progression géométrique.

Soient les deux progressions ci-dessous, remplissant ces conditions

$$\div\ 1:3:9:27:81:243:729\ldots\ldots\ (nombres).$$
$$\div\ 0\,.\,2\,.\,4\,.\quad 6\,.\quad 8\,.\quad 10\,.\quad 12\ldots\ldots\ (logarithmes).$$

L'ensemble de ces deux progressions constitue un *système de logarithmes.*

Ainsi, dans ce système, le log. de 81 est 8; celui de 729 est 12, etc.

586. — On conçoit qu'il peut y avoir une infinité de systèmes de logarithmes; mais dans tous, comme *condition de rigueur,* la progression géométrique devra commencer par l'*unité* et la progression arithmétique par *zéro ;* de plus, la raison sera plus grande que l'unité dans la progression géométrique; elle sera quelconque en grandeur dans la progression arithmétique, mais toujours positive.

587. — On appelle *base* d'un système le nombre qui a pour logarithme l'unité.

Ainsi, dans le système ci-dessous, la base est 9.

$$\div\ 1:3\ :\ 9:27:81:243\ldots\ldots$$
$$\div\ 0\,.\,0,5\,.\,1\,.\,1,5\,.\quad 2\,.\quad 2,5\ldots\ldots$$

Le système précédent peut évidemment s'écrire :

$$\div 1 : 3 : 3^2 : 3^3 : 3^4 : 3^5 : 3^6 : 3^7 : 3^8$$

$$\div 0 \,.\, 0{,}5 \,.\, 2 \times 0{,}5 \,.\, 3 \times 0{,}5 \,.\, 4 \times 0{,}05 \,.\, 5 \times 0{,}5 \,.\, 6 \times 0{,}5 \,.$$
$$7 \times 0{,}5 \,.\, 8 \times 0{,}5.$$

Il résulte donc de ce que la progression géométrique commence par l'unité, et la progression arithmétique par zéro, que dans la progression géométrique les termes sont les puissances de la raison, et dans la progression arithmétique les termes sont les multiples de la raison : enfin, les mêmes puissances et les mêmes multiples de la raison occupent le même rang dans les deux progressions. Par exemple, dans le système précédent, $2 \times 0{,}5$ et $4 \times 0{,}5$, 3ᵉ et 5ᵉ terme de la progression arithmétique correspondent à 3^2 et 3^4, 3ᵉ et 5ᵉ terme de la progression géométrique.

PROPRIÉTÉS FONDAMENTALES DES LOGARITHMES

588. Théorème I. — *Le logarithme du produit de plusieurs facteurs est égal à la somme des logarithmes des facteurs.*

Soit le système général

$$\div 1 : q : q^2 : q^3 : q^4 : q^5 : q^6 : q^7 : q^8 \ldots\ldots q^n$$

$$\div 0 \,.\, r \,.\, 2r \,.\, 3r \,.\, 4r \,.\, 5r \,.\, 6r \,.\, 7r \,.\, 8r \ldots\ldots n^r$$

Si l'on prend les facteurs q, q^2, q^4, on aura pour produit :

$$q \times q^2 \times q^4 = q^7 ;$$

mais

$$log. \, q + log. \, q^2 + log. \, q^4 = r + 2r + 4r = 7r ;$$

or, $7r$ est bien le logarithme de q^7.

EXEMPLE. — $Log. (3 \times 5 \times 18) = log. \, 3 + log. \, 5 + log. \, 18.$

589. Théorème II. — *Le logarithme d'un quotient est égal au logarithme du dividende moins le logarithme du diviseur.*

En effet, de $\dfrac{D}{d} = q$ (*),

on tire

$$D = dq, \text{ ou } dq = D ;$$

mais (588)

$$log. \, d + log. \, q = log. \, D ;$$

donc

$$log. \, q = log. \, D - log. \, d. \qquad \text{c. q. f. d.}$$

EXEMPLE. — $Log. \dfrac{625}{201} = log. \, 625 - log. \, 201.$

590. Théorème III. — *Le logarithme de la puissance d'une quantité est égal au logarithme de cette même quantité multiplié par l'exposant de la puissance.*

(*) D représente le dividende ; d, le diviseur ; q, le quotient.

Soit à trouver le logarithme de a^3, on posera :

$$a^3 = a \times a \times a,$$

par conséquent,

$$log.\ a^3 = log.\ a + log.\ a + log.\ a = 3\ log.\ a.$$

En général, on a :

$$log.\ a^n = log.\ a + log.\ a + log.\ a + log.\ a\ldots\ldots = n\ log.\ a.$$

EXEMPLE : $log.\ 362^5 = 5\ log.\ 362.$

591. Théorème IV. — *Le logarithme de la racine d'une quantité est égal au logarithme de la quantité divisée par l'indice de la racine.*

Soit à trouver le logarithme de $\sqrt[5]{a}$; si l'on désigne par x la racine 5e de a, on aura

$$\sqrt[5]{a} = x.$$

Élevant les deux membres de cette égalité à la 5e puissance, il vient :

$$a = x^5$$

Or (590)

$$log.\ a = 5\ log.\ x,$$

d'où

$$log.\ x = \frac{log.\ a}{5}.$$

Ce qui justifie l'énoncé.

On aurait de même :

$$log.\ \sqrt[n]{a} = \frac{log.\ a}{n}.$$

EXEMPLE :

$$log.\ \sqrt[7]{406} = \frac{log.\ 406}{7}.$$

Remarque. — Ces quatre théorèmes suffisent pour montrer quel immense avantage on peut tirer des logarithmes : la multiplication est remplacée par l'addition ; la division, par la soustraction ; l'élévation à une puissance, par la multiplication ; et enfin l'extraction des racines, par la division.

On voit que l'élévation à une puissance et l'extraction d'une racine, qui sont souvent deux opérations très-longues, se font rapidement par les logarithmes.

LOGARITHMES VULGAIRES

592. — Les logarithmes dont on fait généralement usage, et qu'on nomme *logarithmes vulgaires*, ont été calculés à l'aide des progressions

$$\div\ 1 : 10 : 100 : 1000 : 10000\ldots\ldots$$
$$\vdots\ 0\ .\ 1\ .\ 2\ .\ 3\ .\ 4\ \ldots\ldots$$

Remarque I. — La base de ce système est le nombre 10.

Remarque II. — Les nombres qui font partie de la progression géométrique ont leurs logarithmes dans la progression arithmétique. Quant aux nombres qui ne s'y trouvent pas, voici comment on a procédé pour avoir leurs logarithmes : on a inséré le même nombre de moyens géométriques entre tous les termes de la progression géométrique. Ce nombre de moyens a dû être assez considérable pour que, parmi les termes de la nouvelle progression, il y en eût qui différassent d'une très-petite quantité des nombres 2, 3, 4,..... 11, 12, 13..... 101, 102, 103..... 1001, 1002, 1003, de sorte que ces nombres mêmes ont pu être pris pour des termes, au lieu des véritables.

Pour avoir leurs logarithmes, on a inséré entre tous les termes de la progression arithmétique un égal nombre de moyens arithmétiques à ceux insérés dans la progression géométrique, et les termes de la nouvelle progression arithmétique sont les logarithmes de leurs correspondants dans la progression géométrique et par conséquent des nombres 2, 3, 4, etc., puisque nous venons de dire que ceux-ci diffèrent extrêmement peu des correspondants dont il s'agit.

La méthode qui vient d'être indiquée pour trouver les logarithmes des nombres serait très-longue; celle qu'on a suivie est plus expéditive, mais elle n'est point élémentaire.

Remarque III. — Le logarithme d'un produit égalant la somme des logarithmes des facteurs, il a suffi seulement de chercher les logarithmes des nombres premiers. Pour avoir, par exemple, le logarithme de 15, on a fait la somme des logarithmes de 3 et de 5.

Remarque IV. — Les nombres qui composent la progression $\div$ 1 : 10 : 100 :..... sont les seuls qui ont des logarithmes entiers ; les autres ont pour logarithmes une partie *entière* plus *une partie décimale*.

593. Caractéristique. — On appelle *caractéristique* la partie entière d'un logarithme.

594. Théorème I. — *La caractéristique du logarithme d'un nombre renferme autant d'unités qu'il y a de chiffres moins 1 à la partie entière de ce nombre.*

En effet, tout nombre compris entre 1 et 10 n'a qu'un chiffre à sa partie entière, et son logarithme, étant compris entre 0 et 1, aura par conséquent 0 pour partie entière ou pour caractéristique. De même, tout nombre compris entre 10 et 100 a deux chiffres à sa partie entière, et son logarithme, étant compris entre 1 et 2, aura 1 pour caractéristique. En général, tout nombre compris entre 10^n et 10^{n+1} a $n + 1$ chiffres à sa partie entière, et son logarithme, étant compris entre n et $n + 1$, a n pour caractéristique.

EXEMPLE : 6531 a 3 pour caractéristique; 58354,28 a 4 pour caractéristique, etc.

Réciproquement, la caractéristique 2 appartient à un nombre qui a 3 chiffres à sa partie entière; la caractéristique 5 appartient à un nombre qui a 6 chiffres à sa partie entière, etc.

595. Théorème II. — *Quand on multiplie ou divise un nombre par* 10^n, *la partie décimale de son logarithme ne change pas; mais la caractéristique augmente ou diminue de n unités.*

En effet, on a (588) :

1° $$log. (a \times 10^n) = log. \ a + log \ 10^n$$

or,

$$log. \ 10^n = n :$$

donc

$$log. (a \times 10^n) = log. \ a + n.$$

De même,

2° $$log. \left(\frac{a}{10^n}\right) = log \ a - log. \ 10^n;$$

or,

$$log. \ 10^n = n :$$

donc

$$log. \left(\frac{a}{10^n}\right) = log. \ a - n.$$

Corollaire I. — *Pour multiplier ou pour diviser un nombre par* 10, 100, 1000......, *il suffit d'augmenter ou de diminuer la caractéristique de son logarithme de une, deux, trois.... unités.*

Corollaire II. — *Les nombres décimaux composés des mêmes chiffres, et qui diffèrent seulement par la place occupée par la virgule dans chacun d'eux, ont des logarithmes qui ne diffèrent que par la caractéristique.*

TABLES DE LOGARITHMES

596. — La suite des nombres étant indéfinie, on n'a pu calculer les logarithmes de tous; ce n'était d'ailleurs pas nécessaire, comme on le verra plus loin.

Les tables de logarithmes les plus usitées sont celles de Callet, de J. de Lalande, de MM. Dupuis et Hoüel.

Celles de Callet contiennent, avec 7 décimales, les logarithmes de 1 à 108 000. Celles de J. de Lalande, étendues à 7 décimales par Marie, contiennent les logarithmes des nombres de 1 à 10 000. Celles de M. Dupuis sont à 7 et à 5 décimales. Les premières renferment les logarithmes des nombres de 1 à 100 000, et les secondes de 1 à 10 000; enfin les tables de M. Hoüel sont à 5 décimales et renferment les logarithmes des nombres de 1 à 10000.

Bien que les tables à 5 décimales de MM. Dupuis et Hoüel soient

19

très-commodes et suffisantes pour la plupart des calculs, les tables de
J. de Lalande, revues par Marie, n'en resteront pas moins très-répan-
dues, à cause de la modicité de leur prix: ˋ

Ces diverses tables sont accompagnées d'instructions qui en font connaître la disposition et l'usage.

Cependant, il n'est peut-être pas inutile de faire connaître ici la
disposition et l'usage des tables de J. de Lalande et de M. Dupuis, parce
que le lecteur pourra alors se servir, sans difficulté, des grandes tables
de Callet et autres auteurs.

597. — La disposition des tables de J. de Lalande est très-simple :
comme le montre le tableau ci-après, qui en est un extrait. Chaque
page est composée de plusieurs colonnes de nombres à côté desquels
se trouvent leurs logarithmes. A partir du nombre 990, il y a d'autres
colonnes qui portent en tête *Diff.* Ces colonnes contiennent les différences qui existent entre deux logarithmes consécutifs.

Disposition des Tables de J. de Lalande.

Nombres	Logarithmes.	Différ.	Nombres	Logarithmes.	Différ.	Nombres	Logarithmes.	Différ.
6750	3,8293038		6780	3,8312297		6810	3,8331471	
		643			640			638
6751	3,8293681		6781	3,8312937		6811	3,8332109	
		643			641			637
6752	3,8294324		6782	3,8313578		6812	3,8332746	
		643			640			638

USAGE DES TABLES

598. Problème I. — *Trouver le logarithme d'un nombre donné.*

1° *Le nombre est entier et plus petit que* 10000.

Dans ce cas, il se trouve dans les colonnes des tables intitulées :
Nombres ; il suffit de l'y chercher, son logarithme est à côté.

Par exemple, on trouve que le logarithme de 6751 est 3,8293681;
on écrit

$$log. \ 6751 = 3,8293681.$$

2° *Le nombre est entier et plus grand que* 10000.

On commence par séparer assez de chiffres sur la droite du nombre
pour que la partie à gauche soit dans les tables.

Si l'on a, par exemple, à chercher le logarithme de 678172, on sé-
parera 2 chiffres sur la droite de ce nombre ; on aura alors à trouver le
log. de 6781,72. Ce nombre étant compris entre 6781 et 6782, son log.

tombera entre les log. de ces nombres ; il sera par conséquent celui
de 6781 plus une fraction.

Or,
$$log. \ 6781 = 3,8312937$$
et
$$log. \ 6782 = 3,8313578.$$

La différence entre ces 2 log. est 0,0000641. Ainsi en ajoutant
1 unité au nombre 6781, son log. augmente de 0,0000641. Si on ne
lui ajoute que 0,72, son log. augmentera des 0,72 de 0,0000641, ou
de $0,72 \times 0,0000641 = 0,0000462$, en ne conservant que 3 chiffres
significatifs (*).

Mais le nombre 6781,72 étant 100 fois plus petit que le proposé, la
caractéristique de son log. est par là même diminuée de 2
donc
$$log. \ 678172 = 5,8313399.$$

Type du calcul.

Nomb. 678172.			Diff.
Log. 6781	$=$ 3,8312937		641
pour 0,72	462		0,72
	3,8313399		1282
			4487
Log. 678172 $=$ 5,8313399.			46152

3° *Le nombre est décimal, plus grand ou plus petit que* 10000.

Pour avoir le logarithme d'un nombre décimal, on porte la virgule
vers la droite ou vers la gauche, de manière à obtenir, s'il est possible, un nombre dont la caractéristique soit 3 ; on opère ensuite
comme dans le cas précédent, seulement on augmente ou on diminue
d'un nombre convenable d'unités la caractéristique du logarithme,
selon l'opération que l'on a fait subir au nombre donné.

Soit, par exemple, à chercher le log. de 6,81185 ; on a
$$6,81185 = \frac{6811,85}{1000};$$
d'où
$$log. \ 6,81185 = log. \ 6811,85 - log. \ 1000;$$
Or,
$$log. \ 6811,85 = 3,8332109 + 0,85 \times 0,0000637 = 3,8332650.$$
Par suite
$$log. \ 6,81185 = 3,8332650 - 3 = 0,8332650.$$
De même,
$$log. \ 68,1185 = 1,8332650.$$
$$log. \ 68118,5 = 4,8332650.$$
$$log. \ 681185 = 5,8332650.$$

(*) Ce raisonnement suppose que les différences entre les nombres considérés 2 à 2 sont proportionnelles aux différences entre leurs log., ce qui n'est pas rigoureux, mais suffisamment exact.

CARACTÉRISTIQUE NÉGATIVE

599. — Si l'on se reporte au théorème du n° 589, on voit que le logarithme d'une fraction proprement dite est négatif. Dans la pratique, on substitue aux logarithmes entièrement négatifs des logarithmes à caractéristique seule négative.

EXEMPLE I. — *Trouver le logarithme de* 0,00675. On a

$$0,00675 = \frac{6,75}{1000} :$$

d'où $\qquad$ *log.* 0,00675 = *log.* 6,75 — 3 ;

or, $\qquad$ *log.* 6,75 = 0,8293038,

donc $\qquad$ *log.* 0,00675 = 0,8293038 — 3,

ou mieux $\qquad$ *log.* 0,00675 = $\bar{3}$,8293038.

Il résulte de cet exemple que *la caractéristique négative du log. d'une fraction décimale contient un nombre d'unités égal au rang du 1er chiffre significatif après la virgule.*

EXEMPLE II. — *Trouver le log. de* $\dfrac{675}{6811}$.

On a

$$\frac{675}{6811} = \frac{67500}{6811 \times 100} :$$

d'où $\qquad$ $log. \dfrac{675}{6811} = log.\ 67500 - log.\ 6811 - log.\ 100,$

ou encore

$$log. \frac{675}{6811} = log.\ 67500 - log.\ 6811 - 2.$$

$$log.\ 67500 = 4,8293038$$
$$log.\ 6811 = 3,8332109$$
$$\overline{0,9960929}$$

donc $\qquad$ $log. \dfrac{675}{6811} = 0,9960929 - 2,$

ou mieux

$$log. \frac{675}{6811} = \bar{2},9960929.$$

On voit, d'après ces deux exemples, que *pour ramener le log. d'une fraction à avoir une caractéristique seule négative, il suffit de multiplier la fraction par une puissance de 10 assez élevée pour que le produit soit* > 1 *et* < 10. *On cherche ensuite le log. de ce produit, auquel on donne pour caractéristique négative un nombre d'unités marqué par le degré de la puissance de 10 qui a été employée.*

600. Remarque. — Tout ce qui vient d'être dit sur la recherche du log. d'un nombre peut se résumer en ces quelques lignes : Transformer (toutes les fois qu'on le peut, sans ajouter de zéros à sa droite) le nombre donné en un autre dont la caractéristique soit 3. Quand on a le log. du nombre ainsi changé, on diminue ou on augmente convenablement sa caractéristique, selon l'opération qu'a subie le nombre proposé.

601. Problème II. — *Trouver le nombre correspondant à un logarithme donné.*

Ce problème, qui est l'inverse du précédent, présente plusieurs cas à examiner :

1° *Le logarithme donné se trouve dans les tables.*

Lorsque le log. proposé se trouve dans les tables, le nombre qui lui correspond est à côté, dans la colonne intitulée *Nombre*.

On voit, par exemple, que le *log.* 3,8313578 appartient au nombre 6782.

2° *La partie décimale du log. n'est pas dans les tables.*

Soit à trouver le nombre qui correspond au log. 3,8294157. Si l'on cherche dans les tables, on voit que ce log. tombe entre ceux de 6751 et 6752. Le nombre demandé est, par conséquent, 6751 et une fraction. La différence qui existe entre le *log.* de 6751 et celui de 6752 est, comme l'indique la table, 0,0000643 ; celle qui existe entre le *log.* de 6751 et le proposé est 0,0000476.

Puisqu'en ajoutant 0,0000643 au log. de 6751, on obtient celui de 6752, il arrive qu'une augmentation de 0,0000643 donne l'unité ; quelle partie de l'unité donnera 0,0000476 ? Pour l'avoir, on posera cette proportion :

$$\frac{0{,}0000643}{1} = \frac{0{,}0000476}{x},$$

ou

$$\frac{643}{1} = \frac{476}{x} :$$

d'où

$$x = \frac{476}{643} = 0{,}740.$$

Le nombre demandé sera donc

$$6751{,}74.$$

Type du calcul.

Log. 3,8294157.

Log. 3,8293681   Nomb. 6751

pour   476   0,74

Nombre cherché   6751,74.

On voit, d'après cet exemple, que *pour trouver le nombre correspon-*

dant à un logarithme donné, on cherche dans la table, parmi les log.
ayant 3 pour caractéristique, celui dont la partie décimale approche le
plus, par défaut, de celle du log. donné. On divise la différence de ces
deux log. par la différence tabulaire, en s'arrêtant aux millièmes (606);
on ajoute ensuite le quotient au nombre correspondant trouvé dans la
table, puis on place la virgule de manière que le nombre contienne au-
tant de chiffres avant la virgule, plus un, qu'il y a d'unités dans la
caractéristique.

Soit encore à trouver le nombre auquel appartient le *log.* 1,8313034.

En cherchant avec sa caractéristique ce log. dans les tables, on voit
que le nombre auquel il correspond est 67, à une unité près. Mais si
on lui donne 3 pour caractéristique, il tombera entre les *log.* de 6781
et de 6782. Le nombre demandé est donc 67,81, à 0,01 près.

On opérerait comme on l'a dit plus haut pour obtenir d'autres chiffres décimaux.

Cet exemple fait comprendre que *pour avoir un nombre correspondant à un logarithme donné, il faut toujours prendre celui-ci avec la
plus haute caractéristique des tables. Les calculs sont plus exacts et
moins longs.*

3° *Le logarithme donné a plus de 3 pour caractéristique.*

On ramène dans ce cas le log. proposé à n'avoir que 3 pour caractéristique ; puis on opère comme précédemment ; seulement on multiplie le nombre que l'on obtient par 10, 100, etc., selon que l'on a
retranché 1, 2, etc. unités à la caractéristique du log. donné (595).

Soit le log. 5,8332746. Si l'on cherche ce log. dans les tables, avec
la caractéristique 3, on trouve à côté le nombre 6812. Le nombre demandé sera donc 100 fois plus grand ou 681200.

4° *Le logarithme a une caractéristique négative.*

On considère le logarithme donné comme ayant 3 unités positives
pour caractéristique, et quand on a le nombre auquel répond ce nouveau log., on le transforme en une fraction décimale, en ayant soin
de faire occuper au 1er chiffre significatif après la virgule un rang marqué par la caractéristique négative.

Si l'on a, par exemple, à trouver le nombre correspondant au
log. $\bar{4}$,8331471, on cherche dans les tables le *log.* 3,8331471, à côté
se trouve le nombre 6810 : on en conclut (599) que le nombre correspondant au log. $\bar{4}$,8331471 est 0,000681.

602. Remarque. — Tout ce qui vient d'être dit sur la recherche
du nombre auquel appartient un logarithme donné peut se résumer en
ces quelques mots : Transformer le logarithme donné en un autre dont
la caractéristique soit 3 unités positives, puis chercher le nombre auquel correspond ce logarithme ainsi modifié ; il sera toujours facile
ensuite, d'après l'opération qu'aura subie le *log.*, de trouver par quelle
quantité il faut multiplier ou diviser le nombre obtenu.

Disposition des Tables à 5 figures de M. Dupuis.

603. — Ces tables contiennent, comme il a déjà été dit, les logarithmes des nombres entiers de 1 à 10000. Les caractéristiques ont été omises, parce qu'il est facile de les trouver à l'inspection des nombres.

La 1re colonne à gauche, intitulée N, contient la suite naturelle des nombres depuis 100 jusqu'à 999. Pour faciliter les recherches, on n'a inscrit les 2 premiers chiffres de ces nombres que de 10 en 10.

La seconde colonne, marquée O, contient les 3 dernières décimales des log. de ces nombres. Pour avoir les 2 premières, il faut prendre les nombres isolés de 2 chiffres qui se trouvent à gauche dans la même colonne, et les plus proches en montant.

Lorsque le quotient de deux nombres est une puissance de 10, la partie décimale de leur log. est la même; ainsi l'ensemble des deux premières colonnes marquées N et O donne aussi les log. des nombres 2, 3, 4.... 9, et 11, 12, 13.... 99; car la caractéristique est la même que celle des logarithmes des nombres 200, 300, 400.... 900, et 110, 120, 130.... 990. L'ensemble de ces deux colonnes donne aussi, de dix en dix, l'ensemble des log. des nombres compris de 1000 à 10000. Pour trouver les log. des nombres intermédiaires, il faut avoir recours aux colonnes marquées 1, 2, 3.... 9. Elles contiennent les 3 dernières décimales des log. des nombres terminés par les chiffres qui sont en tête de ces colonnes. On a les deux premières de ces log. en prenant encore les nombres isolés de deux chiffres qui se trouvent à gauche, dans la colonne marquée O. les plus proches en montant, à moins que l'une des 3 dernières décimales, — c'est ordinairement la 1re des trois, — ne soit marquée d'une petite étoile : on doit prendre alors pour deux premiers chiffres ceux de la ligne immédiatement suivante.

La dernière colonne contient les différences des log. des nombres successifs. Comme les différences entre les nombres sont sensiblement proportionnelles aux différences des log., on y joint les parties proportionnelles de ces différences, pour 1, 2, 3.... 9 dixièmes, quand ces différences sont supérieures à 10. On n'a pas calculé d'avance les parties proportionnelles des différences plus petites que 10, parce qu'on peut les prendre très-aisément *à vue* (*).

N	O	1	2	3	4	5	6	7	8	9	DIFF.	
310	49 136	150	164	178	192	206	220	234	248	262	14	
1	276	290	304	318	332	346	360	374	388	402	1	1,4
2	415	429	443	457	471	485	.499	513	527	541	2	2,8
3	554	568	582	596	610	624	638	651	665	679	3	4,2
4	693	707	721	734	748	762	776	790	803	817	4	5,6
5	831	845	859	872	886	900	914	927	941	955	5	7,0
6	969	982	996	*010	*024	*037	*051	*065	*079	*092	6	8,4
7	50 106	120	133	147	161	174	188	202	215	229	7	9,8
8	243	256	270	284	297	311	325	338	352	365	8	11,2
9	379	393	406	420	433	447	461	474	488	501	9	12,6
320	515	529	542	556	569	583	596	610	623	637		
N	O	1	2	3	4	5	6	7	8	9		

(*) Table de M. J. Dupuis.

Usage des Tables de M. Dupuis.

604. Problème I. — *Trouver le logarithme d'un nombre donné.*

1° *Le nombre est entier et plus petit que* 10000.

Son log. est dans la table, il suffit de l'y chercher.

Exemples :

$$
\begin{aligned}
Log. \quad 310 &= 2,49136.\\
Log. \quad 3100 &= 3,49136.\\
Log. \quad 311 &= 2,49276.\\
Log. \quad 3101 &= 3,49150.\\
Log. \quad 3109 &= 3,49262.\\
Log. \quad 3160 &= 3,49969.\\
Log. \quad 3163 &= 3,50010.
\end{aligned}
$$

2° *Le nombre est quelconque.*

Exemples :

$$
\begin{aligned}
Log. \quad 3,12 &= 0,49415.\\
Log. \quad 3,156 &= 0,49914.\\
Log. \quad 0,031 &= \overline{2},49136.\\
Log. \quad 31513 &= log. \; 3151,3 + log. \; 10.\\
Log. \quad 3151 &= 3,49845.\\
Log. \quad 3152 &= 3,49859.
\end{aligned}
$$

La différence entre ces deux log. est 14, comme l'indique d'ailleurs la colonne intitulée *diff*. Il faudra donc ajouter au log. de 3151 le produit de 0,00003 par 0,00014 (598).

Or, $0,00003 \times 14 = 0,000042.$

C'est cette différence (4,2) qui est calculée dans la table qui se trouve à droite du chiffre 3.

Type du calcul.

Nombre : 31513.

$$
\begin{aligned}
Log. \; 3151 &= 3,49845\\
\text{pour} \qquad 0,3 &= \qquad\qquad 4\\
\hline
& \; 3,49849
\end{aligned}
$$

Donc, *log*. 31513 = 4,49849.

Trouver le logarithme de la fraction $\dfrac{31}{3178}$.

$$
Log. \; \frac{31}{3178} = (log. \; 31000 - log. \; 3178) - 3.
$$

$$
\begin{aligned}
Log. \; 31000 &= 4,49136\\
Log. \quad 3178 &= 3,50215\\
\hline
& \; 0,98921
\end{aligned}
$$

donc *log*. $\dfrac{31}{3178} = 3,98921.$

605. Problème II. — *Trouver le nombre qui correspond à un logarithme donné.*

1° *Le logarithme se trouve dans les tables.*

Soit, par exemple, à trouver le nombre qui correspond au log. 2,50420. On cherche 50 parmi les nombres isolés de la colonne marquée 0, puis on descend cette colonne jusqu'à 379, qui approche le plus, en moins, de 420, et on suit de gauche à droite la ligne qui commence par 379 jusqu'à la colonne qui contient 420. Le chiffre 3, qui est en haut et en bas de cette colonne, est le 4e chiffre du nombre cherché.

On trouve les 3 premiers, 319, dans la colonne marquée N, sur la même ligne que 420. La caractéristique du log. donné étant 2, le nombre cherché est, par conséquent, 319,3.

2° Le logarithme ne se trouve pas dans la table.

Soit le log. $\overline{2}$,49825. On cherche, comme dans le 1er cas, le log. qui en approche le plus, en moins : on trouve, abstraction faite de la caractéristique, 0,49817, qui correspond au nombre 3149. On retranche le log. 0,49817 du log. donné et du log. suivant de la table, et on obtient les différences 8 et 14.

Pour calculer la partie décimale qui correspond à 8, si l'on procède comme au n° 601, 2°; c'est-à-dire si l'on divise 8 par 14, on trouve 0,57. La petite table qui se trouve dans la colonne *diff.* dispense de faire la division de 8 par 14. On cherche 8, ou le nombre qui en approche le plus, en moins, dans la petite table placée au-dessous de 14; on y trouve 7, qui correspond à 0,5 qu'on doit déjà ajouter au nombre, et il reste 1. On multiplie 1 par 10. Pour 10 (9, 8), il faudrait, à très-peu près, ajouter 0,7 au nombre; donc, pour 1, il faut y ajouter 10 fois moins, ou 0,07. Le nombre cherché est donc composé des chiffres significatifs 314957. En tenant compte de la caractéristique, ce nombre est 0,0314957. On peut disposer ainsi le calcul :

Log. $\overline{2}$,49825.

Pour	0,49817,	nombre	3149.
Différence	8 :	Pour 7	0,5.
		Pour 1	0,07.
Nombre cherché			0,0314957.

606. Remarque I. — Les tables à 5 décimales ne permettent guère de compter que sur l'exactitude des 5 premiers chiffres d'un nombre; en voici le motif :

La plus petite différence tabulaire étant 0,00004, si l'on néglige cette quantité, le nombre qui correspondra au logarithme diminué de 0,00004 sera trop faible d'une unité; mais si, au lieu de 0,00004, on néglige le $\frac{1}{4}$ ou 0,00001, le nombre sera trop petit du $\frac{1}{4}$ de 1, ou de 0,25; enfin, dans le cas où l'on négligera seulement moitié de 0,00001, ou 0,000005, le nombre correspondant sera trop faible de moitié de 0,25 ou de 0,125. Ainsi, 0,000005 de différence entre deux log. peut en occasionner une de 0,125 entre les nombres correspondants.

Or, dans les tables à 5 décimales, il arrive assez souvent qu'on augmente ou qu'on diminue un log. d'une quantité presque égale à 0,000005 (*); alors, selon le cas, il arrive que le chiffre des dixièmes est trop grand ou trop petit, et, par conséquent, n'est pas exact : à plus forte raison, le chiffre des centièmes; cependant, lorsque la différence tabulaire est considérable, on peut assez souvent compter sur ces deux chiffres.

On verrait de même que pour les tables à 7 figures, on ne peut non plus compter que sur l'exactitude des 7 premiers chiffres.

607. Remarque II. — Bien qu'en faisant des calculs par les logarithmes, on ne puisse compter que sur les plus hautes unités d'un nombre, leur utilité n'en est pas moins incontestable, parce que, dans les usages ordinaires de la vie, on emploie rarement des nombres considérables, et que, dans le cas où ils sont tels, comme en astronomie, on n'a besoin que de connaître leurs plus hautes unités.

(*) Le log. de 9071 est 3,9576517 dans les grandes tables, et 3,95766 dans les petites; il est donc augmenté, dans celles-ci, de 0,00000483. Il arrive, par suite de cette augmentation, que 3,95766 est à très-peu de chose près le log. de 9071,1 et non de 9071, comme il est indiqué dans les tables.

CHAPITRE II

CALCULS A L'AIDE DES LOGARITHMES

608. Multiplication. — 1° *Trouver le produit de* 31194 *par* 3,1416 (tables à 5 décimales).

En appelant x le produit, on a
$$x = 31194 \times 3,1416 :$$
d'où (588) $log.\ x = log.\ 31194 + log.\ 3,1416.$
$$log.\ 31194 = 4,49408$$
$$log.\ 3,1416 = \underline{0,49715}$$
$$log.\ x = \overline{4,99123}$$

En cherchant à quel nombre appartient ce log., on trouve 98000 : d'où $x = 98000$.

2° *Calculer le produit de* 54,35 *par* 0,027.

On multiplie le second facteur par 100, afin de le rendre plus grand que l'unité, et l'on a
$$x = 54,35 \times 0,027 = \frac{54,35 \times 2,7}{100}$$
$$log.\ 54,35 = 1,73520$$
$$log.\ 2,7 = \underline{0,43136}$$
$$log.\ x = \overline{0,16656}$$
$$x = 1,4674.$$

En faisant la somme des log., on trouve 2 pour caractéristique; mais comme il faut retrancher 2, il reste 0 pour la partie entière du logarithme.

3° *Calculer le produit de* 0,03262 *par* 0,0056.

On multiplie le 1er facteur par 100, et le second par 1000, afin de les rendre l'un et l'autre plus grands que l'unité, et l'on a
$$x = 0,03262 \times 0,0056 = \frac{3,262 \times 5,6}{100 \times 1000}$$
$$log.\ 3,262 = 0,51348$$
$$log.\ 5,6 = \underline{0,74819}$$
$$\overline{1},26167$$
$$x = 0,00018267.$$

En faisant la somme des log., on trouve 1 pour caractéristique; mais comme il faut retrancher 5, on a la caractéristique $\overline{4}$. Le 1er chiffre significatif du nombre cherché doit donc occuper le 4e rang après la virgule (599).

609. Division. — 1° *Trouver le quotient de 8,704 par 0,034.*

En appelant x le quotient, on a

$$x = \frac{8,704}{0,034} = \frac{8704}{34}$$

$$log. \; x = log. \; 8704 - log. \; 34.$$

$$log. \; 8704 = 3,93972$$
$$log. \; 34 = 1,53143$$
$$\overline{log. \; x = 2,40829}$$

Ce *log.* appartient au nombre 256.

2° *Diviser 45,657 par 0,8425.*

On a

$$x = \frac{45,657}{0,8425} = \frac{45657}{842,5}$$

$$log. \; x = log. \; 45657 - log. \; \mathbf{842,5}.$$

$$log. \; 45657 = 4,65951$$
$$log. \; 842,5 = 2,92534$$
$$\overline{log. \; x = 1,73417}$$
$$x = 54,1925$$

3° *Diviser 0,00054828 par 0,06497.*

Il suffit de ramener par des transformations le dividende à être plus grand que le diviseur.

$$x = \frac{0,00054828}{0,06497} = \frac{54,828}{6497} = \frac{54828}{6497 \times 1000}$$

$$log. \; 54828 = 4,73900$$
$$log. \; 6497 = 3,84271$$
$$\overline{log. \; x = \overline{3},92629}$$
$$x = 0,008438.$$

610. Puissances. — 1° *Elever à la 24e puissance le nombre 2* (tables à 7 décimales).

$$x = 2^{24}$$
$$log. \; x = 24 \; log. \; 2$$
$$log. \; 2 = 0,3010300$$
$$log. \; x = 0,3010300 \times 24 = 7,2247200$$
$$x = 16772730.$$

2° *Elever à la 4e puissance le nombre 0,34.*

On multiplie le nombre donné par 10, afin de le rendre plus grand que 1, et l'on a

$$x = 0{,}34^4 = \left(\frac{3{,}4}{10}\right)^4 = \frac{\overline{3{,}4}^4}{10000}$$

$$log.\ 3{,}4 = 0{,}5314789$$
$$4\ log.\ 3{,}4 = 2{,}1259156$$
$$log.\ x = \overline{2}{,}1259156$$
$$x = 0{,}01336337.$$

En multipliant par 4 le log. de 3,4, on trouve 2 à la caractéristique; mais comme on doit retrancher 4, on a la caractéristique $\overline{2}$.

3° *Elever à la 7° puissance la fraction* $\frac{3}{11}$.

On a

$$x = \left(\frac{3}{11}\right)^7 = \left(\frac{30}{11 \times 10}\right)^7 = \left(\frac{30}{11}\right)^7 \times \frac{1}{10^7},$$

$$log.\ 30 = 1{,}4771213$$
$$log.\ 11 = 1{,}0413927$$
$$\overline{0{,}4357286}$$
$$7 \times (log.\ 30 - log.\ 11) = 3{,}0501002$$
$$log.\ x = \overline{4}{,}0501002$$
$$x = 0{,}0001122277.$$

611. Racines. — 1° *Extraire la racine cubique de* 2.

$$x = \sqrt[3]{2}:$$

d'où (591) $log.\ x = \dfrac{log.\ 2}{3} = \dfrac{0{,}30103}{3} = 0{,}1003433$

$$x = 1{,}259921.$$

2° *Extraire la racine carrée de* 0,04548.

On rendra cette fraction plus grande que 1. La puissance de 10 employée devra être un carré parfait.

On aura donc

$$x = \sqrt{\frac{4{,}548}{10^2}} = \frac{\sqrt{4{,}548}}{10}:$$

d'où $log.\ x = \dfrac{log.\ 4{,}548}{2} - log.\ 10.$

$$log.\ x = \frac{0{,}6578205}{2} - 1$$

$$log.\ x = \overline{1}{,}3289102$$
$$x = 0{,}21326.$$

En divisant par 2 le log. de 4,548, on trouve 0 pour caractéristique; mais comme on doit retrancher 1, on a la caractéristique négative $\overline{1}$.

3° *Extraire la racine* 5° *de* 0,0094567.

En suivant la même marche que dans l'exemple précédent, on a.

$$x = \sqrt[5]{0,0094567} = \sqrt[5]{\frac{945,67}{10^5}}$$

$$x = \frac{\sqrt[5]{945,67}}{10}$$

$$log.\ x = \frac{log.\ 945,67}{5} - log.\ 10$$

$$log.\ x = \frac{2,9757396}{5} - 1$$

$$log.\ x = \overline{1},5951479$$

$$x = 0,393684.$$

4° *Extraire la racine cubique de la fraction* $\frac{7}{15}$.

On a, comme dans les exemples précédents :

$$x = \sqrt[3]{\frac{7}{15}} = \sqrt[3]{\frac{7000}{15 \times 10^3}} = \frac{1}{10} \times \sqrt[3]{\frac{7000}{15}}$$

$$log.\ x = \frac{1}{3}(log.\ 7000 - log.\ 15) - log.\ 10$$

$$log.\ 7000 = 3,8450980$$
$$log.\ 15 = 1,1760913$$
$$\overline{\qquad 2,6690067}$$

$$\frac{1}{3}(log.\ 7000 - log.\ 15) = 0,8896689$$

$$log.\ x = \overline{1},8896689$$
$$x = 0,7756555.$$

USAGES DES COMPLÉMENTS ARITHMÉTIQUES

012. — On appelle *complément arithmétique* d'un logarithme le reste obtenu en retranchant ce log. de 10.

Ainsi, C^t log. 345 se lit complément logarithme 345.

$$C^t\ log.\ 345 = 10 - log.\ 345 = 10 - 2,5378191$$

Mais
$$10 = 9,999999\ (^{10})$$
$$2,5378191$$

$$C^t\ log.\ 345 = \overline{7,4621809}$$

De cet exemple on peut déduire cette règle :

613. Règle. — *Pour avoir le complément arithmétique d'un loga-rithme, on retranche tous ses chiffres de 9, à l'exception du dernier chiffre significatif à droite qu'on retranche de* 10.

614. — L'usage des compléments arithmétiques permet de rempla-cer des opérations par d'autres en moins grand nombre.

Soit, par exemple, à calculer

$$x = \frac{45,67 \times 3,45 \times 9}{1,45 \times 79}.$$

On a, par la méthode ordinaire,

$$log.\ x = log.\ 45,67 + log.\ 3,45 + log.\ 9 - log.\ 1,45 - log.\ 79$$

$$log.\ 45,67 = 1,6596310$$
$$log.\ 3,45 = 0,5378191$$
$$log.\ 9 = 0,9542425$$
$$\overline{3,1516926}$$

$$\left.\begin{array}{l} log.\ 1,45 = 0,1613680 \\ log.\ 79 = 1,8976271 \end{array}\right\} = 2,0589951$$

$$\overline{1,0926975}$$

$$log.\ x = 1,0926975 \qquad x = 12,37934.$$

Par l'emploi des compléments arithmétiques, on a :

$$log.\ 45,67 = 1,6596310$$
$$log.\ 3,45 = 0,5378191$$
$$log.\ 9 = 0,9542425$$
$$C^t\ log.\ 1,45 = 9,8386320$$
$$C^t\ log.\ 79 = 8,1023729$$
$$log.\ x = \overline{21,0926975} - 20$$
$$log.\ x = 1,0926975,$$

résultat trouvé plus haut.

On peut voir, par ce seul calcul, l'avantage de l'emploi des complé-ments arithmétiques; car on a remplacé deux additions et une sous-traction par une seule addition. Il est tellement facile de trouver le complément arithmétique d'un logarithme, qu'on ne considère pas cette recherche comme une opération.

EXERCICES

Trouver les logarithmes des nombres :

560. 45; 651; 3026.

561. 5829; 5089; 7850.

562. 9681; 17628; 82145.

563. 254630; 392841.

564. 51642345; 82651962.

565. 41,5; 62,35; 544,32.

566. 8936,45; 75892,04.

567. 5,06418; 2,134567.

568. 0,6829; 0,12345.

569. 0,00534; 0,0008364.

Evaluer, au moyen des logarithmes, les expressions suivantes :

570. 654×821; 6742×8936.

571. $364,21 \times 6,35$; $4564,8 \times 5,642$.

572. $0,6456 \times 0,5456732 \times 0,004523$.

573. $\dfrac{654,12 \times 6,563}{9,051}$; $\dfrac{57,456 \times 0,65134}{0,0068}$

574. $\dfrac{654}{1228}$; $\dfrac{6541 \times 2}{8936 \times 0,45}$.

575. $68^8 \times 2^3$; 6745^3.

576. $\left(\dfrac{1}{8}\right)^5$; $\left(\dfrac{2}{9}\right)^7$.

577. $\overline{1,05}^{30}$; $\overline{0,6401}^7$.

578. $\sqrt{654875}$; $\sqrt{48,9656}$.

579. $\sqrt[7]{5}$; $\sqrt[15]{6732 \times 0,42}$.

580. $\sqrt[8]{\dfrac{1}{3}}$; $\sqrt[30]{0,0004589}$.

581. $\dfrac{\overline{0,6458}^6}{6,942}$; $\dfrac{\overline{0,05589}}{0,415}$.

582. $\dfrac{\sqrt[5]{673 \times 0,45}}{\overline{0,00852}^3}$; $\dfrac{\sqrt[3]{0,05467 \times 12}}{\overline{0,06458}^6}$.

583. $\dfrac{\sqrt[3]{8496}}{\sqrt[5]{6708}}$; $\dfrac{\sqrt[8]{0,5678}}{\sqrt{0,0561}}$.

584. $\dfrac{5\sqrt{6,748}}{8\sqrt[3]{56,7923}}$; $\dfrac{5,3632 \times \sqrt{8,9234}}{0,738}$.

585. $\dfrac{\sqrt[3]{8,6734} + \sqrt{567,485}}{\sqrt{9,5448}}$; $\dfrac{4\sqrt[3]{573,892} - 3\sqrt[5]{678,92}}{45\sqrt{63456} - 3\sqrt[3]{6,789}}$.

Trouver les nombres correspondants aux logarithmes :

586. 1,2552725; 2,2988531.

587. 3,6415733; 0,6500160.

588. 1,4583912; 2,6728341.

589. 4,6480671; 5,6510841.

590. 6,3210645; 7,8310942.

591. $\overline{1}$,6610551; $\overline{2}$,0051234.

592. $\overline{3}$,3286942; $\overline{4}$,9543521.

593. 0,0095674; 0,0008756.

594. De log. 1,5345672 retrancher log. $\overline{2}$,3574132.

595. Trouver le quotient de log. $\overline{1}$,8361130 par log. $\overline{1}$,9945371.

596. Trouver les c^{ts} arithmétiques des log. 4,5253456 et 0,6421651.

597. Trouver les c^{ts} arithmétiques des log. 0,0967300 et $\overline{2}$,0456785.

598. Calculer, à l'aide des logarithmes et sous forme de fraction décimale, la racine quatrième de $\dfrac{128}{9657}$.

599. Calculer, à l'aide des logarithmes et sous forme de fraction décimale, la racine cubique de $\dfrac{23}{75586}$.

600. On propose de calculer par logarithmes l'inconnue x donnée par la formule suivante :
$$x = \dfrac{31,071 \times 21,372 \times 7,259}{0,515 \times 0,719 \times 0,021}.$$

601. Quelle est la raison d'une progression géométrique composée de 11 termes dont le 1er est 3 et le dernier 164?

602. Une terre qui produisait en moyenne un bénéfice net de 840 fr. a donné pendant les 10 années suivantes, par suite d'amélioration régulièrement répétées, une augmentation de revenu égal à $\dfrac{1}{40}$ de celui de l'année précédente. Combien a-t-on gagné d'avoir fait ces améliorations?

603. Une terre nouvellement défrichée a produit la 1re année un bénéfice net de 1200 fr. Comme la position du terrain ne permettait pas d'y conduire de l'engrais, la production des années suivante a été décroissante ; chaque année n'a produit que les $\frac{5}{6}$ de l'année précédente. On demande ce que la terre rapportait encore après 8 ans.

604. Un terrain ensemencé en luzerne donne une récolte qui augmente de $\frac{1}{5}$ jusqu'à la 4ᵉ année. La 5ᵉ, la 6ᵉ et la 7ᵉ sont semblables à la 4ᵉ ; la 8ᵉ la récolte n'est que les $\frac{4}{5}$ de l'année précédente ; la 9ᵉ, la 10, la 11ᵉ et la 12ᵉ ont suivi cette progression décroissante. On demande la quantité de fourrage sec qui a été récoltée pendant ces 12 années, sachant que la 1ʳᵉ année a donné 70 000ᵏᵍ.

605. Une ville dont l'état sanitaire laisse trop à désirer est abandonnée petit à petit par ses habitants ; tous les ans la population diminue de $\frac{1}{80}$. Si actuellement cette ville renferme 60 000 habitants, à combien sera réduite sa population au bout de 30 ans ?

606. Une ville trop sujette aux inondations a été successivement abandonnée par ses habitants ; tous les ans la population diminue d'environ $\frac{1}{80}$. Aujourd'hui cette ville n'a plus que 41 140 habitants. Quelle devait être sa population il y a 30 ans ?

607. Les habitants d'une ville manufacturière l'abandonnent petit à petit pour aller se fixer ailleurs, de sorte que sa population diminue tous les ans de $\frac{1}{80}$; en supposant que cet abandon continue dans la même progression, au bout de combien de temps la ville n'aura-t-elle plus que 41 140 habitants, sa population étant aujourd'hui de 60 000 habitants ?

608. La population d'un État était de 30 millions d'habitants il y a 30 ans ; chaque année, cette population s'est accrue d'une même fraction, et aujourd'hui elle se trouve être de 33 149 520 habitants ; de quelle fraction la population s'est-elle accrue annuellement.

609. Un domestique infidèle avoue avoir tiré, à 60 fois différentes environ, un litre de vin dans un tonneau de 230ˡ et avoir, à chaque fois, remplacé le litre de liquide qu'il tirait par un litre d'eau. On demande dans quel rapport le vin et l'eau se trouvent mélangés dans le tonneau.

CHAPITRE III

EMPLOI DES LOGARITHMES A DIVERSES QUESTIONS USUELLES

INTÉRÊTS COMPOSÉS

615. En prêtant une somme, on reçoit chaque année les intérêts de cette somme, ou comme il a été dit plus haut, on ajoute les intérêts au capital placé, de sorte qu'il s'accroît chaque année.

On dit alors qu'on capitalise les intérêts, ou que l'on prête à intérêts composés.

On sait que le *taux* de l'intérêt est la somme que rapporte 100 fr dans un an; mais dans le calcul des intérêts composés, on prend pour plus de facilité l'intérêt de *un* franc pour taux.

En désignant par r ce taux, on aura $r = 0,05$, $r = 0,045$, selon qu'on prête à 5 ou $4\frac{1}{2}$ 0/0.

Augmenté de son intérêt *un* franc vaudra $1 + r$ au bout d'une année, et une somme 150 fois plus grande, par exemple, vaudra $150(1 + r)$; et en général une somme a vaudra à la fin de la 1re année, capital et intérêts, $a(1 + r)$; mais le capital $a(1 + r)$ rapportera intérêt pendant la 2e année, par conséquent deviendra, capital et intérêts,

$$a(1 + r)(1 + r) = a(1 + r)^2.$$

Au commencement de la 3e année, on aura le capital $a(1 + r)^2$, et à la fin on aura, capital et intérêts,

$$a(1 + r)^2(1 + r) = a(1 + r)^3.$$

En continuant ainsi, un capital a deviendra après n années $a(1 + r)^n$.

On voit que, pour obtenir la valeur d'un capital placé à intérêts composés, il faut multiplier ce capital par la valeur de *un* franc au bout d'un an, élevée à une puissance marquée par le nombre des années.

Si l'on désigne par A la valeur qu'atteindra, après n années, le capital a placé à intérêts composés, on aura

$$A = a(1 + r)^n. \qquad (1)$$

Connaissant trois des quatre quantités A, a, r, n, on pourra toujours déterminer la 4e.

616. 1° *Calculer A.*

On a

$$\log. A = \log. a + n \log. (1 + r).$$

EXEMPLE. — *Calculer la valeur, après 8 ans, du capital* 1550 *fr. placé à intérêts composés à* 5 0/0.

$$\log. 1550 = 3,1903317$$
$$\log. 1,05 = 0,0211893$$
$$8 \log. 1,05 = 0,1695144$$
$$\log. A \;\; = 3,3598461$$
$$A \;\; = 2290^f,05.$$

Remarque. — Il est évident qu'on peut encore trouver A en procédant comme au numéro 426, *Rem. II.*

617. — *Trouver a.*

De l'égalité (1), on tire

$$a = \frac{A}{(1 + r)^n};$$

d'où $\qquad \log. a = \log. A - n \log. (1 + r).$

EXEMPLE. — *Trouver le capital qui, placé à intérêts composés à* $4^f,50$
$0/0$, *vaut* 6800 *fr. après* 9 *ans.*

$$log.\ 6800 = 3,8325089$$
$$log.\ 1,045 = 0,0191163$$
$$9\ log.\ 1,045 = \overline{0,1720467}$$
$$log.\ a = \overline{3,6604622}$$
$$a = 4575^f,75.$$

618. — *Déterminer* r.

La formule (1) donne

$$(1 + r)^n = \frac{A}{a} :$$

d'où
$$n\ log.\ (1 + r) = log.\ A - log.\ a$$
$$log.\ (1 + r) = \frac{log.\ A - log.\ a}{n}.$$

Connaissant $1 + r$, il est facile d'avoir r.

EXEMPLE. — *A quel taux faut-il placer le capital* $4575^f,75$ *pour qu'il
devienne* 6800 *fr. après* 9 *ans?*

$$log.\ 6800 = 3,8325089$$
$$log.\ 4575,75 = 3,6604622$$
$$log.\ A - log.\ a = \overline{0,1720467}$$
$$log.\ (1 + r) = 0,0191163$$
$$1 + r = 1,045$$
$$r = 0,045.$$

Le taux demandé est $4^f,50$.

619. — *Chercher* n.

L'inconnue étant en exposant, l'emploi des logarithmes devient indispensable. D'ailleurs de la formule (1) on tire

$$log.\ A = log.\ a + n\ log.\ (1 + r)$$
$$log.\ A - log.\ a = n\ log.\ (1 + r)$$
$$n = \frac{log.\ A - log.\ a}{log.\ (1 + r)}.$$

EXEMPLE. — *Au bout de combien d'années le capital* 1550 *fr., placé à*
5 0/0 *à intérêts composés, est-il devenu* $2290^f,05$?

$$log.\ 2290,05 = 3,3598461$$
$$log.\ 1550 = 3,1903317$$
$$log.\ A - log.\ a = \overline{0,1695144}$$
$$log.\ 1,05 = 0,0211893$$
$$log.\ n = 0,9030899$$
$$n = 8.$$

620. Remarque. — Dans le cas où n n'est pas un nombre exact
d'années, on calcule d'abord, à l'aide de la formule des intérêts composés, la valeur du capital après le nombre entier d'années; puis on calcule les intérêts simples de ce nouveau capital pour la fraction d'année,

et on additionne les deux résultats ; ou encore, ce qui est plus simple, on remplace dans la formule générale n par $\dfrac{n}{12}$, ou $\dfrac{n}{360}$: on trouve alors une petite différence qu'on peut négliger.

EXEMPLE. — *Calculer ce que devient le capital 1550 fr. placé à intérêts composés à 5 0/0 pendant 8 ans 7 mois.*

Après 8 ans le capital devient 2290^f,05. Ce nouveau capital rapporte en 7 mois 66^f,80 ; donc après huit ans 7 mois, le capital devient 2356^f,85.

Si l'on donne à n la valeur fractionnaire $\dfrac{103}{12}$, on a

$$log.\ 1550 = 3{,}1903317$$
$$log.\ 1{,}05 = 0{,}0211893$$
$$\frac{103}{12}\ log.\ 1{,}05 = 0{,}1818748$$
$$log.\ A = \overline{3{,}3722065}$$
$$A = \quad 2356^f{,}17$$

La 1re méthode a donné $A = \quad 2356^f{,}85$

La différence entre ces deux résultats est sans importance.

ANNUITÉS — AMORTISSEMENT

621. — On appelle *annuités* des payements égaux et annuels qu'on est convenu de faire pour *amortir* ou éteindre une dette.

622. Problème. — *Une personne qui a emprunté une somme A, à intérêts composés, au taux r pour 1 fr., veut se libérer en n années au moyen de n payements égaux : quel doit être le montant a de chaque annuité ?*

La somme A vaudra (615), après n années, $A\,(1 + r)^n$: telle est la somme à rembourser au capitaliste. Le montant de toutes les annuités avec leurs intérêts doit égaler cette somme. Or, le débiteur, un an après l'emprunt, verse l'annuité a ; elle portera, par conséquent, intérêts entre les mains du capitaliste pendant $n-1$ années et deviendra

$$a\,(1 + r)^{n-1}$$

La 2e annuité vaudra $a\,(1 + r)^{n-2}$

La 3e — $a\,(1 + r)^{n-3}$

La 4e — $a\,(1 + r)^{n-4}$

. . . .

l'avant-dernière $a\,(1 + r)$

Enfin, la dernière annuité versée à la fin de n années ne vaudra que. . . . . a.

Les quantités

$$a,\ a\,(1 + r),\ a\,(1 + r)^2 \ldots, a\,(1 + r)^{n-3},\ a\,(1 + r)^{n-2},\ a\,(1 + r)^{n-1}$$

forment une progression géométrique dont le premier terme est a, le dernier $a\,(1 + r)^{n-1}$, et la raison $1 + r$.

La somme des termes de cette progression sera (581)

$$\frac{a\,(1+r)^{n-1} \times (1+r) - a}{r} = \frac{a\,(1+r)^{n} - a}{r};$$

mais $\dfrac{a\,(1+r)^{n} - a}{r}$ devant égaler $A\,(1+r)^{n}$, on a par conséquent :

$$A\,(1+r)^{n} = \frac{a\,(1+r)^{n} - a}{r} = \frac{a\,[(1+r)^{n} - 1]}{r}:$$

d'où on tire
$$a = \frac{A\,r\,(1+r)^{n}}{(1+r)^{n} - 1} \qquad (1).$$

On pourra, dans cette formule, déterminer l'une quelconque des quatre quantités A, a, n, r, connaissant les trois autres ; cependant il est difficile de déterminer r, parce que cette quantité dépend d'une équation du degré n. Pour éviter cette équation, on emploie, comme nous le faisons plus loin, la méthode des approximations successives.

623. — Table donnant la valeur d'une annuité de 1 franc versée à la fin de chaque année.

ANNÉE	TAUX DE L'INTÉRÊT			
n.	3 1/2	4	4 1/2	5
	fr	fr	fr	fr
1	1,000 000	1,000 000	1,000 000	1,000 000
2	2,035 000	2,040 000	2,045 000	2,050 000
3	3,106 225	3,121 600	3,137 025	3,152 500
4	4,214 943	4,246 464	4,278 191	4,310 125
5	5,362 466	5,416 323	5,470 710	5,525 631
6	6,550 152	6,632 975	6,716 892	6,801 913
7	7,779 408	7,898 294	8,019 152	8,142 008
8	9,051 687	9,214 226	9,380 014	9,549 109
9	10,368 496	10,582 795	10,802 114	11,026 564
10	11,731 393	12,006 107	12,288 209	12,577 893
11	13,141 992	13,486 351	13,841 179	14,206 787
12	14,601 962	15,025 805	15,464 032	15,917 127
13	16,113 030	16,626 838	17,159 913	17,712 983
14	17,676 986	18,291 911	18,932 109	19,598 632
15	19,295 681	20,023 588	20,784 054	21,578 564
16	20,971 030	21,824 531	22,719 337	23,657 492
17	22,705 016	23,697 512	24,741 707	25,840 366
18	24,499 691	25,645 413	26,855 084	28,132 385
19	26,357 180	27,671 229	29,063 562	30,539 004
20	28,279 682	29,778 079	31,371 423	33,065 954
21	30,269 471	31,969 202	33,783 137	35,719 252
22	32,328 902	34,247 970	36,303 378	38,505 214
23	34,460 414	36,617 889	38,937 030	41,430 475
24	36,666 528	39,082 604	41,689 196	44,501 999
25	38,949 857	41,645 908	44,565 210	47,727 099
26	41,313 102	44,311 745	47,570 645	51,113 454
27	43,759 060	47,084 214	50,711 324	54,669 126
28	46,290 627	49,967 583	53,993 333	58,402 583
29	48,910 799	52,966 286	57,423 033	62,322 712
30	51,622 677	56,084 938	61,007 070	66,438 848

624. Problème I. — Calcul de a. — *Une personne emprunte à $4^f,50$ 0/0 et à intérêt composé une somme de 20000 fr. : quelle annuité devra-t-elle donner pour éteindre cette dette en 16 ans?*

Si l'on fait usage de la formule (1), on a

$$A = 20000, r = 0,045, n = 16:$$

donc

$$a = \frac{20000 \times 0,045 \times (1,045)^{16}}{(1,045)^{16} - 1}$$

$$log. 1,045 = 0,01912$$
$$16 \, log. 1,045 = 0,30592.$$

Ce *log.* correspond à 2,0227 : donc

$$(1,045)^{16} = 2,0227$$

et

$$(1,045)^{16} - 1 = 1,0227.$$

Il vient par conséquent

$$a = \frac{20000 \times 0,045 \times 2,0227}{1,0227} = 1779,90.$$

Ainsi, il faudra donner à la fin de chaque année une somme de 1779^f,90 pour éteindre en 16 ans une dette de 20000 fr.

Autre solution. Il est facile d'arriver au même résultat sans recourir aux logarithmes.

La personne devrait au bout de 16 ans (615) une somme égale à $20000 \times 1,045^{16} = 20000 \times 2,02237 = 40447,40$ (table du n° 426). D'autre part, la table du n° précédent montre qu'en versant une somme de 1 fr. à la fin de chaque année (4,5 0/0) on peut amortir une dette de 22^f,719337. Il est évident que pour amortir la somme de 40447^f,40 on aura à verser autant de francs à la fin de chaque année que 22^f,719337 seront contenus de fois dans cette somme. En effectuant cette division on trouve à peu près le même résultat.

625. Problème II. — Calcul de A. — *Quelle dette éteindra-t-on en payant à la fin de chaque année, pendant 16 ans, une somme de 1779^f,90, l'intérêt étant $4^f,50$ 0/0?*

De la formule $a = \dfrac{A \, r \, (1 + r)^n}{(1 + r)^u - 1}$, on tire la valeur de A :

On a d'abord $a \, [(1 + r)^n - 1] = A \, r \, (1 + r)^n$,

puis

$$A = \frac{a \, [(1 + r)^n - 1]}{r \, (1 + r)^n}.$$

Données : $a = 1779,90; n = 16, r = 0,045$:

$$log. 1,045 = 0,01912$$
$$16 \, log. 1,045 = 0,30592$$

Ce *log.* correspond au nombre 2,0227 :

donc

$$(1,045)^{16} = 2,0227$$

et

$$(1,045)^{16} - 1 = 1,0227.$$

On a par conséquent

$$A = \frac{1779,90 \times 1,0227}{0,045 \times 2,0227} = 20000.$$

626. Problème III. — CALCUL DE *n*. — *Pendant combien d'années devra-t-on payer* 1779f,90 *pour éteindre une dette de* 20000 *fr.*, *l'intérêt étant* 4f,50 0/0?

On tire la valeur de *n* de la formule

$$a = \frac{A\,r\,(1+r)^n}{(1+r)^n - 1}.$$

On a d'abord

$$a\,(1+r)^n - a = A\,r\,(1+r)^n;$$

puis

$$a\,(1+r)^n - A\,r\,(1+r)^n = a.$$

Mettant $(1+r)^n$ en facteur commun, il vient

$$(1+r)^n\,(a - Ar) = a.$$

Traitant cette formule par logarithmes, on a

$$n\,log.\,(1+r) + log.\,(a - A\,r) = log.\,a$$
$$n\,log.\,(1+r) = log.\,a - log.\,(a - A\,r):$$

d'où l'on déduit

$$n = \frac{log.\,a - log.\,(a - A\,r)}{log.\,(1+r).}$$

Données $A = 20000$, $a = 1779,90$, $r = 0,045$

$$log.\,1779,90 = 3,25041$$
$$log.\,(a - A\,r)\ \text{ou}\ log.\,879,90 = \underline{2,94443}$$
$$\text{différence}\qquad 0,30598$$
$$log.\,1,045 = 0,01912$$
$$n = \frac{0,30598}{0,01912} = 16.$$

627. Problème IV. — CALCUL DE *r*. — *Une personne a emprunté* 20000 *fr. qu'elle a remboursés en* 16 *annuités de chacune* 1779f,90. *On demande le taux d'intérêt.*

L'égalité

$$n\,log.\,(1+r) + log.\,(a - A\,r) = log.\,a \qquad (1)$$

trouvée (426) donne

$$log.\,a - log.\,(a - A\,r) = n\,log.\,(1+r) \qquad (2)$$

Si dans cette égalité on remplace les quantités connues par leurs valeurs respectives, il vient :

$$log. \ 1779{,}90 - log. \ (1779{,}90 - 20000 \times r) = 16 \ log. \ (1 + r). \quad (3)$$

Si l'on donne à r une valeur quelconque; par exemple, si l'on fait $r = 0{,}05$, et qu'on substitue cette valeur dans l'égalité précédente, les deux membres sont :

$$log. \ 1779{,}90 - log. \ (1779{,}90 - 20000 \times 0{,}05) = 0{,}35836$$

et
$$16 \ log. \ 1{,}05 = 0{,}33904.$$

Le premier membre de l'égalité se trouve plus grand que le second. Or, il est facile de voir que le premier membre diminuera d'autant plus qu'on fera r plus petit. Si l'on pose $r = 0{,}04$, et qu'on substitue cette valeur dans l'égalité (3), les deux membres sont :

$$log. \ 1779{,}90 - log. \ 979{,}90 = 0{,}25922$$
$$\text{et } 16 \ log. \ 1{,}04 = 0{,}27248.$$

Cette fois le second membre est plus grand que le premier, on peut donc conclure que le taux est compris entre 4 et 5. Si l'on fait $r = 0{,}0425$ et qu'on substitue cette valeur dans l'égalité (3), on trouvera encore que le second membre est plus grand que le premier, et que le taux est, par conséquent compris entre 4,25 et 5; mais si l'on fait $r = 0{,}0475$, on trouvera que le 1er membre est plus grand que le second; le taux se trouve donc compris entre 4,25 et 4,75. Si l'on fait $r = 0{,}045$ et qu'on porte cette valeur dans l'égalité (3), les deux membres de cette égalité sont :

$$log. \ 1779{,}90 - log. \ 879{,}90 = 0{,}30597$$

et
$$16 \ log. \ 1{,}045 = 0{,}30592.$$

Il existe si peu de différence entre les deux membres qu'on peut conclure que le taux demandé est 4,5.

PLACEMENTS ANNUELS

628. Problème. — *Une personne place au commencement de chaque année une somme* a *au taux* r *et à intérêts composés : combien aura-t-elle après* n *années?*

La 1re somme a pendant n années deviendra $a(1 + r)^n$

La 2e —   — $n-1$ — $a(1 + r)^{n-1}$

La 3e —   — $n-2$ — $a(1 + r)^{n-2}$

La 4e —   — $n-3$ — $a(1 + r)^{n-3}$

. . . .

L'avant-dernière . . . . $a(1 + r)^2$

Enfin, on aura pour la dernière, qui ne sera placée que pendant 1 an. . . . . $a(1 + r).$

Or, les différentes quantités

$$a(1 + r), a(1 + r)^2, a(1 + r)^3 \ldots a(1 + r)^{n-2}, \ a(1 + r)^{n-1}, \ a(1 + r)^n$$

forment une progression géométrique dont le 1er terme est $a(1+r)$, le dernier $a(1+r)^n$ et la raison $1+r$.

Si l'on appelle A la somme des termes de cette progression, on aura (581)

$$A = \frac{a(1+r)^n(1+r) - a(1+r)}{r} = \frac{a(1+r)(1+r)^n - a(1+r)}{r}$$

et en mettant $a(1+r)$ en facteur commun, il vient

$$A = \frac{a(1+r)[(1+r)^n - 1]}{r}.$$

Cette formule permet de calculer l'une quelconque des quatre quantités A, a, n, r, les trois autres étant connues.

629. Problème I. — CALCUL DE A. — *Pendant 15 années consécutives une personne place au commencement de chaque année 200 fr. à intérêts composés à 5 0/0 : on demande combien elle aura à la fin de la 15e année ?*

Données :

$$a = 200^f, \ r = 0,05, \ n = 15$$

$$log. \ 1,05 = 0,02119$$

$$15 \ log. \ 1,05 = 0,31785.$$

Ce *log.* appartient au nombre 2,079,

donc

$$(1,05)^{15} = 2,079$$

$$(1,05)^{15} - 1 = 1,079$$

$$A = \frac{200 \times 1,05 \times 1,079}{0,05} = 4531^f,80.$$

Autre solution. La table du n° 482 permet de résoudre facilement cette question sans recourir aux logarithmes. On voit, en effet, d'après cette table, que si l'on place, au commencement de chaque année, 1 fr. à 5 0/0 et à intérêts composés, on a après 15 ans une somme de $22^f,657492$. Il est évident que si l'on place une somme de 200 fr. dans les mêmes conditions, on aura, après 15 ans, une somme égale à

$$22^f,657492 \times 200 = 4531^f,80 \text{ environ.}$$

630. Problème II. — CALCUL DE a. — *Une personne place tous les ans au commencement de chaque année la même somme à 5 0/0 et à intérêts composés ; après 15 ans, cette personne a $4531^f,80$ à sa disposition : on demande le montant de chaque somme placée.*

Dans la formule $\dfrac{a(1+r)[(1+r)^n - 1]}{r} = A = \dfrac{a(1+r)^{n+1} - a(1+r)}{r}$

L'inconnu est a : or, de

$$A = \frac{a(1+r)^{n+1} - a(1+r)}{r}$$

on tire
$$A r = a (1 + r)^{n+1} - a (1 + r).$$

Mettant a en facteur commun, on a
$$A r = a [(1 + r)^{n+1} - (1 + r)] :$$

d'où
$$a = \frac{A r}{(1 + r)^{n+1} - (1 + r)}.$$

Données : $A = 4531,80$, $r = 0,05$, $n + 1 = 16$.

$$log. 1,05 = 0,02119$$
$$16 \, log. 1,05 = 0,33904.$$

Ce logarithme appartient au nombre 2,183 :

$$a = \frac{4531,80 \times 0,05}{2,183 - 1,05} = \frac{226,59}{1,133} = 200^f \text{ à } 0,01 \text{ près.}$$

631. Problème III. — Calcul de n. — *En plaçant tous les ans 200 fr. à 5 0/0, combien faudra-t-il d'années pour avoir* 4531^f,80?

L'inconnu de la question est n.
La formule
$$A = \frac{a (1+r)^{n+1} - a (1 + r)}{r}$$

donne
$$A r = a (1 + r)^{n+1} - a (1 + r)$$
$$a (1 + r)^{n+1} = A r + a (1 + r).$$

On a donc
$$log. a + (n + 1) \, log. (1 + r) = log. [A r + a (1 + r)]$$
$$(n + 1) \, log. (1 + r) = log. [A r + a (1 + r)] - log. a$$
$$n + 1 = \frac{log. [A r + a (1 + r)] - log. a}{log. (1 + r)}$$
$$n = \frac{log. [A r + a (1 + r)] - log. a}{log. (1 + r)} - 1.$$

Données : $A = 4531,80$, $a = 200$, $r = 0,05$.

$$log. [A r + a (1 + r)], \text{ ou } log. 436,59 = 2,64007$$
$$log. 200 = 2,30103$$
$$\text{différence} = 0,33904$$
$$log. 1,05 = 0,02119$$

$$n = \frac{0,33904}{0,02119} - 1 = 16 - 1 = 15 \text{ années.}$$

632. Problème IV. — Calcul de r. — *En plaçant tous les ans 200 fr. à intérêts composés, on a eu* 4531^f,80 *au bout de* 15 *ans. Quel a été le taux du placement?*

Si, dans la formule

$$A = \frac{a(1 + r)^{n + 1} - a(1 + r)}{r} \quad (1)$$

on remplace les quantités connues par leurs valeurs respectives, on a

$$4531,80 = \frac{200 (1 + r)^{16} - 200 (1 + r)}{r} \quad (2).$$

Or, il est évident que si l'on donne à r une valeur trop petite, on n'obtiendra pas 4531^f,80, et par conséquent le second membre de l'égalité sera plus petit que le 1er. Si l'on fait $r = 0,04$ et qu'on substitue cette valeur dans l'égalité (2), on a pour le 1er membre

$$4531,80$$

et pour le second

$$\frac{200 \times 1,04^{16} - 200 \times 1,04}{0,04} = \frac{200 \times 1,8727 - 200 \times 1,04}{0,04} = 4163,50.$$

Le taux r a donc été supposé trop petit. On trouverait de même que dans l'hypothèse de $r = 0,045$, le second membre est encore plus petit que le 1er. Si l'on fait $r = 0,05$, on a pour le second membre

$$\frac{200 \times 1,05^{16} - 200 \times 1,05}{0,05} = \frac{200 \times 2,183 - 200 \times 1,05}{0,05} = 4532.$$

La petite différence de 0,20 qu'on trouve tient à ce que 2,183 est un peu trop fort. Le taux demandé est donc 5.

EXERCICES

610. Trouver ce que devient, après 6 ans, une somme de 11 058^f,20 placée à intérêt composé, à 5 0/0.

611. Calculer ce que produirait en 8 ans une somme de 3 625 fr., placée à intérêt composé à 4 0/0.

612. Que deviendront 8 250 fr. placés pendant 12 ans à intérêt composé à 6 0/0?

613. Quel serait le plus avantageux de placer à 4 0/0, et à intérêt composé, une somme de 5 000 fr. pendant 20 ans ou à 5 0/0 à intérêt simple pendant le même temps? Combien gagnerait-on en choisissant le placement le plus avantageux? On supposera dans les deux cas que le remboursement du capital et des intérêts n'aura lieu qu'au bout de la 20e année.

614. Quelle somme rapporteront 12 000 fr. placés à 5 0/0, et à intérêt composé, pendant 16 ans 2 mois et 12 jours?

615. On doit payer 10 000 fr. dans 12 ans : quelle somme devrait-on actuellement, si l'on tient compte de l'intérêt composé à 5 0/0?

616. On a souscrit deux billets à la même personne, l'un de 500 fr.

payable dans 2 ans, et l'autre de 800 fr. payable dans 5 ans : quel devrait être le montant d'un seul billet équivalent et payable dans 3 ans, le taux étant 5 0/0? On tiendra compte des intérêts composés.

617. Trouver le capital qui, placé à intérêt composé à $4^f,50$, vaut, après 15 ans, capital et intérêt, $7\,741^f,15$.

618. Un certain capital placé à intérêt composé et à 4 0/0 a rapporté en 10 ans $7\,683^f,90$ d'intérêt. On demande ce capital.

619. Une somme de 20 000 fr., placée à intérêt composé pendant 14 ans, a rapporté $17\,038^f,90$. A quel taux était-elle placée?

620. Au bout de combien d'années une somme de 20 000 fr., placée à intérêt composé à $4^f,50$, est-elle devenue $37\,038^f,90$?

621. Après combien de temps une somme de 15 000 fr., placée à intérêt composé et à 5 0/0, a-t-elle rapporté 8 750 fr.?

622. Après combien d'années un capital placé à intérêt composé et à 4 0/0 sera-t-il triplé?

623. Un commerçant emprunte 25 000 fr. à 5 0/0 et à intérêt composé : quelle annuité devra-t-il donner pour éteindre cette dette en 20 ans?

624. Quelle dette pourrait-on éteindre en payant à la fin de chaque année, pendant 8 ans, une somme de 20 000 fr., l'intérêt étant 5 0/0.

625. Pendant combien de temps devra-t-on payer 4 000 fr., à la fin de chaque année, pour éteindre une dette de $20\,302^f,75$, l'intérêt étant 5 0/0?

626. Si l'on tient compte à 4 0/0 et à 4,50 0/0 des intérêts composés de 18 000 fr. et de 12 000 fr., au bout de combien de temps ces sommes, augmentées de leurs intérêts, seront-elles égales?

627. On place 800 fr. à intérêt composé à $4^f,50$ 0/0, au commencement de chaque année pendant 20 ans. Quelle somme aura-t-on?

628. On emprunte 15 000 fr. qu'on doit rembourser avec les intérêts à l'aide de 12 payements égaux effectués à la fin de chaque année. Quel est le montant de chaque payement, le taux d'intérêt étant 5 0/0 ?

629. On achète une propriété 25 000 fr. On paye 8 700 fr. au comptant. Le reste doit être payé, avec les intérêts à 4 0/0, en 15 payements égaux effectués à la fin de chaque année. On demande le montant de chaque annuité.

630. Quelle somme faudrait-il placer, au commencement de chaque année à intérêt composé et à 4 0/0, pour avoir $46\,880^f,35$ après 12 ans?

631. On doit à une personne $14\,720^f,20$; à la fin de chaque année, on lui donne 2000 fr. Dans combien de temps sera-t-elle entièrement payée, le taux d'intérêt étant 6 0/0?

632. Déterminer le nombre d'années pendant lequel un capital de 7 872 fr. doit être placé, à intérêt composé, à 5 0/0, pour former une somme de 12 328 fr., capital et intérêts réunis.

633. Une personne emprunte une certaine somme dont elle s'acquittera par trois payements égaux de chacun 9 261 fr. : le 1er après un an, le 2e après 2 ans, et le 3e après 3 ans. On demande la somme empruntée. Le taux est de 5 0/0.

634. On a placé tous les ans 3 000 fr. à intérêt composé et à 4 0/0 : au bout de combien d'années a-t-on eu $46\,880^f,35$?

635. On place 25 000 fr. à intérêt composé à 5 0/0. A la fin de chaque année on retire 1 000 fr. Quelle somme restera placée au bout de 12 ans?

636. On doit payer à la fin de chaque année, et pendant 12 ans, une somme de 2 000 fr. ; on demande de remplacer cette annuité par un seul payement effectué dans 4 ans. Quelle sera la somme à payer, le taux d'intérêt étant 5 0/0?

637. En plaçant tous les ans 3 000 fr, à intérêt composé, on a eu 46 880^f,35 après 12 ans. Quel a été le taux du placement?

638. On place 12 000 fr. à intérêt composé à 4^f,50. A la fin de chaque année, on retire 1 500 fr. Quelle somme restera placée après 7 ans?

639. Une personne a dépensé inutilement, pendant 25 années successives de sa vie, au moins 150 fr. par an. Combien après ce temps devrait-elle avoir en plus à sa disposition, si l'on tient compte de l'intérêt composé à 5 0/0.?

640. Une personne emprunte 6 000 fr. pour commencer un petit commerce. Elle rembourse cette somme comme il suit : 3 ans après l'emprunt, le succès de ses affaires lui permet de donner 2 500 fr.; 3 ans encore après, elle rembourse 3 200 fr.; enfin 18 mois après, elle solde ce qu'elle devait encore. On demande le montant du dernier payement. On tiendra compte des intérêts composés à 5 0/0.

641. Un oncle donne 15 000 fr. à ses trois neveux, âgés de 5 ans 6 mois, 9 ans et 11 ans. Il leur partage cette somme de manière que, si l'on plaçait immédiatement à intérêt composé la part de chaque enfant, tous les trois recevraient la même somme à leur majorité. Comment le partage a-t-il été effectué?

642. On a payé 280 fr. une action émise par une Compagnie. Cette action a rapporté 20 fr. par an pendant 25 ans. Au bout de ce temps, la Compagnie se ruine dans de mauvaises spéculations, et le souscripteur perd son capital. On demande s'il a gagné ou perdu dans cette affaire et combien. On suppose qu'il a pu placer à raison de 5 p. 100, et à intérêt composé, le revenu de son action.

643. Un homme prodigue, âgé de 30 ans, possède une maison valant 200 000 fr., et qui lui rapporte, tous frais déduits, 5 p. 100 de sa valeur. Or, chaque année, il dépense non-seulement son revenu, mais il emprunte encore 2 000 fr. à 5 p. 100. Cet homme est mort à l'âge de 72 ans. On demande combien de temps il a encore vécu après sa ruine complète, s'il doit payer les intérêts composés de ses emprunts.

644. Une personne a prêté pour 5 années une somme de 8 000 fr.; on lui paye tous les trimestres l'intérêt à 5 p. 100. Cette personne meurt après avoir reçu le 3me trimestre. Les héritiers veulent avoir de l'argent de suite. Combien peuvent-ils vendre leur titre?

NOTES

NOTE I

DIFFÉRENTS SYSTÈMES DE NUMÉRATION

Tous les systèmes de numération sont faciles à comprendre, quand on connaît bien le système décimal.

Par exemple, dans le système *duodécimal* les unités des divers ordres seront de *douze* en *douze* fois plus grandes. La réunion de douze unités formera la *douzaine* ou unité du second ordre, la réunion de 12 douzaines formera l'unité du 3e ordre, etc.

Pour écrire les nombres dans ce système, il faut tout naturellement employer 12 caractères y compris le zéro, par exemple, les caractères suivants :

$$1, 2, 3, 4, 5, 6, 7, 8, 9, a, b, o.$$
$$\text{dix} \quad \text{onze}$$

Les chiffres, en avançant d'un rang vers la gauche, exprimeront des unités douze fois plus fortes.

Par suite les nombres

$$10, 10^2, 10^3 .... \text{ du système décimal}$$

vaudront

$$12, 12^2, 12^3 .... \text{ dans le système duodécimal.}$$

Si par analogie à trente, quarante, cinquante...., on appelle *dizante* la collection de 10 douzaines, et *onzante* la collection de 11 douzaines, il sera facile d'écrire dans ce système un nombre quelconque. Par exemple, le nombre onzante millions dix cent neuf mille quarante onze unités, s'écrira :

$$boao9o4b.$$

Il est évident qu'au lieu du système duodécimal, on aurait pu en concevoir un autre quelconque : le système à 2 chiffres ou *binaire;* le système à 3 chiffres ou *ternaire; quaternaire...,* etc.

Changement de base. — Soit, par exemple, à écrire dans le système duodécimal le nombre 819 045 635, écrit dans le système décimal.

Il est clair que, si on divise ce nombre par 12, le quotient fera connaître le nombre de douzaines, ou unités du second ordre qu'il contient, et le reste de la division exprimera les unités du 1er ordre. De même, si l'on divise le quotient obtenu par 12, le nouveau quotient sera le nombre des unités du 3e ordre, et le reste, les unités du second; en continuant ainsi jusqu'à ce qu'on arrive à un quotient moindre que 12, et en y joignant le dernier quotient obtenu, on aura ainsi tous les chiffres qui doivent représenter le nombre proposé dans le système duodécimal.

$$
\begin{array}{r|l}
819045635 & 12 \\
99 & \overline{68253802}\,|\,12 \\
30 & 82 \quad \overline{5687816}\,|\,12 \\
64 & 105 \quad 88 \quad \overline{473984}\,|\,12 \\
45 & 93 \quad 47 \quad 113 \quad \overline{39498}\,|\,12 \\
96 & 98 \quad 118 \quad 59 \quad 34 \quad \overline{3291}\,|\,12 \\
035 & 20 \quad 101 \quad 118 \quad 109 \quad 89 \quad \overline{274}\,|\,12 \\
11 & 82 \quad 56 \quad 104 \quad 18 \quad 51 \quad 34 \quad \overline{22}\,|\,12 \\
& 10 \quad 8 \quad 8 \quad 6 \quad 3 \quad 10 \quad 10\,|\,1
\end{array}
$$

Les unités du 1er ordre sont 11 ; celles du 2e, 10 ; celles du 3e, 8 ; celles du 4e, 8, etc. : d'ailleurs le dernier quotient étant 1, le nombre demandé est donc

$$1aa3688ab.$$

Comme il ne peut être d'aucune utilité de savoir opérer dans ces différents systèmes, on n'entrera dans aucun détail à ce sujet. D'ailleurs les règles étant les mêmes que pour le système décimal, il est facile de les trouver et de les appliquer.

EXERCICES

645. Le nombre 375072 est écrit dans le système dont la base est 8 : on demande de l'écrire dans le système décimal.

646. Ecrire 49 dans le système binaire.

647. Ecrire le nombre 56493 dans le système dont la base est 6.

NOTE II[*]

DIVISIBILITÉ DES NOMBRES

Si l'on représente par A, B, C, D..., les chiffres d'un nombre N composé d'unités, de dizaines, de centaines, etc., on a

(a) $N = A + 10\,B + 100\,C + 1000\,D + \ldots$

Divisibilité par 2.

L'égalité (a) divisée par 2 donne

$$\frac{N}{2} = \frac{A}{2} + 5\,B + 50\,C + 500\,D + \ldots$$

Un nombre est donc divisible par 2 quand le chiffre des unités est divisible par 2; ce qui a lieu seulement quand ce chiffre est 0, 2, 4, 6 ou 8.

[*] Note rédigée d'après un travail de M. Giacomini, professeur italien.

Divisibilité par 5.

L'égalité (a) divisée par 5 donne

$$\frac{N}{5} = \frac{A}{5} + 2\,B + 20\,C + 200\,D + \ldots$$

Un nombre est donc divisible par 5, quand le chiffre des unités est divisible par 5 ; ce qui a lieu seulement quand ce chiffre est 0 ou 5.

Divisibilité par 4.

L'égalité (a) divisée par 4 donne

$$\frac{N}{4} = \frac{A}{4} + \frac{10\,B}{4} + 25\,C + 250\,D \ldots$$

Un nombre est donc divisible par 4 quand le nombre formé par les deux derniers chiffres à droite est divisible par 4.

Divisibilité par 3.

L'égalité (a) peut se mettre aussi sous la forme

$$N = A + 9\,B + B + 99\,C + C + 999\,D + D \ldots$$

ou encore

(b) $\qquad N = A + B + C + D + 9\,B + 99\,C + 999\,D \ldots$

Divisant cette égalité par 3, il vient

$$\frac{N}{3} = \frac{A + B + C + D}{3} + 3\,B + 33\,C + 333\,D \ldots$$

Un nombre est donc divisible par 3 quand la somme de ses chiffres est divisible par 3.

Divisibilité par 9.

L'égalité (b) divisée par 9 donne

$$\frac{N}{9} = \frac{A + B + C + D}{9} + B + 11\,C + 111\,D.$$

Un nombre est donc divisible par 9 quand la somme de ses chiffres est divisible par 9.

Divisibilité par 11.

L'égalité (a) peut se mettre aussi sous la forme

$$N = A + 11\,B - B + 99\,C + C + 1001\,D - D \ldots$$

ou

$$N = A + C - B - D + 11\,B + 99\,C + 1001\,D \ldots$$

t encore

$$N = (A + C) - (B + D) + 11\,B + 99\,C + 1001\,D \ldots$$

Divisant cette égalité par 11, il vient

$$\frac{N}{11} = \frac{(A + C) - (B + D)}{11} + B + 9\,C + 91\,D \ldots$$

Mais A et C représentent les chiffres de rang impair ; B et D les chiffres de rang pair : donc, un nombre est divisible par 11 quand la somme des chiffres de rang impair diminuée de la somme des chiffres de rang pair est divisible par 11.

NOTE III

NOMBRES PREMIERS

Théorème I. — *Lorsqu'un nombre est premier avec tous les facteurs d'un produit, il est aussi premier avec le produit.*

Par exemple, si le nombre K est premier avec tous les facteurs du produit $A \times B \times C \times D$, il est aussi premier avec ce produit.

En effet, si le facteur K et le produit $A \times B \times C \times D$ n'étaient pas premiers entre eux, ils auraient au moins un diviseur 1er commun F, par exemple. Or, F, étant 1er et divisant le produit $A \times B \times C \times D$, diviserait au moins l'un des facteurs (118), A, par exemple; mais alors A et K auraient le facteur commun F, ce qui est contre l'hypothèse : donc le nombre K, premier avec tous les facteurs du produit $A \times B \times C \times D$, est aussi premier avec ce produit.

Théorème II. — *Si un nombre premier p ne divise pas un nombre entier a, il divise la différence $a^{p-1} — 1$.*

Par exemple, le nombre premier 3 qui ne divise pas 8 divise $8^{3-1} — 1 = 8^2 — 1 = 63$.

D'une manière générale, soient

$$a, \ 2a, \ 3a.... \ (p—1) \ a.$$

Les $p—1$ premiers multiples de a.

Si l'on divise deux quelconques de ces multiples par p, on obtiendra des restes différents; car si deux de ces multiples, ma, $m'a$, donnaient des restes égaux, on aurait :

$$ma = pq + r$$
$$m'a = pq' + r,$$

et en supposant $m' > m$, il viendrait, en retranchant membre à membre,

$$m'a — ma = pq' — pq :$$

d'où

$$a (m'—m) = p (q'—q).$$

Or p, divisant le second membre de cette égalité, devrait diviser le 1er, ce qui est impossible, puisque, par hypothèse, p est premier avec a et qu'étant plus grand que chacun des nombres m', m, il est *a fortiori* plus grand que leur différence $m'—m$.

Donc, les multiples de a, divisés par p, ne peuvent donner de restes égaux.

Par conséquent, soient r et r' les restes qu'on obtient en divisant par p les 2 premiers multiples de a, on a

$$a = pq + r$$
$$2a = pq' + r'.$$

En multipliant ces égalités membre à membre, on obtient

$$a.2a = p^2qq' + pq'r + pqr' + rr',$$

ou

$$a.2a = \text{multiple de } p + rr'.$$

En admettant que le 3e multiple de a divisé par p donne r'' pour reste, on trouve de même

$$a. \ 2a. \ 3a = \text{multiple de } p + rr'r''.$$

Si l'on continue ainsi on trouvera pour dernière expression que le produit des

(p—1), premiers multiples de a, est égal à un multiple de p augmenté du produit des restes des divisions de ces multiples par p.

Mais ces restes devront être au nombre de p—1, puisqu'il y aura p—1 divisions; et comme d'ailleurs tous doivent être différents, et plus petits que p, ils seront, dans un certain ordre, les nombres :

$$1, \; 2, \; 3, \; 4 \ldots \ldots \; (p-1),$$

donc on a l'égalité

$$a. \; 2a. \; 3a. \; 4a \ldots (p-1) \, a = \text{multiple de } p + 1.2.3.4\ldots(p-1),$$

ou, en intervertissant l'ordre des facteurs :

$$a^{p-1}. \; 1.2.3.4\ldots p-1 = \text{multiple de } p + 1.2.3.4\ldots(p-1).$$

Si l'on retranche de chaque membre le produit $1.2.3.4\ldots(p-1)$, il vient :

$$a^{p-1}. \; 1.2.3.4\ldots(p-1) - 1.2.3.4\ldots(p-1) = \text{multiple de } p.$$

Si l'on met le produit $1.2.3.4\ldots(p-1)$ en facteur commun, on obtient :

$$(a^{p-1}-1) \; 1.2.3.4\ldots(p-1) = \text{multiple de } p.$$

Or, il est évident que p divise le second membre, donc il divise le 1er; et comme il ne peut diviser le produit $1.2.3.4\ldots(p-1)$, puisqu'il ne divise aucun de ses facteurs, il s'ensuit qu'il divise l'autre facteur $a^{p-1}-1$. $c.q.f.d.$ (*).

Théorème III. — *Tout nombre premier* p *divise la somme*

$$1.2.3.4\ldots(p-1) + 1.$$

Afin de mieux faire comprendre ce théorème, il est bon d'entrer dans quelques détails.

Ainsi, par exemple, le nombre premier **7** divise le produit

$$1.2.3.4.5.(7-1) + 1 \text{ ou } 721.$$

Appelons *nombres associés* par rapport à p deux nombres dont le produit égale un multiple de p plus **1**.

Ainsi dans les nombres :

$$\textbf{2, 3, 4, 5, 6, 7, 8, 9, 10, 13—2 ou 11,}$$

les associés par rapport à **13** sont

$$2 \times 7, \; 3 \times 9, \; 4 \times 10, \; 5 \times 8 \text{ et } 6 \times 11;$$

car on a

$$2 \times 7 = 1 \times 13 + 1$$
$$3 \times 9 = 2 \times 13 + 1$$
$$4 \times 10 = 3 \times 13 + 1$$
$$5 \times 8 = 3 \times 13 + 1$$
$$6 \times 11 = 5 \times 13 + 1.$$

Cela posé, il s'agit de démontrer que dans la suite

$$1, 2, 3, 4 \ldots (p-1)$$

tout nombre a a son associé; c'est-à-dire que parmi les nombres de cette suite il s'en trouve un et un seul, x par exemple, qui, multiplié par a, donne lieu à la relation

$$ax = \text{multiple de } p + 1,$$

ou

$$ax - 1 = \text{multiple de } p.$$

En effet, les produits tels que ax (2×7; $3 \times 9 \ldots$) de la suite $1, 2, 3 \ldots$ (p—1) ne peuvent être que de la forme

$$a, \; 2a, \; 3a, \; 4a \ldots (p-1) \, a.$$

(*) Ce théorème est dû à Fermat.

Or (théorème II), on sait qu'en divisant tous ces nombres par p, on obtient des restes qui sont précisément les nombres de la suite

$$1, \ 2, \ 3, \ 4 \ \ldots \ p-1.$$

L'un de ces restes est par conséquent égal à 1 ; donc, pour une certaine valeur de x, on a

$$ax = \text{multiple de } p + 1$$

ou

$$ax - 1 = \text{multiple de } p.$$

Comme d'ailleurs un seul de ces restes est égal à 1, tout nombre a n'a qu'un associé.

Dans le cas de $x = a$, il vient

$$a^2 - 1 = \text{multiple de } p,$$

ou

$$(a + 1)\,(a - 1) = \text{multiple de } p.$$

Or, p étant premier et plus grand que a, cette égalité ne peut avoir lieu que pour

$$a - 1 = o$$

ou

$$a + 1 = p.$$

Ces égalités donnent

$$a = 1$$

et

$$a = p - 1.$$

Ainsi 1 et $p - 1$ sont leurs propres associés, ce qui est d'ailleurs facile à voir ; car

$$1 \times 1 = o \times p + 1$$

et

$$(p - 1)\,(p - 1) = p^2 - 2\,p + 1 = (p - 2) \times p + 1.$$

Le nombre des facteurs $1, 2, 3, 4 \ldots (p - 1)$ est pair, puisque p est impair.

Le nombre des facteurs $2, 3, 4, \ldots (p - 2)$ est donc aussi pair. En associant ces facteurs deux à deux, leur produit est (théorème II) un multiple de p augmenté du produit des restes, c'est-à-dire de 1 : donc

$$2 \cdot 3 \cdot 4 \ldots (p - 2) = \text{multiple de } p + 1.$$

En multipliant les 2 membres par $p - 1$, il vient

$$1 \cdot 2 \cdot 3 \cdot 4 \ldots (p - 2)\,(p - 1) = \text{multiple de } p - 1 ;$$

d'où enfin

$$1 \cdot 2 \cdot 3 \cdot 4 \ldots (p - 2)\,(p - 1) + 1 = \text{multiple } p. \qquad \text{C. q. f. d. (*)}$$

Réciproquement, *tout nombre p qui divise la somme*

$$1 \cdot 2 \cdot 3 \cdot 4 \ldots (p - 1) + 1$$

est premier.

En effet, tout diviseur d de p étant plus petit que p est un des nombres

$$1, 2, 3, 4 \ldots p - 1,$$

donc il divise la 1re partie de la somme

$$1 \cdot 2 \cdot 3 \cdot 4 \ldots (p - 1) + 1,$$

donc il doit aussi diviser la seconde, ce qui ne peut avoir lieu que si d égale 1 ; donc p, n'ayant pas d'autre diviseur que l'unité, est un nombre premier.

Problème. — *Trouver combien il y a, pour un nombre donné N, de nombres inférieurs à N et premiers avec lui.*

(*) Théorème dû à Wilson.

Pour mieux fixer les idées, prenons un exemple numérique. Soit

$$N = 180 = 2^2 \times 3^2 \times 5.$$

Les nombres inférieurs à 180 et premiers avec ce nombre font évidemment partie de la série

$$1, 2, 3, 4, 5, 6. \ldots 180.$$

D'ailleurs, nous les aurons tous, si nous supprimons dans cette suite tous les multiples de 2, de 3 et de 5. Or les multiples de 2 sont de 2 en 2 rangs à partir de 2 et comme 180 est lui-même divisible par 2, ces multiples forment la moitié de la série précédente, ils sont par conséquent au nombre de $\dfrac{180}{2}$; de même les multipes de 3 sont au nombre de $\dfrac{180}{3}$. Les multiples du produit 2×3 au nombre de $\dfrac{180}{2 \times 3}$.

Si des 180 premiers nombres on retranche les multiples de 2, les nombres restants seront $180 - \dfrac{180}{2} = 180 \left(1 - \dfrac{1}{2} \right)$.

Déterminons maintenant les multiples de 3 qui se trouvent dans l'expression $180 \left(1 - \dfrac{1}{2} \right)$. Il est évident que ces multiples sont au nombre de $\dfrac{180}{3}$, moins ceux qui sont contenus dans les multiples de 2, c'est-à-dire dans $\dfrac{180}{2}$; mais 2 et 3 étant premiers entre eux, les multiples de 3 contenus dans $\dfrac{180}{2}$ sont en même temps multiples de 2, et par conséquent du produit 2×3; ce sont donc les multiples de 2×3 contenus dans 180. Or, leur nombre est $\dfrac{180}{2 \times 3}$. Le nombre des multiples de 3 contenus dans $180 \left(1 - \dfrac{1}{2} \right)$ est donc

$$\frac{180}{3} - \frac{180}{2 \times 3} = \frac{180}{3} \left(1 - \frac{1}{2} \right).$$

Si nous retranchons cette dernière expression de $180 \left(1 - \dfrac{1}{2} \right)$, la différence

$$180 \left(1 - \frac{1}{2} \right) - \frac{180}{3} \left(1 - \frac{1}{2} \right) = 180 \left(1 - \frac{1}{2} \right) \left(1 - \frac{1}{3} \right)$$

$$\left(\text{On a mis } 180 \left(1 - \frac{1}{2} \right) \text{ en facteur commun} \right)$$

représentera les nombres entiers inférieurs à 180, après la suppression des multiples de 2 et de 3.

Nous prouverions par un raisonnement identique que si dans ces nombres restants, on retranche encore les multiples de 5, le reste sera égal à

$$180 \left(1 - \frac{1}{2} \right) \left(1 - \frac{1}{3} \right) \left(1 - \frac{1}{5} \right) \ldots$$

Cette expression représente donc les nombres entiers inférieurs à 180 et premiers avec ce nombre. On trouve 48.

En appliquant la même démonstration à un nombre quelconque N dont les facteurs premiers sont $a, b, c. \ldots$ on trouvera que le nombre des entiers inférieurs à N et premiers avec N est égal au produit

$$N \left(1 - \frac{1}{a} \right) \left(1 - \frac{1}{b} \right) \left(1 - \frac{1}{c} \right). \ldots$$

NOTE IV

RACINE CARRÉE

Théorème. — *Lorsqu'on a trouvé plus de la moitié des chiffres de la racine carrée d'un nombre entier, on peut obtenir les autres en divisant le derner reste obtenu par le double de la racine déjà trouvée.*

EXEMPLE. — Les 3 premiers chiffres de la racine carrée de 1579800152 étant 397, on calcule les deux autres en divisant le dernier reste 3710152 par le double de 39700, c'est-à-dire par 79400 : on trouve 46 pour quotient, et la racine cherchée est 39746.

En effet, si l'on désigne d'une manière générale par N un nombre donné devant avoir $2n + 1$ chiffres à sa racine, par a la partie trouvée par la méthode ordinaire, de sorte que a est un nombre composé de $n + 1$ chiffres, suivi de n zéros; enfin, si l'on désigne par x ce qu'il faut ajouter à ce nombre pour avoir la racine exacte de N, on a :

(1)
$$N = (a + x)^2 = a^2 + 2\,a\,x + x^2,$$

d'où l'on tire (*)

(2)
$$\frac{N - a^2}{2\,a} = x + \frac{x^2}{2\,a}.$$

Si l'on représente par q le quotient de la division de $N - a^2$ par $2\,a$ et par r le reste, le quotient complet sera $q + \dfrac{r}{2\,a}$, on aura, par conséquent,

(3)
$$\frac{N - a^2}{2\,a} = q + \frac{r}{2\,a},$$

et par suite

$$x + \frac{x^2}{2\,a} = q + \frac{r}{2\,a}:$$

d'où

$$x = q + \frac{r}{2\,a} - \frac{x^2}{2\,a}.$$

La partie x qui doit compléter la racine a est donc égale à q augmenté de la différence $\dfrac{r}{2\,a} - \dfrac{x^2}{2\,a}$.

Or, la différence $\dfrac{r}{2\,a} - \dfrac{x^2}{2\,a}$ est moindre que l'unité ; car le reste r est plus petit que le diviseur $2\,a$, et par conséquent on a $\dfrac{r}{2\,a}$ 1.

D'autre part, x^2 a $2n$ chiffres au plus (52) et $2\,a$ en a $2\,n + 1$ au moins ; donc on a encore $\dfrac{x^2}{2\,a} < 1$, et *a fortiori* a-t-on

$$\frac{r}{2\,a} - \frac{x^2}{2\,a} < 1.$$

Donc $x = q$ à moins d'une unité près.

(*) $N - a^2$ représente évidemment le reste obtenu après avoir trouvé $n + 1$ chiffres à la racine.

Remarque. — 3 cas peuvent se présenter :

1° La racine peut être exactement $a + q$; 2° elle peut être moindre; 3° elle peut être plus grande.

Or, on a d'une part :

$$(4) \qquad (a + q)^2 = a^2 + 2 \, a \, q + q^2,$$

de l'autre, l'équation (3) donne

$$N - a^2 = 2 \, a \, q + r :$$

d'où

$$(5) \qquad N = a^2 + 2 \, a \, q + r.$$

Il suffit alors (égalités (4) et (5)) de comparer r à q^2, de sorte que la racine trouvée par cette méthode sera exacte, approchée par excès ou par défaut selon qu'on aura

$$r = q^2, \text{ ou } r < q^2, \text{ ou enfin } r > q^2.$$

NOTE V

RACINE CUBIQUE

Théorème. — *Lorsqu'on a trouvé plus de la moitié des chiffres de la racine cubique d'un nombre entier, on peut obtenir les autres en divisant le dernier reste obtenu par le triple carré de la racine déjà trouvée.*

En conservant les mêmes notations que plus haut, on a

$$N = (a + x)^3 = a^3 + 3 \, a^2 \, x + 3 \, a \, x^2 + x^3 :$$

d'où (*)

$$\frac{N - a^3}{3 \, a^2} = x + \frac{3 \, a \, x^2}{3 \, a^2} + \frac{x^3}{3 \, a^2}.$$

Si, comme pour la racine carrée, on pose

$$\frac{N - a^3}{3 \, a^2} = q + \frac{r}{3 \, a^2},$$

il vient

$$x + \frac{3 \, a \, x^2}{3 \, a^2} + \frac{x^3}{3 \, a^2} = q + \frac{r}{3 \, a^2} :$$

d'où

$$x = q + \frac{r}{3 \, a^2} - \frac{3 \, a \, x^2}{3 \, a^2} - \frac{x^3}{3 \, a^2}.$$

La partie x qui doit compléter la racine a est donc égale à q augmenté de la différence

$$\frac{r}{3 \, a^2} - \left(\frac{3 \, a \, x^2}{3 \, a^2} + \frac{x^3}{3 \, a^2} \right)$$

qu'il s'agit d'évaluer.

$N - a^3$ représente visiblement le dernier reste obtenu après avoir déjà trouvé $n + 1$ chiffres à la racine.

On a d'abord $\dfrac{r}{3\,a^2} < 1$, puisque le reste r est $<$ le diviseur $3\,a^2$.

Quant au second terme de la différence, on a

$$\frac{3\,a\,x^2}{3\,a^2} + \frac{x^3}{3\,a^2} = \frac{x^2}{a}\left(1 + \frac{x}{3\,a}\right).$$

Or, x^2 à $2\,n$ chiffres au plus (52) et a en a $2\,n + 1$, donc $\dfrac{x^2}{a} < 1$. Comme d'ailleurs la quantité $\dfrac{x}{3\,a}$, qui fait partie du second facteur, est généralement très-petite, puisqu'elle est moindre que $\dfrac{10^n}{3.10^{2n}} = \dfrac{1}{3.10^n}$, fraction très-petite dès que $n = 2$: elle peut, par conséquent, être négligée, et le second facteur se réduit à $\dfrac{x^2}{a}$. Par suite, en prenant pour racine $a + q$, l'erreur que l'on commet est la différence entre les deux fractions $\dfrac{r}{3\,a^2}$ et $\dfrac{x^2}{a}$. Comme chacune de ces fractions est plus petite que l'unité, leur différence est aussi plus petite que l'unité.

Donc $a + q$ est la racine de N à une unité près.

EXERCICES DE RÉCAPITULATION

AGRICULTURE ET ÉCONOMIE DOMESTIQUE

648. La valeur nutritive de 100 kg. de foin est la même que celle de 250 kg. de tubercules de topinambours. On demande la quantité de foin qu'une vache pesant 390 kg. mangera par repas et par jour, si elle en fait 3 égaux, et si à chacun d'eux on lui donne 4 kg. de topinambours. On sait d'ailleurs qu'une vache, au régime ordinaire, mange en foin, par jour, 3 °/₀ de son poids.

649. Le colza d'hiver rend en moyenne 32 °/₀ de son poids d'huile et la navette d'été 30 °/₀. Dans une fabrique, on a obtenu avec 4 700 kg. de graine des deux espèces 1 468 kg. d'huile. 1° Combien a-t-on employé de kg. de graine de chaque espèce? 2° Combien a-t-on obtenu d'huile de chaque espèce?

650. Un fermier a ensemencé 3ʰᵃ 20ᵃ en navette d'hiver. L'ensemencement, le loyer de la terre et l'intérêt des sommes avancées pour frais de culture et autres se sont élevés à 445 fr. par hectare. Il a fallu payer en outre 35 fr. par hectare pour frais occasionnés par la récolte, le battage et le nettoyage de la graine. Chaque hectare a produit 25 hl. vendus 20 fr. l'un. On demande ce que le fermier a gagné °/₀.

651. Pour la nourriture du bétail, 100 kg. de bon foin équivalent à 250 kg. de pommes de terre crues; 300 kg. de pommes de terre, à 110 kg. de luzerne; 90 kg. de luzerne, à 400 kg. de betteraves; 300 kg. de betteraves, à 105 kg. de seigle-fourrage (*). A quelle quantité de foin équivalent 1 200 kg. de seigle-fourrage?

(*) Seigle ordinaire coupé et séché au moment où les épis apparaissent : le rendement moyen par hectare est de 12 600 kg. de fourrage vert qui se réduisent par la dessiccation à 4 200 kg. La valeur nutritive du trèfle, dont nous ne parlons pas, est à peu près la même que celle du foin.

652. Pour la nourriture du bétail, 215 kg. de sainfoin équivalent à 500 kg. de paille de froment et d'avoine; 200 kg. de cette paille, à 115 kg. d'ivraie d'Italie (*); 265 kg. d'ivraie d'Italie, à 125 kg. d'avoine; 57 kg. d'avoine, à 44 kg. de tourteau de lin; 110 kg. de tourteau de lin, à 350 kg. de maïs-fourrage (**); 140 kg. de maïs-fourrage, à 300 kg. de racines de carottes. Combien doit-on payer, d'après leur valeur nutritive, 1 000 kg. de carottes, quand le sainfoin vaut 60 fr. les 1 000 kg.?

653. Un homme dans la force de l'âge et occupé aux travaux des champs n'a pas besoin, d'après les hommes de l'art, de plus de 1ᶫ,80 par jour d'un vin contenant 8 cl. d'alcool par litre. D'après cela, quelle dépense inutile fait par jour un homme qui boit 2 l. d'un vin contenant 12 % d'alcool et lui revenant à 28 fr. l'hectolitre?

654. On a assuré pour 60 000 fr. un bâtiment et un mobilier. Quels sont les taux d'assurance pour %₀, si l'on paye chaque année 71ᶠ,15? On sait d'ailleurs que la prime et l'impôt relatifs au bâtiment dépassent de 41ᶠ25 la prime et l'impôt dus pour le mobilier, et que le capital affecté au même mobilier n'est que 1/6 du capital total assuré (***).

655. Une rivière a 9ᵐ,50 de large. On a étendu, d'une rive à l'autre, une corde divisée en 10 parties égales par des nœuds; puis on s'est transporté le long de cette corde, et les sondages, à chaque point de division, ont donné, en allant d'une rive à l'autre, les profondeurs suivantes : 0ᵐ,40, 0ᵐ,82, 1ᵐ,30, 1ᵐ,90, 2ᵐ,10, 1ᵐ,83, 1ᵐ,32, 0ᵐ,92, 0ᵐ,45; enfin, on a placé sur l'eau un flotteur qui a été entraîné par le courant à 12ᵐ,40 en 65 secondes. On demande le débit de la rivière par seconde, sachant que la vitesse moyenne est les 0,80 de la vitesse maximum (****), c'est-à-dire de la vitesse à la surface.

656. Une personne donne à ses neveux une propriété d'une certaine étendue, à la condition que le 1ᵉʳ prendra 2 ares et 1/12 de la surface restante; le second 4 ares et 1/12 de la nouvelle surface restante, et ainsi de suite pour tous les neveux. Ceux-ci vendent la propriété en commun, pour éviter le partage, à raison de 20 fr. l'are. Il est stipulé dans la donation que chaque neveu recevra la même somme. Quel est le nombre des neveux, et combien chacun aura-t-il reçu?

657. Une personne a souscrit à un emprunt; elle doit payer 40 fr. le 1ᵉʳ mars, 60 fr. le 15 avril, 70 fr. le 15 mai, 75 fr. le 15 juin et 100 fr. le 15 juillet; elle se trouve alors en possession d'un titre rapportant 20 fr. chaque année; les intérêts se payant par semestre, elle recevra 10 fr. le 1ᵉʳ septembre. On demande à quel taux cette personne place son argent, en tenant compte, d'une part, de l'intérêt à 5 % des sommes versées avant le 1ᵉʳ septembre, et de l'autre, de l'avantage que présente le payement de la rente par semestre.

(*) « L'ivraie d'Italie, ou ray-grass d'Italie, également propre à tous les climats de l'Europe, ne donne de bons produits que dans les sols argileux, ou de consistance moyenne, substantiels, fertiles, frais en été, ou pouvant être arrosés. Le rendement moyen en hectare est d'environ 8 000 kg. — MM. Girardin et Dubreuil. »

(**) Toutes les variétés de maïs ne sont pas également propres à être cultivées comme fourrage; on choisit de préférence le *maïs d'automne* et le *maïs blanc tardif*. La récolte commence dès que les épis montrent leurs pointes au sommet des plantes. Le rendement par hectare est en moyenne de 7 000 kg. de fourrage sec.

(***) Outre les assurances dont nous avons parlé (V. Ex. 467, 488...), on assure encore le *risque locatif* et le *recours du voisin*, ce qui signifie qu'en cas d'incendie la Compagnie d'assurances couvre la responsabilité du locataire, chez lequel le feu s'est déclaré, à l'égard de son propriétaire, ainsi qu'à l'égard des autres locataires de la même maison, ou des maisons voisines.

(****) Pour déterminer la vitesse maximum, on plante 2 jalons verticaux à une certaine distance l'un de l'autre, le long du cours d'eau; on place ensuite, un peu au-dessus du jalon, en amont, et au milieu du courant, un flotteur fait d'une substance dont la densité soit telle qu'il se trouve à peu près complètement immergé, afin d'éviter la résistance de l'air. Il suffit alors de noter le temps mis par le flotteur pour parcourir la distance des deux jalons.

658. Un propriétaire est imposé pour 6 900 fr.; au lieu de payer par douzième, conformément à la loi sur les contributions, il paye en une seule fois le 1er mai. 1° Combien perd-il par année, son argent étant placé à 5 °/₀? 2° A quelle époque devrait-il payer pour qu'il y eût compensation d'intérêts?

659. 3 bœufs ont mangé en 2 semaines l'herbe d'un pré de 2 ares et celle qui y a crû pendant ce temps; 2 bœufs ont mangé en 4 semaines l'herbe d'un pré de 2 ares et celle qui y a crû pendant ce temps. En supposant que les bœufs mangent également, que les prés sont également bons, et que l'herbe y croît uniformément, on demande combien il faudra de bœufs pour manger, en 6 semaines, l'herbe d'un pré de 6 ares et celle qui y croîtra pendant ce temps.

660. Une personne fait partie d'une société composée de 500 individus âgés de 30 ans. La société s'engage à payer 20 000 fr. à chacun des survivants à l'âge de 45 ans. La personne dont il s'agit a besoin d'argent et désire vendre son contrat : combien peut-elle exiger de l'acheteur, sachant que, d'après les tables de mortalité, il ne restera plus à 45 ans que 424 sociétaires? Il sera tenu compte des intérêts composés à 4 1/2 °/₀ par an.

661. D'après MM. Girardin et Du Breuil, il y a grand avantage dans les fermes, où il n'y a pas plus de 30 hectares à exploiter, de remplacer les chevaux par des bœufs et même par des vaches. On demande, d'après les données ci-dessous, la perte faite en 18 ans par un fermier qui, au lieu d'employer 4 bœufs, a employé 4 chevaux. On devra tenir compte à raison de 5 °/₀ des intérêts composés des dépenses en excès occasionnées par l'emploi des chevaux, et l'on supposera que ces dépenses ne portent intérêt qu'à partir de la fin de l'année.

Nature des Dépenses	Pour 4 bœufs	Pour 4 chevaux (*).
Acquisition.	1 600 f	2 000 f
Dépréciation annuelle (**) .	»	140
Nourriture.	1 170	1 825

663. Une personne a fait l'acquisition d'un bois dont le prix, tous frais compris, s'est élevé à la somme de 3 200 fr. Six ans après cette acquisition, elle a vendu la coupe moyennant la somme de 1 800 fr., déduction faite des frais. Enfin, 15 ans plus tard, une seconde coupe lui a produit 1 600 fr. En tenant compte de l'intérêt composé à 5 °/₀, trouver : 1° à combien revient ce bois immédiatement après la seconde coupe; 2° à quel taux cette personne a placé son argent.

664. On a loué un terrain pour 18 ans, à raison de 75 fr. par an. Le locataire, vu la durée du bail, y a fait de notables améliorations qui lui occasionnent une dépense de 3 000 fr. Le travail dure 2 ans. Le terrain peut alors être loué à raison de 600 fr. par an, pendant le temps qui reste à courir. Le locataire a-t-il gagné en faisant ces améliorations? On tiendra compte des intérêts composés à 5 °/₀ des sommes avancées. On sait d'ailleurs que le terrain n'a rien rapporté les 2 premières années, et que si l'on suppose les 3 000 fr. versés seulement à la fin de la 2ᵉ année, on doit à cette époque augmenter cette somme de 75 fr., afin de tenir compte de l'intérêt des versements effectués aux ouvriers pendant le temps du travail.

665. On doit payer 30 000 fr. à une compagnie en deux payements égaux, l'un doit être effectué dans 12 ans et le second dans 27 ans. Dans combien d'années pourrait-on s'acquitter par un versement unique, si l'on tient compte des intérêts composés à raison de 5 °/₀?

(*) Nous ne parlons point des dépenses nécessitées par l'acquisition des harnais et de leur entretien, dépenses bien plus considérables pour le cheval que pour le bœuf. La détérioration des instruments et des voitures est aussi plus grande par l'emploi des chevaux. D'autre part, ceux-ci sont sujets à mille accidents auxquels les bœufs ne sont pas exposés.

(**) Nous n'avons pas tenu compte de la dépréciation annuelle des bœufs; elle est en effet presque nulle, attendu qu'ils peuvent être vendus après les avoir engraissés.

666. Quelle est la valeur actuelle d'une annuité de 3,000 fr. payable à la fin de chaque année pendant 20 ans? On tiendra compte des intérêts composés à 5 %.

667. Quelle est la valeur actuelle d'une rente de 1 500 fr. payable par trimestre pendant 15 ans? On tiendra compte des intérêts composés à raison de 5 % par an.

668. Quelle est la valeur actuelle d'une annuité de 1 500 fr. payable pendant 20 ans, et dont la 1re annuité ne doit être payée qu'au bout de 9 ans à partir de la fin de la présente année? Il sera tenu compte des intérêts composés à 5 %.

669. Tout fonctionnaire de l'État doit verser le 1er douzième de son traitement à la Caisse des retraites; ensuite le 5 % du traitement mensuel; enfin, lors d'une augmentation, il verse en outre le 1er douzième de l'augmentation, et sa pension est, dans bien des cas, les 2/3 de la moyenne des 6 dernières années de son traitement. On suppose qu'un employé est resté pendant les 25 années (*) de son service au même traitement (**) de 1 800 fr. : combien a-t-il versé à la Caisse des retraites, si l'on tient compte des intérêts composés des sommes versées à 5 %?

670. Un fonctionnaire public qui a versé à la Caisse des retraites, par suite des retenues faites par l'État et leurs intérêts composés, la somme de 4 945f,05, touche une pension de 1 200 fr. Combien, si l'on tient compte des intérêts composés à 5 %, devrait-il recevoir au commencement de chaque année, si l'État lui donnait seulement la rente viagère qui lui est due? On sait d'ailleurs que ce fonctionnaire a été mis à la retraite à l'âge de 57 ans, et que, d'après les Tables de DEPARCIEUX, la durée probable de la vie à cet âge est de 16 ans (***).

INDUSTRIE ET COMMERCE

---

671. La betterave blanche de Silésie donne 7 % de son poids en sucre. 1° Quelle superficie faudrait-il ensemencer dans un terrain qui produira approximativement 3kg,125 de cette espèce de betterave par mètre carré, pour fournir la quantité de betteraves nécessaire à la fabrication de 87 500 kg. de sucre? 2° Quelle serait la valeur des betteraves, à raison de 16f,50 les 1 000 kg.?

672. Dans un hôtel des monnaies, on a frappé de la monnaie d'argent pour une valeur de 1 000 000 fr.; les $\frac{19}{20}$ de cette fabrication sont en pièces de 5 fr., au titre de 900 millièmes; le reste est fabriqué en pièces divisionnaires au titre de 835 millièmes. On demande : 1° le poids de l'argent pur qui a été employé; 2° le montant des frais de fabrication des pièces de 5 fr. au tarif de 1f,50 par kg. d'argent monnayé?

673. On sait que la rétribution accordée aux entrepreneurs, pour la fabrication des monnaies, est réglée à 6f,70 par kg. de monnaie d'or, et à 1f,50 par kg. de monnaie d'argent. L'État ayant fait monnayer des lingots (or et argent) au titre légal et dont le poids total est de 120 kg., a payé 367f,20. On demande la valeur de la somme des pièces d'or fabriquées et celle de la somme des pièces d'argent.

(*) Le droit à la pension de retraite est acquis seulement à 60 ans d'âge et après 30 ans de service; mais pour les fonctionnaires qui ont passé 15 ans dans la partie active du service, il suffit de 55 ans d'âge et de 25 ans de service.

(**) L'exercice serait trop long avec augmentation de traitement, mais la difficulté ne serait pas plus grande.

(***) On peut traiter cette question sans recourir aux logarithmes (V. n° 484, *Nouv. cours*).

674. Une personne doit trois billets égaux payables, le 1ᵉʳ au bout de 5 mois, le 2ᵉ au bout de 9 mois et le 3ᵉ au bout de 15 mois; elle se libère en versant immédiatement 1 427ᶠ,50. On demande le montant de chaque billet, en tenant compte de l'escompte à 6 %.

675. Le capital d'une société industrielle, partagé en 25 785 actions de 500 fr., a produit un bénéfice de 1 727 595 fr. Le dividende des actionnaires se compose : 1° d'un intérêt fixe de 6 % par action; 2° des $\frac{3}{5}$ de ce qui reste, après avoir prélevé sur le bénéfice ledit intérêt. On demande quel a été le dividende de l'année pour chaque action, et à quel taux l'argent a été placé. On demande aussi de quelle somme s'est accru le fonds de réserve.

676. L'affinage de la fonte, ou conversion de la fonte en fer marchand, se fait aujourd'hui, dans la plupart des forges, au moyen de deux opérations (*). La 1ʳᵉ consiste à transformer, dans les fours à puddler, la fonte en fer brut ou massiaux; la 2ᵉ, à transformer, dans les fours à réchauffer, le fer brut en fer marchand. Or, il faut environ 1 130 kg. de fonte et 750 kg. de houille pour obtenir 1 000 kg. de fer brut, et 1 175 kg. de fer brut et 500 kg. de houille pour avoir 1 000 kg. de fer marchand. On demande la quantité de fonte et de houille nécessaire à la production de 1 000 kg. de fer marchand.

677. Pour obtenir une tonne de fer brut, une usine emploie 1 130 kg. de fonte à 130 fr. la tonne et 750 kg. de houille à 32 fr. la tonne; elle paye en outre 12 fr. pour la main-d'œuvre; elle a produit 2 777 630 kg. de fer brut : on demande ce qu'elle a dû dépenser en tout tant pour la fonte que pour le combustible et la main-d'œuvre.

678. Dans les fours à puddler et à réchauffer, on retire, en moyenne, 125 kg. d'escarbille par 1 000 kg. de houille consommée. Or, il faut dans les fours à puddler 1 130 kg. de fonte et 750 kg. de houille pour obtenir 1 000 kg. de fer brut; dans les fours à réchauffer, il faut, par 1 000 kg. de fer marchand, 1 175 kg. de fer brut et 500 kg. de houille. On demande, d'après ces données, quelle somme représente, à 18 fr. les 1 000 kg., l'escarbille produite par une usine qui a converti de la fonte en fer brut, et celui-ci en 2 000 tonnes de fer marchand.

679. Une usine a produit dans une année 6 361 080 kg. de fer brut; elle a employé 7 146 480 kg. de fonte à 110 fr. la tonne, et 3 889 400 kg. de houille à 30 fr. la tonne. Or, on sait qu'en moyenne il faut pour produire une tonne de fer brut 1 130 kg. de fonte et 750 kg. de houille. On demande si cette usine a marché dans de bonnes conditions, et combien elle a gagné ou perdu sur la fonte et sur la houille par suite de la direction.

680. Une usine a employé 9 000 tonnes de fonte : quelle quantité de fer marchand a-t-elle dû produire, et combien a-t-on dépensé pour le combustible? On sait d'ailleurs que pour obtenir une tonne de fer brut, il faut en moyenne 1 130 kg. de fonte et 750 kg. de houille, et que pour produire une tonne de fer marchand, il faut 1 175 kg. de fer brut et 500 kg. de houille à 32 fr. la tonne.

681. On paye 12 fr. pour la main-d'œuvre par tonne de fer brut, et 14ᶠ,50 par tonne de fer marchand. A combien revient, en réalité, la main-d'œuvre par tonne de fer marchand? On sait d'ailleurs qu'il faut 1 175 kg. de fer brut pour produire une tonne de fer marchand.

682. Une usine dépense pour produire une tonne de fonte brute : 190 kg. de charbon de bois à 15 fr. le mètre cube du poids de 210 kg.; 1 064 kg. de coke à 34 fr. la tonne;

_____

(*) Il y a des forges où l'affinage comprend 3 opérations. Dans la 1ʳᵉ, la fonte, mise en fusion dans les _fineries_, donne le _fine-métal_. Dans la 2ᵉ, on transforme, dans les fours à _puddler_, le fine-métal en _fer brut_; enfin, dans la 3ᵉ, le fer brut est transformé en _fer marchand_, dans les fours à réchauffer.

1^{m3},237 de minerai lavé à 14 fr. le mètre cube;
0^{m3},423 de minerai en cailloux à 7^f,90;
0^{m3},250 de castine à 1 fr. 50;
3^f,70 pour la main-d'œuvre;
12^f,60 pour les frais généraux.
Combien cette usine gagne-t-elle % en vendant ses fontes 120 fr. la
nne?

683. Une usine dépense par tonne de fonte à moulage :
420 kg. de charbon de bois à 7^f,25 les % kg.;
832 kg. de coke à 32 fr. les %₀ kg.;
1^{m3},552 de minerai à 14 fr. le mètre cube;
0^{m3},200 de castine à 2 fr.;
56^f,80 pour la main-d'œuvre de toute nature;
61 fr. pour les frais généraux de toute nature.
Cette usine a gagné 25 % sur la vente de ses produits. 1° Combien
a-t-elle vendu la tonne? 2° Quel bénéfice brut aura-t-elle réalisé sur
3 000 tonnes?

684. Un industriel a loué une usine comprenant 2 hauts-fourneaux, à
raison de 8 000 fr. par an, payables à la fin de chaque année. Pour faire
marcher l'usine, qui produit annuellement 2 800 tonnes de fonte, il faut
120 000 fr. de fonds de roulement. On demande de combien la location et
l'intérêt à 6 % du fonds de roulement grèvent chaque tonne de fonte.

685. On a deux points A et B distants de 225 km. Les 100 kg. de charbon de terre coûtent en A 2^f,40, en B 2^f,80. On demande le point de la
ligne A B où le charbon coûte le même prix, soit qu'il vienne de A ou de B.
On sait d'ailleurs qu'on paye pour le transport 0,0073 par km. et par 100 kg.
pour le charbon venant de A, et 0,0064 pour le charbon venant de B.

686. Un marchand a acheté pour la somme de 2 945 fr. vingt-sept barriques de vin dont le poids est 24 453 kg. Le poids des barriques vides est
la douzième partie du poids du vin. La densité de ce vin est 0,99. Le marchand vend 31 hectolitres de ce vin avec un bénéfice brut de 14 %. L'acheteur le paye avec trois billets égaux qu'il fait le 25 janvier, jour de l'achat.
Le 1er de ces billets est payable le 7 avril, le 2e le 15 juin et le 3e le 17 septembre. On demande le montant de chacun de ces billets, l'acheteur paye
un escompte de 5 $\frac{1}{4}$ % par an (*).

687. Un industriel a loué, pendant 18 ans, une forge à laminoirs (**) à
raison de 20 000 fr. par an, payables à la fin de chaque année. Pour faire
marcher l'usine, qui produit annuellement 10 000 tonnes de fer marchand,
il faut 500 000 fr. de fonds de roulement. 2 ans après son entrée dans l'usine,
l'industriel a dû faire, pour améliorations, des dépenses qui s'élèvent à
35 000 fr. On demande de combien, à partir de cette époque, le prix de
location, l'intérêt à 6 % du fonds de roulement et la dépense de 35 000 fr.,
qui devra être amortie en 16 ans (***), grèvent le prix de revient d'une tonne
de fer. L'intérêt de la somme à amortir sera calculé également à 6 %.

(*) Ce problème et quelques autres qui figurent également dans cet ouvrage ont été donnés
dans divers examens.
(**) Un *laminoir* se compose de deux cylindres horizontaux d'acier ou de fer, placés parallèle-
ment l'un au-dessous de l'autre, tournant en sens inverse, et entre lesquels on fait passer les
pièces de métal à laminer, c'est-à-dire à transformer en barres ou en lames.
(***) Lorsqu'un industriel fait lui-même construire une usine, il doit compter dans le prix de
revient de ses produits : 1° l'intérêt à 5 % des sommes consacrées à l'acquisition des terrains et
des cours d'eau; 2° l'intérêt à 5 %, et l'amortissement en 75 ans environ, des dépenses occasionnées pour l'organisation des cours d'eau, routes, canaux, travaux d'art et maisons d'habita-
tions; 3° l'intérêt à 6 %, et l'amortissement en 50 ans, des sommes nécessaires à la construction
des magasins, halles et autres bâtiments et dépendances directes de l'exploitation; 4° l'intérêt à
6 %, et l'amortissement en 15 ans, des sommes nécessaires à l'acquisition et à l'installation des
machines et appareils primitifs.

688. Une usine a dépensé dans un an : 1° pour acquisition des matières nécessaires à son alimentation 430 000 fr.; 2° pour main-d'œuvre 12 000 fr.; 3° elle a pour les frais généraux, d'abord une location de 8 000 fr. payés en deux termes égaux de 6 mois en 6 mois; ensuite l'intérêt à 6 °/₀ d'un fonds de roulement de 130 000 fr. (*); enfin, d'autres frais généraux (**) s'élevant à 16 000 fr. Les ventes de l'année et ce qui reste en magasin représentent une valeur de 560 000 fr. On demande le bénéfice net de l'usine, en tenant compte à 6 °/₀ de la perte d'intérêt occasionnée par le 1er versement du loyer.

PHYSIQUE, CHIMIE, MÉCANIQUE ET COSMOGRAPHIE

---

689. Calculer la pression qu'exerce l'atmosphère sur un cercle de 1 mètre de diamètre, en supposant la hauteur barométrique de $0^m,76$; on sait d'ailleurs que la densité du mercure est 13,596.

690. D'après Péclet et divers autres savants, une personne vicie en moyenne 6^{mc} d'air par heure. 1° Pendant combien de temps 80 personnes auraient-elles la quantité d'air suffisante dans une salle hermétiquement fermée, et dont les dimensions seraient les suivantes : longueur 20^m, largeur $9^m,30$, hauteur 4^m? 2° Combien faudrait-il introduire d'air par minute pour avoir une aération suffisante pendant 3 heures? 3° L'air entrant avec une vitesse de $0^m,50$ à la seconde, quelle devrait être la surface de l'ouverture des vasistas?

691. Dans la transmission des pressions par les liquides, la pression transmise est proportionnelle à la surface pressée. Le rayon du plus petit piston d'une presse hydraulique (***) a $0^m,02$, la surface du grand est 150 fois plus grande que celle du 1er. On demande la puissance à exercer

---

(*) En raison des rentrées de fonds provenant de ventes à 90 ou à 120 jours, 130 000 fr. peuvent suffire comme fonds de roulement.

(**) **Détail de Frais généraux.**

1° L'*Entretien général* de l'usine:

L'entretien des cours d'eau, digues, barrages, etc.;
L'entretien des murs de clôture, chantiers, ateliers, magasins, etc.;
L'entretien des routes, ponts et chemins qui servent à l'usine;
L'entretien des maisons de maîtres, d'employés, et d'ouvriers, dépendant de l'usine;
L'assainissement et le nettoyage de toutes les parties de l'établissement.

2° Les *Contributions.* Sous ce nom on comprend :

Les contributions proprement dites;
Les patentes et les assurances.

3° Les *Frais de Régie,* c'est-à-dire :

Les appointements de tous les employés;
Les frais de bureau;
Les frais de déplacement pour le service général;
Les frais de poursuites, procès et autres dépenses de même genre;
L'intérêt du fonds de roulement;
L'intérêt du capital engagé et l'amortissement d'une partie de ce capital. On comprend, en effet, qu'il ne suffise pas à un industriel qui emprunte de l'argent, ou qui dispose de ses propres fonds pour construire une usine, de compter dans le prix de revient de ses produits les intérêts à 5 ou 6 °/₀ du capital engagé, il doit, en outre, y comprendre l'amortissement de toute la partie de cette somme affectée à des constructions dont la durée est limitée, et qui n'ont de valeur que par le fait même de son exploitation.

(***) On emploie la presse hydraulique pour extraire l'huile des plantes oléagineuses, le suc des pommes à cidre et des betteraves destinées à faire du sucre; on s'en sert aussi dans la fabrication du papier, pour fouler les draps, éprouver les canons, les chaudières à vapeur; pour comprimer les corps dont on veut réduire le volume (coton, laine, foin, etc.), afin d'en faciliter le transport.

sur le petit piston pour obtenir une pression de 7 800 kg. sur le grand, sachant que le rendement de cette machine est 0,65 (*).

692. La profondeur du puits de Grenelle est de 505 mètres, et la température du fond du puits égale 28°. Dans les caves de l'Observatoire, qui sont à 28 mètres au-dessous du sol, le thermomètre marque 12°. Calculer de quelle profondeur vient l'eau de la source de Chaudes-Aigues (Cantal), dont la température est de 88°. On admettra que les accroissements de profondeur sont proportionnels aux accroissements de température.

693. Un fragment de métal pèse 272^{gr},40 dans l'air, 248^{gr},40 dans l'eau, 254^{gr},15 dans un liquide A et 241^{gr},50 dans un liquide B. On demande par rapport à l'eau : 1° la densité du métal ; 2° la densité du liquide A ; 3° la densité du liquide B.

694. Un corps perd 12 gr. de son poids dans l'air; combien perdrait-il : 1° dans l'oxygène dont la densité est 1,106; 2° dans l'azote dont la densité est 0,971?

695. Un litre d'air à 0° et à la pression 0,76 pèse 1^{gr},293. On demande : 1° ce que pèse, à la même température et à la même pression, un demi-stère de bois dont la densité est 0,5; 2° le côté d'un cube de laiton qui pèserait dans l'air autant que le demi-stère de bois, la densité du laiton étant 8,4.

696. Un cube creux, en cuivre, ayant 0^m,05 de côté, pèse 102 gr. Il est lesté par une balle de plomb de 0^m,01 de rayon. La densité du plomb est 11,352. Le système de ces deux corps plonge entièrement et se trouve en équilibre dans une dissolution saline : on demande la densité de cette dissolution.

697. On connaît le poids, le titre et le diamètre de la pièce de 5 fr.; trouver : 1° le volume d'argent et de cuivre qu'elle contient ; 2° son épaisseur. On sait d'ailleurs que le poids spécifique de l'argent est 10,47 et celui du cuivre 8,85.

698. Une colonne de mercure qui pèse 1 gr. à 0° occupe dans un tube capillaire une longueur de 0^m,137 : on demande le diamètre du tube, sachant que la densité du mercure est 13,598.

699. L'une des branches d'un siphon est remplie de mercure jusqu'à une hauteur de 0^m,234; l'autre branche est remplie d'un liquide dont la hauteur est 1^m,69. Ces deux colonnes se font équilibre. Trouver : 1° la densité du liquide par rapport au mercure dont la densité est 13,598; 2° la densité du même liquide par rapport à l'eau.

700. Un thermomètre Réaumur marque : 1° 19° au-dessus de zéro; 2° 8° au-dessous : que doit marquer dans le même moment un thermomètre centigrade (**).

701. Un thermomètre de Fahrenheit marque : 1° 68°; 2° 14° au-dessus de zéro; 3° 16° au-dessous : que doit marquer dans le même moment un thermomètre centigrade?

702. Le coefficient de dilatation d'un métal est $\frac{1}{795}$, celui d'un autre

---

(*) C'est-à-dire que cette machine ne produit que les 0,65 de ce qu'elle produirait s'il n'y avait aucune perte de travail. Le rendement des bonnes machines est compris entre 0,60 et 0,80.

(**) On distingue trois échelles dans la graduation des thermomètres : l'échelle centigrade, l'échelle de Réaumur et l'échelle de Fahrenheit; dans la 1re le zéro correspond à la température de la glace fondante, et 100° à la température de l'eau bouillante, sous la pression atmosphérique de 0^m,76; dans la 2e, les 2 *points fixes* correspondent encore à la température de la glace fondante et à celle de l'eau bouillante, mais leur intervalle est seulement divisé en 80° au lieu d'être partagé en 100°, comme dans l'échelle centigrade; et dans la 3e le point fixe supérieur correspond encore à la température de l'eau bouillante, mais le zéro correspond au degré de froid obtenu par le mélange, à poids égaux, de sel ammoniac pilé et de neige. L'intervalle de ces 2 points fixes est partagé en 212 parties. Le zéro des deux premières échelles correspond à 32° de Fahrenheit. Le thermomètre de Fahrenheit n'est guère usité qu'en Angleterre et dans l'Amérique du Nord.

$\frac{1}{340}$: quelle longueur devrait avoir une barre du second métal pour se dilater autant qu'une barre de 2 mètres du 1er?

703. On a une barre de 3 mètres d'un métal qui a pour coefficient de dilatation $\frac{1}{754}$. Une autre barre de 5 mètres d'un autre métal se dilate, pour un même nombre de degrés, autant que la 1re. Trouver son coefficient de dilatation.

704. On a un carré de tôle de 3 mètres de côté à 0°; on porte sa température à 64°. Calculer ce que deviendra sa surface, le coefficient de dilatation de la tôle étant 0,0000122.

705. Une barre de fer, dont la longueur à 0° est 1m,15, est placée dans un four dont on veut connaître la température. On demande cette température, sachant que la longueur de la barre devient 1m,1621, et que le coefficient de dilatation du fer est 0,0000118.

706. Le coefficient de dilatation cubique (*) d'un corps est l'augmentation que subit l'unité de volume, lorsque la température s'élève de 0° à 1°. Cela étant connu, trouver : 1° le volume d'un corps solide à zéro; 2° à 24°,7, sachant que ce corps a 1dme à 15°,4 et que son coefficient de dilatation cubique est $\frac{1}{8\,500}$.

707. On a dans un 1er vase de l'eau à 12°, et dans un second, de l'eau à 62° : combien faut-il prendre de kg. d'eau dans chacun d'eux pour former un bain de 280 kg. à 28°?

708. Pour un bain ordinaire, il faut environ 280 kg. d'eau à 30°. Combien, si l'on emploie de la houille comme combustible, dépensera-t-on pour chauffer 20 bains ordinaires? On sait que l'eau froide employée était à 6°, qu'on peut utiliser 6 000 calories (**) (ou unités de chaleur) par kilogramme de houille, et enfin que le kg. de combustible revient à 0f,043.

709. La chaleur spécifique (***) du fer étant 0,1138, celle de l'eau prise pour unité : quelle quantité de houille faudra-t-il pour élever, de zéro à 100°, une masse de fer pesant 120 kg.? On supposera qu'on peut utiliser 6 000 calories par kg. de houille.

710. On a élevé la température de 130 grammes d'argent de 9° à 461°: combien de calories ce poids d'argent a-t-il gagné? On sait que la chaleur spécifique de l'argent est 0,0570.

711. On met 8kg,15 d'un corps à la température de 120° dans 33kg,12 d'eau à 14°,5, le mélange prend une température de 22°. On demande la chaleur spécifique de ce corps.

712. La capacité calorifique de l'or est 0,0324. On demande quel poids de ce métal à 148° il faudra pour élever de 11°,2 à 14°,6 la température de 2kg,1 d'eau.

713. Un morceau de platine pesant 60 gr. est placé dans un four et y reste un temps suffisant pour en avoir la température; on le retire ensuite et on le plonge dans 170 gr. d'eau à 8°, on observe que la température de l'eau s'élève à 20°. On demande la température du four : on sait d'ailleurs que la capacité calorifique du platine est 0,0329.

714. Un vase en cuivre pesant 0kg,534 renferme 60 kg. d'eau à 15°,5. On plonge dans cette eau 25 kg. d'un métal à 80°. La température de l'eau monte à 26°,4. On demande la capacité calorifique de ce métal, celle du cuivre étant 0,0951.

715. Combien faut-il de kg. de vapeur d'eau pour porter un bain de

(*) Le coefficient de dilatation cubique est *sensiblement* triple du coefficient de dilatation linéaire.

(**) Voir note de la page 82.

(***) On appelle *chaleur spécifique* ou *capacité calorifique* d'un corps, le nombre de calories nécessaires pour élever de zéro à 1° la température de 1 kg. de ce corps.

246 kg. d'eau de 13° à 28°, la chaleur de vaporisation de l'eau étant 540 (*)?

716. On fait condenser 12 kg. de vapeur d'eau à 100°, dans 240 kg. d'eau à 10° : quelle doit être la température de la masse liquide?

717. On fait passer 34^{kg},26 de vapeur d'eau à 100° dans une masse d'eau de 2 500 kg. à 16°. Cette eau est contenue dans un réservoir en laiton pesant 122 kg. On demande la température du mélange, sachant que la chaleur spécifique du laiton est 0,0939.

718. On mêle 7 kg. de glace à zéro avec 30 kg. d'eau à 47°. On demande la température du mélange. On sait en outre que la chaleur de fusion de l'eau est 79, c'est-à-dire que 1 kg. de glace, pour se fondre et donner de l'eau à zéro, absorbe 79 calories (**).

719. On pratique une cavité dans un morceau de glace, et on y enferme 4^{kg} de cuivre dont la température a été portée préalablement à 100°. On demande le poids de la glace fondue, sachant que le calorique spécifique du cuivre est 0,095 et que la chaleur de fusion de la glace est 79.

720. Quel poids de glace a-t-on projeté dans 160 litres d'eau pour que la température de cette eau descende, par suite de la fusion de la glace, de 60° à 28°? On sait que la chaleur de fusion de la glace est 79.

722. L'eau est un composé d'oxygène et d'hydrogène, dans la proportion d'un volume d'oxygène et de deux volumes d'hydrogène. La densité de l'oxygène par rapport à l'air est 1,106, celle de l'hydrogène 0,069, et celle de l'eau 773,28. Trouver combien il entre de litres de chacun des deux gaz dans un litre d'eau pure.

723. Combien 1 kg. de chlorate de potasse peut-il donner de litres d'oxygène? On sait : 1° que le chlorate de potasse est un sel composé en poids de 39,14 parties de potassium, de 35,43 parties de chlore et de 48 parties d'oxygène; 2° que la densité de l'oxygène par rapport à l'air est 1,1057 et que 1^l d'air pèse environ 1^{gr},3, et enfin que, dans la décomposition du chlorate de potasse, on obtient tout l'oxygène qu'il renferme.

724. Quelle force faut-il appliquer à l'extrémité d'un levier (***) de 1^m,10 de longueur pour faire équilibre à un poids de 54 kg. appliqué à l'autre extré-

(*) « Toute vaporisation, dit M. Jamin, est accompagnée d'une disparition de chaleur. Cette loi se prouve par la constance du point d'ébullition : puisqu'un liquide bouillant sur un foyer conserve toujours la même température, il faut que la chaleur de ce foyer soit absorbée par la vapeur et disparaisse sans qu'il y ait aucun effet thermométrique produit. On remarque également que l'évaporation de l'eau ou de l'éther sur une partie du corps la refroidit aussitôt.

« Pour mesurer cette chaleur perdue, Black mit sur un poêle un vase plein d'eau et compara les temps nécessaires : 1° pour l'échauffer de 0° à 100°; 2° pour la vaporiser tout entière. Il trouva le second égal à 5 fois et demie au premier; il en conclut qu'il faut dépenser 550 calories pour vaporiser 1 kg. d'eau sans l'échauffer.

« Réciproquement, la vapeur qui se condense rend libres les 550 calories qu'elle avait empruntées pour se former. On le prouve en faisant passer 1 kg. de vapeur dans 5,50 d'eau à zéro; celle-ci s'échauffe jusqu'à 100°, moins l'abaissement qu'elle éprouve par le refroidissement pendant le temps que dure l'expérience. »

Cette chaleur employée seulement à changer l'état du liquide a été désignée jusqu'ici sous le nom de *chaleur latente;* on dit plus généralement aujourd'hui *chaleur de vaporisation.*

Quand on dit que la chaleur de vaporisation de l'eau est 540 (MM. Favre et Silbermann ont trouvé 536), cela signifie donc que 1 kg. d'eau emprunte pour se vaporiser 540 calories; lorsque le kg. de vapeur repasse à l'état liquide, les 540 calories redeviennent libres.

(**) MM. de La Provostaye et Desains ont trouvé 79,25 pour la chaleur de fusion de la glace.

« Toute fusion, dit encore M. Jamin, est accompagnée d'une destruction de chaleur, et toute solidification, d'une production de chaleur. La *chaleur de fusion* d'un corps est le nombre de calories que l'unité de poids de ce corps absorbe, par le seul fait de sa fusion, ou qu'il dégage quand il passe de l'état liquide à l'état solide, sans que sa température change.

« Cette chaleur, qui cesse d'être sensible au thermomètre pendant la fusion, était aussi désignée sous le nom de *chaleur latente.* »

(***) Il y a 3 genres de levier. Dans les leviers du 1er genre, le point d'appui est placé entre la puissance et la résistance : exemple, la balance; dans les leviers du second genre, la résistance est entre le point d'appui et la puissance : exemple, la brouette; dans les leviers du 3e genre, la puissance est entre le point d'appui et la résistance : exemple, les pincettes.

mité, laquelle est éloignée de 0m,60 du point d'appui? On sait d'ailleurs que deux forces se font équilibre à l'aide d'un levier, lorsque leurs intensités sont en raison inverse des bras de levier auxquelles elles sont appliquées.

725. On pèse un corps dans l'un des plateaux d'une balance, et l'on constate que, pour lui faire équilibre, il faut placer dans l'autre plateau un poids de 1 kg. On met ensuite le corps dans le 2e plateau, et l'on trouve qu'il faut placer 1kg,2 dans le 1er pour qu'il y ait de nouveau équilibre. On demande : 1° le rapport qui existe entre les longueurs des deux bras de cette balance ; 2° le poids réel du corps. On sait d'ailleurs que la balance n'est qu'un levier du 1er genre.

726. Dans le treuil (*), la puissance est à la résistance comme le rayon du tambour est au rayon de la circonférence décrite par le point d'application de la puissance. On suppose que la circonférence décrite par le point d'application de la puissance doit avoir 2m,40 de rayon, le tambour 0m,15 : d'ailleurs, le poids à soulever est un bloc de pierre ayant un volume de 1mc,1 et dont la densité est 2,5 : on demande la puissance à déployer pour faire équilibre à ce poids, en supposant qu'il n'y ait aucune perte de travail.

727. Dans le palan (**) ordinaire, la puissance est égale à la résistance divisée par le nombre des poulies. Si l'on suppose que le rendement d'un palan est 0,80, quelle force faut-il appliquer à l'extrémité libre de la corde d'un palan à 6 poulies, pour équilibrer le poids d'un bloc de pierre ayant 1m,60 de long, 0m,80 de large et 0m,60 de hauteur, sachant que la densité de cette pierre est 2,7?

728. L'année se compose de 365 jours 6 heures; une lunaison (***) de 29j $\frac{499}{940}$: trouver le plus petit intervalle de temps qui soit, à la fois, un nombre exact d'années et un nombre exact de lunaisons.

729. Une montre porte 3 aiguilles, celle des heures, celle des minutes et celle des secondes. Cette montre marque midi. A quelle heure se rencontreront dans le tour du cadran : 1° l'aiguille des heures et celle des secondes; 2° l'aiguille des minutes et celle des secondes; 3° les 3 aiguilles, 4° combien de rencontres de l'aiguille des heures et des secondes; 5° de l'aiguille des minutes et des secondes; 6° des 3 aiguilles?

DES ASSURANCES

Assurances sur la vie en général. Les assurances sur la vie se divisent en 2 classes : les *assurances en cas de mort*, et les *assurances en cas de vie*. Une 3e combinaison, participant de ces 2 classes d'assurance, a reçu, pour ce motif, la dénomination d'*assurances mixtes*.

On appelle *Police*, le contrat qui règle les conditions de l'assurance. L'*Assuré* est la personne sur la tête de laquelle repose l'assurance.

Le *Contractant* est la personne qui signe la police et qui doit exécuter les engagements pris envers la compagnie.

Le *Bénéficiaire* est celui qui est appelé à jouir du *bénéfice* de l'assurance. La même personne peut être à elle seule l'assuré, le contractant et le bénéficiaire.

(*) Le treuil est une machine bien connue : le treuil des puits, le treuil des carriers. On désigne sous le nom de *tambour* le cylindre sur lequel s'enroule la corde destinée à supporter le poids à soulever.

(**) Le *palan* ordinaire est composé de l'ensemble de deux moufles ayant le même nombre de poulies. La *moufle* est un système de poulies toutes de même diamètre et réunies dans une seule chape ou support. Elles sont généralement montées sur le même axe autour duquel elles peuvent tourner. Les poulies sont quelquefois inégales et montées sur des axes différents.

(***) Intervalle de temps qui s'écoule entre deux nouvelles lunes.

ASSURANCES EN CAS DE MORT.

L'Assurance en cas de mort, a pour objet le payement d'un capital déterminé au décès de l'assuré.

Les combinaisons de l'assurance en cas de mort comprennent, dans la pratique, 3 divisions principales : 1° les *assurances pour la vie entière* ; 2° les *assurances temporaires* ; 3° les *assurances de survie*.

1° Assurances pour la vie entière. L'assurance pour la vie entière est une combinaison par laquelle la *Compagnie* s'oblige à verser lors du décès de l'assuré, à *quelque époque qu'il arrive*, un capital déterminé à ses héritiers ou ayants droit. L'assuré, de son côté, est tenu de payer à la Compagnie une prime unique, ou encore une prime annuelle, qui doit être acquittée, par avance, chaque année, jusqu'au décès de l'assuré.

Ainsi, *une personne âgée de 35 ans, pour garantir, de cette manière à ses héritiers, un capital de 50 000ᶠ, aurait à payer pendant toute sa vie, une prime annuelle de 1 420ᶠ.* Mais si cette personne meurt après avoir versé une seule prime, ses héritiers reçoivent immédiatement la somme de 50 000ᶠ. La même personne aurait pu assurer le même capital en versant une prime unique de 21 575ᶠ.

2° Assurances temporaires. L'assurance temporaire est un contrat par lequel la Compagnie, moyennant une prime unique ou annuelle, s'engage à payer une certaine somme au décès de l'assuré, si ce décès a lieu dans un espace de temps fixé par la police (1 an, 2 ans, 5 ans, etc.) Si l'assuré survit à ce nombre d'années, la Compagnie est libérée de ses engagements, et les primes payées lui demeurent aquises comme prix du risque qu'elle a couru.

Un commerçant, âgé de 35 ans, réalise chaque année de très-beaux bénéfices ; il espère que 10 ans lui suffiront pour créer le bien-être de sa famille. Mais il réfléchit que si la mort le surprend avant ce temps, il laissera les siens dans une position précaire ; afin de prévenir ce malheur, il fait assurer sur sa vie, pour 10 années, une somme de 100 000ᶠ, pour laquelle il devra payer, 1 860ᶠ chaque année. Si le commerçant vit encore à l'expiration de cette période de dix années, il aura dépensé sans profit un capital de 18 600ᶠ. Mais alors les bénéfices qu'il a réalisés suffiront sans doute pour assurer l'avenir de sa famille. Si, au contraire, il meurt dans cette période de 10 ans, il lui laissera le bénéfice de son assurance ou 100 000ᶠ.

3° Assurances de survie. Dans cette espèce d'assurance, la Compagnie s'engage à payer un capital, ou à servir une rente, à une personne désignée par l'assuré, mais seulement dans le cas où cette personne survivrait à l'assuré lui-même.

Un fils, âgé de 30 ans, est le seul soutien de sa mère qui vient d'atteindre sa 65ᵉ année. Ce fils, craignant de mourir avant elle, et de la

22

laisser ainsi dans le besoin, contracte une assurance de 20 000^f. Pendant toute l'existence de sa mère, il aura à payer annuellement une somme de 320^f ; mais s'il venait à mourir avant elle, celle-ci toucherait immédiatement les 20 000^f. Pour créer dans les mêmes conditions une rente de 1 000^f à sa mère, ce qui est plus naturel, ce fils aurait dû donner seulement 96^f,20 de prime annuelle.

ASSURANCES EN CAS DE VIE.

Les combinaisons les plus pratiques de l'assurance en cas de vie sont aussi au nombre de 3 : 1° la constitution d'une *rente viagère immédiate* sur une ou deux têtes ; 2° d'une *rente viagère différée* ; 3° l'assurance d'un *capital différé.*

Rentes viagères immédiates sur une seule tête. La rente viagère immédiate est constituée par le versement d'un capital quelconque à une Compagnie d'assurance. Il est bien évident que la rente est d'autant plus forte que la somme versée est plus considérable et que l'âge de l'assuré est plus avancé.

Ainsi, *en versant une somme de 10 000^f, une personne, âgée de 42 ans, se constituerait une rente viagère immédiate de 662^f, payable par trimestre.*

Rentes viagères immédiates sur 2 têtes. Une rente viagère constituée sur 2 têtes revient en totalité ou en partie, suivant les conventions faites avec la Compagnie, au rentier qui survit à l'autre.

Par exemple : *deux personnes, l'une âgée de 50 ans et l'autre de 60 versant 20 000^f à une Compagnie recevraient une rente viagère immédiate de 1 386^f, payable par semestre, et à la mort de l'un des rentiers le survivant toucherait encore la même rente viagère.*

2° Rentes viagères différées. Dans ce genre d'assurance, on verse, soit en une seule fois, soit en payements annuels un capital dont on ne doit pas recevoir la rente avant une époque déterminée. Il est bien évident que cette rente est d'autant plus considérable que le terme fixé est plus éloigné.

Ainsi, *une personne âgée de 42 ans se constituerait une rente de 1 371^f, payable par semestre, en versant en une seule fois un capital de 10 000^f et en attendant 10 ans pour recevoir la 1re rente.*

3° **Assurance d'un capital différé.** Cette assurance consiste à verser une prime unique ou des primes annuelles, afin de recevoir à une époque fixée, un certain capital si l'on est encore vivant.

Si, par exemple, on payait pour un enfant de 5 ans, une prime annuelle de 405^f, on toucherait 16 ans après, si l'enfant était encore en vie, un capital de 10 000^f.

REMARQUE. Les sommes versées, soit pour constituer une rente viagère immédiate, soit pour jouir après un certain temps d'une rente viagère, soit enfin pour contracter l'assurance d'un capital différé, sont encaissées par les Compagnies d'assurances. Si l'assuré désire que ces sommes retournent à ses héritiers, il souscrit une *contre-assurance* dont l'objet est de garantir à ses ayants droit le remboursement d'un capital égal aux sommes versées par lui.

Bases du calcul des primes d'assurances sur la vie.
1re BASE : *Le taux d'intérêt.* Les Compagnies françaises payent généralement à 4 % les intérêts composés des sommes qu'elles reçoivent des
contractants.

2e BASE. *Chances de mortalité.* Les Compagnies françaises d'assurance
sur la vie, font usage de la table de Duvillard, pour les assurances en cas
de décès, et elles emploient la table de Deparcieux pour les assurances en
cas de vie. La table de Deparcieux, bien que dressée dès 1746 pour des
têtes choisies(1), représente encore aujourd'hui, assez exactement la loi
de mortalité pour des têtes choisies.

La table de Duvillard date de 1806 : « Elle présente, dit-il, tous les résultats de la mortalité générale recueillis, avant la Révolution, dans divers
lieux de la France, et elle doit représenter assez exactement la loi de
mortalité. » Mais, depuis cette époque, il est survenu de grands changements dans les divers éléments de la population, de sorte que cette table
donne aujourd'hui une loi de mortalité beaucoup trop rapide. Les tarifs
calculés d'après cette table procuraient donc aux Compagnies des bénéfices
par trop considérables ; c'est pour ce motif qu'elles accordent, presque
toutes maintenant, une part de ces mêmes bénéfices à leurs clients.

Participation dans les bénéfices de la Compagnie.
Les assurés dont les polices ont au moins une année de date, jouissent
d'une participation de 50 % dans les bénéfices produits par leur catégorie
d'assurance. Cette participation est payée comptant, ou vient en diminution de la prime, ou en accroissement du capital, et les primes rapportent
alors un intérêt qui varie de 3^f,50 à 4^f,50 % :

REMARQUE. Dans les assurances *en cas de vie,* les assurés ne participent
point aux bénéfices de la Compagnie.

ASSURANCES MIXTES.

Ce genre d'assurance profite soit à l'assuré lui-même, soit à ses ayants
droit ; car, moyennant une prime, annuelle, la Compagnie garantit un
capital déterminé à l'assuré, s'il est vivant à une époque fixée d'avance ;
s'il meurt auparavant, c'est-à-dire pendant le cours de l'assurance, les
primes cessent d'être dues, et ses ayants droit touchent immédiatement
le capital assuré.

Ainsi, *une personne âgée de 36 ans qui constituerait une assurance
mixte de 12 000^f, aurait à verser chaque année, pendant 10 ans, une
somme de 1 197^f,60.* Si la personne meurt après avoir versé la 1re prime
seulement, ses héritiers touchent immédiatement les 12 000^f, si dans 10
ans elle est encore en vie, c'est elle qui recevra les 12 000^f.

REMARQUE. Pour l'assurance mixte, la participation dans les bénéfices de la
Compagnie est aussi de 50 %.

---

(1) C'est-à-dire pour des sujets n'ayant aucun genre apparent de maladie pouvant occasionner prématurément leur mort.

ASSURANCES SOUS LA GARANTIE DE L'ÉTAT.

Assurances en cas de décès. L'État n'est point venu faire concurrence aux Compagnies ; il ne s'adresse qu'aux petites bourses des classes ouvrières. Si l'on veut constituer à ses héritiers un capital de quelque importance : dix, vingt, cinquante, cent mille francs, on est obligé de recourir aux Compagnies.

D'après la Loi du 11 juillet 1868, il a été créé une Caisse d'assurance ayant pour objet de payer au décès de chaque assuré, à ses héritiers ou ayants droit, une somme déterminée suivant les bases fixées ci-après.

La participation à l'assurance est acquise par le versement de primes uniques ou primes annuelles.

La somme à payer au décès de l'assuré est fixée conformément à des tarifs tenant compte :

1° *De l'intérêt composé à 4 %, par an des versements effectués ;* 2° *des chances de mortalité, à raison de l'âge des déposants, calculées d'après la table de Deparcieux.*

Les primes établies d'après les tarifs sus-énoncés seront augmentées de 6 %.

Toute assurance faite moins de 2 ans avant le décès de l'assuré demeure sans effet. Dans ce cas, les versements effectués sont restitués aux ayants droit, avec les intérêts simples à 4 %.

Les sommes assurées sur une tête, ne peuvent excéder 3 000^f. Elles sont insaisissables et incessibles, jusqu'à concurrence de la moitié, sans toutefois que la partie incessible ou insaisissable puisse descendre au-dessous de 600^f.

Nul ne peut s'assurer s'il n'est âgé de 16 ans au moins et de 60 au plus.

A défaut de payement de la prime annuelle dans l'année qui suivra l'échéance, les versements effectués sont ramenés à un versement unique donnant lieu, au profit des ayants droit de l'assuré, à la liquidation d'un capital au décès.

PRIMES A PAYER D'APRÈS LES TARIFS POUR UNE ASSURANCE DE 100 FRANCS PAYABLE AU DÉCÈS.

AGES.	PRIMES UNIQUES.	PRIMES ANNUELLES A PAYER PENDANT				
		5 ans.	10 ans.	15 ans.	20 ans.	la durée de la vie.
De 16 à 17 ans...	25^{f}9679	5^{f}63623	3^{f}15223	2^{f}34572	1^{f}95636	1^{f}32283
De 20 à 21	27 5582	5 98608	3 35240	2 49722	2 08417	1 43231
De 25 à 26	29 6755	6 44793	3 61497	2 69505	2 24927	1 58514
De 30 à 31	32 1799	6 99445	3 92395	2 92419	2 44224	1 77723
De 35 à 36	35 2214	7 65197	4 28798	3 19878	2 68316	2 02879
De 40 à 41	39 3872	8 55975	4 80886	3 61157	3 05324	2 41063
De 45 à 46	44 4122	9 67047	5 48563	4 16260	3 55143	2 93995
De 50 à 51	49 5234	10 8187	6 20426	4 75663	4 10601	3 57499
De 55 à 56	54 8156	12 0165	6 96580	5 41903	4 77607	4 36616
De 59 à 60	59 4466	13 0657	7 67653	6 10727	5 50359	5 20604

Il a été créé à la même date du 11 juillet 1868, et également sous la garantie de l'Etat, une Caisse d'assurance en cas d'accidents, ayant pour objet de servir des pensions viagères aux personnes assurées, qui dans l'exécution des travaux agricoles, ou industriels, seront atteintes de blessures entraînant une incapacité permanente de travail, et de donner des secours aux veuves et aux enfants mineurs des personnes assurées qui auront péri par suite d'accidents survenus dans l'exécution desdits travaux.

Les assurances en cas d'accidents ont lieu par année. L'assuré verse à son choix et pour chaque année 8^f, 5^f ou 3^f.

Pour le règlement des pensions viagères à concéder, les accidents sont distingués en 2 classes :

1° *Accidents ayant occasionné une incapacité absolue de travail*;

2° *Accidents ayant entraîné une incapacité permanente de travail.*

La pension accordée pour les accidents de la seconde classe n'est que de *la moitié* de la pension afférente aux accidents de la 1re.

CAISSE D'ASSURANCES EN CAS D'ACCIDENTS.

COTISATIONS.	PENSIONS ALLOUÉES POUR LES ACCIDENTS ENTRAINANT INCAPACITÉ ABSOLUE DE TRAVAIL ET ARRIVÉS A L'AGE DE					
	12 ans.	20 ans.	30 ans.	40 ans.	50 ans.	60 ans.
8 francs.	313^f	325^f	342^f	372^f	437^f	545^f
5 francs.	200	203	214	232	273	341
3 francs.	150	150	150	150	164	204

RENTES VIAGÈRES.

Il est créé, sous la garantie de l'Etat, une Caisse de retraites ou rentes viagères pour la vieillesse (Loi du 18 juin 1850). Le montant de la rente viagère est fixé conformément à des tarifs tenant compte, pour chaque versement : 1° *de l'intérêt composé du capital à raison de 5 %* (Loi du 20 décembre 1872); 2° *des chances de mortalité, en raison de l'âge du titulaire au jour du versement et de l'âge auquel commence la jouissance de la rente, calculée d'après les tables de Deparcieux*; 3° *du remboursement au décès, du capital versé, si la réserve en a été faite par le déposant.*

L'âge du déposant est calculé comme si ce déposant était né le 1er jour du trimestre qui a suivi la date de sa naissance. L'intérêt de tout versement n'est compté qu'à partir du 1er jour du trimestre qui suit la date du versement.

Les versements peuvent être faits au profit de toute personne âgée de plus de 3 ans.

Les versements sont facultatifs; ils peuvent être interrompus ou continués au gré des déposants.

Il ne peut être inscrit sur la même tête une rente supérieure à 1 500^f.

Les sommes versées dans le courant d'une année, au compte de la même personne, ne peuvent excéder 4 000^f.

L'entrée en jouissance peut être fixée, au choix du déposant, à une année d'âge accomplie de 50 à 65 ans.

Tout déposant qui, soit par lui-même, soit par un intermédiaire, opère un 1er versement fait connaître ses nom, prénoms, qualités civiles, âge, profession et domicile.

Il produit son acte de naissance; il déclare s'il entend faire l'abandon du capital versé, ou s'il veut que ce capital soit remboursé, lors de son décès, à ses ayants droit; à quelle année d'âge accomplie, à partir de la 50e année, il a l'intention d'entrer en jouissance de la rente viagère. Les rentes viagères sont inscrites au Grand-Livre de la dette publique et sont payables par trimestre.

Nota. Les versements sont reçus à la Caisse des dépôts et consignations, chez les Percepteurs des contributions directes et les Receveurs des postes.

Tous les actes destinés à être produits à la Caisse des retraites et aux Caisses d'assurances, doivent être délivrés *gratuitement* et dispensés du timbre.

Des notices relatives à chacune des trois Caisses sont délivrées gratuitement à la Caisse des dépôts et consignations, chez les Percepteurs des contributions directes et les Receveurs des postes. Elles sont adressées *franco* aux personnes qui en font la demande à la Direction générale de la Caisse des dépôts et consignations.

DIFFÉRENCE ENTRE LES TARIFS DES COMPAGNIES ET CEUX DE L'ÉTAT.

Réaliser des bénéfices : tel est le but principal de toutes les Compagnies d'assurances. Venir en aide aux petits capitalistes et aux classes ouvrières · tel a été le mobile de l'Etat.

On comprend dès lors que les tarifs ne peuvent être les mêmes dans les deux cas : ceux des Compagnies sont, en effet, un peu plus élevés que ceux de l'Etat.

Ainsi, pour assurer, à l'âge de 25 ans, un capital de 1 000^f à ses héritiers, lors de son décès, on aurait à payer toute sa vie à une Compagnie d'assurance (1), une prime annuelle de 22^f,10, et à l'Etat, une prime annuelle de 15^f,85. Seulement, dans le 1er cas, il y aurait participation de 50 % dans les bénéfices de la Compagnie.

De même, d'après les tarifs des Compagnies, si l'on versait à 40 ans un capital de 100^f, on toucherait à 50 ans une rente viagère de 12^f,97. Pour le même capital versé à l'Etat, une personne du même âge recevrait une rente viagère de 15^f,81.

---

(1) Les agents de toutes les Compagnies d'assurance mettent, à la disposition de chacun, les tarifs des Compagnies qu'ils représentent.

CAISSE DE RETRAITES POUR LA VIEILLESSE.

AGE au versement unique ou au premier versement.	PRODUIT DE CHAQUE FRANC VERSÉ.						PRODUITS DE VERSEMENTS ANNUELS DE 10f.					
	CAPITAL ALIÉNÉ.			CAPITAL RÉSERVÉ.			CAPITAL ALIÉNÉ.			CAPITAL RÉSERVÉ.		
	RETRAITE A L'ÂGE DE			RETRAITE A L'ÂGE DE			RETRAITE A L'ÂGE DE			RETRAITE A L'ÂGE DE		
	50 ans.	55 ans.	60 ans.	50 ans.	55 ans.	60 ans.	50 ans.	55 ans.	60 ans.	50 ans.	55 ans.	60 ans.
3 ans.	1'4962	2'3351	3'8368	1'1712	1'8278	3'0033	233'81	370'73	615'87	183'06	288'99	478'26
10 ans.	0 9318	1 4513	2 3895	0 7630	1 1908	1 9566	148 50	237 59	397 11	114 42	181 86	302 24
20 ans.	0 5260	0 8209	1 3489	0 4119	0 6428	1 0563	75 43	123 55	209 73	55 55	90 00	151 30
30 ans.	0 2894	0 4517	0 7423	0 2159	0 3369	0 5536	34 59	59 83	105 02	24 14	40 98	70 75
40 ans.	0 1581	0 2467	0 4054	0 1085	0 1693	0 2783	12 22	24 90	47 64	7 92	15 65	29 14
50 ans.	0 0853	0 1331	0 2188	0 0499	0 0778	0 1279	»	5 83	16 30	»	3 29	8 83
60 ans.	»	»	0 1064	»	»	0 0500	»	»	»	»	»	»

*

LOI DE LA MORTALITÉ EN FRANCE

D'APRÈS DUVILLARD.

AGES.	VIVANTS.	AGES.	VIVANTS.	AGES.	VIVANTS.	AGES.	VIVANTS.
0	1 000 000	28	451 635	56	248 782	84	15 175
1	767 525	29	444 932	57	240 214	85	11 886
2	671 834	30	438 183	58	231 488	86	9 224
3	624 668	31	431 398	59	222 605	87	7 165
4	598 713	32	424 583	60	213 567	88	5 670
5	583 151	33	417 744	61	204 380	89	4 686
6	573 025	34	410 886	62	195 054	90	3 830
7	565 838	35	404 012	63	185 600	91	3 093
8	560 245	36	397 123	64	176 035	92	2 466
9	555 486	37	390 219	65	166 377	93	1 938
10	551 122	38	383 300	66	156 651	94	1 499
11	546 888	39	376 363	67	146 882	95	1 140
12	542 630	40	369 404	68	137 102	96	850
13	538 255	41	362 419	69	127 347	97	621
14	533 711	42	355 400	70	117 656	98	442
15	528 969	43	348 342	71	108 070	99	307
16	524 020	44	341 235	72	98 637	100	207
17	518 863	45	334 072	73	89 404	101	135
18	513 502	46	326 843	74	80 423	102	84
19	507 949	47	319 539	75	71 745	103	51
20	502 216	48	312 148	76	63 424	104	29
21	496 317	49	304 662	77	55 511	105	16
22	490 267	50	297 070	78	48 057	106	8
23	484 083	51	289 361	79	41 107	107	4
24	477 777	52	281 527	80	34 705	108	2
25	471 366	53	273 560	81	28 886	109	1
26	464 863	54	265 450	82	23 680	110	0
27	458 282	55	257 193	83	19 106		

LOI DE LA MORTALITÉ EN FRANCE

D'APRÈS DEPARCIEUX.

AGES.	VIVANTS à chaque âge.	AGES.	VIVANTS à chaque âge.	AGES.	VIVANTS à chaque âge.
0	1 286	32	718	64	409
1	1 071	33	710	65	395
2	1 006	34	702	66	380
3	970	35	694	67	364
4	947	36	686	68	347
5	930	37	678	69	329
6	917	38	671	70	310
7	906	39	664	71	291
8	896	40	657	72	271
9	887	41	650	73	251
10	879	42	643	74	231
11	872	43	636	75	211
12	866	44	629	76	192
13	860	45	622	77	173
14	854	46	615	78	154
15	848	47	607	79	136
16	842	48	599	80	118
17	835	49	590	81	101
18	828	50	581	82	85
19	821	51	571	83	71
20	814	52	560	84	59
21	806	53	549	85	48
22	798	54	538	86	38
23	790	55	526	87	29
24	782	56	514	88	22
25	774	57	502	89	16
26	766	58	489	90	11
27	758	59	476	91	7
28	750	60	463	92	4
29	742	61	450	93	2
30	734	62	437	94	1
31	726	63	423	95	0

USAGE DES TABLES DE MORTALITÉ

730. *Sur* 2 000 *personnes âgées de* 30 *ans, combien, d'après la table de Duvillard, atteindront l'âge de* 50 *ans? Combien d'après la table de Deparcieux?*

1° 1 356 ; 2° 1 583.

1° Selon Duvillard, sur 438 183 personnes âgées de 30 ans 297 070 atteignent l'âge de 50 ans; si, par conséquent, on désigne par x le nombre demandé, on a

$$\frac{x}{2\ 000} = \frac{297\ 070}{438\ 183} :$$

d'où
$$x = \frac{297\ 070 \times 2\ 000}{438\ 183} = 1\ 356.$$

2° Selon Deparcieux, sur 734 personnes âgées de 30 ans 581 atteignent l'âge de 50 ans. En désignant par y le nombre demandé, on a donc

$$\frac{y}{2\ 000} = \frac{581}{734} :$$

d'où
$$y = \frac{581 \times 2\ 000}{734} = 1\ 583.$$

731. *Trouver,* 1° *selon Deparcieux,* 2° *selon Duvillard, la durée de la vie probable* (1) *d'une personne âgée de* 50 *ans.*

Rép. 1° 21 ans ; 2° 16 ans 10 mois.

1° Sur 581 personnes âgées de 50 ans, la moitié ou 291 environ atteignent 71 ans. La durée de la vie probable à 50 ans est donc 71 — 50 ou 21 ans.

2° D'après la table de Duvillard, sur 1 000 000 de personnes nées le même jour, il en existe encore 297 070 à 50 ans, dont la moitié est de 148 535.

Si l'on cherche à quel âge correspond ce nombre de vivants, on trouve qu'il tombe entre 66 ans et 67 ans. La différence entre les

---

(1) La vie probable d'un individu d'un certain âge est égale au nombre d'années qui doivent s'écouler pour que le nombre des vivants de cet âge soit réduit à moitié.

vivants à 66 ans et les vivants à 67 est de 9 769 ; d'ailleurs, la différence entre les vivants à 66 ans et le nombre 148 535 est de 8 116 : on peut par conséquent dire que 9 769 personnes meurent dans un an : combien 8 116 personnes dans ces conditions seront-elles de temps avant de mourir ?

Si l'on désigne ce temps par x, on a

$$\frac{9\ 769}{1} = \frac{8\ 116}{x} :$$

d'où
$$x = \frac{8\ 116}{9\ 769} = 10 \text{ mois environ.}$$

Selon Duvillard, la moitié des personnes âgées de 50 ans, peuvent donc atteindre 66 ans 10 mois. La durée de la vie probable à 50 ans est donc 66 ans 10 mois moins 50 ans, ou 16 ans 10 mois.

EXERCICES SUR LES ASSURANCES

732. Un jeune homme, ayant perdu son père, a un emploi qui lui permet d'économiser chaque année une somme assez importante. En souvenir des sacrifices que son père a faits pour lui, il veut récompenser ses deux jeunes frères. Il contracte alors à leur profit, et par portions égales, une assurance sur la tête de sa mère, âgée de 48 ans. Combien, au décès de leur mère, chacun des deux enfants recevra-t-il de la Compagnie, si la prime annuelle donnée par le frère aîné est de 387f,90, et si à 48 ans la prime % est de 4f,31 ?

733. Un ouvrier économe, âgé de 30 ans, place chaque année à la Caisse des retraites pour la vieillesse, et jusqu'à l'âge de 55 ans, une somme de 60 fr. : de quelle rente viagère jouira-t-il à cette époque, s'il a réservé le capital?

734. Quelle somme faudrait-il verser annuellement pour qu'un enfant de 3 ans pût jouir à 50 ans d'une rente viagère de 600 fr., capital aliéné?

735. Combien un employé âgé de 40 ans devrait-il verser annuellement pour laisser à sa mort 3 000 fr. à ses héritiers?

736. Un ouvrier âgé de 30 ans contracte une assurance sur la vie, et verse chaque année une somme de 40 fr. : quelle somme ses héritiers toucheront-ils à sa mort, à quelque époque qu'elle arrive?

737. Un père de famille, âgé de 35 ans, contracte une assurance sur la vie de 10 000 fr.; il paye, en une seule prime, 4 315 fr., et en outre 10 fr. pour la police. Si l'on tient compte de l'intérêt composé à 4 % de la somme versée par le père de famille, au bout de combien de temps la Compagnie aura-t-elle le montant de l'assurance?

738. En vue de laisser à sa veuve et à ses enfants un capital d'une certaine importance, un père de famille âgé de 45 ans contracte une assurance sur la vie; il dispose d'une somme de 6 000 fr. qu'il donne pour acquitter la prime unique, il paye en outre 10 fr. pour la police. A cet âge, on donne 51f,13 de prime unique pour 100 fr. de capital assuré. 3 ans après l'assurance, ce père de famille vient à mourir. Combien ses héritiers doivent-ils à sa prévoyance? On sait, d'une part, qu'il aurait pu faire valoir le montant de la somme versée à 4,50 % et à intérêt composé, et de l'autre, que la Compagnie lui a servi à 4 % les intérêts de la prime proprement dite à partir du commencement de la seconde année, et que ces intérêts auraient pu être placés immédiatement par le père de famille, à 4,50 % à intérêt composé.

TABLE DES MATIÈRES

—

LIVRE I

Notions préliminaires. — Numération. — Les quatre opérations.

LIVRE II

Propriétés des nombres.

LIVRE III

Fractions.

LIVRE IV

Système métrique. — Anciennes mesures de France.

LIVRE V

Puissances et racines.

LIVRE VI

Rapports. — Proportions. — Questions usuelles.

LIVRE VII

Progressions.

LIVRE VIII

Logarithmes. — Calculs à l'aide des logarithmes. — Questions usuelles.

NOTES

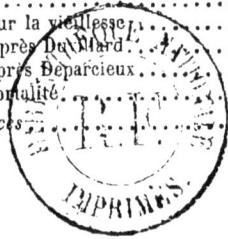

Paris.— Imp. E. CAPIOMONT et V. RENAULT, rue des Poitevins, 6.

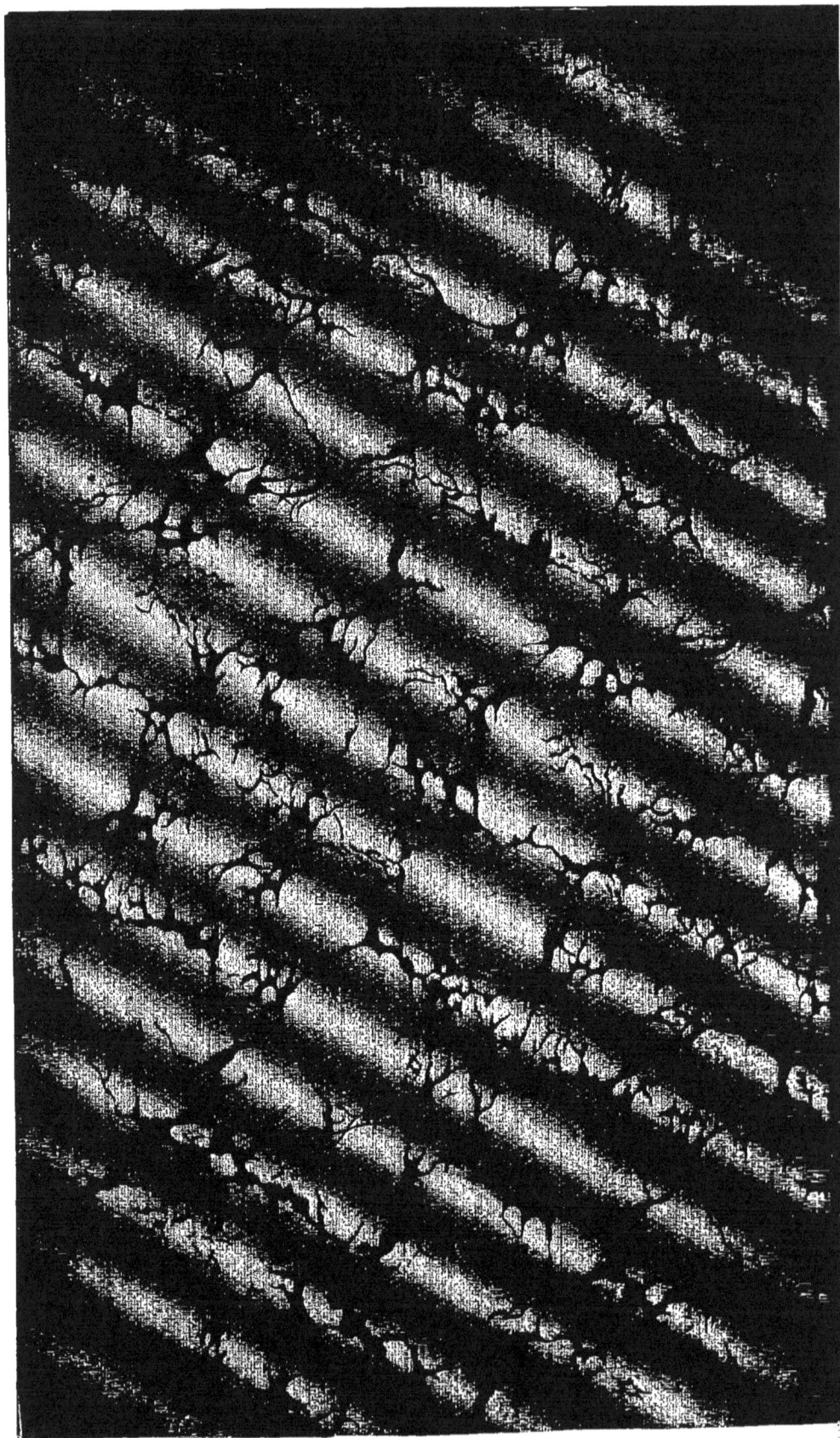

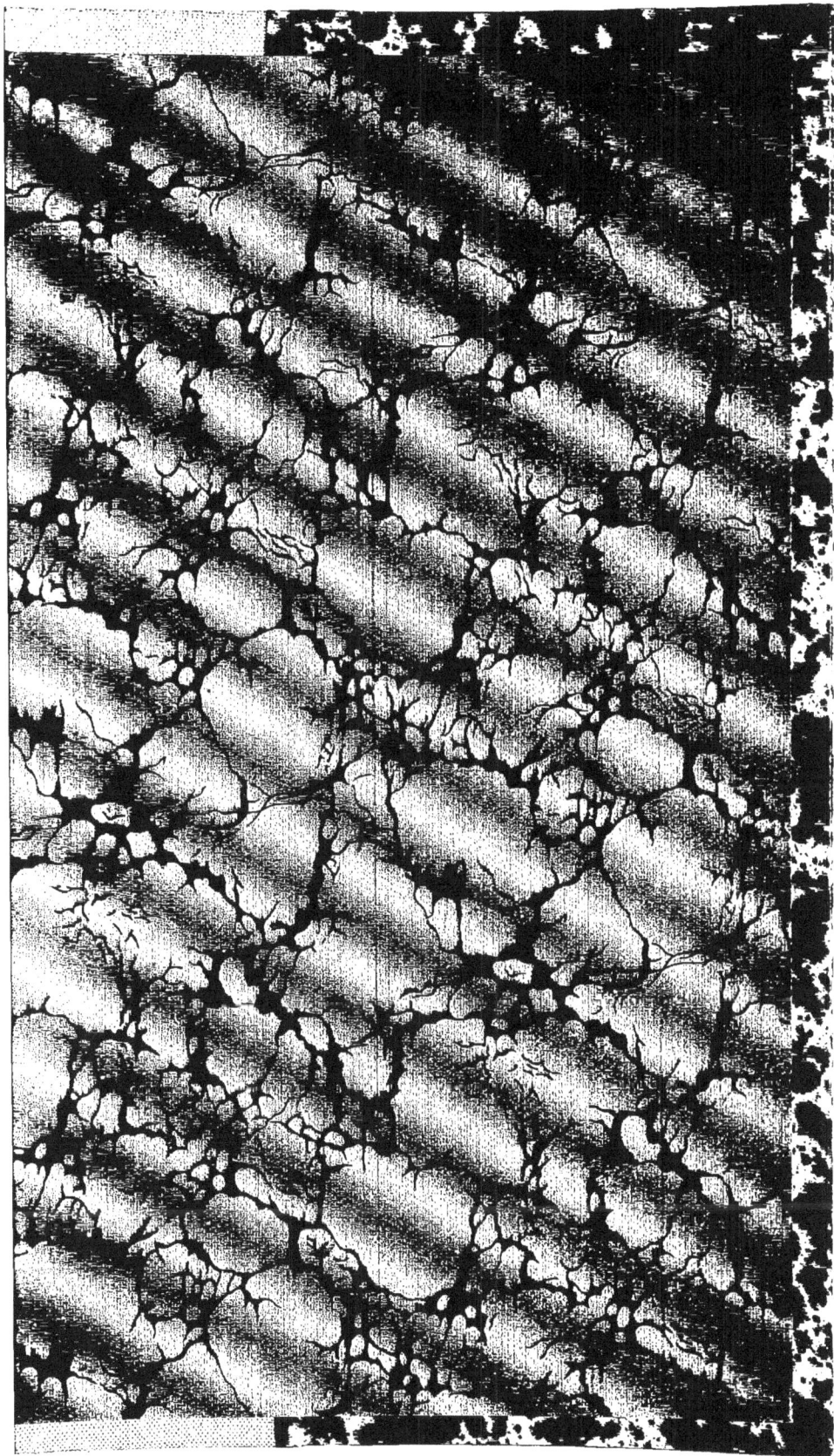